Gruber | Neumann

Erfolg im Mathe-Abi 2013

Übungsbuch für den Pflichtteil Baden-Württemberg mit Tipps und Lösungen

Freiburger Verlag

Gedruckt auf chlorfrei gebleichtem Papier
mit Biodruckfarbenund Ökostrom

* printed in Germany *

Inhaltsverzeichnis

Analysis

1 Ableiten

2 Stammfunktionen und Integrale

3 Gleichungen

4 Funktionen und Schaubilder

5 Eigenschaften von Kurven

Geometrie

6 Punkte, Geraden und Ebenen

7 Abstände, Winkel und Spiegelungen

Stochastik

8 Wahrscheinlichkeitsrechnung

Vorwort

Erfolg von Anfang an

...ist das Geheimnis eines guten Abiturs.

Das vorliegende Übungsbuch ist speziell auf die grundlegenden Anforderungen des Pflichtteils des Mathematik-Abiturs in Baden-Württemberg ab 2013 abgestimmt. Es umfasst die drei großen Themenbereiche Analysis, Geometrie und Stochastik sowie angepasste und erweiterte Abituraufgaben seit 2007 in einem Buch. Ab 2013 sind einige frühere Themen nicht mehr relevant, z.B. Polynomdivision, Wurzelgleichungen, Newton-Verfahren, Quotientenregel, schiefe Asymptoten, Näherungskurven, Keplersche Fassregel, Zahlenfolgen, Vollständige Induktion, formale lineare Abhängigkeit/ Unabhängigkeit dreier Vektoren und Vektorbeweise. *Daher haben wir Original-Prüfungsaufgaben dieser Art durch gleichwertige Aufgaben ersetzt, erweitert und gekennzeichnet.* Somit erhalten Sie die bestmögliche Vorbereitung auf die Abiturprüfung. Auf unsererem Portal **www.MeinMatheAbi.de** finden Sie weitere Abituraufgaben.

Der Pflichtteil besteht aus mehreren kleinen Aufgaben, die ohne Taschenrechner und ohne Formelsammlung gelöst werden müssen. Genau hierfür wurde das vorliegende Buch konzipiert: Es fördert das Grundwissen und die Grundkompetenzen in Mathematik, vom einfachen Rechnen und Formelanwenden bis hin zum Verstehen von gedanklichen Zusammenhängen. Das Übungsbuch ist eine Hilfe zum Selbstlernen (learning by doing) und bietet die Möglichkeit, sich intensiv auf die Prüfung vorzubereiten und gezielt Themen zu vertiefen. Hat man Erfolg bei den grundlegenden Aufgaben, machen Mathematik und das Lernen wieder mehr Spaß.

Der blaue Tippteil

Hat man keine Idee, wie man eine Aufgabe angehen soll, hilft der blaue Tippteil zwischen Aufgaben und Lösungen weiter: Zu jeder Aufgabe gibt es dort Tipps, die helfen, einen Ansatz zu finden, ohne die Lösung vorwegzunehmen.

Wie arbeiten Sie mit diesem Buch?

Am Anfang jedes Kapitels finden Sie eine kurze Übersicht über die jeweiligen Themen. Die einzelnen Kapitel bauen zwar aufeinander auf, doch ist es nicht zwingend notwendig, das Buch der Reihe nach durchzuarbeiten. Die Aufgaben sind in der Regel in ihrer Schwierigkeit gestaffelt. Von fast jeder Aufgabe gibt es mehrere Variationen zum Vertiefen.
Die Reihenfolge der einzelnen Kapitel wurde im Wesentlichen der Reihenfolge der zukünftigen Abituraufgaben angeglichen, z.B. «Aufgabe 1: Ableitungen» entspricht «Kapitel 1: Ableitungen».
In der Mitte des Buches finden Sie den blauen Tippteil mit Denk- und Lösungshilfen.
Die Lösungen mit ausführlichen verständlichen Lösungswegen bilden den dritten Teil des Übungsbuchs. Hier finden Sie die notwendigen Formeln, Rechenverfahren und Denkschritte sowie manch-

mal alternative Lösungswege. Anspruchsvolle Aufgaben sind mit einem Sternchen * gekennzeichnet.

Im Anhang ab Seite 199 befinden sich die angepassten und erweiterten Abituraufgaben mit Tipps und ausführlichen Lösungen.

Der Aufbau des Mathematik-Abiturs

- Die gesamte Prüfungszeit beträgt 240 Minuten (4 Zeitstunden).
- Die Schüler erhalten am Beginn der Prüfung alle Aufgaben (den Pflichtteil und den vom Lehrer ausgesuchten Wahlteil Analysis und Geometrie mit Stochastik). Sie erhalten zu diesem Zeitpunkt noch keine Hilfsmittel.
- Die Schüler bearbeiten zuerst den Pflichtteil (Richtzeit: 100 Min.). Nach dessen Abgabe erhalten sie die Hilfsmittel (Taschenrechner, Formelsammlung) für den Wahlteil.

Insgesamt können maximal 60 Verrechnungspunkte in der Prüfung erzielt werden, davon 30 im Pflichtteil und 30 im Wahlteil.

Aus den Verrechnungspunkten ergeben sich folgende Notenpunkte

Verrechnungspunkte	Notenpunkte	Note
0 - 10	0	ungenügend
11 - 14	1	
15 - 18	2	mangelhaft
19 - 22	3	
23 - 26	4	
27 - 29	5	ausreichend
30 - 32	6	
33 - 35	7	
36 - 38	8	befriedigend
39 - 41	9	
42 - 44	10	
45 - 47	11	gut
48 - 50	12	
51 - 53	13	
54 - 56	14	sehr gut
57 - 60	15	

Allen Schülern, die sich auf das Abitur vorbereiten, wünschen wir viel Erfolg.

Helmut Gruber, Robert Neumann

Analyis

1 Ableiten ☐

Tipps ab Seite 68, Lösungen ab Seite 96

Name	$f(x)$	$f'(x)$	Bemerkungen
Potenzregel	$a \cdot x^n$	$n \cdot a \cdot x^{n-1}$	Die Potenzregel gilt auch für negative und gebrochene Exponenten
Kettenregel	$u(v(x))$	$u'(v(x)) \cdot v'(x)$	«äußere Ableitung mal innere Ableitung»
Produktregel	$u(x) \cdot v(x)$	$u'(x) \cdot v(x) + u(x) \cdot v'(x)$	«u-Strich mal v plus u mal v-Strich»
e-Funktion	e^x	e^x	Die Ableitung ist gleich der Funktion
Sinusfunktion	$\sin x$	$\cos x$	
Kosinusfunktion	$\cos x$	$-\sin x$	
Logarithmusfunktion	$\ln x$	$\frac{1}{x}$	
Wurzelfunktion	$\sqrt{x} = x^{\frac{1}{2}}$	$\frac{1}{2} \cdot x^{-\frac{1}{2}} = \frac{1}{2 \cdot x^{\frac{1}{2}}} = \frac{1}{2\sqrt{x}}$	Die Potenzregel gilt auch für gebrochene Exponenten

1.1 Potenzfunktionen mit natürlichen Exponenten ☐

Leiten Sie alle angegebenen Funktionen einmal ab:

a) $f(x) = 4x^5 - 2x^3$　b) $f_a(x) = 2ax^3 - 6a^2x^2$　c) $f_t(x) = t^2x^4 - 3t^3x^2 + 4t^2$

d) $f(x) = (4x+1)^3$　e) $f_a(x) = 5 \cdot \left(2x^2 + a\right)^4$　f) $f(x) = 2 \cdot \left(3x^2 + x\right)^3$

1.2 Potenzfunktionen mit negativen Exponenten ☐

a) $f(x) = \frac{2}{x^2}$　b) $f(x) = 4 - \frac{2}{x}$　c) $f(x) = 2x + \frac{2}{x^3}$　d) $f(x) = \frac{2}{3x-4}$

e) $f(x) = \frac{2}{3x^2-4}$　f) $f(x) = \frac{4}{(2x+1)^2}$　g) $f(x) = 3x^2 - \frac{5}{(3x-1)^3}$　h) $f(x) = \frac{3}{\left(2x^2+3\right)^4}$

1.3 Potenzfunktionen mit gebrochenen Exponenten □

a) $f(x)=\sqrt{x^2+4}$ b) $f(x)=\sqrt{x^3-x^2}$ c) $f_a(x)=\sqrt{ax^2-2ax}$

d) $f(x)=6\cdot\sqrt[3]{x^2}$ e) $f(x)=4\cdot\sqrt[4]{x+2}$

Tipp: Schreiben Sie die Wurzeln als Ausdruck mit einem Bruch im Exponenten: $\sqrt{x^3+1}=\left(x^3+1\right)^{\frac{1}{2}}$

1.4 Exponentialfunktionen □

a) $f(x)=3x^2\cdot e^{-4x}$ b) $f(x)=\frac{1}{2}x^3\cdot e^{2x}$ c) $f(x)=(2x+5)\cdot e^{-x}$

d) $f_k(x)=(x+k)\cdot e^{-kx}$ e) $f(x)=(4x+e^{-x})^2$ f) $f(x)=(e^x+e^{-x})^2$

1.5 Trigonometrische Funktionen □

a) $f(x)=\frac{1}{6}\cdot\sin\left(3x^2\right)$ b) $f(x)=\frac{1}{2}\cdot\cos\left(2x^3\right)$ c) $f(x)=2x\cdot\cos\left(\frac{1}{2}x^2+4\right)$

d) $f(x)=x^2\cdot\sin(4x+3)$ e) $f(x)=x^2\cdot\cos\left(\frac{1}{2}x-1\right)$ f) $f(x)=(x+\cos x)^2$

1.6 Logarithmusfunktionen □

a) $f(x)=4\cdot\ln(2x)$ b) $f(x)=x\cdot\ln(2x)$ c) $f(x)=x^2\cdot\ln(2x)$

d) $f(x)=x\cdot\ln\left(x^2\right)$ e) $f(x)=x^2\cdot\ln\left(x^2\right)$

1.7 Vermischte Aufgaben □

a) $f(x)=e^x\cdot\sin(2x)$ b) $f(x)=\sqrt{e^{4x}+1}$ c) $f(x)=\frac{x^2}{e^x}$

d) $f(x)=4\cdot\sin\left(e^{2x}\right)$ e) $f(x)=\frac{4}{\sqrt{x}}$

2 Stammfunktionen und Integrale ☐

Tipps ab Seite 69, Lösungen ab Seite 99

Für eine Stammfunktion F einer Funktion f gilt: $F'(x) = f(x)$.
Das Bilden einer Stammfunktion kann man daher als die Umkehrung des Ableitens bezeichnen. Die Stammfunktion ist nur bis auf die Konstante c bestimmt, da diese beim Ableiten wieder wegfällt. Folgende Stammfunktionen werden häufig benötigt:

$f(x)$	$F(x)$	$f(x)$	$F(x)$
$x^n;\ n \neq -1$	$\frac{1}{n+1} \cdot x^{n+1} + c$	$a \cdot x^n;\ n \neq -1$	$\frac{1}{n+1} \cdot a \cdot x^{n+1} + c$
$\frac{1}{x}$	$\ln\lvert x\rvert + c$	$\frac{1}{k \cdot x + b}$	$\frac{1}{k} \ln\lvert k \cdot x + b\rvert + c$
e^x	$e^x + c$	$a \cdot e^{k \cdot x + b}$	$\frac{a}{k} \cdot e^{k \cdot x + b} + c$
$\sin x$	$-\cos x + c$	$a \cdot \sin(b \cdot x)$	$-\frac{a}{b} \cdot \cos(b \cdot x) + c$
$\cos x$	$\sin x + c$	$a \cdot \cos(b \cdot x)$	$\frac{a}{b} \cdot \sin(b \cdot x) + c$

2.1 Stammfunktionen ☐

Es gilt $a, t, k \in \mathbb{R}$:

2.1.1 Potenzfunktionen mit natürlichen Exponenten ☐

a) $f(x) = 2x^3 - \frac{4}{3}x^2 + 2$

b) $f_a(x) = ax^4 + 2ax^3 - x$

c) $f_t(x) = t^2x^3 - tx^2$

d) $f(x) = 6(3x-1)^3$

e) $f(x) = -12(2x-3)^2$

f) $f_a(x) = 5(ax-4)^4;\ a \neq 0$

2.1.2 Potenzfunktionen mit negativen Exponenten ☐

a) $f(x) = 3x^{-2} + 4x^2$

b) $f_a(x) = -\frac{a}{x^3} + 2ax^3$

c) $f_t(x) = \frac{t^2}{x^4} - tx^2$

d) $f(x) = \frac{4}{(2x-3)^2}$

e) $f(x) = \frac{12}{(4x-2)^4}$

f) $f(x) = \frac{3}{2x}$

g) $f(x) = \frac{6}{x-2}$

h) $f(x) = \frac{4}{2x-1}$

2.1.3 Potenzfunktionen mit gebrochenen Exponenten ☐

a) $f(x) = \sqrt{2x+1}$

b) $f(x) = \sqrt[3]{4x+2}$

c) $f(x) = \sqrt[4]{\frac{1}{2}x+1}$

d) $f(x) = \frac{1}{\sqrt{x}}$

e) $f(x) = \frac{1}{\sqrt{2x+1}}$

f) $f(x) = \frac{1}{\sqrt[3]{x}}$

2.1.4 Exponentialfunktionen ☐

a) $f(x) = 3e^{2x}$ b) $f(x) = 4e^{-x}$ c) $f_t(x) = t \cdot e^{-tx}$

d) $f_a(x) = a \cdot e^{3x+2}$ e) $f(x) = 2\left(x^2 - 6e^{3x}\right)$ f) $f_a(x) = a\left(x^2 - 4e^{4x}\right)$

2.1.5 Trigonometrische Funktionen ☐

a) $f(x) = 3 \cdot \cos(2x+1)$ b) $f(x) = 4 \cdot \sin(-3x+2)$ c) $f(x) = \frac{2}{3} \cdot \cos(\pi x)$

d) $f_t(x) = t \cdot \cos(tx+t)$ e) $f_a(x) = a \cdot \sin\left(ax - a^2\right)$ f) $f_k(x) = k^2 \cdot \cos(kx)$

2.1.6 Vermischte Aufgaben ☐

a) Bestimmen Sie zu $f(x) = 8x + 3e^{-x}$ diejenige Stammfunktion, deren Schaubild durch den Punkt $\mathrm{P}(0 \mid 5)$ geht.

b) Bestimmen Sie zu $f(x) = \frac{4}{(2x-1)^3}$ diejenige Stammfunktion, deren Schaubild durch den Punkt $\mathrm{Q}(1 \mid 3)$ geht.

c) Bestimmen Sie zu $f(x) = \frac{1}{2} \cdot \cos(2x)$ diejenige Stammfunktion, deren Schaubild durch den Punkt $\mathrm{R}\left(\frac{\pi}{4} \mid 1\right)$ geht.

2.2 Integrale und Integralfunktionen ☐

Berechnen Sie folgende Integrale:

a) $\int_0^{\frac{\pi}{2}} (4 \cdot \sin(2x))\,\mathrm{d}x$ b) $\int_{-1}^{0} (1 + e^{-x})\,\mathrm{d}x$ c) $\int_1^4 \left(x + \frac{1}{\sqrt{x}}\right)\mathrm{d}x$

d) $\int_0^1 \left(2 - \frac{1}{\sqrt[3]{x}}\right)\mathrm{d}x$ e) $\int_1^2 \left(1 + \frac{3}{x^2}\right)\mathrm{d}x$ f) $\int_2^3 \frac{1}{x+2}\mathrm{d}x$

g) $\int_2^3 \frac{4}{2x+3}\mathrm{d}x$ h) $\int_0^1 (2x+1)^3\,\mathrm{d}x$ i) $\int_0^3 \left(\frac{4}{(x+1)^2}\right)\mathrm{d}x$

j) $\mathrm{J}_1(x) = \int_1^x f(t)\,dt$ mit $f(t) = t^2 - 2t + 3$

k) $\mathrm{J}_2(x) = \int_2^x f(t)\,dt$ mit $f(t) = 2t + 4e^{-\frac{1}{2}t}$

2.3 * Flächeninhalt zwischen zwei Kurven □

Um den Flächeninhalt zwischen zwei Kurven zu bestimmen, berechnet man das Integral der Differenz der Funktionen über dem Intervall der beiden Schnittstellen. Dabei gilt «obere Kurve minus untere Kurve»:

$$A = \int_{x_1}^{x_2} \left(f(x) - g(x)\right) \, dx$$

Sind die Schnittstellen x_1 und x_2 nicht bekannt, müssen diese zuerst bestimmt werden.

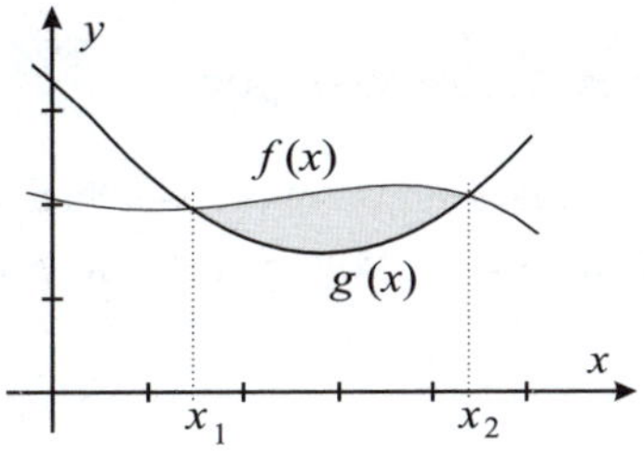

Berechnen Sie den Flächeninhalt zwischen den zwei Kurven:

a) $f(x) = x + 1$, $g(x) = x^2 + 1$

b) $f(x) = 4 - x^2$, $g(x) = x^2 - 4$

c) $f(x) = 2 \cdot \sin x$, $g(x) = -\sin x$, $x \in [0; \pi]$

d) $f(x) = e$, $g(x) = e^x$, $x \in [0; 1]$

Tipp: Machen Sie sich eine Skizze der beiden Schaubilder.

2.4 * Ins Unendliche reichende Flächen □

Wenn Sie die Fläche unter einer Kurve berechnen wollen, die sich ins Unendliche erstreckt, können Sie dies nicht direkt durchführen. In diesem Fall berechnen Sie zuerst die Fläche bis zu einer Grenze z. Anschließend untersuchen Sie, ob es einen Grenzwert gibt, wenn z gegen Unendlich läuft. Dieser Grenzwert ist dann der gesuchte Flächeninhalt.

Berechnen Sie die ins Unendliche reichende Fläche im 1. Quadranten zwischen der Kurve und den beiden Koordinatenachsen:

a) $f(x) = e^{-x}$ b) $f(x) = e^{-2x}$ c) $f(x) = \frac{1}{(x+1)^2}$

2.5 * Angewandte Integrale □

Bei diesen Aufgaben kommt es darauf an, aus der Aufgabenstellung die Rechnung zu entwickeln.

a) Der Zu- und Abfluss eines Wasserbeckens kann durch die Funktion f mit $f(t) = -0,5t + 3$ (t in Stunden, $f(t)$ in Liter pro Stunde) beschrieben werden. Am Anfang ist das Becken mit 10 Litern gefüllt.
Wieviel Wasser enthält das Becken nach 9 Stunden?

b) Die Produktionskosten eines Werkstücks in Abhängigkeit von der produzierten Stückzahl werden durch die Funktion P mit $\mathrm{P}(x) = \frac{20}{(x+2)^2} + 4;\ x \geqslant 0$ beschrieben.
(x: Stückzahl, $\mathrm{P}(x)$: Herstellungskosten des x-ten Werkstücks in Euro).
Berechnen Sie die Gesamtkosten der Herstellung der 50 ersten Werkstücke sowie die durchschnittlichen Kosten pro Werkstück.

2.6 * Rotationskörper □

Lässt man eine Kurve um die x-Achse rotieren, entsteht ein sog. «Rotationskörper». Die Formel zur Berechnung des Volumens V eines solchen Rotationskörpers ist

$$\mathrm{V}_{rot} = \pi \cdot \int_{x_1}^{x_2} \left(f(x)\right)^2 \mathrm{d}x$$

a) Das Schaubild der Funktion f mit $f(x) = \frac{1}{4}e^{2x}$ über dem Intervall $[0;1]$ rotiert um die x-Achse. Berechnen Sie das Volumen des Rotationskörpers.

b) Das Schaubild der Funktion f mit $f(x) = x^2 + 1$ über dem Intervall $[0;2]$ rotiert um die x-Achse. Berechnen Sie das Volumen des Rotationskörpers.

c) Das Schaubild der Funktion f mit $f(x) = \frac{2}{x}$ über dem Intervall $[1;2]$ rotiert um die x-Achse. Berechnen Sie das Volumen des Rotationskörpers.

3 Gleichungen ☐

Tipps ab Seite 71, Lösungen ab Seite 105

3.1 Quadratische, biquadratische und nichtlineare Gleichungen ☐

Bei Gleichungen, in denen x als Quadrat oder höhere Potenz vorliegt, sollten Sie zuerst versuchen, x auszuklammern. Geht das nicht, z.B. weil ein absolutes Glied vorliegt, so hilft entweder die *pq-Formel* oder die *abc-Formel* (Mitternachtsformel) weiter. Sie sollten eine dieser beiden Formeln auswendig können.
Oft hilft der Satz vom *Nullprodukt*: «Ein Produkt ist genau dann gleich Null, wenn (mindestens) einer der Faktoren gleich Null ist.» Hierzu setzt man die einzelnen Faktoren gleich Null.

Beispiel:

Gesucht sind die Lösungen der Gleichung $x^3 - 5x^2 + 4x = 0$
Zuerst wird ausgeklammert: $x\left(x^2 - 5x + 4\right) = 0$. Also ist entweder $x_1 = 0$ oder $x^2 - 5x + 4 = 0$. Die Gleichung lässt sich mit der pq- bzw. der abc-Formel lösen. Man erhält $x_2 = 1$ und $x_3 = 4$. Die Lösungen der Ausgangsgleichung sind damit $x_1 = 0$, $x_2 = 1$ und $x_3 = 4$.

Lösen Sie folgende Gleichungen:

a) $x^2 + 3x - 4 = 0$

b) $x^2 + \frac{2}{5}x - \frac{3}{5} = 0$

c) $(x-1)\cdot(x-a)^2 = 0$

d) $x^2 \cdot (ax - 4a) = 0$

e) $x^3 - 4x = 0$

f) $2x^4 - 3x^3 = 0$

g) $x^4 - 3x^3 + 2x^2 = 0$

h) $x^3 - 5x^2 + 6x = 0$

i) $x^4 - 4x^2 + 3 = 0$

j) $x^4 - 13x^2 + 36 = 0$

3.2 Exponentialgleichungen ☐

Beim Lösen von Exponentialgleichung gelten die gleichen Regeln, die oben schon erwähnt wurden. Zusätzlich ist zu beachten:

- Der Satz vom Nullprodukt hilft oft weiter, beachten Sie, dass $e^x \neq 0$ ist.
- Es gilt $e^{2x} = (e^x)^2$, sowie $e^0 = 1$ und $\ln 1 = 0$.
- Um eine Exponentialgleichung nach x aufzulösen, wird die Gleichung auf beiden Seiten «logarithmiert», da $\ln e^z = z$ ist. Beispiel:

$$\begin{aligned} e^{2x} &= 3 \mid \ln \\ \ln\left(e^{2x}\right) &= \ln 3 \\ 2x &= \ln 3 \\ x &= \frac{\ln 3}{2} \end{aligned}$$

Lösen Sie folgende Gleichungen:

a) $(2x-5)\cdot e^{-x}=0$ b) $\left(x^2-4\right)\cdot e^{0,5x}=0$ c) $x\cdot e^x=0$

d) $(2x+4)\cdot\left(e^{2x}-4\right)=0$ e) $\left(2x^2-2\right)\cdot\left(e^{-x}-2\right)=0$ f) $3\cdot e^{2x}-5=7$

g) $e^{2x}-6e^x+5=0$ h) $e^{4x}-5e^{2x}+6=0$ i) $e^x-8e^{-x}=2$

3.3 Bruchgleichungen

Beim Lösen von Bruchgleichungen sind folgende Besonderheiten zu beachten:

- Zuerst sollten Sie die Definitionsmenge der Bruchgleichung bestimmen. Das sind alle Zahlen, die in die Gleichung eingesetzt werden dürfen.
  Da man nicht durch Null teilen darf, ist eine Bruchgleichung an den Nullstellen des Nenners nicht definiert. Also werden zuerst die Nullstellen des Nenners gesucht, um die Definitionsmenge zu bestimmen.

- Bringen Sie alle Brüche auf den gleichen Nenner (Hauptnenner) und multiplizieren Sie die Gleichung mit dem Hauptnenner. Lösen Sie die Gleichung nach x auf und prüfen Sie, ob die erhaltenen Lösungen in der Defintionsmenge enthalten sind.

Beispiel:

Gesucht sind die Lösungen der Gleichung $4x^2-\frac{1}{x^2}=3$.

Die Nullstelle des Nenners der Gleichung $4x^2-\frac{1}{x^2}=3$ ist $x=0$.
Also ist die Definitionsmenge $\mathrm{D}=\mathbb{R}\setminus\{0\}$.
Der Hauptnenner ist x^2, also ergibt sich: $\frac{4x^4}{x^2}-\frac{1}{x^2}=\frac{3x^2}{x^2}$.
Multiplikation mit dem Hauptnenner führt zu $4x^4-1=3x^2$ bzw. $4x^4-3x^2-1=0$.
Substituiert man $x^2=z$, ergibt sich: $4z^2-3z-1=0$.
Mit Hilfe der pq- bzw. abc-Formel erhält man: $z_1=1$ und $z_2=-\frac{1}{4}$.
Die Resubstitution $x^2=1$ ergibt $x_1=1$ und $x_2=-1$, die Resubstitution $x^2=-\frac{1}{4}$ ergibt keine weiteren Lösungen.
Da beide Lösungen in der Defintionsmenge enthalten sind, ergibt sich die Lösungsmenge:
$\mathrm{L}=\{-1\,;1\}$

Lösen Sie folgende Gleichungen:

a) $\frac{4}{x^2}+\frac{2}{x}=2$ b) $6-\frac{12}{x^2+1}=0$ c) $x^2-\frac{4}{x^2}=3$

d) $\frac{2}{x^4}-\frac{1}{x^2}=1$ e) $1-\frac{4x}{x^2+3}=0$ f) $\frac{4}{x-2}-x=1$

3.4 Trigonometrische Gleichungen □

Bei trigonometrischen Gleichungen ist das angegebene Intervall zu beachten.
In jedem Fall ist es hilfreich, sich eine Skizze der Sinusfunktion (bzw. Kosinusfunktion) zu machen. Steht im Argument des Sinus bzw. Kosinus mehr als nur x, geht man wie folgt vor:
Zuerst wird substituiert, dann die entsprechende Gleichung gelöst und zum Schluss wieder resubstituiert. Diese Lösungen der Gleichung müssen im angegebenen Intervall liegen.

Beispiel:

Gesucht ist die Lösungsmenge der Gleichung $\sin(2x) = 1;\ x \in [0; 2\pi]$.

Die Substitution $2x = z$ führt zu $\sin z = 1$. Um diese Gleichung zu lösen, ist eine Skizze hilfreich:

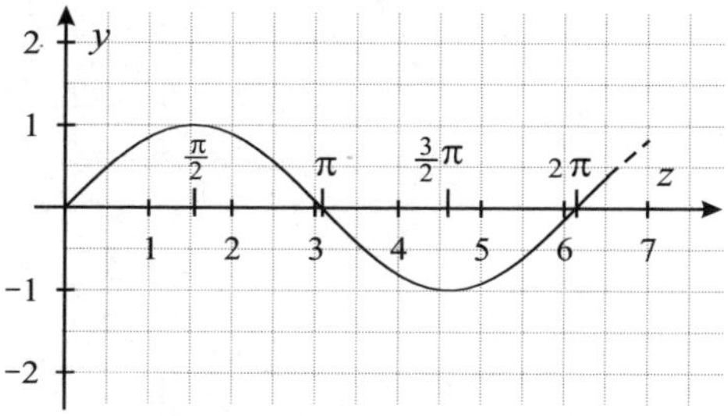

Die Lösungen sind $z = \frac{\pi}{2} + k \cdot 2\pi;\ k \in \mathbb{Z}$, da $\sin z$ die Periode 2π besitzt.
Also sind $z_1 = \frac{\pi}{2}$, $z_2 = \frac{5}{2}\pi$, $z_3 = \frac{9}{2}\pi, \ldots$ mögliche Lösungen.
Die Resubstitution $z_1 = \frac{\pi}{2} = 2x_1$ ergibt $x_1 = \frac{\pi}{4}$, $z_2 = \frac{5}{2}\pi = 2x_2$ ergibt $x_2 = \frac{5}{4}\pi$, $z_3 = \frac{9}{2}\pi = 2x_3$ ergibt $x_3 = \frac{9}{4}\pi = 2{,}25\pi$, wobei die letzte Lösung nicht mehr im angegebenen Intervall $[0; 2\pi]$ liegt.
Als Lösungsmenge erhält man also $\mathrm{L} = \left\{ \frac{1}{4}\pi;\ \frac{5}{4}\pi \right\}$.

Bestimmen Sie für das angegebene Intervall jeweils die Lösungsmenge der Gleichung:

a) $\sin(3x) = 1;\ x \in [0; 2\pi]$

b) $\sin(4x) = 0;\ x \in [0; \pi]$

c) $\cos(2x) = -1;\ x \in [0; 2\pi]$

d) $\sin x \cdot (\sin x + 1) = 0;\ x \in [0; 2\pi]$

e) $\cos x \cdot (\cos x + 1) = 0;\ x \in [0; \pi]$

f) $\sin^2 x - 2\sin x = 0;\ x \in [0; 2\pi]$

g) $\cos^2 x + \cos x - 2 = 0;\ x \in [0; 2\pi]$

h) $\sin^2 x + 4\sin x + 3 = 0;\ x \in [0; 2\pi]$

4 Funktionen und Schaubilder □

4.1 Von der Gleichung zur Kurve □

Tipps ab Seite 72, Lösungen ab Seite 109

In diesem Kapitel geht es um die Grundfunktionen und ihre Verschiebung, Streckung und Spiegelung. Dazu sollten Sie die Schaubilder der wichtigsten Grundfunktionen kennen.:

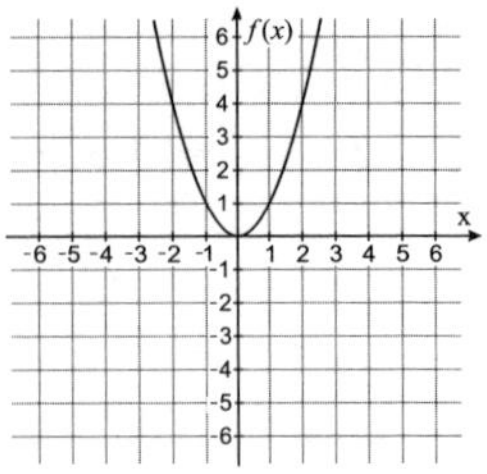

$f(x) = x^2$

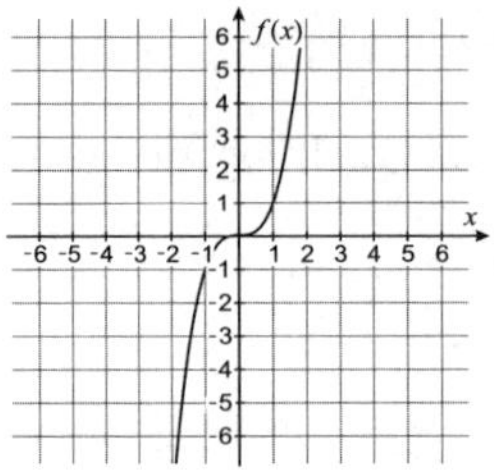

$f(x) = x^3$

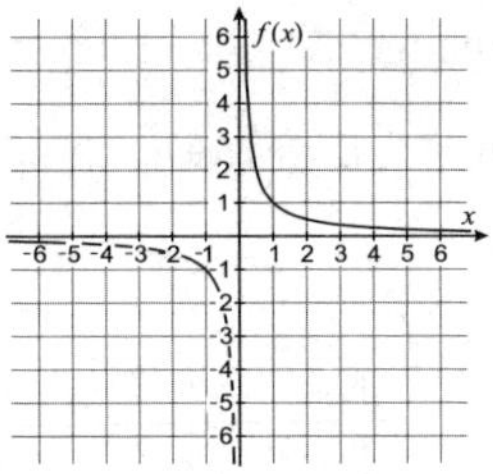

$f(x) = \frac{1}{x}$

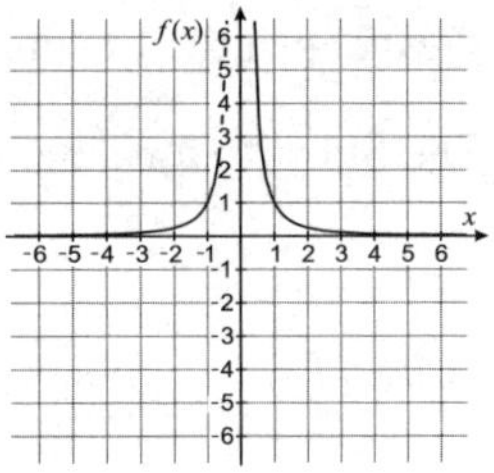

$f(x) = \frac{1}{x^2}$

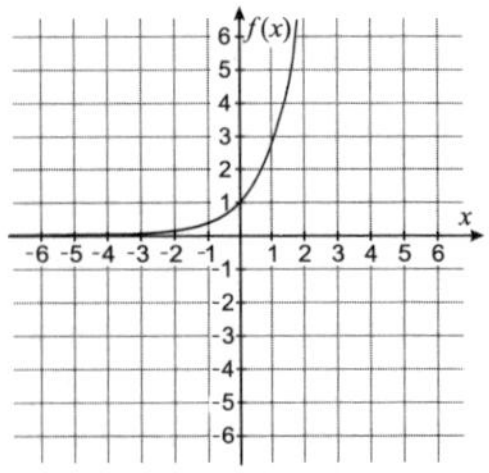

$f(x) = e^x$

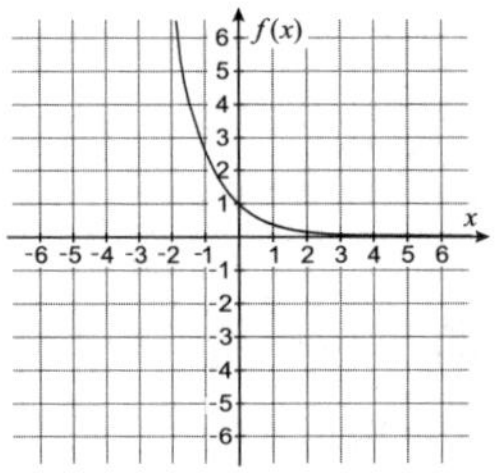

$f(x) = e^{-x}$

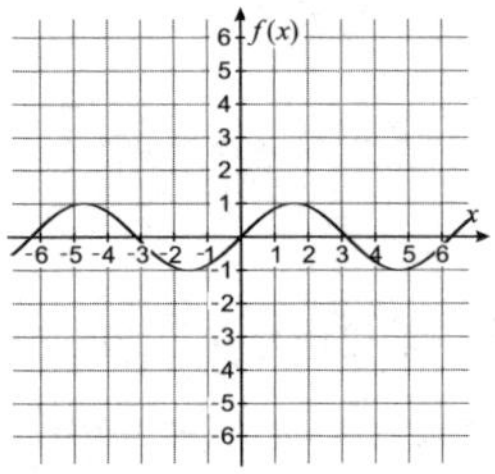

$f(x) = \sin x$

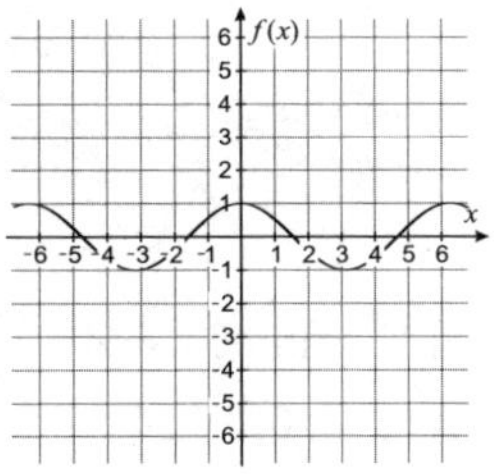

$f(x) = \cos x$

Diese Grundfunktionen lassen sich verschieben und strecken:

Beispiel: Die Parabel $f(x) = x^2$

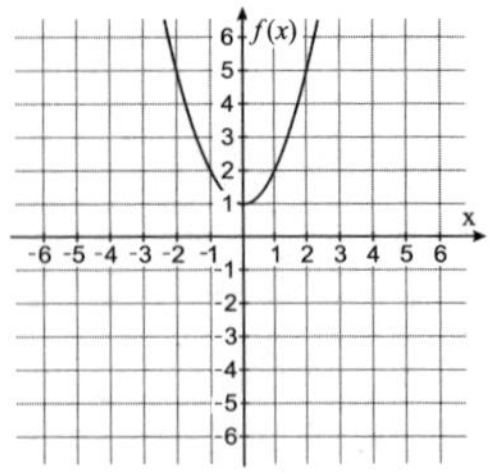

$f(x) = x^2 + 1$

Verschiebung um 1 LE in y-Richtung: das absolute Glied ist 1.

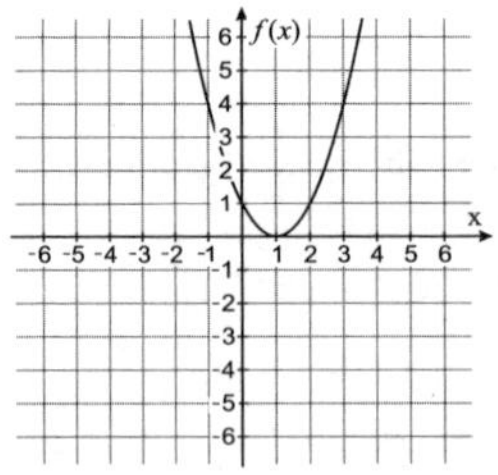

$f(x) = (x-1)^2$

Verschiebung um 1 LE in x-Richtung: x wird ersetzt durch $(x-1)$.

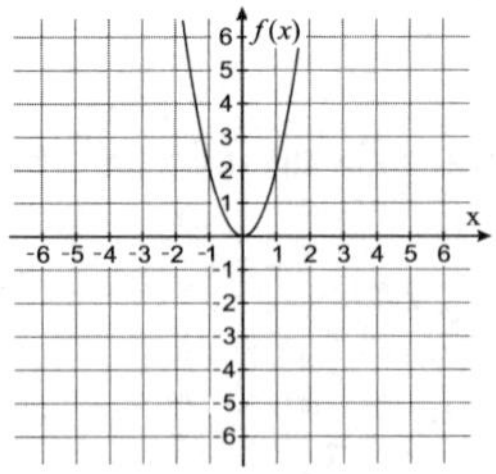

$f(x) = 2 \cdot x^2$

Streckung in y-Richtung um den Faktor 2. Die Funktionsgleichung wird mit 2 multipliziert.

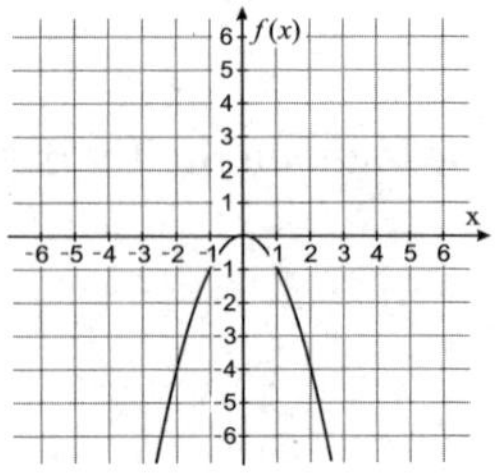

$f(x) = -x^2$

Spiegelung an der x-Achse: Die Funktionsgleichung wird mit -1 multipliziert.

Weitere Variationen:

- Spiegelung an der y-Achse: Hierzu wird x ersetzt durch $(-x)$
- Stauchen in x-Richtung: Hierzu wird x ersetzt durch $a \cdot x$. Das Schaubild wird bei einem Faktor, der größer als 1 ist, gestaucht, d.h. in x-Richtung «kürzer» und bei einem Faktor, der kleiner als 1 ist, gestreckt, d.h. in x-Richtung «länger».

Tipp: Skizzieren Sie zuerst das Schaubild der zugehörigen Grundfunktion und anschließend schrittweise eine eventuelle Spiegelung, Streckung/Stauchung sowie die Verschiebungen in x-bzw. y-Richtung.

Ganzrationale Funktionen ☐

Skizzieren Sie die Schaubilder folgender Funktionen und bestimmen Sie die Schnittpunkte mit den Koordinatenachsen.

a) $f(x) = \frac{1}{2}x + 1$ b) $f(x) = -\frac{3}{4}x$ c) $f(x) = (x-1)^2 - 4$

d) $f(x) = -x^2 + 4$ e) $f(x) = (x-1)^3 + 1$ f) $f(x) = -(x+1)^3$

Potenzfunktionen ☐

Skizzieren Sie die Schaubilder folgender Funktionen und bestimmen Sie jeweils die Asymptoten.

a) $f(x) = \frac{1}{x+1} + 2$ b) $f(x) = -\frac{1}{x-1}$ c) $f(x) = -\frac{1}{x-1} - 2$

d) $f(x) = \frac{1}{(x+1)^2} - 1$ e) $f(x) = -\frac{1}{(x+1)^2}$ f) $f(x) = -\frac{1}{(x-1)^2} + 2$

Trigonometrische Funktionen

Skizzieren Sie die Schaubilder folgender Funktionen und geben Sie jeweils die Periode an.

a) $f(x) = 2\sin x$ b) $f(x) = \frac{1}{2}\cos x$ c) $f(x) = \sin(2x)$

d) $f(x) = -\sin(2x) + 1$ e) $f(x) = \sin\left(\frac{1}{2}\pi(x+1)\right)$ f) $f(x) = \frac{1}{2}\sin(2x) + \frac{3}{2}$

Exponentialfunktionen ☐

Skizzieren Sie das Schaubild folgender Funktionen und bestimmen Sie jeweils die Asymptote.

a) $f(x) = e^{x-1} + 1$ b) $f(x) = -e^{x-1} + 1$ c) $f(x) = e^{-(x-1)} + 2$

4.2 Aufstellen von Funktionen mit Randbedingungen ☐

Tipps ab Seite 73, Lösungen ab Seite 114

Hier geht es darum, eine Funktion so aufzustellen, dass sie bestimmte vorgegebene Bedingungen erfüllt («Steckbriefaufgabe»). Dazu wird die gesuchte Funktion zuerst in ihrer allgemeinen Form aufgeschrieben. Aus dieser können Sie die Anzahl der benötigten Parameter ablesen. Für jeden dieser Parameter brauchen Sie eine «Information» aus der Aufgabenstellung. Aus jeder «Information» ergibt sich eine Gleichung. Damit erhalten Sie eine Gleichungssystem, welches Sie mit dem Gaußschen Eliminationsverfahren lösen können.

Beispiel

Gesucht ist die Gleichung einer Parabel mit Tiefpunkt $(1 \mid -4)$, die durch $(0 \mid -3)$ geht.

Die allgemeine Parabelgleichung lautet: $f(x) = ax^2 + bx + c$, die Ableitung ist $f'(x) = 2ax + b$. Es sind also drei Parameter zu bestimmen. Folgende Bedingungen müssen gelten:
$f(1) = a \cdot 1^2 + b \cdot 1 + c = -4$,
$f'(1) = 2a \cdot 1 + b = 0$ (weil es sich um einen Tiefpunkt mit Steigung Null handelt) und
$f(0) = a \cdot 0^2 + b \cdot 0 + c = -3$. Daraus ergibt sich folgendes Gleichungssystem:

$$\begin{array}{lrcrcrcr} \text{I} & a & + & b & + & c & = & -4 \\ \text{II} & 2a & + & b & & & = & 0 \\ \text{III} & & & & & c & = & -3 \end{array}$$

Aus Gleichung III liest man $c = -3$ ab. Damit erhält man:

$$\begin{array}{lrcrcrcr} \text{Ia} & a & + & b & & & = & -1 \\ \text{II} & 2a & + & b & & & = & 0 \\ \text{III} & & & & & c & = & -3 \end{array}$$

Subtrahiert man Gleichung Ia von Gleichung II, erhält man $a = 1$ und durch Einsetzen $b = -2$. Damit lautet die Gleichung der gesuchten Parabel $f(x) = x^2 - 2x - 3$.

Für andere Funktionenklassen (e-Funktionen, etc.) ist die Vorgehensweise analog: Immer müssen Sie zuerst die allgemeine Funktionsgleichung aufstellen, anschließend bestimmen Sie die Parameter. Zur konkreten Vorgehensweise können Sie im Tippteil nachsehen.

Ganzrationale Funktionen ☐

a) Eine Parabel geht durch $P_1(0 \mid 4)$, $P_2(1 \mid 0)$ und $P_3(2 \mid 18)$. Bestimmen Sie die Gleichung dieser Parabel.

b) Eine Parabel hat den Hochpunkt M(1 | 3) und geht durch Q(0 | 2). Bestimmen Sie die Gleichung der Parabel.

c) Eine zur y-Achse symmetrische Parabel hat in P(1 | 6) die Steigung 2. Bestimmen Sie die Gleichung der Parabel.

d) Eine zur y-Achse symmetrische Parabel schneidet die x-Achse an der Stelle $x = \sqrt{3}$ und geht durch T(0 | −3). Bestimmen Sie die Gleichung der dazugehörigen Funktion.

e) Das Schaubild einer ganzrationalen Funktion 3. Grades hat den Wendepunkt W(0 | 0) und den Hochpunkt H(2 | 2). Bestimmen Sie die Gleichung der Funktion.

f) Eine Parabel dritten Grades (kubische Parabel) hat im Punkt P(0 | 1) die Steigung $m_P = -1$; ihr Wendepunkt ist W(−1 | 4). Bestimmen Sie die Gleichung dieser Parabel.

g) Bestimmen Sie a und b so, dass das Schaubild der Funktion f mit $f(x) = ax^4 + bx^2$ den Wendepunkt W(1 | −2,5) hat.

Potenzfunktionen ☐

Tipp: Machen Sie sich für die Potenzfunktionen unbedingt eine Skizze, anhand derer Sie die Funktionsgleichung stückweise entwickeln können – ein guter Ansatz ist die halbe Lösung!

a) Das Schaubild einer Potenzfunktion hat eine Polstelle mit Vorzeichenwechsel (abgekürzt: VZW) bei $x = 1$, die Gerade mit der Gleichung $y = 4$ ist die waagerechte Asymptote und der Punkt P(2 | 6) liegt auf der Kurve. Bestimmen Sie eine mögliche Funktionsgleichung.

b) Das Schaubild einer Potenzfunktion hat eine Polstelle mit Vorzeichenwechsel (abgekürzt: VZW) bei $x = 2$, die Gerade mit der Gleichung $y = -1$ ist die waagerechte Asymptote und der Punkt P(1 | 4) liegt auf der Kurve. Bestimmen Sie eine mögliche Funktionsgleichung.

c) Das Schaubild einer Potenzfunktion geht durch P(−1 | 2), hat einen Pol ohne VZW bei $x = 1$ und die Gerade $y = 3$ als waagerechte Asymptote. Bestimmen Sie eine mögliche Funktionsgleichung.

d) Das Schaubild einer Potenzfunktion geht durch P(0 | 4), hat einen Pol ohne VZW bei $x = 2$ und die x-Achse als waagerechte Asymptote. Bestimmen Sie eine mögliche Funktionsgleichung.

Exponentialfunktionen ☐

Bestimmen Sie jeweils die zugehörige Funktionsgleichung:

a) Das Schaubild der Funktion $f(x) = a \cdot e^{kx}$ geht durch die Punkte P$(0 \mid 2)$ und Q$\left(4 \mid 2e^{12}\right)$.

b) Das Schaubild der Funktion $f(x) = a \cdot e^{kx}$ geht durch die Punkte A$(0 \mid 3)$ und B$\left(2 \mid 3e^{8}\right)$.

c) Bei der Funktion $f(x) = a \cdot e^{kx}$ gilt: $f'(0) = 6$ und $f(0) = 3$.

d) Bei der Funktion $f(x) = a \cdot e^{kx}$ gilt: $f'(0) = 4$ und $f(0) = 2$.

e) Das Schaubild der Funktion $g(x) = e^{x}$ wird an der x-Achse gespiegelt und um 2 LE nach rechts und 3 LE nach unten verschoben.

Trigonometrische Funktionen ☐

Tipp: Eine verallgemeinerte Sinusfunktion hat die Gleichung:
$f(x) = a \cdot \sin(b \cdot (x - c)) + d$.
Eine verallgemeinerte Kosinusfunktion hat die Gleichung:
$f(x) = a \cdot \cos(b \cdot (x - c)) + d$.

a) Das Schaubild der Sinusfunktion g mit $g(x) = \sin x$ ist um 3 LE nach oben verschoben und hat die Periode $p = \pi$. Bestimmen Sie die Funktionsgleichung der modifizierten Funktion.

b) Das Schaubild der Sinusfunktion g mit $g(x) = \sin x$ ist um den Faktor 2,5 in y-Richtung gestreckt, hat die Periode $p = \frac{\pi}{2}$ und ist um 3 LE nach rechts und sowie 1,5 LE nach unten verschoben. Bestimmen Sie die Funktionsgleichung der modifizierten Funktion.

c) Das Schaubild der Kosinusfunktion g mit $g(x) = \cos x$ ist um 2 LE nach links und um 4 LE nach oben verschoben, um den Faktor 0,8 in y-Richtung gestaucht und der Abstand zwischen zwei Hochpunkten beträgt 3π LE. Bestimmen Sie die Funktionsgleichung der modifizierten Funktion.

d) Das Schaubild der Kosinusfunktion g mit $g(x) = \cos x$ ist um 1 LE nach rechts und um 2 LE nach unten verschoben, um den Faktor 1,7 in y-Richtung gestreckt und der Abstand zwischen zwei Wendepunkten beträgt $\frac{\pi}{2}$ LE. Bestimmen Sie die Funktionsgleichung der modifizierten Funktion.

4.3 Von der Kurve zur Gleichung □

Tipps ab Seite 75, Lösungen ab Seite 118

Wenn das Schaubild einer Funktion gegeben ist und die Funktionsgleichung gesucht ist, gibt es drei Möglichkeiten, diese aufzustellen:

1. Man kann besondere Punkte und ihre Steigungen sowie Asymptoten am gegebenen Schaubild ablesen und mit Hilfe eines allgemeinen Ansatzes die Funktionsgleichung, analog wie im Kapitel «Aufstellen von Funktionen» beschrieben, bestimmen.
2. Sind alle Nullstellen bekannt, kann man bei ganzrationalen Funktionen den sogenannten «Linearfaktoren»-Ansatz wählen. Sind x_1, x_2, $...x_n$ Nullstellen, so gilt: $f(x) = a \cdot (x - x_1) \cdot (x - x_2) \cdot ... \cdot (x - x_n)$; den Faktor a erhält man, indem man die Koordinaten eines gegebenen Punktes in die Funktionsgleichung einsetzt.
3. Man erkennt, dass es sich um das Schaubild einer verschobenen, gestreckten oder gespiegelten Grundfunktion handelt.

Ganzrationale Funktionen □

Nachfolgend sind die Schaubilder einiger Funktionen angegeben. Bestimmen Sie einen möglichen Funktionsterm.

a)

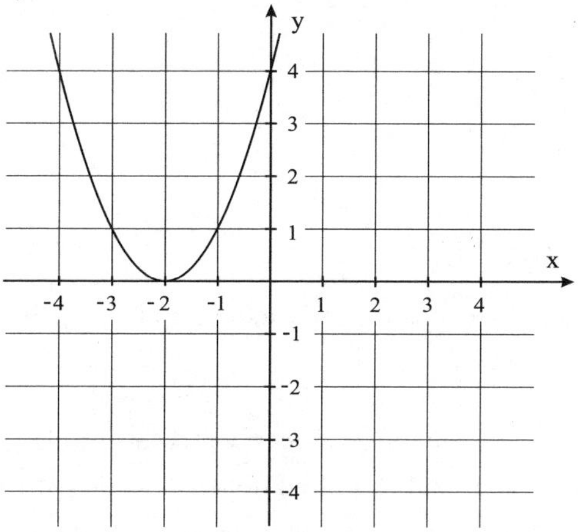

b)

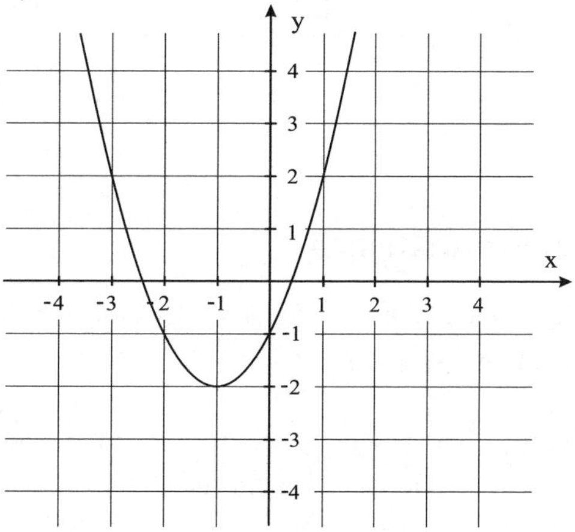

c)

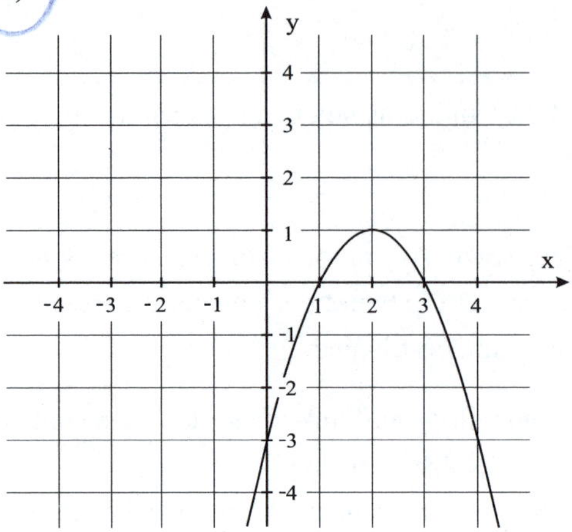

d)

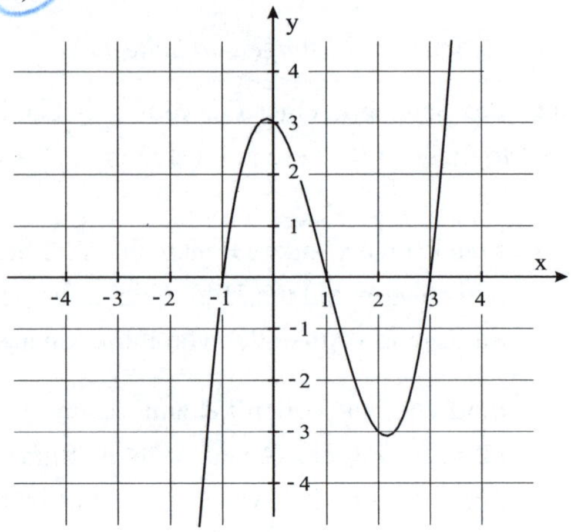

e)

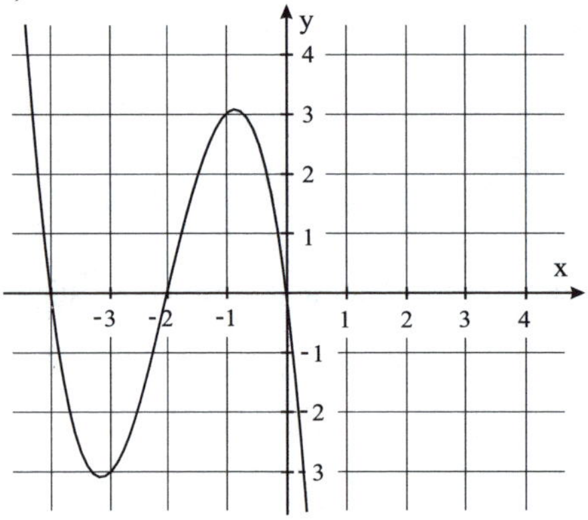

f)

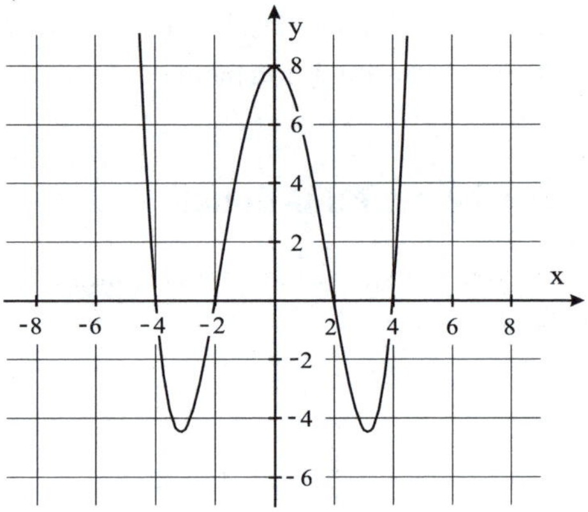

Potenzfunktionen

□

Nachfolgend sind die Schaubilder einiger Funktionen angegeben. Bestimmen Sie einen möglichen Funktionsterm.

Tipp: Überlegen Sie, ob es sich bei den gegebenen Schaubildern um nach rechts / links oder oben / unten verschobene Grundfunktionen von Potenzfunktionen handelt. Ansonsten bestimmen Sie die Polstellen (mit bzw. ohne Vorzeichenwechsel), die waagerechte Asymptote und die Koordinaten eines gegebenen Punktes des Schaubildes.

a)

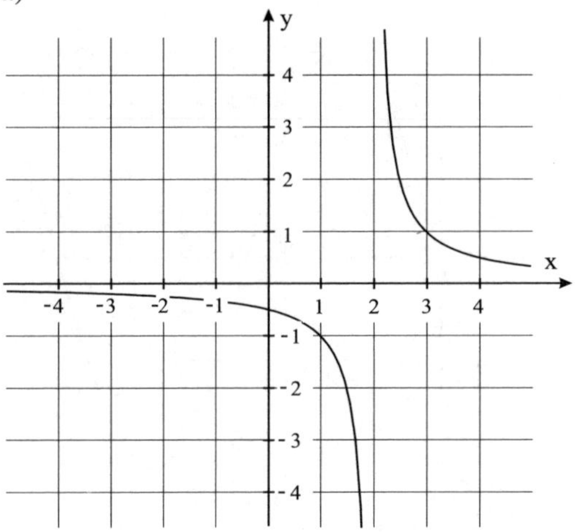

b)

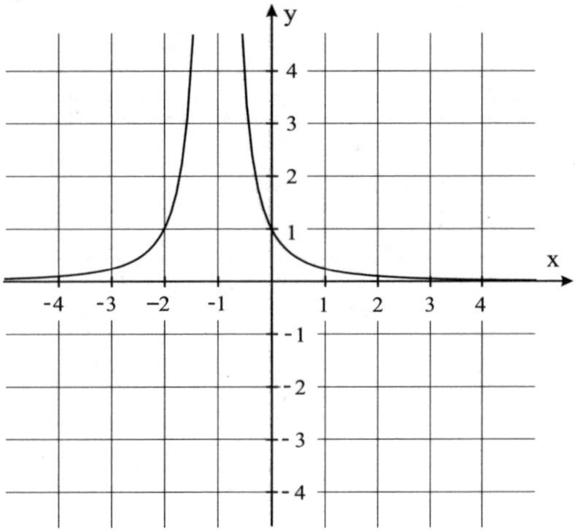

c)

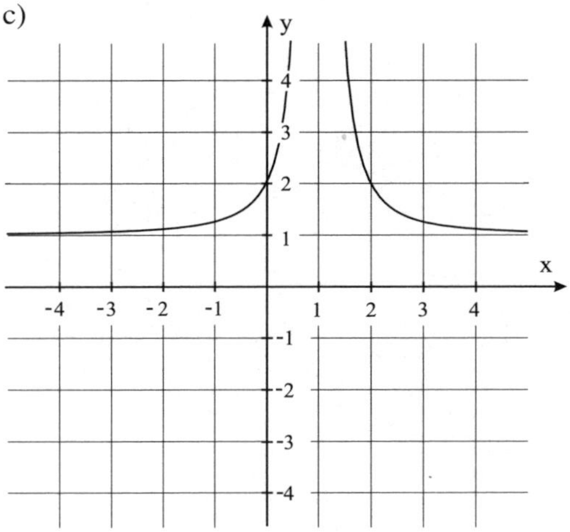

d)

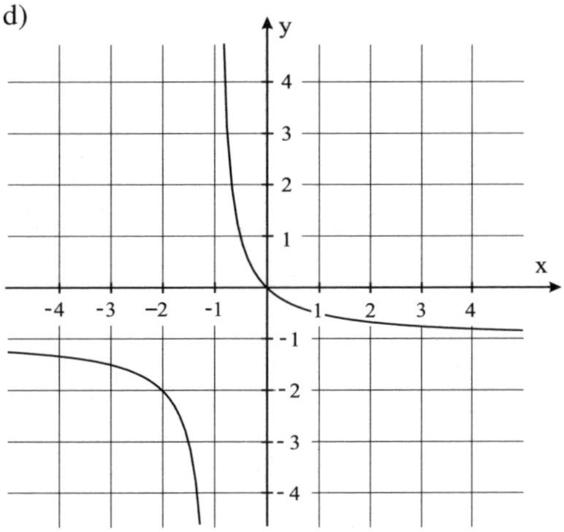

Trigonometrische Funktionen

☐

Nachfolgend sind die Schaubilder einiger Funktionen angegeben. Bestimmen Sie einen möglichen Funktionsterm.

a)

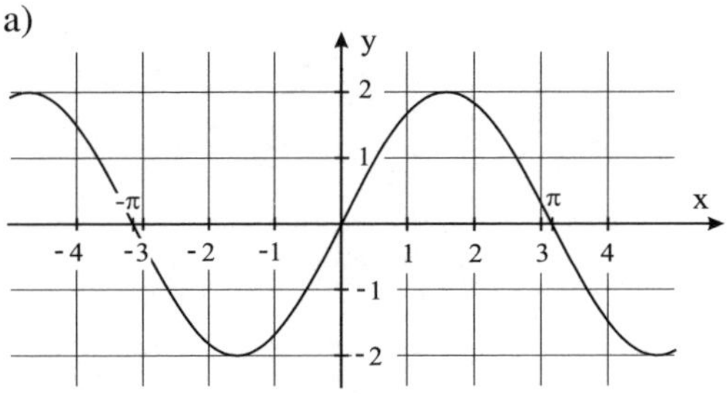

b)

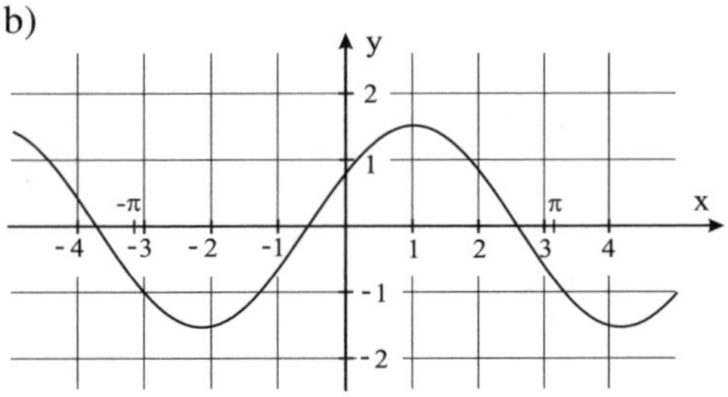

c)

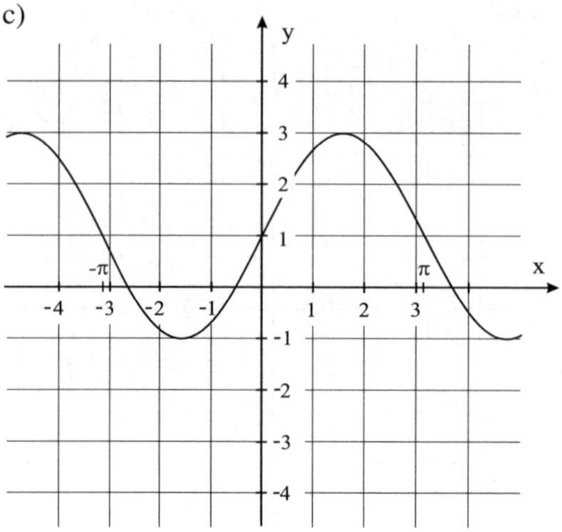

d)

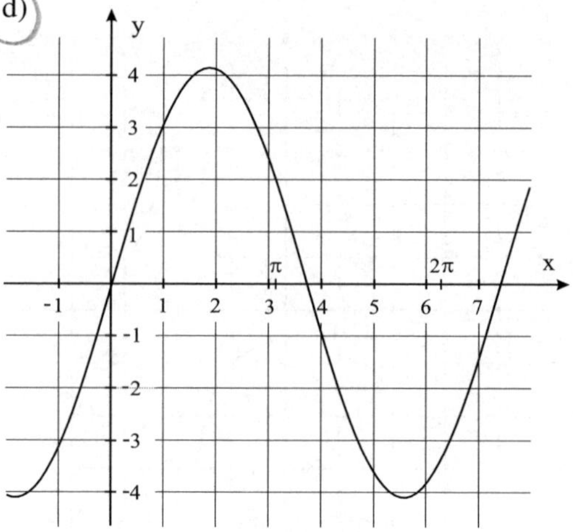

5 Eigenschaften von Kurven □

5.1 Schaubilder von f, f' und F □

Tipps ab Seite 76, Lösungen ab Seite 122

In diesem Kapitel geht es darum, Zusammenhänge zwischen den Schaubildern von f, f' und F zu erkennen und Aussagen zu beurteilen. Außerdem sollen die Schaubilder der Ableitungsfunktion oder der Integralfunktion skizziert werden, ohne dass der Funktionsterm bekannt sein muss.

Von f zu f' □

Man kann das Schaubild einer Ableitungsfunktion zeichnen, ohne den Funktionsterm zu kennen.

Dabei gilt, dass die Steigungswerte der Tangente an f in jedem Punkt genau die Werte der Ableitung sind. Verläuft das Schaubild flach, sind die Werte der Ableitung nahe Null, verläuft es steil, besitzt die Ableitung große Funktionswerte.

Für die charakteristischen Punkte und Eigenschaften der Kurve gilt:

Funktion	**Ableitung**
Hochpunkt	Nullstelle mit VZW von + nach −
Tiefpunkt	Nullstelle mit VZW von − nach +
Wendepunkt	Extrempunkt
Sattelpunkt (Wendepunkt mit Steigung Null)	Nullstelle ohne VZW bzw. Extrempunkt, der die x-Achse berührt
monoton steigend	verläuft oberhalb oder auf der x-Achse
streng monoton steigend	verläuft stets oberhalb der x-Achse
monoton fallend	verläuft unterhalb oder auf der x-Achse
streng monoton fallend	verläuft stets unterhalb der x-Achse

Um das Schaubild der Ableitungsfunktion zu skizzieren, ist es nötig, den wesentlichen Verlauf der Steigung des Schaubilds der Funktion zu erfassen. Dazu betrachten Sie z.B.

- Die Lage der Extrem- und Wendepunkte
- Das Monotonieverhalten
- Die «Steigungsentwicklung» für $x \to -\infty$ und $x \to +\infty$

Beispiel
Gesucht ist das Schaubild der Ableitungsfunktion der linken Kurve.
An der linken Zeichnung liest man ab:

- Hochpunkt bei $x = 1$, also Nullstelle der Ableitung mit VZW von + nach $-$ bei $x = 1$
- Wendepunkt bei $x \approx 2$ mit Drehsinnänderung von rechts nach links, also Tiefpunkt der Ableitung bei $x \approx 2$
- Für $x \to -\infty$ gehen die Funktionswerte gegen $-\infty$. Also werden die Steigungswerte immer größer, die Werte der Ableitung müssen also auch immer größer werden.
- Für $x \to +\infty$ gehen die Funktionswerte gegen Null. Also werden die Steigungswerte immer kleiner, die Werte der Ableitung müssen also auch immer kleiner werden.

In der rechten Zeichnung ist der ungefähre Verlauf der Ableitungsfunktion gezeichnet.

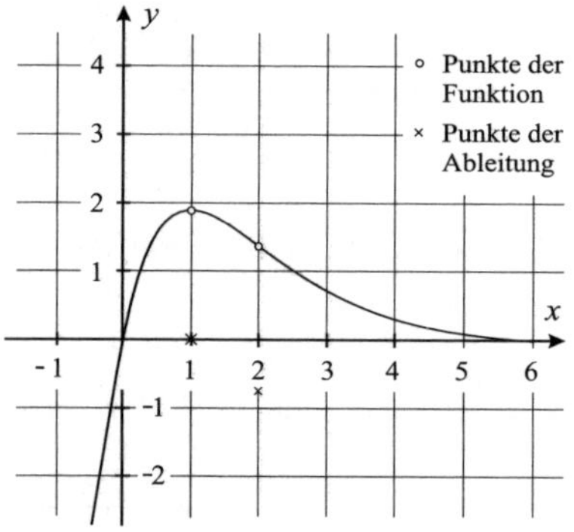

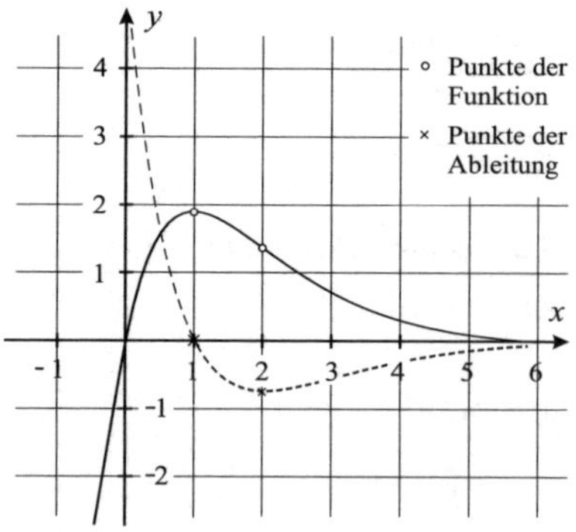

a) Nachfolgend sind die Schaubilder von Funktionen abgebildet.

I) Zeichnen Sie die Schaubilder der ersten Ableitung in das Koordinatensystem.

II) Nebenstehend finden Sie mehrere Aussagen. Streichen Sie die Funktionen aus, auf die die Aussagen nicht zutreffen.

f' hat für $x = 1$ ein relatives Maximum	f_1	f_2	f_3	f_4
f' ist für $x > 0$ monoton fallend	f_1	f_2	f_3	f_4
f' ist für $x > 0$ monoton steigend	f_1	f_2	f_3	f_4
f' ist für $x > 1$ negativ	f_1	f_2	f_3	f_4

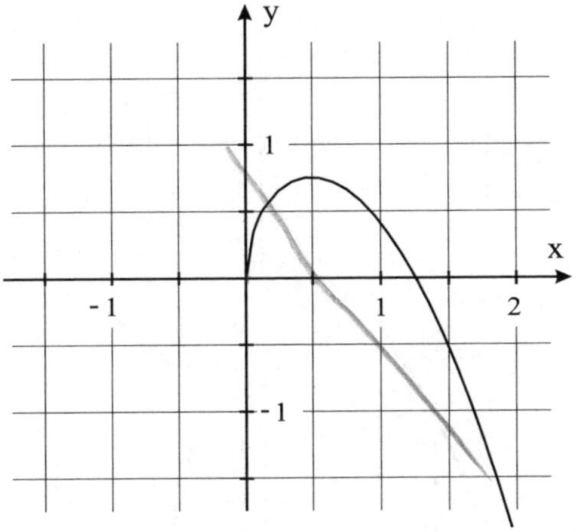

f_1

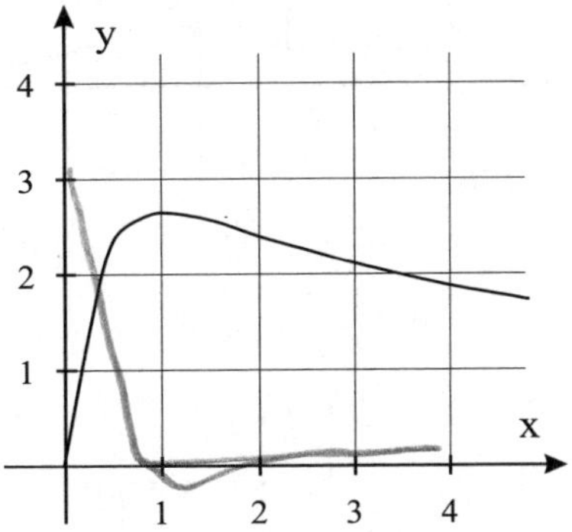

f_2

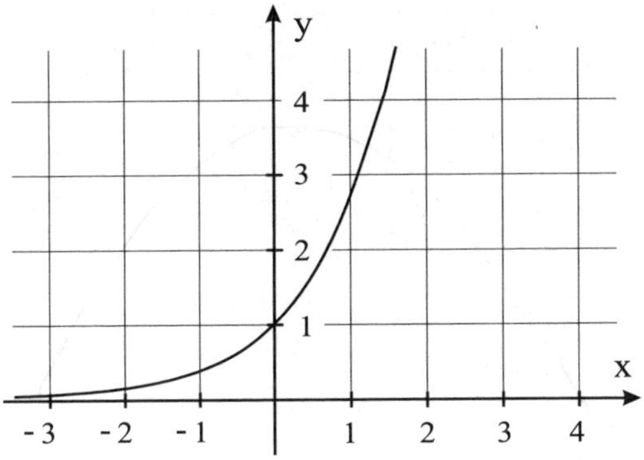

f_3

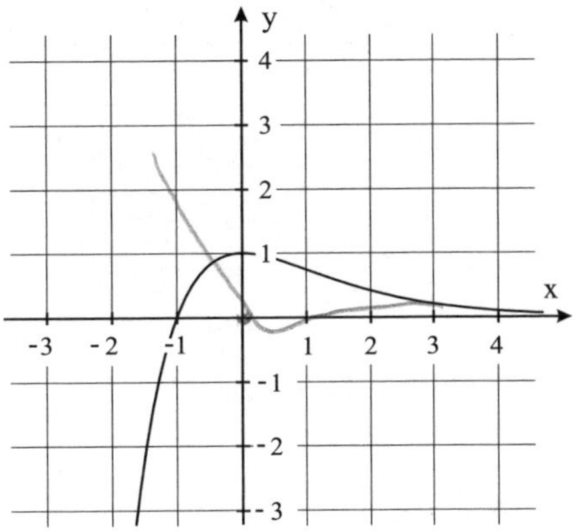

f_4

b) Nachfolgend sind die Schaubilder von Funktionen abgebildet.

I) Skizzieren Sie die Schaubilder der ersten Ableitung in das Koordinatensystem.

II) Nebenstehend finden Sie mehrere Aussagen. Streichen Sie die Funktionen aus, auf die die Aussagen nicht zutreffen.

$f'(x) < 0$	f_5	f_6	f_7	f_8
$f''(0) = 0$	f_5	f_6	f_7	f_8
$f'(1) = f'(-1)$	f_5	f_6	f_7	f_8

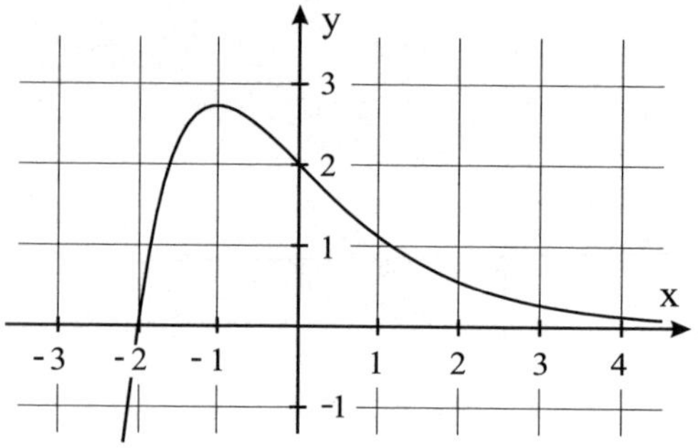

f_5

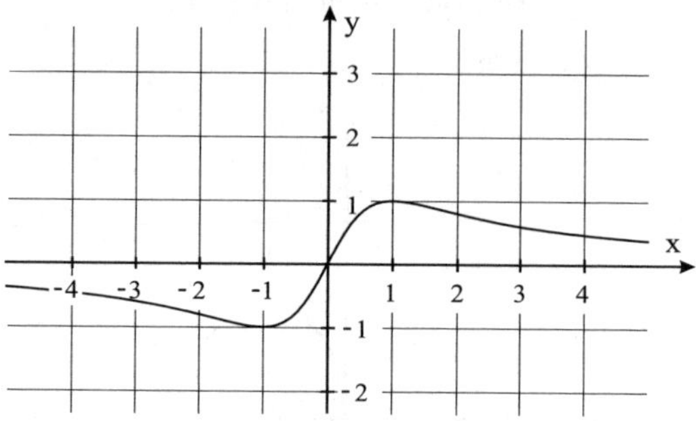

f_6

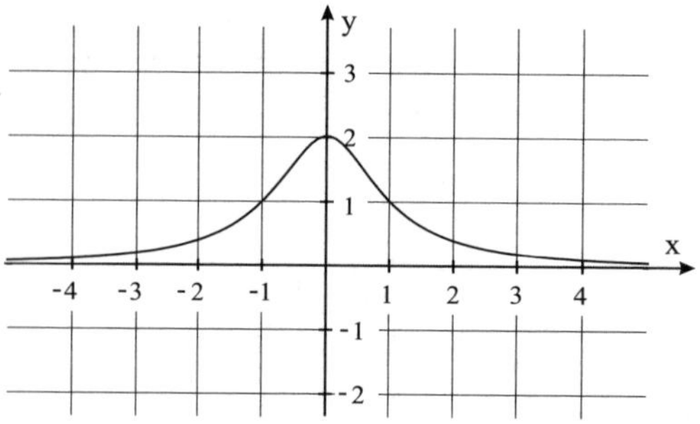

f_7

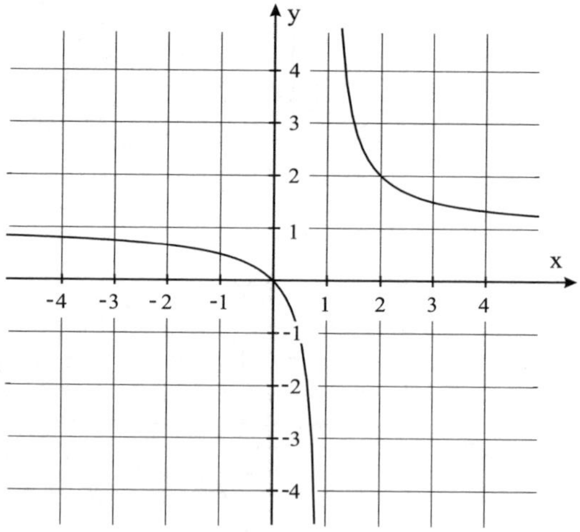

f_8

Von f' zu f

□

Die Vorgehensweise ist ähnlich wie bei der Bestimmung des Schaubilds der Ableitungsfunktion, nur gehen Sie umgekehrt vor: Hat das angegebene Schaubild der Ableitungsfunktion $f'(x)$ z.B. für $x = 1$ den Wert 0 mit Vorzeichenwechsel von + nach −, dann hat das Schaubild der Funktion f an dieser Stelle einen Hochpunkt usw..

Bei den folgenden Aufgaben ist das Schaubild der Ableitungsfunktion f' einer Funktion f gegeben. Entscheiden Sie, ob die folgenden Aussagen über f richtig, falsch oder unentscheidbar sind. Begründen Sie dabei Ihre Entscheidung.

a)

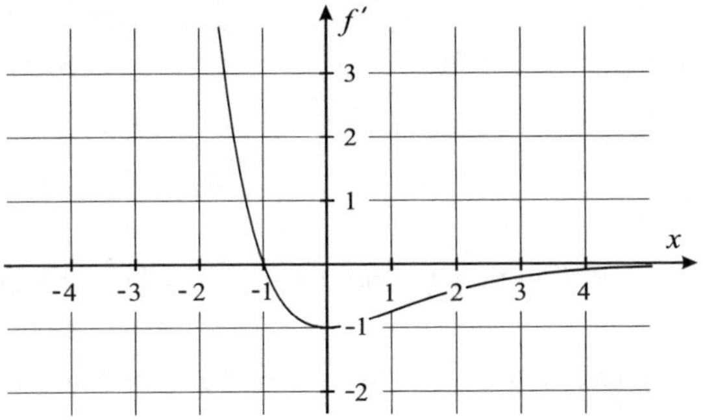

I) Bei $x = 0$ besitzt das Schaubild von f einen Extrempunkt.

II) Bei $x = -1$ besitzt das Schaubild von f eine waagerechte Tangente.

III) Das Schaubild der Funktion f besitzt keine Wendepunkte.

IV) $f(2) > f(0)$.

b)

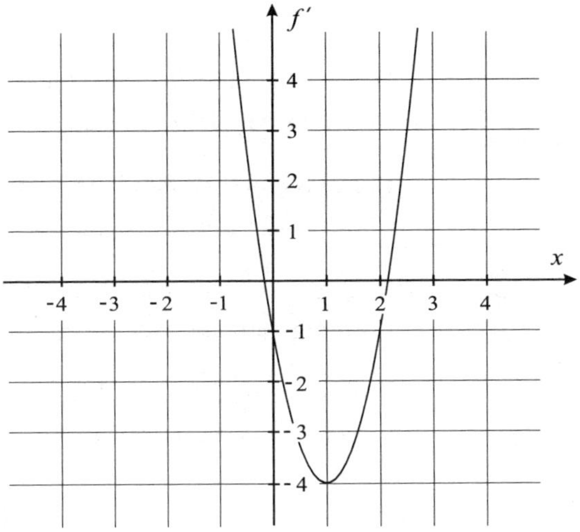

I) An der Stelle $x = 1$ besitzt das Schaubild von f einen Extrempunkt.

II) An der Stelle $x \approx -0{,}2$ hat das Schaubild von f einen Hochpunkt.

III) Der Grad von f ist mindestens gleich 2.

IV) Bei $x \approx 2{,}4$ besitzt das Schaubild der Funktion f eine Tangente, die parallel zur Geraden $y = 2x$ ist.

c)

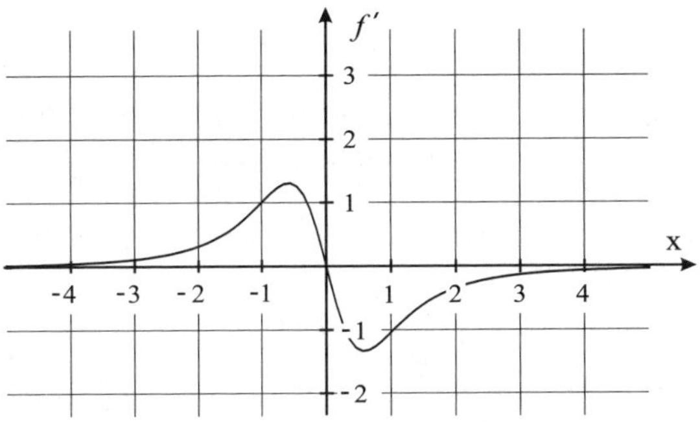

I) Das Schaubild von f ist achsensymmetrisch.

II) Das Schaubild von f ist für $x > 0$ streng monoton wachsend.

III) Das Schaubild von f besitzt bei $x = 0$ einen Tiefpunkt.

IV) Das Schaubild von f besitzt 2 Extrempunkte.

Von f zu F

Zu einer Funktion gibt es unendlich viele Stammfunktionen, die sich durch eine Konstante (das «absolute Glied») unterscheiden. Die Schaubilder dieser Stammfunktionen unterscheiden sich somit durch Verschiebung in y-Richtung. Erst wenn das absolute Glied gegeben ist, ist das Schaubild der Stammfunktion in Bezug auf diese Verschiebung festgelegt.

Die Stammfunktion

Gegeben ist das Schaubild einer Funktion f.

1. Skizzieren Sie das Schaubild der Ableitungsfunktion f' und das Schaubild einer Stammfunktion F.
2. Es sind einige Aussagen zur Funktion f bzw. zur Ableitungsfunktion f' und zur Stammfunktion F gegeben. Begründen oder widerlegen Sie diese.

a)

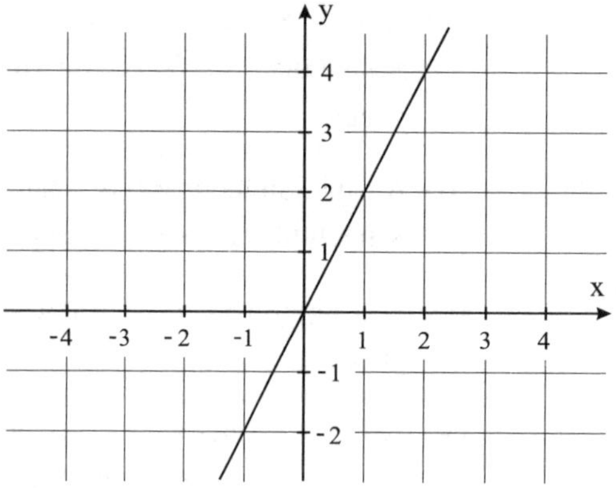

I) Das Schaubild der Ableitungsfunktion ist parallel zur Geraden $y = 1$.

II) Die Stammfunktion F(x) hat an der Stelle $x = 1$ die Steigung 2.

III) Die Ableitungsfunktion f' ist streng monoton wachsend.

IV) Das Schaubild der Ableitungsfunktion ist y-achsensymmetrisch.

b)

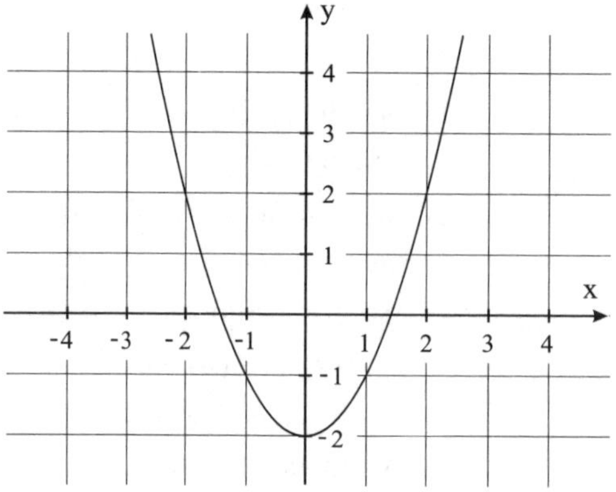

I) f' besitzt im Intervall $[-5;5]$ genau eine Nullstelle.

II) F ist im Intervall $[0;1]$ streng monoton wachsend .

III) F besitzt Extremstellen im Intervall $[-5;5]$.

Die Integralfunktion

Jede Integralfunktion $J_a(x)$ hat an der Stelle $x = a$ eine Nullstelle, also geht $J_0(x)$ durch den Koordinatenursprung $(0 \mid 0)$. Bei den folgenden Aufgaben ist das Schaubild einer quadratischen Funktion f im Intervall $I = [0;5]$ gegeben.

1. Skizzieren Sie das Schaubild der Ableitungsfunktion f' und das Schaubild der Integralfunktion $J_0(x) = \int_0^x f(t)\,dt$.
2. Es sind einige Aussagen zur Funktion f bzw. zur Ableitungsfunktion f' und zu J_0 gegeben. Begründen oder widerlegen Sie diese.

a)

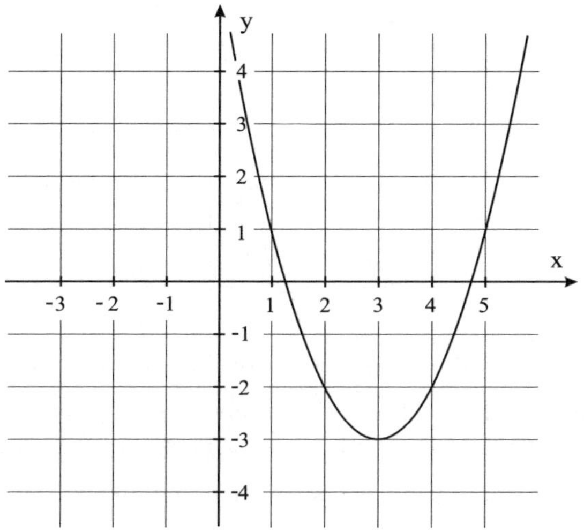

I) Das Schaubild von $f'(t)$ besitzt im Intervall I genau eine Nullstelle.

II) Die Integralfunktion $J_0(x)$ besitzt im Intervall I genau zwei Nullstellen.

III) $J_0(x)$ besitzt im Intervall I genau zwei Extremstellen.

b)

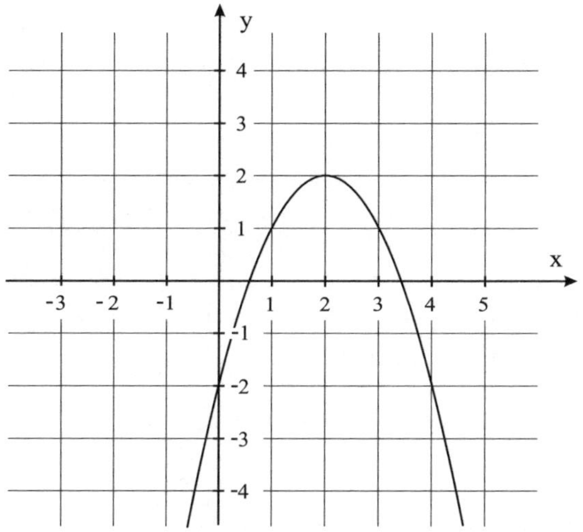

I) $J_0(x)$ besitzt genau drei Nullstellen im Intervall I.

II) $J_0(x)$ besitzt genau zwei Extremstellen im Intervall I.

III) $J_0(x)$ besitzt insgesamt drei Extremstellen.

IV) $f'(x)$ ist monoton fallend.

5.2 Kurvendiskussion ☐

Tipps ab Seite 79, Lösungen ab Seite 131

In diesem Kapitel geht es um Aufgaben aus der Kurvendiskussion. Die «klassische» Kurvendiskussion wird als Ganzes im Abitur meist nicht mehr verlangt, doch die einzelnen Elemente sind oft Bestandteil umfangreicherer Aufgaben. Meist geht es dabei um das Bestimmen von Extrem- und Wendepunkten, um Symmetrieuntersuchungen, um Definitionslücken und Polstellen und um das Verhalten der Funktion, wenn x gegen $\pm\infty$ strebt (waagerechte Asymptoten).

Elemente der Kurvendiskussion ☐

Die wichtigsten Elemente einer Kurvendiskussion sind:

- Schnittpunkte mit der x-Achse: $f(x) = 0$
- Schnittpunkte mit der y-Achse: $x = 0$ in die Funktionsgleichung einsetzen
- (Lokales) Minimum: $f'(x) = 0$ und $f''(x) > 0$ oder $f'(x) = 0$ und Vorzeichenwechsel von $f'(x)$ von $-$ nach +
- (Lokales) Maximum: $f'(x) = 0$ und $f''(x) < 0$ oder $f'(x) = 0$ und Vorzeichenwechsel von $f'(x)$ von + nach $-$
- Wendepunkt: $f''(x) = 0$ und $f'''(x) \neq 0$ oder $f''(x) = 0$ und Vorzeichenwechsel von $f''(x)$
- Bei Potenzfunktionen kann es noch Definitionslücken und Polstellen geben. Eine Definitionslücke tritt auf, wenn der Nenner gleich Null ist. Ist an dieser Stelle auch der Zähler gleich Null, handelt es sich um eine hebbare Lücke; ist der Zähler an dieser Stelle nicht gleich Null, handelt es sich um eine Polstelle.
- Bei der Untersuchung für $x \to \pm\infty$ müssen Sie untersuchen, wie sich die Funktionswerte verhalten, wenn die Werte für x gegen $+\infty$ oder $-\infty$ gehen, bzw. ob Asymptoten existieren.

Aufgaben

a) Prüfen Sie, ob das Schaubild von $f(x) = \frac{1}{4}x^4 - x^3 + 4x - 2;\, x \in \mathbb{R}$ an der Stelle $x = 2$ einen Tiefpunkt hat.

b) Gegeben sind die Funktionen f und g mit $f(x) = \frac{1}{x}$ und $g(x) = x^2 + 1$. Berechnen Sie $f(g(2))$ und $g(f(2))$. Für welche Werte von x ist $f(g(x)) = 0,1$?

c) Für welche Werte von x verläuft das Schaubild der Funktion f mit $f(x) = x \cdot (x-1)$ oberhalb der x-Achse ?

d) Für eine ganzrationale Funktion 3. Grades gilt: $f(1) = 4$, $f'(1) = 0$, $f''(1) < 0$, $f(0) = 2$, $f''(0) = 0$ und $f'''(0) \neq 0$.
Welche Aussagen lassen sich damit über das Schaubild von f machen ?

e) Zeigen Sie, dass das Schaubild von f mit $f(x) = x^2 \cdot e^x$; $x \in \mathbb{R}$ bei $x = 0$ einen Tiefpunkt besitzt.

f) Zeigen Sie, dass das Schaubild von $f(x) = 3x^3 + 4$; $x \in \mathbb{R}$ an der Stelle $x = 0$ einen Sattelpunkt besitzt.

g) Bestimmen Sie die Koordinaten des Extrempunkts des Schaubilds der Funktion f mit $f(x) = \frac{4}{x^2+1}$.

h) Zeigen Sie, dass das Schaubild der Funktion f mit $f(x) = x^2 e^{-x}$ zwei Punkte mit waagerechter Tangente hat. Bestimmen Sie die Gleichung der Geraden durch diese beiden Punkte.

i) Zeigen Sie, dass das Schaubild der Funktion f mit $f(x) = x \cdot e^{-x}$ genau einen Wendepunkt hat.

j) Gegeben ist eine Funktion f und ihre Ableitung $f'(x) = (x-2)^3$. Prüfen Sie, ob das Schaubild von f einen Tiefpunkt besitzt.

k) Zeigen Sie, dass das Schaubild der Funktion f mit $f(x) = 2 \cdot \sin\left(x - \frac{\pi}{2}\right)$ im Punkt $P(\pi \mid 2)$ eine waagrechte Tangente hat.

l) Weisen Sie nach, dass das Schaubild der Funktion f mit $f(x) = \frac{1}{2} \cdot \sin(2x - \pi)$ an der Stelle $x = \pi$ einen Wendepunkt hat.

Symmetrie ☐

Schaubilder von Funktionen können achsen- oder punktsymmetrisch sein. Handelt es sich bei der Achse um die y-Achse, so spricht man von y-Achsensymmetrie; handelt es sich beim Punkt, zu dem die Funktion symmetrisch ist, um den Ursprung, spricht man von Ursprungssymmetrie.

- Für y-Achsensymmetrie gilt $f(-x) = f(x)$
- Für Ursprungssymmetrie gilt $f(-x) = -f(x)$.

Sie können die Symmetrie zeigen, indem Sie $(-x)$ für x einsetzen und dann umformen. Dabei ist zu beachten, dass gilt: $(-x)^2 = x^2$ und $(-x)^3 = -x^3$.

Allgemeine Symmetrie:

- Für die Achsensymmetrie zu einer Achse $x = a$ muss gelten: $f(a-h) = f(a+h)$ mit $h \neq 0$.
- Für die Punktsymmetrie zu einem allgemeinen Punkt $P(a \mid b)$ muss für jedes $h \neq 0$ gelten: $\frac{f(a-h)+f(a+h)}{2} = b$.

Dazu setzen Sie den Wert von a ein und prüfen, ob eine wahre Aussage ensteht. Zur Beachtung: Sie können mit diesen Verfahren nicht berechnen, wo sich die Symmetrieachse oder der Symmetriepunkt befindet, sondern nur untersuchen, ob eine mögliche Symmetrie vorliegt.

a) Begründen Sie, dass das Schaubild von $f(x) = \frac{1}{x^2} + 3$; $x \in \mathbb{R} \setminus \{0\}$ achsensymmetrisch zur y-Achse ist.

b) Begründen Sie, dass das Schaubild von $f(x) = 3x^5 - 7{,}2x^3 + x$; $x \in \mathbb{R}$ punktsymmetrisch zum Ursprung ist.

c) Zeigen Sie, dass das Schaubild der Funktion f mit $f(x) = 2 \cdot (x-1)^3 + 4$; $x \in \mathbb{R}$ punktsymmetrisch zum Punkt $P(1 \mid 4)$ ist.

d) Weisen Sie nach, dass das Schaubild der Funktion f mit $f(x) = \frac{4}{(x-2)^2}$; $x \in \mathbb{R} \setminus \{2\}$ achsensymmetrisch zu $x = 2$ ist.

Tangenten und Normalen

Um die Gleichung einer Tangente t an eine Kurve in einem Punkt $P_1(x_1 \mid f(x_1))$ zu bestimmen, benutzt man meist die Punkt-Steigungsform

$$y - y_1 = m \cdot (x - x_1)$$

Dabei gilt: $y_1 = f(x_1)$ und für die Steigung $m = f'(x_1)$, d.h. der Wert der Ableitung an der Stelle x_1. Die Normale steht senkrecht auf der Tangente; für die Steigungen gilt $m_n \cdot m_t = -1$ bzw. $m_n = -\frac{1}{m_t}$ (negativer Kehrwert).

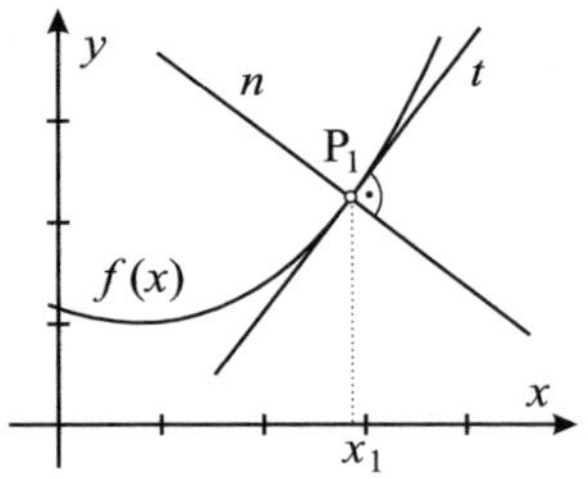

a) Bestimmen Sie die Gleichung der Tangente und der Normalen im Punkt $P(1 \mid -1)$ an das Schaubild der Funktion f mit $f(x) = x^2 - 4x + 2$.

b) Bestimmen Sie die Gleichung der Tangente und der Normalen im Wendepunkt an das Schaubild der Funktion f mit $f(x) = x^3 + x + 1$.

c) Gegeben ist die Funktion f mit $f(x) = x^2 + 4x - 3$. Gesucht ist:

I) Die Gleichung der Tangente mit Steigung $m = -2$.

II) Die Gleichung der Tangente, welche orthogonal ist zur Geraden mit der Gleichung $y = -\frac{1}{3}x + 4$.

III) Die Gleichung der Tangente, welche parallel ist zur Geraden $y = 4x - \frac{7}{2}$.

d) Gegeben ist die Funktion f mit $f(x) = \frac{4}{(x-1)^2}$. Bestimmen Sie die Gleichung der Tangente und der Normalen im Punkt $P(3 \mid f(3))$.

Berührpunkte zweier Kurven

☐

Wenn sich zwei Kurven schneiden, dann müssen ihre Funktionswerte im Schnittpunkt gleich sein. Wenn sie sich berühren, dann müssen nicht nur die Funktionswerte im Berührpunkt gleich sein, sondern auch die Steigungen. Für einen Berührpunkt B $(x_B \mid y_B)$ muss also gelten:

1. B ist ein gemeinsamer Punkt beider Kurven: $f(x_B) = g(x_B)$.
2. Im Punkt B haben die Schaubilder eine gemeinsame Tangente, also die gleiche Tangentensteigung: $f'(x_B) = g'(x_B)$.

Aufgaben:

a) Zeigen Sie, dass sich die Schaubilder der Funktion f mit $f(x) = \frac{1}{5}x^3 - 2x^2 + 5x + 3$ und der Funktion g mit $g(x) = -x^2 + 5x + 3$ im Punkt B $(0 \mid 3)$ berühren.

b) Zeigen Sie, dass sich die Schaubilder der Funktion f mit $f(x) = x^2 + \frac{1}{2}$ und der Funktion g mit $g(x) = -4x^4 + 4x^3 + \frac{1}{2}$ im Punkt B $\left(\frac{1}{2} \mid \frac{3}{4}\right)$ berühren.

c) Berechnen Sie den Berührpunkt der Schaubilder der Funktion f mit $f(x) = \frac{1}{3}x^3 - 2x^2 + 3x + 4$ und der Funktion g mit $g(x) = -x^2 + 3x + 4$.

d) Berechnen Sie die Berührpunkte der Schaubilder der Funktion f mit $f(x) = x^2 + 1$ und der Funktion g mit $g(x) = -\frac{1}{4}x^4 + x^3 + 1$.

* Funktionenscharen / Funktionen mit Parameter

☐

Bei einer Funktionenschar enthält die Funktionsgleichung immer einen Parameter. Dieser wird in der Regel mit einem Buchstaben bezeichnet. Beispiel: $f_a(x) = a \cdot x^2 + a$. Der Parameter kann verschiedene Werte annehmen, dadurch entsteht die Funktionenschar. Zu jedem Wert des Parameters gehört dann eine Funktion: Für $a = 1$ ist $f_1(x) = x^2 + 1$, für $a = 2$ ist $f_2(x) = 2x^2 + 2$ usw. Beim Ableiten wird der Parameter wie eine Zahl behandelt: $f_a{}'(x) = 2 \cdot ax$.

a) Gegeben ist die Funktionenschar $f_t(x) = tx^2$ mit $t \in \mathbb{R}$.
Für welchen Wert des Parameters t geht das Schaubild von f_t durch $P_1(2 \mid 2)$?

b) Gegeben ist die Funktion $f(x) = x^2 - ax + 1$; $a > 0$. Wieviele Nullstellen besitzt die Funktion f in Abhängigkeit vom Parameter a?

c) Gegeben sind die Funktionen $f(x) = -x^2 + 2$ und $g_t(x) = tx^2 - 1$; $t \in \mathbb{R}$. Für welchen Wert von t stehen die Schaubilder der beiden Funktionen in ihrem Schnittpunkt senkrecht aufeinander?

d) Gegeben ist die Funktionenschar $f_t(x) = \frac{t}{x^2+1}$. Für welchen Wert von t hat die Steigung im Punkt $P(1 \mid f_t(1))$ den Wert -2?

e) Bestimmen Sie t so, dass das Schaubild d. Funktionenschar f_t mit $f_t(x) = x \cdot e^{tx}$; $x \in \mathbb{R}$; $t < 0$ an der Stelle $x = 2$ einen Extrempunkt hat.

f) Gegeben ist die Funktionenschar f_t mit

$f_t(x) = (2x+t)\cdot e^{-x};\ x \in \mathbb{R};\ t \geqslant 0$

Ordnen Sie den abgebildeten Schaubildern von f_t den zugehörigen Parameter t zu:

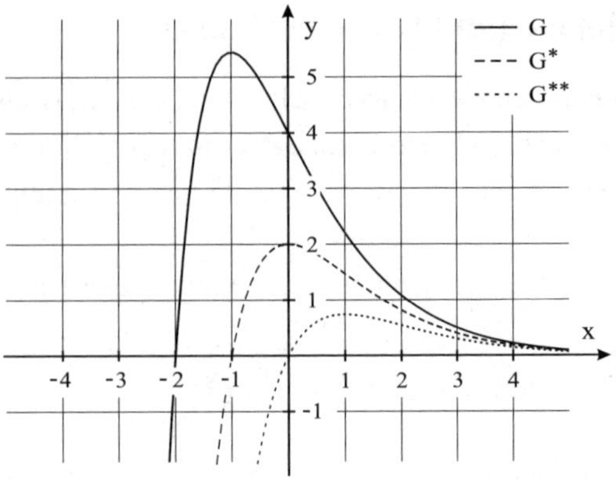

g) Für welchen Wert von a hat das Schaubild der Funktionenschar $f_a(x) = \sin(ax);\ x \in \mathbb{R};\ 0 < a < \frac{\pi}{2}$ bei $x = 3$ einen Extrempunkt?

h) Für welchen Wert von k hat das Schaubild die Funktionenschar $f_k(x) = k \cdot \sin(kx);\ x \in \mathbb{R};\ k > 0$ im Ursprung die gleiche Steigung wie das Schaubild der Funktion $g(x) = 2x^3 + 4x$?

* Ortskurven ☐

Eine Ortskurve beschreibt den Verlauf eines speziellen Punktes einer Kurvenschar, z.B. des Hochpunktes oder des Wendepunktes.

Um eine Ortskurve zu bestimmen, gehen Sie wie folgt vor:

1. Zuerst wird der spezielle Punkt bestimmt, falls er nicht schon vorliegt, z.B. H $\left(\frac{4}{t} \mid t^2\right)$.
2. Der x-Wert des Punktes wird so umgeformt, dass der Parameter alleine steht: $x = \frac{4}{t} \Rightarrow t = \frac{4}{x}$.
3. Der Parameter (in Abhängigkeit von x) wird in den y-Wert des Punktes eingesetzt: $y = t^2 = \left(\frac{4}{x}\right)^2$.
4. Durch Ausrechnen erhalten Sie den y-Wert in Abhängigkeit von x: $y = \left(\frac{4}{x}\right)^2 = \frac{16}{x^2}$ und damit die Gleichung der Ortskurve.

Aufgaben

a) Bei einer Kurvenschar haben die Extrempunkte die Koordinaten E $\left(\frac{2}{3}t \mid \frac{2}{9}t^3\right);\ t \in \mathbb{R}$. Bestimmen Sie die Gleichung der Ortskurve, auf der alle Extrempunkte liegen.

b) Bei einer Kurvenschar haben die Hochpunkte die Koordinaten H $\left(\frac{2}{3}t \mid \frac{9}{2t}\right);\ t \neq 0$. Bestimmen Sie die Gleichung der Ortskurve, auf der alle Hochpunkte liegen.

c) Bei einer Kurvenschar haben die Hochpunkte die Koordinaten H $\left(\frac{t}{2} \mid \frac{t^3}{4} - t\right);\ t \in \mathbb{R}$. Bestimmen Sie die Gleichung der Ortskurve, auf der alle Hochpunkte liegen.

d) Bestimmen Sie die Gleichung der Ortskurve, auf der alle Tiefpunkte der Kurvenschar f_t mit $f_t(x) = x^3 - 3tx^2;\ t > 0$ liegen.

Geometrie

6 Punkte, Geraden und Ebenen □

6.1 Rechnen mit Vektoren □

Tipps ab Seite 82, Lösungen ab Seite 139

In diesem Kapitel geht es darum, die Grundkenntnisse des Rechnens mit Vektoren zu wiederholen. Dazu gehören die Addition und Subtraktion von Vektoren. Neben diesen Rechenoperationen ist es wichtig, das Skalarprodukt zu kennen und zu wissen, dass es genau dann gleich Null ist, wenn zwei Vektoren senkrecht aufeinander stehen.

Da mit den Vektoren geometrische Objekte wie Dreiecke, Parallelogramme und verschiedene Körper beschrieben werden können, sollten Sie die grundlegenden Eigenschaften dieser Objekte kennen, z.B. dass in einem gleichschenklichen Dreieck zwei Seiten die gleiche Länge haben. Rechenregeln für das Rechnen mit Vektoren finden Sie bei den Tipps auf Seite 82. Wenn nicht anders angegeben gilt für alle Parameter: $r, s, t, \ldots \in \mathbb{R}$.

Addition und Subtraktion von Vektoren □

Gegeben sind die Vektoren $\vec{a} = \begin{pmatrix} -1 \\ 2 \\ 4 \end{pmatrix}$ und $\vec{b} = \begin{pmatrix} 3 \\ 1 \\ 2 \end{pmatrix}$. Berechnen Sie:

a) $\vec{a}+\vec{b}$ b) $\vec{a}-\vec{b}$ c) $2\cdot\vec{a}$ d) $-\vec{a}$ e) $2\vec{a}+3\vec{b}$

f) $\vec{a}\cdot\vec{b}$ g) $|\vec{a}|$ h) $|\vec{b}|$ i) $|\vec{a}+\vec{b}|$

Orthogonalität von Vektoren □

Prüfen Sie, ob folgende Vektoren senkrecht (orthogonal) aufeinander stehen.

a) $\vec{a} = \begin{pmatrix} -1 \\ 0 \\ 1 \end{pmatrix}$, $\vec{b} = \begin{pmatrix} 2 \\ 2 \\ 0 \end{pmatrix}$ b) $\vec{r} = \begin{pmatrix} 5 \\ -1 \\ 3 \end{pmatrix}$, $\vec{n} = \begin{pmatrix} 2 \\ 1 \\ -3 \end{pmatrix}$

c) $\vec{z} = \begin{pmatrix} 2 \\ -2 \\ 4 \end{pmatrix}$, $\vec{w} = \begin{pmatrix} 1 \\ 3 \\ 1 \end{pmatrix}$

d) Geben Sie drei verschiedene Vektoren an, die zu $\vec{n} = \begin{pmatrix} 1 \\ 2 \\ -3 \end{pmatrix}$ orthogonal sind.

Orts- und Verbindungsvektoren

Gegeben sind die Punkte A (2 | 3 | 2), B (7 | 4 | 3) und C (1 | 5 | −2).

a) Bestimmen Sie die Ortsvektoren $\vec{a}$, $\vec{b}$, und $\vec{c}$.

b) Bestimmen Sie die Verbindungsvektoren $\overrightarrow{AB}$, $\overrightarrow{AC}$ und $\overrightarrow{BC}$.

c) Ist jeder Verbindungsvektor ein Ortsvektor? Begründen Sie Ihre Antwort.

Verschiedene Aufgaben

Tipp: Fertigen Sie eine Skizze an und stellen Sie Vektorketten auf.

a) Prüfen Sie, ob das Dreieck ABC gleichschenklig ist:

I) A (3 | 7 | 2), B (−1 | 5 | 1), C (2 | 3 | 0)

II) A (−5 | 2 | −1), B (0 | 5 | −3), C (−1 | 6 | −3)

b) Prüfen Sie, ob das Dreieck ABC rechtwinklig ist:
A (5 | 1 | 0), B (1 | 5 | 2), C (−1 | 1 | 6)

c) Berechnen Sie die Koordinaten des Schwerpunkts des Dreiecks ABC:
A (5 | 1 | −4), B (1 | 5 | 5), C (−3 | 3 | 5)

d) I) Bestimmen Sie den Mittelpunkt M von A (4 | 1 | 3) und B (−2 | 5 | −5).

II) Bestimmen Sie die Koordinaten des Punktes P so, dass B (4 | 2 | 5) der Mittelpunkt von A (3 | −1 | −4) und P ist.

e) Gegeben sind die Punkte A (4 | 2 | 3), B (1 | 8 | 5) und C (−2 | 1 | −3).

I) Bestimmen Sie den Punkt D so, dass das Viereck ABCD ein Parallelogramm ist.

II) Bestimmen Sie den Punkt D^* so, dass das Viereck ABD^*C ein Parallelogramm ist.

III) Bestimmen Sie den Punkt D' so, dass das Viereck $AD'BC$ ein Parallelogramm ist.

f) Von einem Spat (Körper mit jeweils 4 parallelen Kanten) sind die Punkte A (3 | 1 | 4), B (−2 | 1 | −3), C (5 | −2 | 3) und F (9 | 2 | 6) gegeben.

I) Bestimmen Sie die Koordinaten der übrigen Punkte des Spats.

II) Berechnen Sie die Länge der Raumdiagonalen AG.

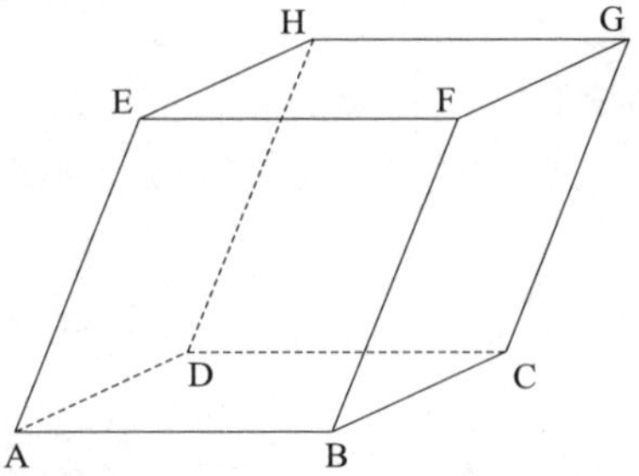

g) Ein schiefes Dreiecksprisma ist gegeben durch die Punkte A $(4 \mid 1 \mid -3)$, B $(5 \mid -2 \mid -1)$, C $(-1 \mid 3 \mid -2)$ und D $(7 \mid 4 \mid 2)$.
Bestimmen Sie die Koordinaten der Punkte E und F sowie die Länge der Kante EF.

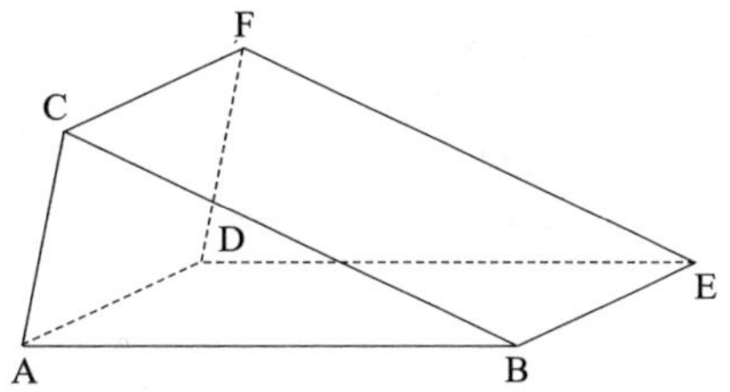

Linearkombination □

Wenn zwei Vektoren $\vec{a}$ und $\vec{b}$ linear abhängig sind, bedeutet das, dass sie ein Vielfaches voneinander sind: $\vec{a} = k \cdot \vec{b}$ mit $k \in \mathbb{R}$, es muss also immer einen Faktor geben, mit dem man einen der beiden Vektoren multiplizieren kann, so dass sich der andere ergibt.

Sind drei Vektoren linear abhängig, dann liegen sie in einer Ebene. Das bedeutet, dass man einen der drei Vektoren als «Linearkombination» der beiden andern ausdrücken kann, z.B. $\vec{a} = s \cdot \vec{b} + t \cdot \vec{c}$. Man stellt also ein Gleichungssystem auf und bestimmt s und t.

Prüfen Sie, ob man den Vektor $\vec{a}$ als Linearkombination der Vektoren $\vec{b}$ und $\vec{c}$ darstellen kann.

a) $\vec{a} = \begin{pmatrix} 5 \\ -9 \\ 2 \end{pmatrix}, \quad \vec{b} = \begin{pmatrix} 4 \\ -2 \\ 1 \end{pmatrix}, \quad \vec{c} = \begin{pmatrix} 3 \\ 5 \\ 0 \end{pmatrix}$

b) $\vec{a} = \begin{pmatrix} 4 \\ 0 \\ -2 \end{pmatrix}, \quad \vec{b} = \begin{pmatrix} 1 \\ 3 \\ -1 \end{pmatrix}, \quad \vec{c} = \begin{pmatrix} 6 \\ 6 \\ -4 \end{pmatrix}$

c) $\vec{a} = \begin{pmatrix} -1 \\ 3 \\ -2 \end{pmatrix}, \quad \vec{b} = \begin{pmatrix} 5 \\ 2 \\ 1 \end{pmatrix}, \quad \vec{c} = \begin{pmatrix} 3 \\ -4 \\ -3 \end{pmatrix}$

* Teilverhältnisse □

Gegeben sind die Punkte A $(3 \mid -1 \mid 2)$ und B $(5 \mid -2 \mid 0)$.

a) Bestimmen Sie die Koordinaten des Punktes S so, dass S die Strecke AB innen im Verhältnis 1 : 2 teilt.

b) Bestimmen Sie die Koordinaten des Punktes T so, dass T die Strecke AB innen im Verhältnis 5 : 4 teilt.

c) In welchem Verhältnis teilt der Punkt U $(4{,}5 \mid -1{,}75 \mid 0{,}5)$ die Strecke AB?

6.2 Geraden

☐

Tipps ab Seite 83, Lösungen ab Seite 145

Die Parameterform der Geradengleichung in der vektoriellen Geometrie lautet

$$g: \vec{x} = \vec{a} + t \cdot \overrightarrow{r_g} \text{ mit } t \in \mathbb{R}$$

Dabei wird der Vektor $\vec{a}$ als Stützvektor bezeichnet, weil er die Gerade «stützt», entsprechend ist der Punkt A der «Stützpunkt». Der Vektor $\overrightarrow{r_g}$ ist der Richtungsvektor der Geraden, da er die Richtung der Geraden angibt. t ist der Parameter, der angibt, mit welchem Faktor der Richtungsvektor vervielfacht wird.

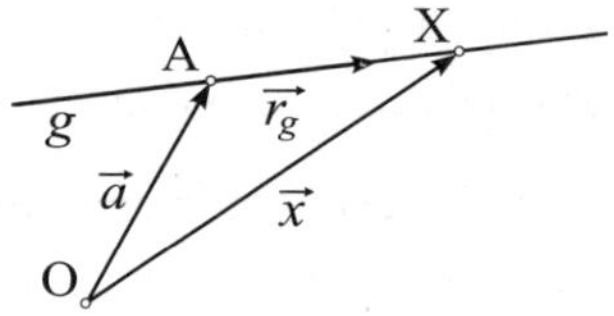

Aufstellen von Geradengleichungen

☐

Stellen Sie eine Gleichung der Geraden auf, die durch die beiden Punkte geht:

a) A(1 | 0 | 2), B(3 | 1 | 3) b) C(2 | 1 | −4), D(4 | 0 | 1) c) E(1 | 1 | 0), F(0 | 0 | 1)

☐

Punktprobe

Liegen die gegebenen Punkte A, B, C auf der Geraden $g: \vec{x} = \begin{pmatrix} 1 \\ 3 \\ -2 \end{pmatrix} + r \cdot \begin{pmatrix} 1 \\ 4 \\ 2 \end{pmatrix}$?

a) A(2 | 7 | 0) b) B(3 | 11 | 3) c) C(−2 | −9 | −8)

Gegenseitige Lage von Geraden

Zwei Geraden können auf vier verschiedene Weise zueinander liegen: Sie können parallel liegen, identisch sein, sich schneiden oder windschief sein. Die genauen Rechenwege zur Bestimmung der gegenseitigen Lage sind in den Tipps auf Seite 84 beschrieben.

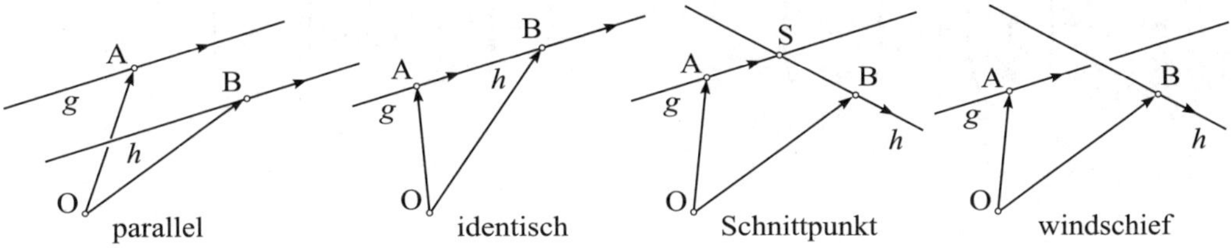

Bestimmen Sie die gegenseitige Lage der beiden gegebenen Geraden:

a) $g_1: \vec{x} = \begin{pmatrix} 4 \\ 2 \\ 5 \end{pmatrix} + t \cdot \begin{pmatrix} 1 \\ 1 \\ 2 \end{pmatrix}$ $\qquad g_2: \vec{x} = \begin{pmatrix} 0 \\ 0 \\ 0 \end{pmatrix} + r \cdot \begin{pmatrix} 2 \\ 0 \\ 1 \end{pmatrix}$

b) $g_1: \vec{x} = \begin{pmatrix} 2 \\ 0 \\ 0 \end{pmatrix} + r \cdot \begin{pmatrix} 1 \\ 1 \\ 1 \end{pmatrix}$ $\qquad g_2: \vec{x} = \begin{pmatrix} 3 \\ 2 \\ 3 \end{pmatrix} + t \cdot \begin{pmatrix} 3 \\ 4 \\ 5 \end{pmatrix}$

c) $g: \vec{x} = \begin{pmatrix} 1 \\ -3 \\ 5 \end{pmatrix} + s \cdot \begin{pmatrix} 2 \\ 1 \\ -3 \end{pmatrix}$ $\qquad h: \vec{x} = \begin{pmatrix} 5 \\ 1 \\ -3 \end{pmatrix} + t \cdot \begin{pmatrix} 4 \\ -5 \\ -1 \end{pmatrix}$

d) $g: \vec{x} = \begin{pmatrix} 1 \\ 2 \\ 1 \end{pmatrix} + t \cdot \begin{pmatrix} 2 \\ 0 \\ 1 \end{pmatrix}$ $\qquad h: \vec{x} = \begin{pmatrix} 2 \\ 3 \\ 4 \end{pmatrix} + r \cdot \begin{pmatrix} 0 \\ 1 \\ -1 \end{pmatrix}$

e) $g: \vec{x} = \begin{pmatrix} 4 \\ 0 \\ 1 \end{pmatrix} + s \cdot \begin{pmatrix} 2 \\ -1 \\ 3 \end{pmatrix}$ $\qquad h: \vec{x} = \begin{pmatrix} 6 \\ -1 \\ 4 \end{pmatrix} + t \cdot \begin{pmatrix} -2 \\ 1 \\ -3 \end{pmatrix}$

f) $g: \vec{x} = \begin{pmatrix} 1 \\ 2 \\ 3 \end{pmatrix} + r \cdot \begin{pmatrix} 1 \\ -1 \\ 2 \end{pmatrix}$ $\qquad h: \vec{x} = \begin{pmatrix} -1 \\ 4 \\ -1 \end{pmatrix} + s \cdot \begin{pmatrix} -3 \\ 3 \\ -6 \end{pmatrix}$

g) $g:\ \vec{x} = \begin{pmatrix} 1 \\ 4 \\ -2 \end{pmatrix} + t \cdot \begin{pmatrix} -2 \\ -1 \\ 3 \end{pmatrix}$ $\qquad h:\ \vec{x} = \begin{pmatrix} -1 \\ 3 \\ -1 \end{pmatrix} + r \cdot \begin{pmatrix} 4 \\ 2 \\ -6 \end{pmatrix}$

h) $g:\ \vec{x} = \begin{pmatrix} 0 \\ 1 \\ 4 \end{pmatrix} + s \cdot \begin{pmatrix} 4 \\ 6 \\ -8 \end{pmatrix}$ $\qquad h:\ \vec{x} = \begin{pmatrix} 4 \\ 8 \\ -4 \end{pmatrix} + t \cdot \begin{pmatrix} 2 \\ 3 \\ -4 \end{pmatrix}$

Verschiedene Aufgaben

□

a) Für welchen Wert des Parameters $t \in \mathbb{R}$ sind die Geraden $g_t:\ \vec{x} = \begin{pmatrix} 1 \\ 1 \\ 1 \end{pmatrix} + s \cdot \begin{pmatrix} 0 \\ 2 \\ 2t \end{pmatrix}$

und $h:\ \vec{x} = \begin{pmatrix} 4 \\ 1 \\ 7 \end{pmatrix} + r \cdot \begin{pmatrix} 0 \\ 4 \\ 4 \end{pmatrix}$ parallel?

b) Geben Sie zur Geraden $g:\ \vec{x} = \begin{pmatrix} 2 \\ -1 \\ 3 \end{pmatrix} + r \cdot \begin{pmatrix} 2 \\ 5 \\ 3 \end{pmatrix}$ eine Gerade h an, die parallel zu g ist und durch den Punkt A (2 | 1 | 4) geht.

c) Gegeben sind die Geraden $g:\ \vec{x} = \begin{pmatrix} 1 \\ 4 \\ 2 \end{pmatrix} + r \cdot \begin{pmatrix} 1 \\ 0 \\ 2 \end{pmatrix}$ und $h:\ \vec{x} = \begin{pmatrix} 11{,}5 \\ 9 \\ 3 \end{pmatrix} + s \cdot \vec{v}$.

Geben Sie einen Vektor $\vec{v}$ an, so dass

I) g und h sich im Punkt S (4 | 4 | 8) schneiden

II) g und h windschief sind.

6.3 Ebenen □

Tipps ab Seite 84, Lösungen ab Seite 150

Um eine Ebene zu beschreiben, gibt es verschiedene Gleichungen: Ähnlich wie für die Gerade gibt es eine *Parametergleichung*, diese lautet:

$$E: \vec{x} = \vec{a} + r \cdot \vec{v_1} + s \cdot \vec{v_2}$$

Der Vektor $\vec{a}$ ist auch hier der Stützvektor, die Vektoren $\vec{v_1}$ und $\vec{v_2}$ sind die Spannvektoren, da sie die Ebene «aufspannen».

Bei der *Punkt-Normalenform* der Ebene wird die Ebene durch einen Stützpunkt und einen Normalenvektor beschrieben. Der Normalenvektor $\vec{n}$ steht immer senkrecht auf der Ebene. Die dazugehörige Gleichung ist

$$E: (\vec{x} - \vec{a}) \cdot \vec{n} = 0$$

Anschaulich gesprochen bedeutet die Gleichung, dass das Skalarprodukt zwischen dem Normalenvektor $\vec{n}$ und jedem Vektor in der Ebene immer Null sein muss.

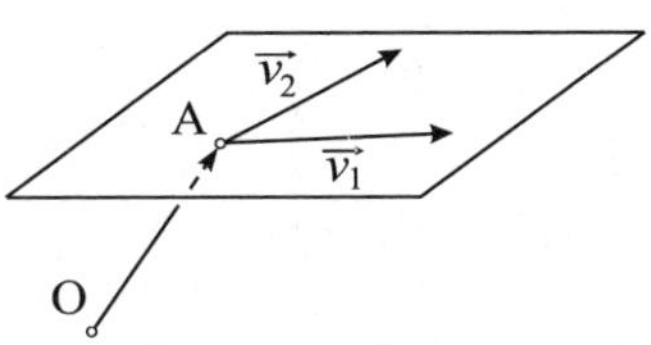

Parameterform

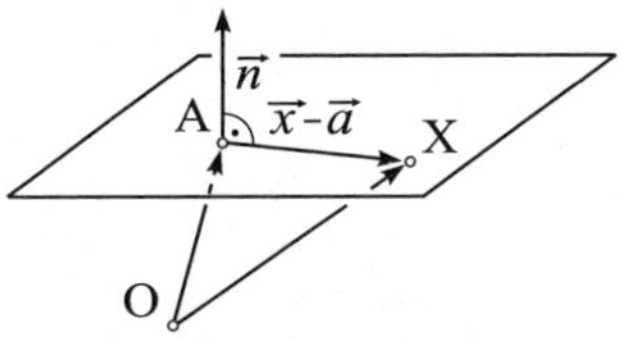

Punkt-Normalenform

Die Koordinatenform erhalten Sie durch Ausrechnen der Punkt-Normalenform. Sie lautet

$$E: a \cdot x_1 + b \cdot x_2 + b \cdot x_3 = d$$

Dabei sind a, b und c die Komponenten des Normalenvektors $\vec{n}$.

Ist eine Ebene in Parameterform gegeben und suchen Sie die Koordinatenform, so stellen Sie zuerst die Punkt-Normalenform auf und rechnen diese anschließend aus. Dazu ist ein Normalenvektor gesucht, der senkrecht auf den beiden Spannvektoren $\vec{v_1}$ und $\vec{v_2}$ stehen muss. Diesen können Sie mit Hilfe des Skalarprodukts berechnen, indem Sie benutzen, dass $\vec{n} \cdot \vec{v_1} = 0$ und $\vec{n} \cdot \vec{v_2} = 0$ sein muss. Sie erhalten so ein Gleichungssystem aus zwei Gleichungen mit dessen Hilfe Sie den Vektor $\vec{n}$ bestimmen können. Ein weiterer Weg führt über das Kreuzprodukt, siehe die nächste Seite.

Tipp: Wenn man einen Vektor $\vec{n}$ sucht, der senkrecht auf zwei gegebenen Vektoren $\vec{a}$ und $\vec{b}$ steht, geschieht dies einfach und schnell mit dem **Kreuzprodukt**:

$$\vec{n} = \left(\vec{a} \times \vec{b}\right) = \begin{pmatrix} a_2b_3 & - & a_3b_2 \\ a_3b_1 & - & a_1b_3 \\ a_1b_2 & - & a_2b_1 \end{pmatrix}$$

Die Merkhilfe dazu:

1. Beide Vektoren werden je zweimal untereinander geschrieben, dann werden die erste und die letzte Zeile gestrichen.
2. Anschließend wird «über Kreuz» multipliziert. Dabei erhalten die abwärts gerichteten Pfeile ein positives und die aufwärts gerichteten Pfeile ein negatives Vorzeichen.
3. Die einzelnen Komponenten werden subtrahiert – fertig!

$$\begin{array}{cc} \not{a_1} & \not{b_1} \\ a_2 & b_2 \\ a_3 & b_3 \\ a_1 & b_1 \\ a_2 & b_2 \\ \not{a_3} & \not{b_3} \end{array} \Rightarrow$$

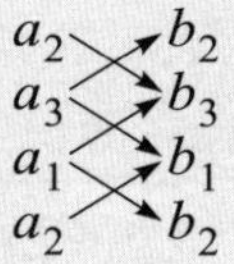

$$\Rightarrow \begin{pmatrix} a_2b_3 - a_3b_2 \\ a_3b_1 - a_1b_3 \\ a_1b_2 - a_2b_1 \end{pmatrix}$$

Beispiel:

Sind $\vec{a} = \begin{pmatrix} 1 \\ 3 \\ 2 \end{pmatrix}$ und $\vec{b} = \begin{pmatrix} -1 \\ 4 \\ 0 \end{pmatrix}$, ergibt sich für den gesuchten Vektor:

$$\begin{array}{cc} \not{1} & \not{-1} \\ 3 & 4 \\ 2 & 0 \\ 1 & -1 \\ 3 & 4 \\ \not{2} & \not{0} \end{array} \Rightarrow$$

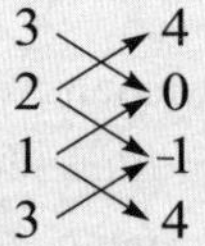

$$\Rightarrow \begin{pmatrix} 3 \cdot 0 - 2 \cdot 4 \\ 2 \cdot (-1) - 1 \cdot 0 \\ 1 \cdot 4 - 3 \cdot (-1) \end{pmatrix} = \begin{pmatrix} -8 \\ -2 \\ 7 \end{pmatrix}$$

Anmerkung:

Mit Hilfe des Kreuzprodukts lässt sich die Fläche des Dreiecks ABC direkt ausrechnen. Es ist

$$A_\triangle = \frac{1}{2} \left| \overrightarrow{AB} \times \overrightarrow{AC} \right|$$

Parameterform der Ebenengleichung

Im Folgenden sind jeweils drei Punkte bzw. eine Gerade und ein Punkt gegeben, die eine Ebene festlegen. Geben Sie zu diesen Ebenen jeweils eine Ebenengleichung in Parameterform an.

a) $A(1\,|\,4\,|\,3),\ B(2\,|\,7\,|\,-3),\ C(3\,|\,5\,|\,1)$

b) $P(3\,|\,1\,|\,2),\ Q(4\,|\,7\,|\,3),\ R(4\,|\,0\,|\,-1)$

c) $A(1\,|\,3\,|\,6),\ g:\ \vec{x} = \begin{pmatrix} -1 \\ 2 \\ 4 \end{pmatrix} + t \cdot \begin{pmatrix} 3 \\ 6 \\ -1 \end{pmatrix}$

d) $B(0\,|\,1\,|\,2),\ g:\ \vec{x} = \begin{pmatrix} 7 \\ 3 \\ 2 \end{pmatrix} + t \cdot \begin{pmatrix} 1 \\ 2 \\ 1 \end{pmatrix}$

Koordinatengleichung einer Ebene

Bestimmen Sie eine Koordinatengleichung der Ebene E. Es sind entweder die Normalenform, drei Punkte, ein Punkt und eine Gerade oder zwei Geraden, die die Ebene aufspannen, gegeben.

a) $E:\ \left(\vec{x} - \begin{pmatrix} 3 \\ 1 \\ 2 \end{pmatrix}\right) \cdot \begin{pmatrix} 2 \\ 3 \\ 1 \end{pmatrix} = 0$

b) $E:\ \left(\vec{x} - \begin{pmatrix} -5 \\ 4 \\ -1 \end{pmatrix}\right) \cdot \begin{pmatrix} 2 \\ -1 \\ 3 \end{pmatrix} = 0$

c) $A(2\,|\,2\,|\,2),\ B(4\,|\,1\,|\,3),\ C(8\,|\,4\,|\,5)$

d) $P(1\,|\,3\,|\,5),\ Q(2\,|\,7\,|\,3),\ R(5\,|\,1\,|\,3)$

e) $A(4\,|\,1\,|\,2),\ g:\vec{x} = \begin{pmatrix} 3 \\ 5 \\ 7 \end{pmatrix} + t \cdot \begin{pmatrix} 1 \\ 1 \\ 1 \end{pmatrix}$

f) $C(4\,|\,3\,|\,4),\ g:\ \vec{x} = \begin{pmatrix} 7 \\ 2 \\ 3 \end{pmatrix} + t \cdot \begin{pmatrix} 1 \\ -3 \\ -3 \end{pmatrix}$

g) $g_1:\ \vec{x} = \begin{pmatrix} 1 \\ 2 \\ 3 \end{pmatrix} + t \cdot \begin{pmatrix} 1 \\ 3 \\ 4 \end{pmatrix}$ $\qquad g_2:\ \vec{x} = \begin{pmatrix} 1 \\ 2 \\ 3 \end{pmatrix} + s \cdot \begin{pmatrix} 2 \\ -1 \\ 3 \end{pmatrix}$

h) $g_1:\ \vec{x} = \begin{pmatrix} 1 \\ 2 \\ 4 \end{pmatrix} + s \cdot \begin{pmatrix} 1 \\ 3 \\ 2 \end{pmatrix}$ $\qquad g_2:\ \vec{x} = \begin{pmatrix} 3 \\ 3 \\ 7 \end{pmatrix} + t \cdot \begin{pmatrix} 2 \\ 1 \\ 3 \end{pmatrix}$

i) $g_1:\ \vec{x} = \begin{pmatrix} 3 \\ 1 \\ 6 \end{pmatrix} + s \cdot \begin{pmatrix} 2 \\ 1 \\ 4 \end{pmatrix}$ $\qquad g_2:\ \vec{x} = \begin{pmatrix} -1 \\ -8 \\ 4 \end{pmatrix} + t \cdot \begin{pmatrix} 1 \\ 4 \\ -1 \end{pmatrix}$

j) $g_1:\ \vec{x} = \begin{pmatrix} 1 \\ 0 \\ 2 \end{pmatrix} + s \cdot \begin{pmatrix} 3 \\ 1 \\ 2 \end{pmatrix}$ $\qquad g_2:\ \vec{x} = \begin{pmatrix} 4 \\ 1 \\ 1 \end{pmatrix} + t \cdot \begin{pmatrix} 6 \\ 2 \\ 4 \end{pmatrix}$

k) $g:\ \vec{x} = \begin{pmatrix} 0 \\ 1 \\ 0 \end{pmatrix} + s \cdot \begin{pmatrix} 2 \\ 1 \\ 2 \end{pmatrix}$ $\qquad h:\ \vec{x} = \begin{pmatrix} 2 \\ 0 \\ 2 \end{pmatrix} + t \cdot \begin{pmatrix} -4 \\ -2 \\ -4 \end{pmatrix}$

l) Die Ebene E ist Spiegelebene zwischen A (1 | 4 | 7) und A* (3 | 2 | 3).

m) * Die Ebene E enthält die Gerade $g: \vec{x} = \begin{pmatrix} 3 \\ 1 \\ 2 \end{pmatrix} + t \cdot \begin{pmatrix} 2 \\ 0 \\ -1 \end{pmatrix}$ und ist orthogonal zur Ebene $F: -x_1 + x_2 + 2x_3 + 2 = 0$.

n) Prüfen Sie, ob die vier Punkte A (2 | 1 | 2), B (4 | 3 | 4), C (7 | 2 | 3) und D (8 | −1 | 0) in einer Ebene liegen.

Ebenen im Koordinatensystem ☐

Es sind verschiedene Ebenen angegeben. Zeichnen Sie diese mit Hilfe ihrer Spurpunkte in ein kartesisches Koordinatensystem ein:

Tipp: Spurpunkte sind die Punkte, in denen die Ebene die Koordinatenachsen schneidet.

a) $E: 3x_1 + 4x_2 + 3x_3 = 12$ b) $E: 4x_1 - 8x_2 + 4x_3 = 16$ c) $E: 3x_1 - 3x_2 - 3x_3 = 9$

d) $E: 2x_1 + 4x_2 = 8$ e) $E: x_1 + 2x_3 = 4$ f) $E: 3x_2 + x_3 = 3$

g) $E: x_2 = 3$ h) $E: x_1 - x_2 = 0$

Bestimmen von Geraden und Ebenen in einem Quader ☐

In der Abbildung ist ein Quader dargestellt, M und N seien die Mittelpunkte der beiden Kanten $\overline{BE}$ bzw. $\overline{CF}$.

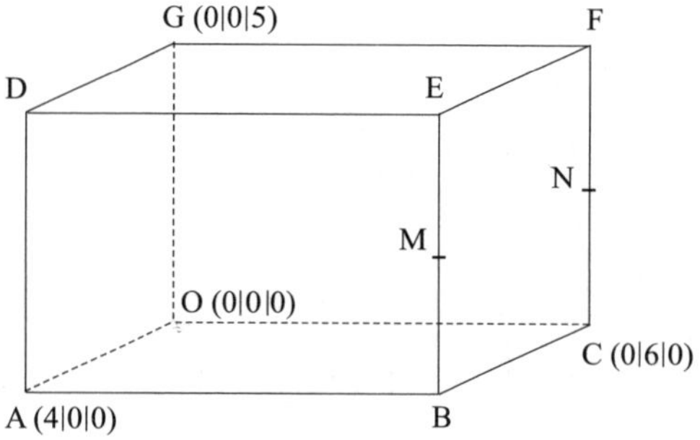

a) Bestimmen Sie die Koordinaten der übrigen Punkte.

b) Geben Sie eine Koordinatengleichung der Ebene durch B, E und F an.

c) Geben Sie je eine Geradengleichung der Geraden durch A und N sowie G und M an.

d) Bestimmen Sie die Koordinatengleichung der Ebene durch A, O, E und F.

6.4 Gegenseitige Lage von Geraden und Ebenen ☐

Tipps ab Seite 86, Lösungen ab Seite 158

Eine Gerade und eine Ebene können auf drei verschiedene Weisen zueinander liegen: Die Gerade kann die Ebene schneiden, sie kann parallel zu ihr liegen und sie kann in der Ebene liegen. Liegt die Ebene in der Parameterform vor, werden Geraden- und Ebenengleichung gleichgesetzt. Liegt sie in der Punkt-Normalenform oder der Koordinatenform vor, schreiben Sie die Gerade als «allgemeinen Punkt» um und setzten diesen in die Ebenengleichung ein.

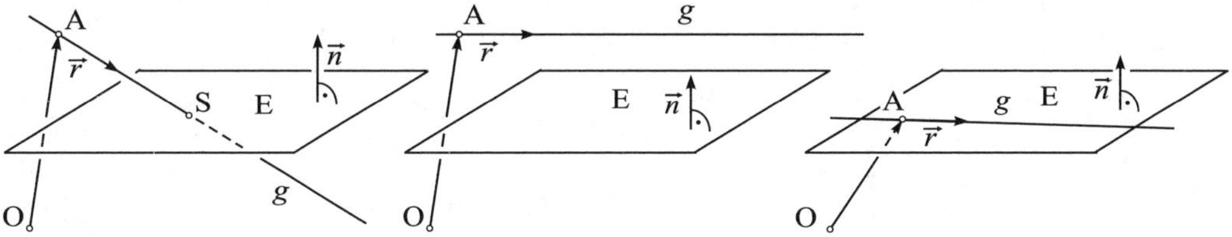

g schneidet E *g* ist parallel zu E *g* liegt in E

Gegenseitige Lage ☐

Bestimmen Sie die gegenseitige Lage der Gerade und der Ebene:

a) $g: \vec{x} = \begin{pmatrix} 4 \\ 6 \\ 2 \end{pmatrix} + t \cdot \begin{pmatrix} 1 \\ 2 \\ 3 \end{pmatrix}$ E: $2x_1 + 4x_2 + 6x_3 + 12 = 0$

b) $g: \vec{x} = \begin{pmatrix} 3 \\ 2 \\ 2 \end{pmatrix} + s \cdot \begin{pmatrix} 2 \\ 5 \\ 7 \end{pmatrix}$ E: $2x_1 + x_2 - 3x_3 = 4$

c) $g: \vec{x} = \begin{pmatrix} 4 \\ 1 \\ 3 \end{pmatrix} + t \cdot \begin{pmatrix} 2 \\ -1 \\ 1 \end{pmatrix}$ E: $\vec{x} = \begin{pmatrix} 1 \\ -2 \\ -2 \end{pmatrix} + r \cdot \begin{pmatrix} 3 \\ 6 \\ -3 \end{pmatrix} + s \cdot \begin{pmatrix} 8 \\ -4 \\ 4 \end{pmatrix}$

d) $g: \vec{x} = \begin{pmatrix} 3 \\ 4 \\ 7 \end{pmatrix} + t \cdot \begin{pmatrix} 1 \\ 0 \\ 1 \end{pmatrix}$ E: $\vec{x} = \begin{pmatrix} 4 \\ 6 \\ 8 \end{pmatrix} + r \cdot \begin{pmatrix} 3 \\ 8 \\ 9 \end{pmatrix} + s \cdot \begin{pmatrix} 10 \\ 5 \\ 4 \end{pmatrix}$

e) $g: \vec{x} = \begin{pmatrix} 1 \\ -2 \\ 3 \end{pmatrix} + s \cdot \begin{pmatrix} 2 \\ 1 \\ 2 \end{pmatrix}$ E: $x_1 - x_3 = 0$

f) $g:\ \vec{x} = \begin{pmatrix} 1 \\ 2 \\ 3 \end{pmatrix} + t \cdot \begin{pmatrix} 1 \\ 3 \\ 4 \end{pmatrix}$ $\qquad$ $E:\ 13x_1 + 5x_2 - 7x_3 - 2 = 0$

Gerade und Ebene parallel

☐

Bestimmen Sie den Parameter $t \in \mathbb{R}$ so, dass $g_t \parallel E$ bzw. $g_t \parallel E_t$ ist:

a) $g_t:\ \vec{x} = \begin{pmatrix} 1 \\ 4 \\ -2 \end{pmatrix} + s \cdot \begin{pmatrix} 2 \\ 1 \\ t \end{pmatrix}$ $\qquad$ $E:\ x_1 + 2x_2 + 4x_3 = 2$

b) $g_t:\ \vec{x} = \begin{pmatrix} 2 \\ 1 \\ 2 \end{pmatrix} + s \cdot \begin{pmatrix} 1 \\ t \\ 2 \end{pmatrix}$ $\qquad$ $E_t:\ tx_1 + 2x_2 - x_3 = 7$

c) $g_t:\ \vec{x} = \begin{pmatrix} 1 \\ 0 \\ -1 \end{pmatrix} + s \cdot \begin{pmatrix} 1 \\ t \\ 2 \end{pmatrix}$ $\qquad$ $E_t:\ 2tx_1 + tx_2 - 1{,}5x_3 - 8 = 0$

Vermischte Aufgaben

☐

a) Gegeben ist die Ebene $E:\ 2x_1 + x_2 - 2x_3 = 12$. Bestimmen Sie die Gleichung einer Geraden, welche parallel zu E ist und durch den Punkt $P(4 \mid 9 \mid 7)$ verläuft.

b) Die Ebene E hat die Gleichung $E:\ 4x_1 - 3x_2 + 5x_3 = 17$. Bestimmen Sie die Gleichung der Geraden, die orthogonal zu E ist und durch den Punkt $Q(4 \mid -1 \mid 3)$ verläuft.

c) * Gegeben ist die Ebene $E:\ -2x_1 + x_2 + 2x_3 = 10$. Im Abstand von 3 LE verläuft eine Gerade g parallel zur Ebene E. Geben Sie eine mögliche Geradengleichung von g an.

d) * Gegeben ist die Gerade $g:\ \vec{x} = \begin{pmatrix} 2 \\ 1 \\ -3 \end{pmatrix} + t \cdot \begin{pmatrix} 3 \\ 0 \\ 4 \end{pmatrix}$; $t \in \mathbb{R}$. Im Abstand von 5 LE verläuft eine Ebene E parallel zu g. Bestimmen Sie eine mögliche Koordinatengleichung von E.

6.5 Gegenseitige Lage von Ebenen ☐

Tipps ab Seite 87, Lösungen ab Seite 162

Zwei Ebenen können auf drei verschiedene Arten zueinander liegen: Die beiden Ebenen können sich schneiden, sie können identisch sein oder parallel zueinander liegen. Wenn sich die beiden Ebenen schneiden, entsteht eine Schnittgerade s.

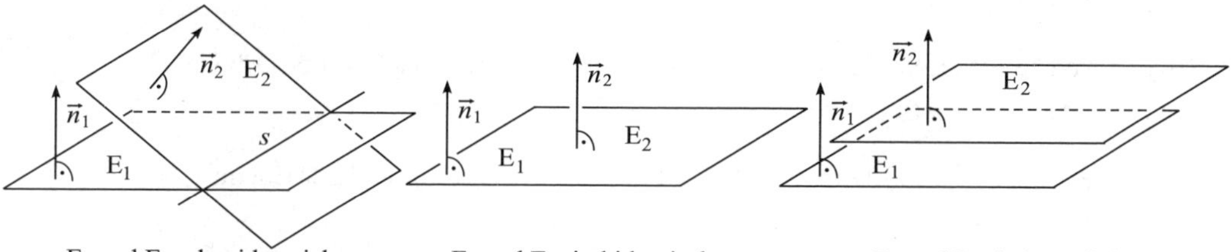

E_1 und E_2 schneiden sich | E_1 und E_2 sind identisch | E_1 und E_2 sind parallel

Liegen die Ebenen in Koordinatenform vor, so läßt sich die Aufgabe relativ einfach dadurch lösen, dass Sie die beiden Gleichungen als Gleichungssystem mit drei Unbekannten auffassen. Sie lösen dieses Gleichungssystem und können die Lösung als Geradengleichung schreiben, indem der Parameter der Lösung zum Geradenparameter wird. Liegen die Ebenen in Parametergleichung vor, setzen Sie diese gleich und benutzen das Gaußverfahren um nach einem Parameter aufzulösen. Sie erhalten so einen Ausdruck in Abhängigkeit vom anderen Parameter, setzen diesen in die Ebenengleichung ein und erhalten so die Schnittgerade.

Schnitt von zwei Ebenen ☐

Bestimmen Sie eine Gleichung der Schnittgeraden der beiden Ebenen:

a) $E_1: \ x_1 + 2x_3 = 6$
$E_2: \ x_1 + x_2 + x_3 = 1$

b) $E_1: \ 6x_1 - x_2 + x_3 = 6$
$E_2: \ 2x_1 + x_2 - x_3 = -2$

c) $E_1: \ 4x_2 = 8$
$E_2: \ 2x_1 + 6x_3 = 0$

Parallele Ebenen ☐

Zeigen Sie, dass die beiden Ebenen parallel sind, bzw. bestimmen Sie t so, dass die beiden Ebenen parallel sind:

a) $E: \ 4x_1 + 3x_2 - 2x_3 = -7$

$F: \ 8x_1 + 6x_2 - 4x_3 = -15$

b) $E: \ -x_1 + x_2 + 2x_3 = 0$

$$F: \left(\vec{x} - \begin{pmatrix} 5 \\ 2 \\ -1 \end{pmatrix}\right) \cdot \begin{pmatrix} 2 \\ -2 \\ -4 \end{pmatrix} = 0$$

c) $E: \ 3x_1 + 6x_2 = 5$

$$F: \left(\vec{x} - \begin{pmatrix} -1 \\ 4 \\ -1 \end{pmatrix}\right) \cdot \begin{pmatrix} -1 \\ -2 \\ 0 \end{pmatrix} = 0$$

d) $E_t: \; tx_1 - 2tx_2 - 4x_3 = 6$
$F: \; -2x_1 + 4x_2 - 4x_3 = 7$

e) $E_t: \; 2tx_1 + x_2 + 3x_3 = 8$
$F: \; 8x_1 - 2x_2 - 6x_3 = 7$

Vermischte Aufgaben

☐

a) Zeigen Sie, dass die Ebene $E: \; 4x_1 + x_2 - 2x_3 = -8$ identisch ist mit der Ebene $F: \; -6x_1 - 1{,}5x_2 + 3x_3 = 12$.

b) Für welchen Wert von d ist $E_d: \; 2x_1 + x_2 - 3x_3 = d$ identisch mit der Ebene $F: \; -4x_1 - 2x_2 + 6x_3 = 9$?

c) Zeigen Sie, dass die Ebene $E: \; 3x_1 + 4x_2 - 2x_3 = 7$ orthogonal zur Ebene $F: \; 2x_1 + x_2 + 5x_3 = 9$ ist.

d) Für welchen Wert von t ist $E: \; 2x_1 - x_2 + 3x_3 = 7$ orthogonal zur Ebene $E_t: \; tx_1 - 2tx_2 - 4x_3 = 6$?

Lineare Gleichungssysteme

☐

Geben Sie die Lösungsmengen der folgenden linearen Gleichungssysteme sowie die geometrische Interpretation an:

Tipp: Prüfen Sie immer zuerst, ob zwei Gleichungen ein Vielfaches voneinander sind. In diesem Fall wird eine der beiden Gleichungen gestrichen. Ein Gleichungssystem mit drei Variablen und zwei Gleichungen besitzt unendlich viele Lösungen (falls kein Widerspruch auftritt). Man setzt zuerst eine Variable als Parameter t fest und rechnet dann die anderen Variablen aus.

a) $$\begin{aligned} x_1 + 2x_2 - x_3 &= 8 \\ -x_1 + x_2 + 2x_3 &= 0 \\ -x_1 - 5x_2 - 4x_3 &= -12 \end{aligned}$$

b) $$\begin{aligned} x_1 + 2x_2 - 2x_3 &= 7 \\ x_1 - x_2 - 4x_3 &= -9 \\ x_1 + 4x_2 + 3x_3 &= 25 \end{aligned}$$

c) $$\begin{aligned} x_1 + x_2 + 7x_3 &= 2 \\ 2x_1 - x_2 - 3x_3 &= -5 \\ 4x_1 - x_2 + 4x_3 &= -7 \end{aligned}$$

d) $$\begin{aligned} x_1 + 2x_2 - x_3 &= 4 \\ -x_1 + 2x_2 - 3x_3 &= 6 \\ 2x_1 + 4x_2 - 2x_3 &= 8 \end{aligned}$$

e) $$\begin{aligned} x_1 + 2x_2 + x_3 &= 4 \\ -x_1 - 4x_2 + x_3 &= 7 \\ 2x_1 + 8x_2 - 2x_3 &= 18 \end{aligned}$$

f) $$\begin{aligned} x_1 - x_2 + 2x_3 &= 6 \\ -2x_1 + 2x_2 - 4x_3 &= -12 \\ 2x_1 + x_2 + x_3 &= 3 \end{aligned}$$

7 Abstände, Winkel und Spiegelungen □

7.1 Abstandsberechnungen □

Tipps ab Seite 88, Lösungen ab Seite 168

Die verschiedenen Aufgaben der Abstandsberechnungen lassen sich oft auf die Berechnung des Abstands eines Punktes von einer Ebene oder des Abstands eines Punktes zu einem Punkt zurückführen. So können Sie den Abstand eines Punktes P zu einer Geraden g mit einer Hilfsebene E_H berechnen. Diese steht senkrecht auf g und enthält den Punkt P. Der Abstand ist dann die Länge des Vektors $\overrightarrow{LP}$. (Alternativ können Sie auch das Skalarprodukt benutzen.)

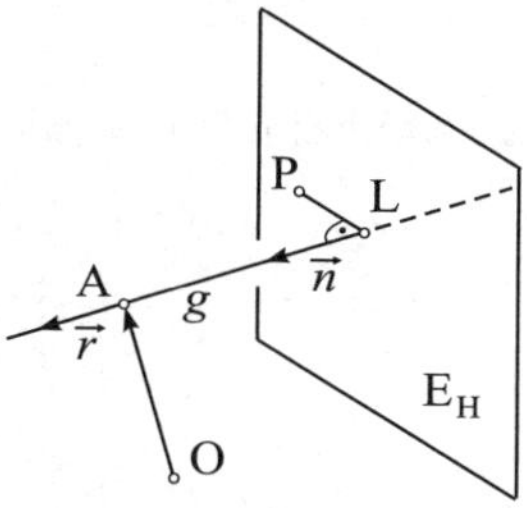

Den Abstand eines Punktes von einer Ebene berechnet man entweder mit einer Hilfsgeraden, mit der man den Lotfußpunkt bestimmt oder mit der Hesseschen Normalenform (HNF).

Auch den Abstand von zwei windschiefen Geraden können Sie auf zwei Weisen bestimmen: Entweder mit Hilfe der Abstandsformel (siehe Seite 89) oder indem Sie einen «allgemeinen» Verbindungsvektor der beiden Geraden aufstellen und jeweils das Skalarprodukt mit den beiden Richtungsvektoren bilden, welches gleich Null sein muss, damit dieser Verbindungsvektor senkrecht auf den beiden Geraden steht.

Abstand Punkt – Ebene □

Berechnen Sie den Abstand des Punktes von der Ebene:

a) $P(2\,|\,4\,|\,-1),\ E:\ 2x_1 - x_2 + 2x_3 = 1$

b) $S(9\,|\,4\,|\,-3),\ E:\ x_1 + 2x_2 + 2x_3 = -3$

c) $Q(8\,|\,1\,|\,1),\ E:\ x_1 - 4x_2 - 4x_3 = 0$

d) $R(6\,|\,9\,|\,4),\ E:\ \left(\vec{x} - \begin{pmatrix} 7 \\ 5 \\ 2 \end{pmatrix}\right) \cdot \begin{pmatrix} 2 \\ 2 \\ 1 \end{pmatrix} = 0$

Abstand Punkt – Gerade □

Berechnen Sie den Abstand des Punktes von der Geraden:

a) $g: \vec{x} = \begin{pmatrix} 4 \\ 5 \\ 6 \end{pmatrix} + t \cdot \begin{pmatrix} -2 \\ 1 \\ 1 \end{pmatrix},\ T(6\,|\,-6\,|\,9)$

b) $g: \vec{x} = \begin{pmatrix} -2 \\ -4 \\ 2 \end{pmatrix} + t \cdot \begin{pmatrix} 3 \\ 0 \\ -2 \end{pmatrix},\ P(-1\,|\,2\,|\,-3)$

Abstand paralleler Geraden

Zeigen Sie, dass die beiden Geraden parallel sind, und berechnen Sie den Abstand der beiden Geraden:

a) $g:\ \vec{x} = \begin{pmatrix} 2 \\ 1 \\ 2 \end{pmatrix} + t \cdot \begin{pmatrix} 1 \\ 0 \\ 1 \end{pmatrix}$ $\qquad h:\ \vec{x} = \begin{pmatrix} 2 \\ 3 \\ 4 \end{pmatrix} + s \cdot \begin{pmatrix} 3 \\ 0 \\ 3 \end{pmatrix}$

b) $g:\ \vec{x} = \begin{pmatrix} 5 \\ -1 \\ 3 \end{pmatrix} + t \cdot \begin{pmatrix} 1 \\ 3 \\ 4 \end{pmatrix}$ $\qquad h:\ \vec{x} = \begin{pmatrix} 7 \\ -7 \\ 7 \end{pmatrix} + s \cdot \begin{pmatrix} -2 \\ -6 \\ -8 \end{pmatrix}$

Abstand windschiefer Geraden

Berechnen Sie jeweils den Abstand der beiden windschiefen Geraden:

a) $g:\ \vec{x} = \begin{pmatrix} -1 \\ -3 \\ 5 \end{pmatrix} + s \cdot \begin{pmatrix} 4 \\ 1 \\ -1 \end{pmatrix}$ $\qquad h:\ \vec{x} = \begin{pmatrix} 0 \\ -4 \\ 8 \end{pmatrix} + t \cdot \begin{pmatrix} 2 \\ 0 \\ -1 \end{pmatrix}$

b) $g:\ \vec{x} = \begin{pmatrix} 6 \\ 1 \\ 3 \end{pmatrix} + t \cdot \begin{pmatrix} 2 \\ 1 \\ -2 \end{pmatrix}$ $\qquad h:\ \vec{x} = \begin{pmatrix} 4 \\ 5 \\ -3 \end{pmatrix} + s \cdot \begin{pmatrix} 0 \\ 1 \\ 2 \end{pmatrix}$

Abstand Gerade – Ebene

a) Zeigen Sie, dass $g:\ \vec{x} = \begin{pmatrix} 1 \\ 2 \\ 3 \end{pmatrix} + t \cdot \begin{pmatrix} 2 \\ -1 \\ 3 \end{pmatrix}$ parallel zu
$\mathrm{E}:\ 4x_1 - x_2 - 3x_3 = 19$ ist und berechnen Sie den Abstand von g zu E.

b) Zeigen Sie, dass $g:\ \vec{x} = \begin{pmatrix} 1 \\ 8 \\ 1 \end{pmatrix} + t \cdot \begin{pmatrix} -2 \\ 1 \\ -1 \end{pmatrix}$ parallel zu
$\mathrm{E}:\ 2x_1 + x_2 - 3x_3 = 14$ ist und berechnen Sie den Abstand von g zu E.

Abstand paralleler Ebenen

a) Zeigen Sie, dass die Ebene $\mathrm{E}_1:\ 2x_1 - 3x_2 + x_3 = 4$ parallel ist zu
$\mathrm{E}_2:\ -2x_1 + 3x_2 - x_3 = -7$ und berechnen Sie den Abstand von E_1 zu E_2.

b) Zeigen Sie, dass die Ebene $\mathrm{E}_1:\ -x_1 + x_2 + 2x_3 = 0$ parallel ist zu
$\mathrm{F}:\ \left(\vec{x} - \begin{pmatrix} 5 \\ 2 \\ -1 \end{pmatrix}\right) \cdot \begin{pmatrix} 2 \\ -2 \\ -4 \end{pmatrix} = 0$ und berechnen Sie den Abstand von F zu E.

* Verschiedene Aufgaben □

a) Bestimmen Sie denjenigen Punkt A auf $g: \vec{x} = \begin{pmatrix} 2 \\ 1 \\ 3 \end{pmatrix} + t \cdot \begin{pmatrix} 2 \\ 1 \\ 2 \end{pmatrix}$,

welcher von P(5 | 1 | 0) und Q(6 | 3 | 7) die gleiche Entfernung hat.

b) Bestimmen Sie denjenigen Punkt M auf $g: \vec{x} = \begin{pmatrix} -1 \\ 4 \\ 1 \end{pmatrix} + t \cdot \begin{pmatrix} 2 \\ -2 \\ 1 \end{pmatrix}$,

der von A(2 | −2 | 1) und C(−1 | 4 | −1) gleich weit entfernt ist.

c) Bestimmen Sie diejenigen Punkte auf $g: \vec{x} = \begin{pmatrix} 1 \\ 0 \\ 2 \end{pmatrix} + t \cdot \begin{pmatrix} 2 \\ 1 \\ 2 \end{pmatrix}$,

welche von A(3 | 1 | 4) die Entfernung 3 LE haben.

d) Die Punkte A(1 | 1 | 1), B(3 | 3 | 1) und C(0 | 4 | 5) sowie S(6 | −2 | 8) bilden eine Pyramide mit der Grundfläche ABC. Berechnen Sie die Höhe der Pyramide.

e) Von welcher Ebene $E_b: 2x_1 + x_2 - 2x_3 = b$ hat der Punkt P(−1 | 2 | −3) den Abstand 2 LE?

f) Welche Punkte der Geraden $g: \vec{x} = \begin{pmatrix} 2 \\ -5 \\ -3 \end{pmatrix} + t \cdot \begin{pmatrix} 2 \\ 4 \\ 5 \end{pmatrix}$ haben von der

Ebene $E: \; 2x_1 + x_2 + 2x_3 - 11 = 0$ den Abstand 3 LE?

g) Berechnen Sie die Koordinaten der Punkte auf $g: \vec{x} = \begin{pmatrix} 0 \\ 4 \\ -2 \end{pmatrix} + t \cdot \begin{pmatrix} 2 \\ 2 \\ 1 \end{pmatrix}$,

die von der Ebene $E: \; x_1 + 2x_2 + 2x_3 = 12$ den Abstand 8 LE haben.

7.2 Winkelberechnungen □

Tipps ab Seite 90, Lösungen ab Seite 173

Die verschiedenen Aufgaben der Winkelberechnungen lassen sich auf die Berechnung des Winkels α zwischen zwei Vektoren $\vec{a}$ und $\vec{b}$ zurückführen, den man mit Hilfe der Formel $\cos\alpha = \frac{\vec{a}\cdot\vec{b}}{|\vec{a}|\,|\vec{b}|}$ bestimmen kann.

Will man den spitzen Winkel zwischen zwei Geraden oder zwei Ebenen berechnen, verwendet man die Formel $\cos\alpha = \frac{|\vec{a}\cdot\vec{b}|}{|\vec{a}|\,|\vec{b}|}$, wobei $\vec{a}$ und $\vec{b}$ die beiden Richtungsvektoren der Geraden bzw. die beiden Normalenvektoren sind.

Will man den spitzen Winkel zwischen einer Geraden und einer Ebene berechnen, verwendet man die Formel $\sin\alpha = \frac{|\vec{a}\cdot\vec{b}|}{|\vec{a}||\vec{b}|}$, wobei $\vec{a}$ der Richtungsvektor der Geraden und $\vec{b}$ der Normalenvektor der Ebene ist.

Ohne Taschenrechner lässt sich der Winkel in der Regel nur dann bestimmen, wenn es sich um einen rechten Winkel handelt. Bestimmen Sie ansonsten den Ausdruck für den Kosinus bzw. den Sinus des Winkels.

Winkel zwischen Vektoren und zwischen Geraden ☐

Tipp: Machen Sie eine Skizze. Überlegen Sie, welche Vektoren der Geraden den Winkel einschließen.

a) Berechnen Sie die Innenwinkel des Dreiecks ABC: A (6 | −1 | 1), B (4 | 3 | −3), C (0 | 5 | 1).

b) Berechnen Sie den Winkel zwischen den beiden Geraden oder bestimmen Sie einen Rechenausdruck:

I) $g: \vec{x} = \begin{pmatrix} 2 \\ 1 \\ -1 \end{pmatrix} + s\cdot\begin{pmatrix} -1 \\ 3 \\ 5 \end{pmatrix}$ $\quad h: \vec{x} = \begin{pmatrix} 2 \\ 1 \\ -1 \end{pmatrix} + t\cdot\begin{pmatrix} 7 \\ -1 \\ 2 \end{pmatrix}$

II) $g: \vec{x} = \begin{pmatrix} 4 \\ 0 \\ 1 \end{pmatrix} + s\cdot\begin{pmatrix} 2 \\ -6 \\ 10 \end{pmatrix}$ $\quad h: \vec{x} = \begin{pmatrix} 4 \\ 0 \\ 1 \end{pmatrix} + t\cdot\begin{pmatrix} 2 \\ 3 \\ 5 \end{pmatrix}$

Winkel zwischen Ebenen ☐

Berechnen Sie den Winkel zwischen den Ebenen oder bestimmen Sie einen Rechenausdruck:

a) $E_1: x_1 - x_2 + 2x_3 = 7$

$E_2: 6x_1 + x_2 - x_3 + 7 = 0$

b) $E_1: 4x_2 = 5$

$E_2: \left(\vec{x} - \begin{pmatrix} 5 \\ 2 \\ -6 \end{pmatrix}\right)\cdot\begin{pmatrix} 6 \\ 0 \\ 5 \end{pmatrix} = 0$

Winkel zwischen Gerade und Ebene ☐

Bestimmen Sie einen Rechenausdruck für den Winkel zwischen der Gerade und der Ebene:

a) $g: \vec{x} = \begin{pmatrix} 3 \\ 7 \\ -4 \end{pmatrix} + t\cdot\begin{pmatrix} 1 \\ 2 \\ -1 \end{pmatrix}$ $\quad E: 3x_1 + 5x_2 - 2x_3 - 7 = 0$

b) $g: x_2$-Achse $\quad E: 6x_1 + 10x_2 - 4x_3 = 14$

c) $g: \vec{x} = \begin{pmatrix} 4 \\ 6 \\ 2 \end{pmatrix} + t\cdot\begin{pmatrix} 1 \\ 2 \\ 3 \end{pmatrix}$ $\quad E: x_1$-x_2-Ebene

7.3 Spiegelungen ☐

Tipps ab Seite 90, Lösungen ab Seite 175

Die Aufgaben der Spiegelungen lassen sich oft auf die Spiegelung eines Punktes an einem Punkt zurückführen. Hierzu stellt man eine geeignete Vektorkette mit Hilfe des Ursprungs auf.
Um einen Punkt an einer Ebene zu spiegeln, schneidet man die Lotgerade durch diesen Punkt mit der Ebene.
Um einen Punkt an einer Geraden zu spiegeln, stellt man eine orthogonale Hilfsebene durch diesen Punkt auf und schneidet sie mit der Geraden.

Punkt an Punkt ☐

Spiegeln Sie den Punkt $P(3 \mid 4 \mid 5)$ jeweils an dem angegebenen Punkt:

a) $Q(2 \mid 1 \mid 2)$ b) $R(0 \mid 3 \mid -2)$ c) $S(-3 \mid 1 \mid 4)$

Punkt an Ebene ☐

Spiegeln Sie jeweils den Punkt an der Ebene:

a) $A(1 \mid 4 \mid 7)$, $E:\ x_1 - x_2 - 2x_3 + 11 = 0$

b) $S(-1 \mid -4 \mid -9)$, $E:\ 2x_1 - 2x_2 + x_3 = 6$

c) $P(2 \mid 3 \mid 4)$, $E:\ 4x_1 + x_2 - x_3 = 3$

Punkt an Gerade ☐

Spiegeln Sie jeweils den Punkt an der Geraden:

a) $P(2 \mid 3 \mid 4),\ g:\ \vec{x} = \begin{pmatrix} 2 \\ 1 \\ 2 \end{pmatrix} + t \cdot \begin{pmatrix} 1 \\ 0 \\ 1 \end{pmatrix}$ b) $B(5 \mid -2 \mid 1),\ g:\ \vec{x} = \begin{pmatrix} -1 \\ 6 \\ 5 \end{pmatrix} + t \cdot \begin{pmatrix} 4 \\ -1 \\ -1 \end{pmatrix}$

Gerade an Ebene ☐

Spiegeln Sie jeweils die Gerade an der Ebene:

a) $E:\ x_1 - x_2 = 0,\quad g:\ \vec{x} = \begin{pmatrix} 6 \\ 2 \\ 0 \end{pmatrix} + t \cdot \begin{pmatrix} 3 \\ 1 \\ 5 \end{pmatrix}$

b) $E: x_1 + 2x_2 + 2x_3 = 5,\quad g:\ \vec{x} = \begin{pmatrix} 4 \\ 9 \\ 5 \end{pmatrix} + t \cdot \begin{pmatrix} 4 \\ -1 \\ -1 \end{pmatrix}$

Stochastik

8 Wahrscheinlichkeitsrechnung □

8.1 Baumdiagramme und Pfadregeln □

Tipps ab Seite 91, Lösungen ab Seite 179

In diesem Kapitel geht es darum, mithilfe bereits bekannter Wahrscheinlichkeiten von einzelnen Ergebnissen die Wahrscheinlichkeiten weiterer, oft «komplizierterer» Ereignisse zu bestimmen. Ein wichtiges Hilfsmittel zur Veranschaulichung hierfür sind *Baumdiagramme*. Sie sind insbesondere bei mehrstufigen Zufallsexperimenten hilfreich. Eine Verzweigung entspricht dabei den möglichen Versuchausgängen der jeweiligen Stufe; längs der «Äste» werden die zugehörigen Wahrscheinlichkeiten notiert.
Bei mehrstufigen Zufallsexperimenten unterscheidet man *geordnete Stichproben* (d.h. Beachtung der Reihenfolge) von *ungeordneten Stichproben*; beide Stichprobenarten können *mit oder ohne Zurücklegen* durchgeführt werden. Bei der Erstellung des Baumdiagrammes muss man darauf achten, dass sich bei Stichproben ohne Zurücklegen die Wahrscheinlichkeiten bei jeder Stufe ändern.
Manchmal ist es auch geschickt oder hilfreich die Wahrscheinlichkeit eines Ereignisses A mit des Gegenereignisses $\bar{A}$ zu berechnen; dies ist vor allem (aber nicht immer) bei den Signalwörtern «mindestens» oder «höchstens» der Fall. Es gilt dann für die entsprechenden Wahrscheinlichkeiten:

$$P(A) = 1 - P(\bar{A})$$

1. Beispiel: Ziehen mit Zurücklegen

Ein Gefäß enthält 4 blaue und 6 rote Kugeln. Es werden 2 Kugeln mit Zurücklegen gezogen.
Da 4 blaue und 6 rote, also insgesamt 10 Kugeln in der Urne sind, beträgt die Wahrscheinlichkeit bei jedem Ziehen für die Ergebnisse blau (b): $\frac{4}{10}$ und für rot (r): $\frac{6}{10}$.
Damit erhält man folgendes Baumdiagramm:

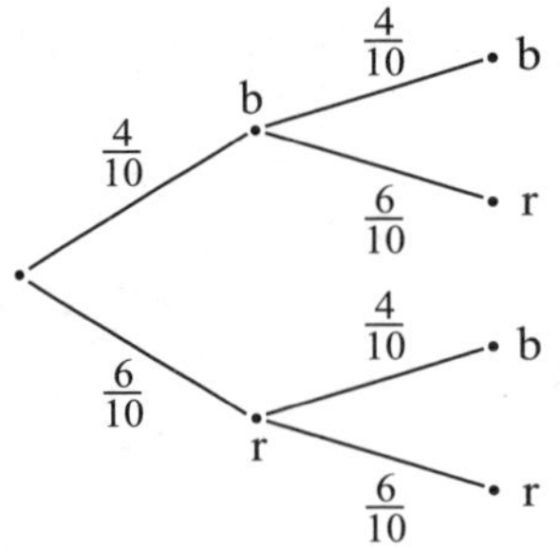

Wichtige Rechenregeln für Baumdiagramme sind die *1. Pfadregel* und die *2. Pfadregel*:
Die 1. Pfadregel (Produktregel) besagt, dass man die Wahrscheinlichkeit längs eines Pfades berechnet, indem man die Wahrscheinlichkeiten der zugehörigen Äste miteinander multipliziert.
Mit der 2. Pfadregel (Summenregel) kann man die Wahrscheinlichkeit eines Ereignisses berechnen, indem man die Wahrscheinlichkeiten aller zugehörigen Pfade addiert.

Will man beispielsweise die Wahrscheinlichkeit berechnen, dass beide Kugeln rot sind, so ergibt sich mit Hilfe der 1. Pfadregel:

$$P(\text{«beide Kugeln rot»}) = P(rr) = \frac{6}{10} \cdot \frac{6}{10} = \frac{36}{100} = 0,36$$

Will man die Wahrscheinlichkeit berechnen, dass beide Kugeln gleichfarbig sind, so ergibt sich mit Hilfe der 1. und 2. Pfadregel:

$$P(\text{«beide Kugeln gleichfarbig»}) = P(rr) + P(bb) = \frac{6}{10} \cdot \frac{6}{10} + \frac{4}{10} \cdot \frac{4}{10} = \frac{36}{100} + \frac{16}{100} = \frac{52}{100} = 0,52$$

2. Beispiel: Ziehen ohne Zurücklegen

Eine Urne enthält 2 rote und 9 schwarze Kugeln. Es werden 2 Kugeln gleichzeitig gezogen. Das gleichzeitige Ziehen entspricht dem Ziehen ohne Zurücklegen. Man erhält folgendes Baumdiagramm:

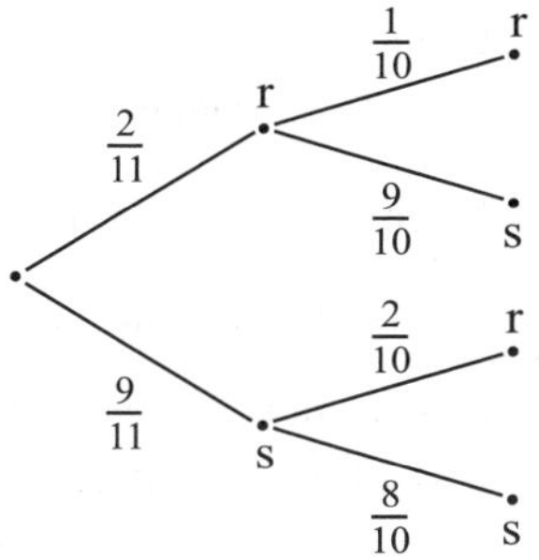

Da 2 rote und 9 schwarze, also insgesamt 11 Kugeln in der Urne sind, beträgt die Wahrscheinlichkeit beim 1. Ziehen für rot (r): $\frac{2}{11}$ und für schwarz (s): $\frac{9}{11}$.

Beim 2. Ziehen sind nur noch 10 Kugeln vorhanden und die Wahrscheinlichkeiten hängen davon ab, welche Farbe schon gezogen wurde.

Will man beispielsweise die Wahrscheinlichkeit berechnen, dass genau eine Kugel schwarz ist, ergibt sich mit Hilfe der 1. und 2. Pfadregel (Produkt- und Summenregel):

$$P(\text{«genau eine schwarze Kugel»}) = P(rs) + P(sr) = \frac{2}{11} \cdot \frac{9}{10} + \frac{9}{11} \cdot \frac{2}{10} = \frac{9}{55} + \frac{9}{55} = \frac{18}{55}$$

Will man die Wahrscheinlichkeit berechnen, dass mindestens eine der beiden Kugeln schwarz ist, erhält man mit Hilfe des Gegenereignisses:

$$\begin{aligned} P(\text{«mindestens eine schwarze Kugel»}) &= 1 - P(\text{«keine schwarze Kugel»}) \\ &= 1 - P(rr) \\ &= 1 - \frac{2}{11} \cdot \frac{1}{10} \\ &= 1 - \frac{1}{55} \\ &= \frac{54}{55} \end{aligned}$$

Ziehen mit Zurücklegen

☐

a) Eine Urne enthält 4 rote, 3 weiße und 2 gelbe Kugeln. Es werden 2 Kugeln mit Zurücklegen gezogen.
   I) Mit welcher Wahrscheinlichkeit erhält man eine weiße und eine gelbe Kugel?
   II) Wie groß ist die Wahrscheinlichkeit, dass man keine weiße Kugel erhält ?

b) Ein Gefäß enthält 8 rote, 4 blaue und 2 weiße Kugeln. Es werden 2 Kugeln mit Zurücklegen gezogen.
   I) Mit welcher Wahrscheinlichkeit erhält man keine rote Kugel?
   II) Berechnen Sie die Wahrscheinlichkeit, dass man höchstens eine rote Kugel erhält?

c) In einem Behälter befinden sich 3 rote und 5 gelbe Kugeln. Es werden 2 Kugeln mit Zurücklegen gezogen.
   I) Berechnen Sie die Wahrscheinlichkeit, dass mindestens eine der beiden Kugeln gelb ist.
   II) Wie viele gelbe Kugeln hätten sich in dem Behälter befinden müssen, damit die Wahrscheinlichkeit, mindestens eine gelbe Kugel zu ziehen, 0,91 betragen hätte?

d) Eine Urne enthält 4 blaue und 6 rote Kugeln. Es werden 2 Kugeln mit Zurücklegen gezogen.
   I) Berechnen Sie die Wahrscheinlichkeit, dass höchstens eine Kugel blau ist.
   II) Wie viele blaue Kugeln hätten sich in der Urne befinden müssen, damit die Wahrscheinlichkeit, höchstens eine blaue Kugel zu ziehen, 0,64 betragen hätte?

e) In einem Hut befinden sich 4-mal der Buchstabe A und 8-mal der Buchstabe B. Es werden 2 Buchstaben mit Zurücklegen gezogen.
   I) Berechnen Sie die Wahrscheinlichkeit, dass mindestens einmal der Buchstabe B gezogen wird.
   II) Wie viele Buchstaben A müssten sich in dem Hut befinden, damit die Wahrscheinlichkeit, höchstens einmal den Buchstaben B zu ziehen, 0,96 beträgt?

f) In einer Urne befinden sich rote und schwarze Kugeln. Es ergibt sich das nebenstehende Baumdiagramm.
   I) Beschreiben Sie eine Situation, die zu diesem Baumdiagramm passt.
   II) Wie groß ist die Wahrscheinlichkeit, dass mindestens eine Kugel rot ist?

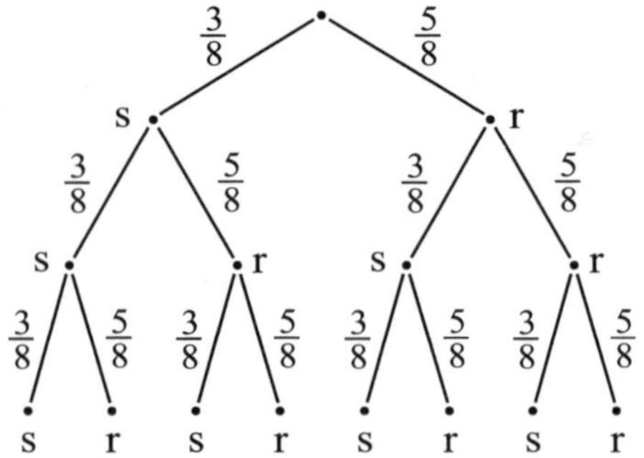

Ziehen ohne Zurücklegen

☐

a) In einer Urne befinden sich 2 grüne, 3 rote und 5 blaue Kugeln. Es werden 2 Kugeln ohne Zurücklegen gezogen.

   I) Mit welcher Wahrscheinlichkeit wird eine grüne und eine rote Kugel gezogen?

   II) Berechnen Sie die Wahrscheinlichkeit, dass keine blaue Kugel gezogen wird.

b) In einer Urne befinden sich rote und schwarze Kugeln. Es ergibt sich folgendes Baumdiagramm:

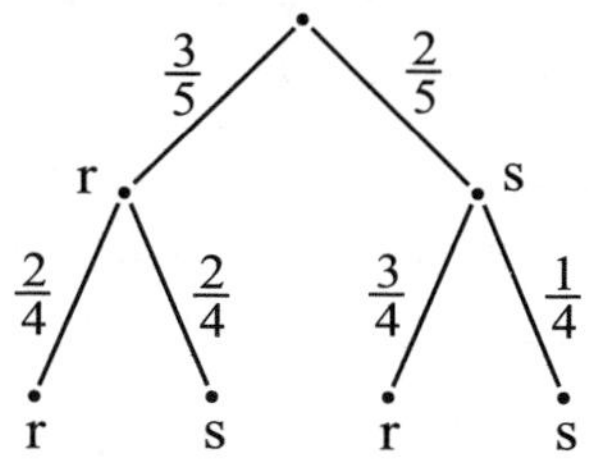

   I) Beschreiben Sie eine Situation, die zu diesem Baumdiagramm passt.

   II) Wie groß ist die Wahrscheinlichkeit, dass beide Kugeln gleichfarbig sind ?

c) In einer Urne sind 7 weiße, 5 schwarze und 3 rote Kugeln. Es werden 3 Kugeln gleichzeitig gezogen.

   I) Wie groß ist die Wahrscheinlichkeit, dass eine Kugel weiß ist und zwei Kugeln schwarz sind?

   II) Mit welcher Wahrscheinlichkeit ist mindestens eine Kugel weiß?

d) In einer Urne sind 4 weiße und eine unbekannte Anzahl roter Kugeln. Es werden 2 Kugeln ohne Zurücklegen gezogen.

   I) Wie viele rote Kugeln waren vorhanden, wenn die Wahrscheinlichkeit, dass beide Kugeln weiß sind, $\frac{1}{6}$ beträgt?

   II) Wie viele rote Kugeln waren vorhanden, wenn die Wahrscheinlichkeit, dass mindestens eine Kugel weiß ist, $\frac{2}{3}$ beträgt?

e) Eine Urne enthält 2 rote und 9 schwarze Kugeln.

   I) Es werden 2 Kugeln gleichzeitig gezogen.
   Wie groß ist die Wahrscheinlichkeit, dass höchstens eine der beiden Kugeln rot ist?

   II) Es werden 3 Kugeln gleichzeitig gezogen.
   Wie groß ist die Wahrscheinlichkeit, dass höchstens zwei Kugeln schwarz sind?

8.2 Binomialverteilung

Tipps ab Seite 93, Lösungen ab Seite 189

Ein Zufallsexperiment, das genau zwei mögliche Ausgänge hat (z.B. Münzwurf mit Ausgängen «Kopf» und «Zahl», Wurf eines Würfels mit Ausgängen «Zahl gerade» und «Zahl ungerade» oder «1» und «Zahl größer als 1», Ziehen einer Kugel mit den Ausgängen «rot» und «nicht rot») heißt *Bernoulliexperiment*.
Bernoulliketten sind Versuchsreihen, bei denen das gleiche Bernoulliexperiment mehrmals durchgeführt wird. Bernoulliketten sind charakterisiert durch ihre *Länge* n («Anzahl der Versuche / Beobachtungen») und durch die sogenannte *Trefferwahrscheinlichkeit* p.

Eine *Wahrscheinlichkeitsverteilung* gibt an, mit welchen Wahrscheinlichkeiten eine Zufallsvariable X die möglichen Werte annimmt. Immer dann, wenn das einer Zufallsvariable zugrunde liegende Zufallsexperiment eine *Bernoullikette* ist, liegt eine Binomialverteilung vor.

Ist X Zufallsvariable für die «Anzahl der Treffer» in insgesamt n Bernoulliversuchen, so wird die Wahrscheinlichkeit P eines Ereignisses mit genau k Treffern ($0 \leqslant k \leqslant n$) mit der Trefferwahrscheinlichkeit p und der Kettenlänge n (Anzahl der Durchführungen des Experiments) mit folgender Formel berechnet:

$$P(X = k) = \binom{n}{k} \cdot p^k \cdot (1-p)^{n-k}$$

Beispiel:
Eine verbeulte Münze mit $P(«Zahl») = \frac{1}{3}$ wird fünfmal geworfen. Um die Wahrscheinlichkeit, dass genau zweimal «Zahl» erscheint, zu berechnen, bestimmt man die Kettenlänge $n = 5$ und die Trefferwahrscheinlichkeit $p = \frac{1}{3}$. Damit gilt:

$$P(X = 2) = \binom{5}{2} \cdot \left(\frac{1}{3}\right)^2 \cdot \left(\frac{2}{3}\right)^3 = \frac{5 \cdot 4}{2} \cdot \frac{1}{9} \cdot \frac{8}{27} = \frac{80}{243} \approx 0,33$$

Manchmal ist es auch geschickt oder hilfreich, mit dem Gegenereignis zu rechnen; dies ist vor allem (aber nicht immer) bei den Signalwörtern «mindestens» oder «höchstens» der Fall. Ist A ein Ereignis und $\bar{A}$ das zugehörige Gegenereignis, so gilt für die entsprechenden Wahrscheinlichkeiten:

$$P(A) = 1 - P(\bar{A})$$

Beispiel:
Eine verbeulte Münze mit $P(«Zahl») = \frac{1}{3}$ wird viermal geworfen. Um die Wahrscheinlichkeit, dass mindestens einmal «Zahl» erscheint, zu berechnen, bestimmt man die Kettenlänge $n = 4$ und

die Trefferwahrscheinlichkeit $p = \frac{1}{3}$. Damit erhält man mit Hilfe des Gegenereignisses:

$$\begin{aligned} P(\text{«mindestens einmal Zahl»}) &= 1 - P(\text{«keine Zahl»}) \\ P(X \geqslant 1) &= 1 - P(X = 0) \\ &= 1 - \binom{4}{0} \cdot \left(\frac{1}{3}\right)^0 \cdot \left(\frac{2}{3}\right)^4 \\ &= 1 - 1 \cdot 1 \cdot \frac{16}{81} \\ &= \frac{65}{81} \approx 0{,}80 \end{aligned}$$

Oft ist auch von Interesse, mit welcher Wahrscheinlichkeit eine Zufallsvariable einen Wert kleiner oder größer als ein vorgegebenes k erzielt. Dafür müssen die einzelnen Wahrscheinlichkeiten addiert werden:

$$P(X \leqslant k) = P(X = 0) + P(X = 1) + P(X = 2) + ... + P(X = k)$$

bzw.

$$P(X > k) = 1 - P(X \leqslant k) = 1 - (P(X = 0) + P(X = 1) + P(X = 2) + ... + P(X = k))$$

Beispiel:
Eine verbeulte Münze mit $P(\text{«Zahl»}) = \frac{2}{3}$ wird viermal geworfen. Um die Wahrscheinlichkeit, dass höchstens zweimal «Zahl» erscheint, zu berechnen, bestimmt man die Kettenlänge $n = 4$ und die Trefferwahrscheinlichkeit $p = \frac{2}{3}$. Damit gilt:

$$\begin{aligned} P(\text{«höchst. zweimal Zahl»}) &= P(\text{«keine Zahl»}) + P(\text{«einmal Zahl»}) + P(\text{«zweimal Zahl»}) \\ P(X \leqslant 2) &= P(X = 0) + P(X = 1) + P(X = 2) \\ &= \underbrace{\binom{4}{0} \cdot \left(\frac{2}{3}\right)^0 \cdot \left(\frac{1}{3}\right)^4}_{\text{keine Zahl}} + \underbrace{\binom{4}{1} \cdot \left(\frac{2}{3}\right)^1 \cdot \left(\frac{1}{3}\right)^3}_{\text{einmal Zahl}} + \underbrace{\binom{4}{2} \cdot \left(\frac{2}{3}\right)^2 \cdot \left(\frac{1}{3}\right)^2}_{\text{zweimal Zahl}} \\ &= 1 \cdot 1 \cdot \frac{1}{81} + 4 \cdot \frac{2}{3} \cdot \frac{1}{27} + \frac{4 \cdot 3}{2} \cdot \frac{4}{9} \cdot \frac{1}{9} \\ &= \frac{1}{81} + \frac{8}{81} + \frac{24}{81} \\ &= \frac{33}{81} \\ &= \frac{11}{27} \approx 0{,}41 \end{aligned}$$

Bernoulliketten

☐

a) Die Zufallsvariable X ist binomialverteilt mit $n = 10$ und $p = 0,4$.

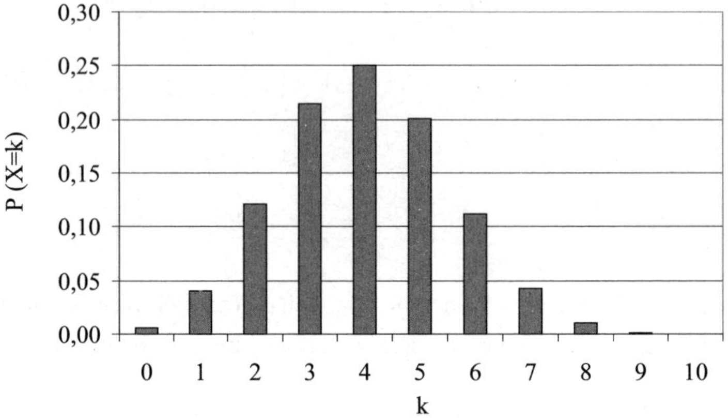

I) Berechnen Sie $P(X = 1)$.

II) Bestimmen Sie mit Hilfe der Abbildung näherungsweise $P(3 < X < 6)$ und $P(X > 6)$.

b) Von einer großen Ladung Apfelsinen sind 20% verdorben. Es wird eine Stichprobe von 5 Stück entnommen.

I) Wie groß ist die Wahrscheinlichkeit, dass in der Stichprobe genau eine Apfelsine verdorben ist?

II) Geben Sie ein Ereignis A und ein Ereignis B an, so dass gilt:
$P(A) = \binom{5}{3} \cdot 0,2^3 \cdot 0,8^2 \quad P(B) = 1 - 0,2^5$

c) Die Zufallsvariable X ist binomialverteilt mit $n = 20$ und $p = 0,2$.

I) Berechnen Sie $P(X = 2)$.

II) Bestimmen Sie einen Rechenausdruck für $P(X < 2)$ und $P(X \neq 1)$.

d) Eine Blumenzwiebel keimt mit einer Wahrscheinlichkeit von 90%. Es werden 20 Zwiebeln gekauft.

I) Wie groß ist die Wahrscheinlichkeit, dass alle 20 Zwiebeln keimen?

II) Geben Sie ein Ereignis A und ein Ereignis B an, so dass gilt:
$P(A) = \binom{20}{18} \cdot 0,9^{18} \cdot 0,1^2 + \binom{20}{19} \cdot 0,9^{19} \cdot 0,1^1 + 0,9^{20} \quad P(B) = 1 - 0,1^{20}$

e) Die Zufallsvariable X ist binomialverteilt mit $n = 10$ und $p = 0,6$ und hat folgende Verteilung:

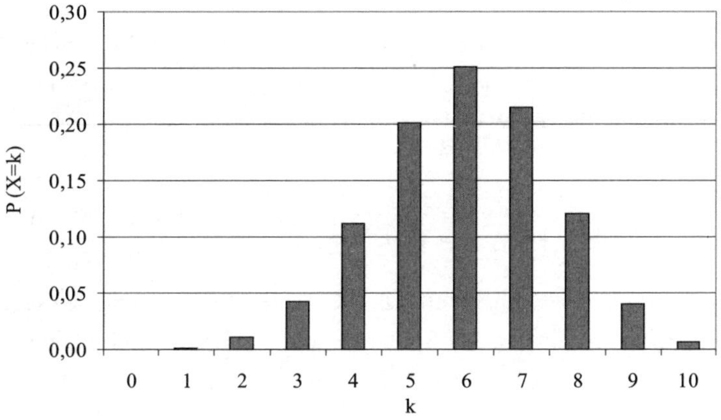

I) Berechnen Sie $P(X = 10)$.

II) Bestimmen Sie näherungsweise $P(X > 5)$ und $P(X \neq 4)$.

8.3 Erwartungswert □

Tipps ab Seite 94, Lösungen ab Seite 192

In diesem Kapitel geht es um den Erwartungswert von *Zufallsvariablen*. Bei Zufallsvariablen handelt es sich nicht wirklich um Variablen, sondern um Funktionen. Eine Zufallsvariable ordnet den konkreten Beobachtungen eines Zufallsexperiments Werte zu.

Beispiel:
Bei der Ziehung von 4 Kugeln aus einer Urne mit 15 grünen und 5 gelben Kugeln kann man X definieren als Zufallsvariable für die Anzahl der gezogenen gelben Kugeln. Für den Versuchsausgang $\omega = \{\text{grün; gelb; gelb; gelb}\}$ gilt dann $X(\omega) = 3$, weil gelb drei Mal gezogen wurde. Eine weitere Zufallsvariable Y kann beispielsweise definiert werden für die Anzahl der gezogenen grünen Kugeln. Es ist dann $Y(\omega) = 1$.
Der *Erwartungswert* einer Zufallsvariablen wird häufig für die Gewinnerwartung eines Spiels oder für die Beurteilung der «Fairness» eines Spiels herangezogen. Anschaulich ergibt sich der Erwartungswert einer Zufallsvariable X bei genügend häufiger Wiederholung eines Zufallsexperiments als Mittelwert der Realisierungen von X.
Kann eine Zufallsvariable X bei jeder Durchführung des Zufallsexperiments k verschiedene Werte x_1; x_2; ...; x_k annehmen und sind die zugehörigen Wahrscheinlichkeiten $P(x_1)$; $P(x_2)$; ...; $P(x_k)$, so ergibt sich als Erwartungswert von X:

$$E[X] = x_1 \cdot P(x_1) + x_2 \cdot P(x_2) + ... + x_k \cdot P(x_k)$$

Ist die Zufallsvariable X binomialverteilt mit Kettenlänge n und Trefferwahrscheinlichkeit p, so gilt:

$$E(X) = n \cdot p$$

1. Beispiel:

Bei einem Spiel mit einem fairen Würfel erhält der Spieler die von ihm erwürfelte Augenzahl in Euro ausgezahlt. Die Zufallsvariable X, die die Höhe des Gewinns beschreibt, kann also die Werte 1; 2; ...;6 annehmen. Da die Wahrscheinlichkeit bei jedem Wurf $p = \frac{1}{6}$ ist, beträgt der zu erwartende Gewinn:

$$E[X] = 1 \cdot \frac{1}{6} + 2 \cdot \frac{1}{6} + 3 \cdot \frac{1}{6} + 4 \cdot \frac{1}{6} + 5 \cdot \frac{1}{6} + 6 \cdot \frac{1}{6} = \frac{1}{6} + \frac{2}{6} + \frac{3}{6} + \frac{4}{6} + \frac{5}{6} + \frac{6}{6} = \frac{21}{6} = \frac{7}{2}$$

Ein Spieler hat also mit einem durchschnittlichen Gewinn von 3,50 Euro zu rechnen. Soll das Spiel fair sein, so müsste der Einsatz des Spielers ebenfalls 3,50 Euro betragen. Zahlt er einen höheren Einsatz, so begünstigt das Spiel die Bank; zahlt er einen geringeren Einsatz, so wird der Spieler begünstigt.

2. Beispiel:

Bei einem Glücksspiel zieht ein Spieler eine von insgesamt 30 Kugeln (mit Zurücklegen) aus einer Urne. 18 dieser Kugeln sind mit dem Wert 1 , die übrigen 12 sind mit dem Wert -2 beschriftet. Im ersten Fall bekommt der Spieler einen Euro von der Bank, im zweiten Fall muss er zwei Euro an die Bank zahlen. Die Zufallsgröße X für den «Gewinn» des Spielers kann die Werte 1 und -2 annehmen. Es ist $P(X = 1) = \frac{18}{30} = \frac{3}{5}$ und $P(X = -2) = \frac{12}{30} = \frac{2}{5}$.
Der Erwartungswert von X ist:

$$E[X] = 1 \cdot \frac{3}{5} - 2 \cdot \frac{2}{5} = \frac{3}{5} - \frac{4}{5} = -\frac{1}{5}$$

Das Spiel ist also nicht fair; die Bank wird bevorzugt, da der Spieler durchschnittlich 0,20 Euro pro Spiel verliert.

Erwartungswert ☐

a) Bei einem Glücksspiel sind in einer Urne 10 Kugeln: 1 weiße, 1 rote und 8 schwarze. Es wird eine Kugel gezogen. Der Einsatz beträgt 50 Cent. Bei «weiß» erhält man 4 Euro, bei «rot» 8 Euro und bei «schwarz» nichts.
Bestimmen Sie den Erwartungswert für den Gewinn.

b) Die Zufallsgröße X sei binomialverteilt.

I) Bestimmen Sie den Erwartungswert von X für $n = 80$ und $p = 0,3$.

II) Berechnen Sie die Trefferwahrscheinlichkeit p für $n = 50$ und Erwartungswert $E(X) = 20$.

III) Bestimmen Sie die Kettenlänge n für $p = 0,6$ und Erwartungswert $E(X) = 12$.

c) Bei einem Glücksspiel wird nebenstehendes Glücksrad verwendet.
Die Mittelpunktswinkel betragen 180°, 120° und 60°.
Als Einsatz bezahlt man zwei Euro. Das Glücksrad wird einmal gedreht.
Man erhält den Betrag ausbezahlt, in dessen Sektor der Zeiger zu stehen kommt.
Berechnen Sie den Erwartungswert für den Gewinn.

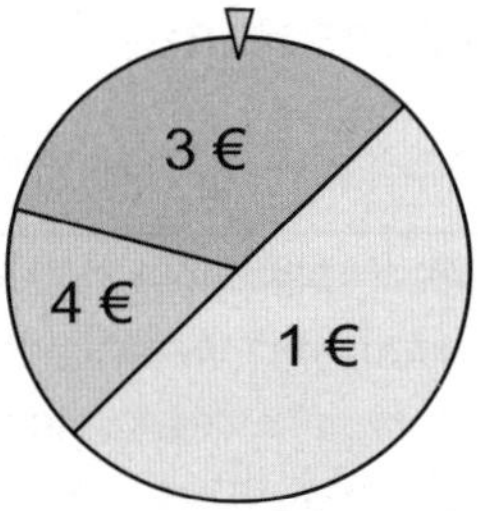

d) In einer Urne sind 10 Kugeln: 4 weiße, 4 rote und 2 schwarze. Es wird eine Kugel gezogen. Der Einsatz beträgt 1 Euro. Man erhält bei «weiß» 1 Euro, bei «rot» 2 Euro und bei «schwarz» nichts.
Bestimmen Sie den Erwartungswert für den Gewinn. Ist das Spiel fair?

e) Ein Glücksrad hat die Sektoren A, B und C mit folgender Wahrscheinlichkeitsverteilung:

Sektor	A	B	C
Wahrscheinlichkeit	0,3	0,5	0,2

Das Glücksrad wird für folgendes Glücksspiel verwendet:
Der Spieler zahlt einen Einsatz von 4 Euro. Dann wird das Glücksrad zweimal gedreht. Sind die zwei ermittelten Buchstaben gleich, erhält der Spieler 10 Euro. Sonst erhält er nichts. Ist das Spiel fair?

9 Allgemeines Verständnis von Zusammenhängen □

Tipps ab Seite 94, Lösungen ab Seite 195

In diesem Kapitel geht es darum, Methoden und Verfahren zu beschreiben und das Verständnis von Zusammenhängen zu dokumentieren. Rechnungen werden in der Regel nicht verlangt, es genügen Skizzen sowie Ansätze für die Rechenwege.
Aufgaben dieser Art können sowohl in Analysis als auch in Geometrie und Stochastik vorkommen.

Aufgaben:

a) Erläutern Sie die Grundidee zur Berechnung des Volumens eines Rotationskörpers, der entsteht, wenn ein Kurvenstück über dem Intervall $[a;b]$ um die x-Achse rotiert.

b) Erläutern Sie anhand einer Skizze, was durch folgenden Term berechnet wird:

$$\mathrm{V} = \pi \cdot \int_2^4 (x+1)^2 \mathrm{d}x$$

c) Gegeben ist die Funktion f durch $f(x) = \frac{1}{2}x^3 - 3x + 3$.
Erläutern Sie folgende Rechenschritte:
(1) $f(2) = 1$
(2) $f'(x) = \frac{3}{2}x^2 - 3\,;\, f'(2) = 3$
(3) $y - 1 = 3 \cdot (x-2) \Rightarrow y = 3x - 5$

d) Die wöchentlichen Verkaufszahlen von Zahnpasta in einem Supermarkt werden durch die Funktion $f(t)$ beschrieben.
Dabei ist t die Anzahl der Wochen ab dem 1. Januar eines Jahres.
Erläutern Sie die Bedeutung folgender Integrale:

$$\int_0^{52} f(t)\mathrm{d}t$$

und

$$\frac{1}{52} \cdot \int_0^{52} f(t)\mathrm{d}t$$

e) Gegeben seien die Geraden g und h durch $g: \vec{x} = \vec{a} + s \cdot \vec{r}$ und $h: \vec{x} = \vec{b} + t \cdot \vec{v}$.
Welche Beziehungen müssen zwischen den genannten Vektoren gelten, damit gilt

I) $g \parallel h$
II) $g = h$
III) $g \perp h$

f) Erläutern Sie eine Strategie, wie man die gegenseitige Lage zweier Geraden überprüfen kann.

g) Gegeben seien die Gerade g und die Ebene E durch

$$g: \vec{x} = \vec{a} + t \cdot \vec{r}; \quad t \in \mathbb{R} \qquad\qquad \text{E}: \left(\vec{x} - \vec{b}\right) \cdot \vec{n} = 0$$

I) Welche geometrische Bedeutung haben die Vektoren $\vec{a}$, $\vec{b}$, $\vec{r}$, $\vec{n}$ und $\left(\vec{x} - \vec{b}\right)$?
II) Welche Beziehung muss zwischen den Vektoren gelten, damit gilt

1. $g \parallel \text{E}$ 2. $g \perp \text{E}$ 3. $g \subset \text{E}$

h) Gegeben sind die Ebenen E: $ax_1 + bx_2 + cx_3 = d$ und F: $ex_1 + fx_2 + gx_3 = h$; $a, ..., h \in \mathbb{R}$. Welche Beziehung muss zwischen den Parametern a, ..., h bestehen, damit gilt:

I) $\text{E} \parallel \text{F}$ II) $\text{E} \perp \text{F}$ III) $\text{E} = \text{F}$

i) Erläutern Sie die wesentlichen Arbeitsschritte, wie man ohne Formel den Abstand zweier windschiefer Geraden g und h bestimmen kann.

j) Geben Sie die wesentlichen Arbeitsschritte zur Spiegelung einer Geraden an einer Ebene an, falls gilt
I) $g \parallel \text{E}$ II) g schneidet E.

k) Geben Sie die wesentlichen Arbeitsschritte zur Spiegelung einer Ebene an einer Ebene an (mit Fallunterscheidung).

l) Zur Premiere eines Films bringt eine Schokoladenfirma Überraschungseier mit Filmfiguren auf den Markt. Die Firma wirbt damit, dass sich in jedem 5. Überraschungsei eine Filmfigur befindet.
Für einen Kindergeburtstag werden 20 Überraschungseier gekauft, wobei man davon ausgehen kann, dass die Verteilung der Figuren zufällig ist.
Erklären Sie, welche Bedeutung in diesem Zusammenhang die folgende Rechnung hat:

$$\binom{20}{2} \cdot \left(\frac{1}{5}\right)^2 \cdot \left(\frac{4}{5}\right)^{18} \approx 0{,}137.$$

m) Laut Verpackungsangabe kommt es bei sachgerechter Pflanzung einer Tulpenzwiebel im nächsten Frühjahr mit einer Wahrscheinlichkeit von 98 % zu einer Blüte. Erklären Sie die Ungleichungen (I) und (II) im Kasten und interpretieren Sie das Ergebnis im Sachzusammenhang.

$$0{,}98^{\text{n}} > 0{,}75 \quad \text{(I)}$$
$$\text{n} < 14{,}24 \quad \text{(II)}$$

Tipps

Analysis

1 Ableiten

1.1 Potenzfunktionen mit natürlichen Exponenten

a) - c) Verwenden Sie die Potenzregel $(a \cdot x^n)' = a \cdot n \cdot x^{n-1}$; beachten Sie, dass teilweise Parameter vorhanden sind.

d) - f) Wenden Sie die Kettenregel an: $(u(v(x)))' = u'(v(x)) \cdot v'(x)$ (äußere Ableitung mal innere Ableitung).

1.2 Potenzfunktionen mit negativen Exponenten

a) - c) Schreiben Sie den Bruch als Potenz mit negativem Exponenten und verwenden Sie die Potenzregel.

d) - h) Schreiben Sie den Bruch als Potenz mit negativem Exponenten und verwenden Sie die Potenzregel sowie die Kettenregel.

1.3 Potenzfunktionen mit gebrochenen Exponenten

a) - e) Schreiben Sie die Wurzel als Potenz mit gebrochenen Exponenten und verwenden Sie die Potenzregel sowie die Kettenregel.

1.4 Exponentialfunktionen

a) - d) Verwenden Sie zuerst die Produktregel und teilweise die Kettenregel.

e) - f) Verwenden Sie die Kettenregel, teilweise mehrfach.

1.5 Trigonometrische Funktionen

a) - b) Verwenden Sie die Kettenregel.

c) - d) Verwenden Sie zuerst die Produktregel und teilweise die Kettenregel.

f) Verwenden Sie die Kettenregel.

1.6 Logarithmusfunktionen

a) Verwenden Sie die Kettenregel.

b) - e) Verwenden Sie zuerst die Produktregel und teilweise die Kettenregel.

1.7 Vermischte Aufgaben

a) Verwenden Sie zuerst die Produktregel und die Kettenregel.

b) Schreiben Sie die Wurzel als Potenz mit gebrochenem Exponenten und verwenden Sie die Potenz- und Kettenregel.

c) Schreiben Sie den Bruch als Potenz mit negativem Exponenten und verwenden Sie die Produktregel und die Kettenregel.

d) Verwenden Sie die Kettenregel.

e) Schreiben Sie die Wurzel als Potenz mit gebrochenem Exponenten und den Bruch als Potenz mit negativem Exponenten und verwenden Sie die Potenzregel.

2 Stammfunktionen und Integrale

2.1 Stammfunktionen

2.1.1 Potenzfunktionen mit natürlichen Exponenten

a) - c) Benutzen Sie die Integrationsregel für Potenzfunktionen: Besitzt f die Form $f(x) = a \cdot x^n$, dann ist $\mathrm{F}(x) = a \cdot \frac{1}{n+1} x^{n+1} + c$ falls $n \neq -1$ eine Stammfunktion.

d) - f) Für verkettete (verschachtelte) Funktionen mit innerem *linearem* Ausdruck gilt die Integrationsregel für lineare Substitution:
«Äußere Stammfunktion geteilt durch innere Ableitung»

2.1.2 Potenzfunktionen mit negativen Exponenten

a) - c) Schreiben Sie den Bruch als Potenz mit negativem Exponenten und verwenden Sie die Integrationsregel für Potenzfunktionen.

d) - e) Schreiben Sie den Bruch als Potenz mit negativem Exponenten und verwenden Sie die Integrationsregel für lineare Substitution: «Äußere Stammfunktion geteilt durch innere Ableitung»

f) - h) Für verkettete (verschachtelte) Funktionen mit innerem *linearem* Ausdruck gilt die Integrationsregel für lineare Substitution:
«Äußere Stammfunktion geteilt durch innere Ableitung»
Bei Potenzfunktionen mit $f(x) = a \cdot \frac{1}{bx+c}$, bei denen der Ausdruck im Nenner den Exponent 1 hat, ist $\frac{1}{(\ldots)}$ die äußere Funktion und $bx + c$ die innere Funktion. Eine Stammfunktion der äußeren Funktion ist $\ln|(\ldots)|$. Der Parameter a verändert sich nicht beim Integrieren.

2.1.3 Potenzfunktionen mit gebrochenen Exponenten

a) - c) Schreiben Sie die Funktionsgleichung als Potenz mit gebrochenen Exponenten und verwenden Sie die Integrationsregel für Potenzfunktionen:
Besitzt f die Form $f(x) = a \cdot x^n$, dann ist $\mathrm{F}(x) = a \cdot \frac{1}{n+1} x^{n+1} + c$ falls $n \neq -1$ eine Stammfunktion.
Für verkettete (verschachtelte) Funktionen mit innerem *linearem* Ausdruck gilt die Integrationsregel für lineare Substitution:
«Äußere Stammfunktion geteilt durch innere Ableitung»

d) - f) Schreiben Sie die Funktionsgleichung als Potenz mit negativem gebrochenen Exponenten und verwenden Sie die Integrationsregel für Potenzfunktionen bzw. lineare Substitution.

2.1.4 Exponentialfunktionen

a) - d) Für verkettete (verschachtelte) Funktionen mit innerem *linearem* Ausdruck gilt die Integrationsregel für lineare Substitution:
«Äußere Stammfunktion geteilt durch innere Ableitung»
Bei e-Funktion mit $f(x) = a \cdot e^{k \cdot x + b}$ ist $e^{(\ldots)}$ die äußere Funktion und $k \cdot x + b$ die innere Funktion. Der Parameter a verändert sich nicht beim Integrieren.

e) - f) Lösen Sie zunächst die Klammer auf und verwenden Sie die Integrationsregeln für Potenzfunktionen bzw. lineare Substitution.

2.1.5 Trigonometrische Funktionen

a) - f) Beachten Sie, dass $\sin x$ eine Stammfunktion von $\cos x$ und $-\cos x$ eine Stammfunktion von $\sin x$ ist.
Auch bei diesen Aufgaben gilt die Regel für verkettete Funktionen mit innerem *linearem* Ausdruck:
«Äußere Stammfunktion geteilt durch innere Ableitung»
Ist $f(x) = a \cdot \sin(bx + c)$, so ist $\sin(\ldots)$ die äußere Funktion und $bx + c$ die innere Funktion. Der Parameter a verändert sich nicht beim Integrieren.

2.1.6 Vermischte Aufgaben

a) - c) Bestimmen Sie entsprechend der vorangehenden Aufgaben eine Stammfunktion mit absolutem Glied ($+c$) und berechnen Sie c durch Einsetzen des Punktes in Ihren Ansatz.

2.2 Integrale und Integralfunktionen

a) - k) Verwenden Sie den Hauptsatz der Differential- und Integralrechnung
$\int_a^b f(x)dx = \mathrm{F}(b) - \mathrm{F}(a)$, wobei F eine Stammfunktion von f ist.
Verwenden Sie die Regeln für die Stammfunktionen (siehe voriges Kapitel).

2.3 Flächeninhalt zwischen zwei Kurven

a) - d) Bestimmen Sie jeweils die Integrationsgrenzen durch Gleichsetzen der Funktionsterme. Prüfen Sie, welche Kurve die obere Kurve ist. Stellen Sie nun ein Integral auf und wenden Sie den Hauptsatz der Differential- und Integralrechnung an: $\int_a^b f(x)dx = \mathrm{F}(b) - \mathrm{F}(a)$.

2.4 Ins Unendliche reichende Flächen

Die Fläche wird anfänglich durch die vertikale Gerade $x = z$ mit $z > 0$ begrenzt. Setzen Sie jeweils z als obere Grenze ein und bestimmen Sie $\mathrm{A}(z)$. Lassen Sie dann $z \to \infty$ gehen.

2.5 Angewandte Integrale

a) Die gegebene Funktion f beschreibt die Änderungsrate. Um zu berechnen, wieviel Wasser das Becken nach 9 Stunden enthält, bestimmen Sie zuerst eine Stammfunktion F von f. Die Integrationskonstante c berechnen Sie mit Hilfe des Anfangswerts. Anschließend setzen Sie $t = 9$ in die Integralfunktion ein. Alternativ können Sie auch zuerst das Integral über f im Bereich zwischen 0 und 9 lösen und die Wassermenge, die in den ersten 9 Stunden ins Becken gelaufen ist (Zulaufmenge – Abflussmenge) zu den anfänglichen 10 Litern Wasser addieren. In diesem Fall ist die Berechnung der Konstanten c nicht nötig.

b) Die Gesamtkosten erhalten Sie durch Integration. Die durchschnittlichen Kosten erhalten Sie, indem Sie die Gesamtkosten durch die Anzahl der Werkstücke teilen.

2.6 Rotationskörper

Rotiert das Schaubild einer Funktion f über dem Intervall $[a;b]$ um die x-Achse, so verwenden Sie die Formel: $\mathrm{V}_{rot} = \pi \cdot \int_a^b (f(x))^2\,dx$. Beachten Sie, dass Sie unter Umständen die Binomischen Formeln verwenden müssen, um den Ausdruck in der Klammer auszurechnen.

3 Gleichungen

3.1 Quadratische, biquadratische und nichtlineare Gleichungen

a) - b) pq- bzw. abc-Formel verwenden (Zahlen unter der Wurzel als Bruch schreiben).

c) - d) Verwenden Sie den Satz vom Nullprodukt: Setzen Sie jeden einzelnen Faktor gleich Null und lösen Sie die entstandenen Gleichungen nach x auf.

e) - h) Klammern Sie x oder x^2 oder x^3 aus und bestimmen Sie damit die erste Lösung. Danach wiederholtes Ausklammern oder Lösen der Gleichung mit der pq- oder abc-Formel.

i) - j) Biquadratische Gleichungen: Substitution von x^2 durch z. Die quadratische Gleichung wird mit Hilfe der pq- oder abc-Formel nach z aufgelöst. Anschließende Rücksubstitution liefert die Lösungsmenge. (Zahlen unter der Wurzel als Bruch schreiben).

3.2 Exponentialgleichungen

a) - f) Setzen Sie jeden einzelnen Faktor gleich Null und überlegen Sie, ob Lösungen existieren.

g) - h) Substitutieren Sie $e^x = z$ bzw. $e^{2x} = z$ und lösen Sie dann die quadratische Gleichung mit der pq- oder abc-Formel. Durch anschließende Rücksubstitution von z können Sie x berechnen (Zahlen unter der Wurzel als Bruch schreiben).

i) Multiplizieren Sie die Gleichung mit e^x, substituieren Sie $e^x = z$ und lösen Sie dann die quadratische Gleichung mit der pq- oder abc-Formel, anschließend Rücksubstitution und x berechnen.

3.3 Bruchgleichungen

a) - f) Bestimmen Sie die Nullstelle des Nenners und die Definitionsmenge. Bestimmen Sie den Hauptnenner und erweitern Sie entsprechend. Multiplizieren Sie die Gleichung mit dem Hauptnenner und lösen Sie die entstandene Gleichung nach der gesuchten Variablen auf. Prüfen Sie, ob die erhaltenen Lösungen in der Definitionsmenge enthalten sind.

3.4 Trigonometrische Gleichungen

Skizzieren Sie den Verlauf von $\sin x$ bzw. $\cos x$. Achten Sie auf das Lösungsintervall.

a) - c) Substituieren Sie den Term in der Klammer durch z, lösen Sie die Gleichung und resubstituieren Sie wieder.

d) - f) Verwenden Sie den Satz vom Nullprodukt. Eventuell müssen Sie $\sin x$ ausklammern.

g) - h) Substituieren Sie $\sin x = z$ bzw. $\cos x = z$, lösen Sie mit Hilfe der pq- oder abc-Formel die entstandene quadratische Gleichung und resubstituieren Sie wieder.

4 Funktionen und Schaubilder

4.1 Von der Gleichung zur Kurve

Ganzrationale Funktionen

Den Schnittpunkt mit der y-Achse erhalten Sie durch Einsetzen von $x = 0$ in $f(x)$, die Schnittpunkte mit der x-Achse erhalten Sie durch Lösen der Gleichung $f(x) = 0$.
Zuerst wird gespiegelt und gestreckt, anschließend verschoben (Reihenfolge beachten!).

a) - b) Die Schaubilder sind Geraden. Hat eine Gerade die Gleichung $y = mx + b$, so ist b der y-Achsenabschnitt und m die Steigung der Geraden.

c) - f) Die Schaubilder sind Variationen der Schaubilder der beiden Grundfunktionen $f(x) = x^2$ (Parabel) oder $g(x) = x^3$ (kubische Parabel).

Ist $f(x) = a(x-b)^2 + c$ bzw. $g(x) = a(x-b)^3 + c$, so gibt es folgende Verwandlungen:
a: Streckfaktor in y-Richtung; $a < 0$: zusätzlich Spiegelung an der x-Achse.
$b > 0$ bzw. $b < 0$: Verschiebung nach rechts bzw. links.
$c > 0$ bzw. $c < 0$: Verschiebung nach oben bzw. unten.

Potenzfunktionen

Die Asymptoten des Schaubilds der Funktionen erhalten Sie, indem Sie den Nenner gleich Null setzen und $f(x)$ für $x \to \pm\infty$ betrachten.
Die Schaubilder sind Variationen der Schaubilder der Grundfunktionen $f(x) = \frac{1}{x}$ bzw. $g(x) = \frac{1}{x^2}$. Falls vor dem Bruch ein Minuszeichen steht, müssen Sie zuerst an der x-Achse spiegeln und anschließend in x- bzw. y-Richtung verschieben.

Ist $f(x) = \frac{a}{x-b} + c$ bzw. $g(x) = \frac{a}{(x-b)^2} + c$, so gibt es folgende Verwandlungen:
a: Streckfaktor in y-Richtung; $a < 0$: zusätzlich Spiegelung an der x-Achse.
$b > 0$ bzw. $b < 0$: Verschiebung nach rechts bzw. links.
$c > 0$ bzw. $c < 0$: Verschiebung nach oben bzw. unten.
Asymptoten: $x = b$ senkrechte Asymptote (Pol) und $y = c$ waagrechte Asymptote.

Trigonometrische Funktionen

Die Schaubilder sind Variationen der Grundfunktionen $f(x) = \sin x$ bzw. $g(x) = \cos x$.
Ist $f(x) = a \cdot \sin(b \cdot (x-c)) + d$ bzw. $g(x) = a \cdot \cos(b \cdot (x-c)) + d$, so gibt es folgende Verwandlungen:
a: Streckfaktor in y-Richtung; $a < 0$: zusätzlich Spiegelung an der x-Achse.
b: Streckfaktor in x-Richtung.
$c > 0$ bzw. $c < 0$: Verschiebung nach rechts bzw. links.
$d > 0$ bzw. $d < 0$: Verschiebung nach oben bzw. unten.
Periode: $p = \frac{2\pi}{b}$.

Exponentialfunktionen

Zur Bestimmung der Asymptoten betrachten Sie $f(x)$ für $x \to \pm\infty$.
Die Schaubilder sind Variationen der Grundfunktionen $f(x) = e^x$ bzw. $g(x) = e^{-x}$.
Ist $f(x) = a \cdot e^{x-b} + c$ bzw. $g(x) = a \cdot e^{-(x-b)} + c$, so gibt es folgende Verwandlungen:
a: Streckfaktor in y-Richtung; $a < 0$: zusätzlich Spiegelung an der x-Achse.
$b > 0$ bzw. $b < 0$: Verschiebung nach rechts bzw. links.
$c > 0$ bzw. $c < 0$: Verschiebung nach oben bzw. unten.

4.2 Aufstellen von Funktionen mit Randbedingungen

Ganzrationale Funktionen

Für alle ganzrationalen Funktionen gilt:

- Parabel 2. Grades: $f(x) = ax^2 + bx + c$

- Zur y-Achse symmetrische Parabel 2. Grades: $f(x) = ax^2 + b$
- Parabel 3. Grades: $f(x) = ax^3 + bx^2 + cx + d$

Zu den gegebenen Aufgaben:

1. Bilden Sie die 1. und 2. Ableitung des jeweiligen Ansatzes (dies ist nicht nötig, falls es keine Angaben über die Steigung oder über die Extrempunkte gibt).
2. Verwenden Sie die Bedingungen der Kurvendiskussion:
   - Schnittpunkt mit der x-Achse: $f(x) = 0$
   - Schnittpunkt mit der y-Achse: $x = 0$
   - Extrempunkt: $f'(x) = 0$
   - Wendepunkt: $f''(x) = 0$
3. Sie brauchen so viele Gleichungen wie Unbekannte! Stellen Sie die Gleichungen auf und lösen Sie sie nach den Parametern (a, b, c, ...) auf.

Potenzfunktionen

- Stellen Sie möglichst einfache Bruchterme auf.
- Eine Potenzfunktion, deren Schaubild eine waagerechte Asymptote besitzt, hat folgenden Ansatz: «$f(x)$ = Asymptotengleichung + Bruchterm»
- Polstelle: Der Nenner des Bruchterms muss gleich Null sein.
- Hat der Bruchterm die Form $\frac{1}{(x-p)^n}$, so gilt:

n ist ungerade $\Leftrightarrow$ Pol mit Vorzeichenwechsel
n ist gerade $\Leftrightarrow$ Pol ohne Vorzeichenwechsel

Exponentialfunktionen

Stellen Sie zwei Gleichungen mit zwei Unbekannten auf und lösen Sie das Gleichungssystem; dazu müssen Sie eventuell noch ableiten. Verwenden Sie die Tipps aus dem vorgehenden Kapitel.

Trigonometrische Funktionen

Eine verallgemeinerte Sinusfunktion hat die Gleichung $f(x) = a \cdot \sin(b \cdot (x - c)) + d$, eine verallgemeinerte Kosinusfunktion die Gleichung $f(x) = a \cdot \cos(b \cdot (x - c)) + d$.
Die Eigenschaften des Schaubildes und die Koeffizienten a, b, c, d hängen dabei folgendermaßen zusammen:

- Streckfaktor in y-Richtung: a
- Streckfaktor in x-Richtung: b
- Verschiebung nach links bzw. rechts: $c < 0$ bzw. $c > 0$
- Verschiebung nach unten bzw. oben: $d < 0$ bzw. $d > 0$
- Periode: $p = \frac{2\pi}{b}$ bzw. $b = \frac{2\pi}{p}$

4.3 Von der Kurve zur Gleichung

Ganzrationale Funktionen

Es handelt sich bei allen Schaubildern um Funktionen 2. bis 4. Grades. Es gibt verschiedene Lösungswege:

1. Ansatz als allgemeine Funktion (ähnlich wie das Aufstellen von Funktionen mit Randbedingungen), z.B. $f(x) = ax^2 + bx + c$. Aus der Zeichnung werden drei Punkte bestimmt und drei Gleichungen aufgestellt, die man anschließend nach a, b und c auflöst. Dieser Weg ist etwas langwierig, führt aber immer zum Ziel.

2. Ansatz mit Hilfe der Linearfaktoren. Dieser Ansatz funktioniert nur dann, wenn die Funktion eindeutig ablesbare Nullstellen besitzt (z.B. bei den Aufgaben c) bis f)). Sind $x_1, ..., x_n$ Nullstellen, so gilt: $f(x) = a \cdot (x - x_1) \cdot ... \cdot (x - x_n)$. Der Faktor a kann mit Hilfe eines abgelesenen Punktes bestimmt werden.

3. Ansatz als verschobene Grundfunktion: Wenn man eine Normalparabel $f(x) = x^2$ nach oben oder unten verschieben will, so addiert man eine Konstante c. Will man sie nach rechts oder links verschieben, so setzt man für eine Verschiebung nach rechts um eine Längeneinheit den Ausdruck $(x - 1)$ statt x ein. Bei einer Verschiebung um 2 LE nach links entsprechend $(x + 2)$ statt x.

Tipps für die Aufgaben:

a) $f(x) = x^2$, nach links verschoben

b) $f(x) = x^2$, nach links und unten verschoben

c) $f(x) = -x^2$, nach rechts und oben verschoben

d) - f) Ansatz mit Hilfe der Nullstellen (Linearfaktorzerlegung)

Potenzfunktionen

Die einfachsten Potenzfunktionen sind:

$f(x) = \frac{1}{x}$ (Pol mit VZW) bzw. $f(x) = \frac{1}{x^2}$ (Pol ohne VZW)

a) - b) Nach rechts/links verschobene Grundfunktionen

c) - d) Nach rechts/links *und* oben/unten verschobene Grundfunktionen

Trigonometrische Funktionen

Allgemeine Tipps: Siehe Tipps zu Kapitel 4.2

Es handelt sich um Sinus- bzw. Kosinusfunktionen der Form $f(x) = a \cdot \sin(b \cdot (x-c)) + d$ bzw. $f(x) = a \cdot \cos(b \cdot (x-c)) + d$. Überlegen Sie, welche der in Kapitel «Von der Kurve zur Gleichung» aufgezählten Veränderungen des Schaubilds in Frage kommen. Prüfen Sie zuerst, ob das Schaubild nach oben verschoben ist (bestimmen Sie die waagerechte «Mittelachse»). Prüfen Sie dann, ob das Schaubild nach links oder rechts verschoben ist (eine unverschobene Sinusfunktion hat einen Wendepunkt bei $x = 0$) und bestimmen Sie anschließend die Periode p. Zum Schluß bestimmen Sie den Abstand des Hoch-bzw. Tiefpunkts zur «Mittelachse» und damit die Amplitude/ Streckung a.

5 Eigenschaften von Kurven

5.1 Schaubilder von f, f' und F

Von f zu f'

a) f_1 : Bestimmen Sie die Steigung für einige wichtige Punkte, es bietet sich auf jeden Fall der Extrempunkt an. Überlegen Sie, wie die Steigung nahe des Koordinatenursprungs ist.
f_2: Bestimmen Sie die Steigung für einige wichtige Punkte; es bieten sich der Hoch- und der Wendepunkt an.
f_3: Bestimmen Sie die Steigung für einige Stellen, z.B. für $x = 0$ und für $x = 1$. Überlegen Sie, welche spezielle Kurve einen derartigen Verlauf zeigt.
f_4: Bestimmen Sie die Steigung für einige Stellen, z.B. $x = -1$ und $x = 0$. Bestimmen Sie den Wendepunkt und dessen Steigung.

b) f_5: Bestimmen Sie die Steigung für den Schnittpunkt mit der x-Achse, den Hochpunkt und den Wendepunkt.
f_6: Bestimmen Sie die Steigungen der Extrempunkte und der Wendepunkte.
f_7: Bestimmen Sie die Steigungen in den beiden Wendepunkten und im Extrempunkt.
f_8: Das Schaubild besitzt keine Extrempunkte. Bestimmen Sie daher die Steigung in einigen geeigneten Punkten, z.B. für $x = -1$, für $x = 0$ und für $x = 3$. Betrachten Sie die Steigung in der Umgebung von $x = 1$.

Von f' zu f

Es sind Aussagen über eine Stammfunktion f der gezeichneten Kurve von f' zu bewerten. Dabei gilt für alle Stammfunktionen f:

- $f'(x) = 0$ und VZW von + nach $-$ $\Rightarrow$ Das Schaubild von f hat einen Hochpunkt.
- $f'(x) = 0$ und VZW von $-$ nach + $\Rightarrow$ Das Schaubild von f hat einen Tiefpunkt.
- $f'(x)$ hat einen Extrempunkt $\Rightarrow$ Das Schaubild von f hat einen Wendepunkt.

a) I) Überlegen Sie, was es für die Ableitung einer Funktion bedeutet, wenn das Schaubild der Funktion einen Extrempunkt besitzt.

II) Was bedeutet es für eine Kurve, wenn sie in einem Punkt eine waagerechte Tangente besitzt? Welche Steigung hat die Kurve in einem derartigen Punkt?

III) Was bedeutet es für die Ableitungskurve, wenn das Schaubild der Funktion f einen Wendepunkt besitzt? Finden Sie solche Punkte in der Kurve von f'?

IV) Beachten Sie, ob das Schaubild von f' für $0 \leqslant x \leqslant 2$ oberhalb oder unterhalb der x-Achse verläuft.

b) I) Überlegen Sie, was es für die Ableitung einer Funktion bedeutet, wenn das Schaubild der Funktion einen Extrempunkt besitzt.

II) Welchen Wert nimmt die Ableitung einer Funktion an einem Extremwert an? Was muss zusätzlich noch gelten, damit es sich um einen Hochpunkt handelt (wie sehen die Vorzeichenwechsel der Steigung aus)?

III) Überlegen Sie, welchen Grad das Polynom der gezeichneten Ableitungskurve besitzt.

IV) Überlegen Sie, was man tun muss, um Informationen über die Steigung einer Kurve in einem Punkt zu bekommen. Welche Funktion gibt «Auskunft» über die Steigungswerte der Kurve in jedem Punkt?

c) I) Skizzieren Sie das Schaubild einer Funktion zur gegebenen Ableitungsfunktion; benutzen Sie dazu die Extremwerte und die Nullstelle der angegebenen Ableitungsfunktion. Hat das Schaubild von f bei $x = 0$ einen Hoch- oder Tiefpunkt (Vorzeichenwechsel beachten)?

II) Beachten Sie, ob das Schaubild von f' stets oberhalb oder unterhalb der x-Achse verläuft.

III) Prüfen Sie, welche Bedingungen die Kurve der angegebenen Ableitungsfunktion erfüllen muss, damit die Funktion f an der Stelle $x = 0$ einen Tiefpunkt hat. Beachten Sie den Vorzeichenwechsel.

IV) Überlegen Sie, was es für das Schaubild der Ableitung bedeutet, wenn eine Kurve einen oder mehrere Extrempunkte besitzt.

Von f zu F

Allgemeine Tipps:

- Skizzieren Sie zuerst die Ableitung bzw. eine Stammfunktion.
- Das Schaubild von F hat einen Hochpunkt an der Stelle x_1, wenn $f(x_1) = 0$ und an dieser Nullstelle bei f ein Vorzeichenwechsel (VZW) von $+$ nach $-$ stattfindet.
- Das Schaubild von F hat einen Tiefpunkt an der Stelle x_2, wenn $f(x_2) = 0$ und bei f an dieser Stelle ein VZW von $-$ nach $+$ stattfindet.
- Das Schaubild von F hat einen Wendepunkt an der Stelle x_3, wenn f einen Extrempunkt an dieser Stelle hat.

Die Stammfunktion

a) I) Überlegen Sie, welche Art von Funktion vorliegt. Wie sieht das Schaubild der Ableitungsfunktion einer Geraden aus?

II) Bestimmen Sie $f(1)$ und beachten Sie, dass $f(x) = \mathrm{F}'(x)$ ist.

III) Streng monoton zunehmend für f bedeutet, dass f' immer > 0 ist (warum?). In der Aufgabe ist allerdings gefragt, ob f' monoton zunehmend ist. Also muss man f'' untersuchen.

IV) y-achsensymmetrisch bedeutet $f(-x) = f(x)$.

b) I) Welche Gestalt besitzt das Schaubild der Ableitungsfunktion einer Parabel 2. Grades? Überlegen Sie, welche Aussagen Sie sicher über dieses Schaubild treffen können.

II) Beachten Sie, ob das Schaubild von f für $0 \leqslant x \leqslant 1$ oberhalb oder unterhalb der x-Achse verläuft.

III) Überlegen Sie, was es für die Funktion f bedeutet, wenn die Stammfunktion Extremstellen besitzt (f ist die 1. Ableitung von F).

Die Integralfunktion

Allgemeine Tipps zur Integralfunktion:

Wie man an den Aufgaben I und II sehen kann, lässt sich die Stammfunktion einer Funktion f in y-Richtung verschieben. Dies geschieht durch die Konstante c im unbestimmten Integral, das sogenannte absolute Glied.

Bei der Integralfunktion wird die Variable x als obere Grenze behandelt und die Funktion erst nach t integriert. Durch das Einsetzen der Grenzen entsteht zum Schluss eine Funktion $\mathrm{J}_0(x)$.

- Falls es möglich ist, stellen Sie zuerst einen Funktionsterm für f auf (Parabeln, nach rechts und unten verschoben). Bilden Sie dann die Integralfunktion und skizzieren Sie die Integralfunktion zum Schluss in das Koordinatensystem.
- Falls es nicht möglich ist, einen Funktionsterm aufzustellen, benutzt man die Tatsache, dass der Funktionswert der Integralfunktion dem orientierten Flächeninhalt entspricht. Die Funktion $\mathrm{J}_0(x)$ geht durch $(0 \mid 0)$. Man bestimmt zuerst die charakteristischen Stellen (Extrem- und Wendestellen). Für diese bestimmt man den Funktionswert von $\mathrm{J}_0(x)$ durch das Aufsummieren der orientierten Flächeninhalte. (Orientierter Flächeninhalt bedeutet, dass Flächen unterhalb der x-Achse ein negatives Vorzeichen erhalten.)

a) I) Überlegen Sie, wie das Schaubild der Ableitungsfunktion aussehen muss.

II) Skizzieren Sie die Integralfunktion. Prüfen Sie die Intervallgrenzen.

III) Überlegen Sie, was eine Extremstelle der Integralfunktion für die Funktion f bedeuten würde.

b) I) Bilden Sie die Integralfunktion und skizzieren Sie sie in das Koordinatensystem. Dabei können Sie die Steigung der Integralfunktion am gegebenen Schaubild ablesen (z.B. hat für $x = 4$ die Integralfunktion die Steigung -2).

II) Überlegen Sie, was eine Extremstelle der Integralfunktion für die Funktion f bedeuten würde.

III) Überlegen Sie, welche Art von Funktion die Integralfunktion ist und wie viele Extremstellen ganzrationale Funktionen 3.Grades besitzen können.

IV) Monoton fallend für eine Funktion f bedeutet: $f'(x) \leqslant 0$. Beachten Sie, dass in der Aufgabe Aussagen über f' gemacht werden. Daher müssen Sie f'' untersuchen.

5.2 Kurvendiskussion

Elemente der Kurvendiskussion

a) Die Bedingungen für ein Minimum sind $f'(x) = 0$ und Vorzeichenwechsel von f' von $-$ nach $+$. Prüfen Sie, ob diese auf den Punkt zutreffen.

b) Zur Berechnung von $f(g(2))$ setzen Sie $x = 2$ in $g(x)$ und das Ergebnis in $f(x)$ ein. Zur Berechnung von $g(f(2))$ setzen Sie $x = 2$ in $f(x)$ und das Ergebnis in $g(x)$ ein.
Setzen Sie $g(x)$ in $f(x)$ ein und lösen Sie die Gleichung $f(g(x)) = 0,1$ durch Wurzelziehen.

c) Lösen Sie die Ungleichung $x \cdot (x-1) > 0$ durch Fallunterscheidung.

d) Überlegen Sie, durch welche Punkte das Schaubild von f verläuft und ob es Extrem- oder Wendepunkte gibt. Beachten Sie Symmetrien.

e) Die Bedingungen für einen Tiefpunkt sind: $f'(x) = 0$ und Vorzeichenwechsel von f' von $-$ nach $+$ bzw. $f''(x) > 0$. Prüfen Sie, ob diese auf den Punkt zutreffen. Benutzen Sie zum Ableiten die Produktregel.

f) Die Bedingung für einen Sattelpunkt ist $f'(x_0) = 0$ und kein Vorzeichenwechsel von f' an der Stelle x_0.

g) Schreiben Sie den Bruch als Potenz mit negativem Exponenten und bestimmen Sie die 1. Ableitung mit der Kettenregel. Setzen Sie $f'(x) = 0$ und lösen Sie die Gleichung nach x auf. Berechnen Sie den zugehörigen y-Wert und prüfen Sie, ob bei $f'(x)$ an der berechneten Stelle ein Vorzeichenwechsel vorliegt.

h) Punkte mit waagerechter Tangente haben die Steigung Null, also wird die 1. Ableitung Null gesetzt. Für die Gleichung der Geraden durch die beiden Punkte ist zuerst die Steigung zu berechnen: $m = \frac{y_2 - y_1}{x_2 - x_1}$.

i) Wendepunkte bestimmen Sie mit Hilfe von $f''(x)$ und $f'''(x)$.

j) Überlegen Sie, an welcher Stelle x die 1. Ableitung Null ist und ob die 1. Ableitung das Vorzeichen von $-$ nach $+$ wechselt.

k) Berechnen Sie die Steigung in P mit Hilfe der 1. Ableitung. Überlegen Sie, welche Art von Punkten eine waagerechte Tangente hat.

l) Für den Nachweis eines Wendepunkts verwenden Sie die 2. und 3. Ableitung.

Symmetrie

a) Die Bedingung für y-Achsensymmetrie ist $f(-x) = f(x)$.

b) Die Bedingung für Ursprungssymmetrie ist $f(-x) = -f(x)$.

c) Um die Punktsymmetrie eines Schaubilds zu einem Punkt $P(a \mid b)$ nachzuweisen, zeigen Sie, dass für jedes $h \neq 0$ gilt: $\frac{f(a+h)+f(a-h)}{2} = b$.

d) Das Schaubild einer Funktion f ist achsensymmetrisch zu $x = a$, wenn für beliebiges $h \neq 0$ gilt: $f(a+h) = f(a-h)$.
Prüfen Sie also rechnerisch, ob für beliebiges $h \neq 0$ gilt: $f(2+h) = f(2-h)$.

Tangenten und Normalen

Geradengleichungen kann man mit der Punkt-Steigungsform $y - y_1 = m \cdot (x - x_1)$ aufstellen.

a) Bestimmen Sie die Tangentensteigung in P mit Hilfe der 1. Ableitung. Benutzen Sie dann die Steigung und den Punkt, um die Geradengleichung aufzustellen. Für die Normalensteigung m_n gilt: $m_n = -\frac{1}{m_t}$ mit m_t = Steigung der Tangente.

b) Bestimmen Sie zuerst den Wendepunkt und dann die Steigung der Tangente bzw. der Normalen und stellen Sie die Geradengleichungen auf.

c) I) Da die Tangentensteigung schon bekannt ist, muss in dieser Aufgabe der Punkt P bestimmt werden, in dem das Schaubild von f die Steigung $m = -2$ besitzt. Also wird die erste Ableitung gleich -2 gesetzt und x_P bestimmt. Mit den Koordinaten des Punktes und der Steigung wird anschließend die Tangentengleichung aufgestellt.

II) Man verfährt ähnlich wie bei I), nur muss die Steigung der Tangente erst aus der Steigung der angegebenen Geraden ermittelt werden. Für die Steigung zweier aufeinander senkrecht stehender Geraden m_1 und m_2 gilt: $m_2 = -\frac{1}{m_1}$.

III) Man verfährt ähnlich wie bei I), die Steigung paralleler Geraden ist gleich:
$m_t = m_g = 4$.

d) Schreiben Sie den Bruch als Potenz mit negativem Exponenten und bestimmen Sie die 1. Ableitung mit Hilfe der Kettenregel. Bestimmen Sie die Tangentensteigung in P mit Hilfe der 1. Ableitung. Benutzen Sie dann die Steigung und den Punkt, um die Geradengleichung aufzustellen. Für die Normalensteigung m_n gilt: $m_n = -\frac{1}{m_t}$ mit m_t = Steigung der Tangente.

Berührpunkte zweier Kurven

a), b) Bei diesen Aufgaben müssen Sie zeigen, dass die Bedingungen für das Berühren erfüllt sind.

c), d) Gesucht sind die Punkte, an denen sich die Kurven berühren. Dazu müssen beide Bedingungen erfüllt sein. Sie können also die Ableitungen der beiden Funktionen gleichsetzen, um mögliche Punkte zu bestimmen. Anschließend müssen Sie aber noch prüfen, ob es sich tatsächlich um gemeinsame Punkte beider Kurven handelt.

Funktionenscharen / Funktionen mit Parameter

a) Setzen Sie die Koordinaten des Punkts in die Funktionsgleichung ein und stellen Sie die Gleichung nach t um.

b) Setzen Sie die Funktionsgleichung gleich Null und untersuchen Sie, wie die Lösungen der sich ergebenden quadratischen Gleichung von a abhängen.

c) Bestimmen Sie zuerst die Schnittstelle x_s. Für die Ableitungen im Schnittpunkt muss gelten: $f'(x_s) \cdot g'(x_s) = -1$. Setzen Sie die Ableitungen ein, setzen Sie dann den Ausdruck für x_s ein und lösen Sie nach t auf.

d) Schreiben Sie den Bruch als Potenz mit negativem Exponenten und bestimmen Sie mit Hilfe der Kettenregel die 1. Ableitung von $f_t(x)$. Lösen Sie die Gleichung $f_t'(1) = -2$ nach t auf.

e) Bestimmen Sie mit Hilfe der Produkt- und Kettenregel die 1. und 2. Ableitung von f_t. Setzen Sie die 1. Ableitung gleich Null und berechnen Sie die Extremstelle von $f_t(x)$. Prüfen Sie mit Hilfe der 2. Ableitung, ob es sich tatsächlich um eine Extremstelle handelt. Schließlich setzen Sie $x = 2$ mit der berechneten Extremstelle gleich und lösen die Gleichung nach t auf.

f) Berechnen Sie die Nullstelle des Schaubilds der Funktion f_t in Abhängigkeit von t und lesen Sie die Nullstellen der abgebildeten Schaubilder ab. Setzen Sie diese Terme gleich. Alternativ können Sie auch die Schnittpunkte der Schaubilder mit der y-Achse ablesen und den Schnittpunkt des Schaubilds von f_t mit der y-Achse in Abhängigkeit von t berechnen.

g) Bestimmen Sie mögliche Extremstellen in Abhängigkeit von a und setzen Sie $x = 3$ ein; beachten Sie den Wertebereich von a.

h) Berechnen Sie mit Hilfe der 1. Ableitung von $f_k(x)$ und $g(x)$ jeweils die Steigung der Schaubilder von g und von f_k im Ursprung und setzen diese gleich; lösen Sie die Gleichung nach k auf und beachten Sie den Wertebereich von k.

Ortskurven

a) - c) Da die Punkte schon gegeben sind, müssen Sie nur die Ortskurven wie angegeben bestimmen.

d) Sie müssen zunächst den gesuchten Punkt bestimmen. Hierbei gehen Sie wie bei einer «normalen» Funktion ohne Parameter vor. Beachten Sie: Der Parameter wird beim Ableiten wie eine Zahl behandelt!

Geometrie

6 Punkte, Geraden und Ebenen

6.1 Rechnen mit Vektoren

Addition und Subtraktion von Vektoren

Für das Rechnen mit Vektoren gelten folgende Gesetze:

Addition: $\begin{pmatrix} a_1 \\ a_2 \\ a_3 \end{pmatrix} + \begin{pmatrix} b_1 \\ b_2 \\ b_3 \end{pmatrix} = \begin{pmatrix} a_1+b_1 \\ a_2+b_2 \\ a_3+b_3 \end{pmatrix}$ Subtraktion: $\begin{pmatrix} a_1 \\ a_2 \\ a_3 \end{pmatrix} - \begin{pmatrix} b_1 \\ b_2 \\ b_3 \end{pmatrix} = \begin{pmatrix} a_1-b_1 \\ a_2-b_2 \\ a_3-b_3 \end{pmatrix}$

Skalare Multiplikation: $s \cdot \begin{pmatrix} a_1 \\ a_2 \\ a_3 \end{pmatrix} = \begin{pmatrix} s \cdot a_1 \\ s \cdot a_2 \\ s \cdot a_3 \end{pmatrix}$ (Zahl · Vektor = Vektor), für $s \in \mathbb{R}$

Skalarprodukt: $\begin{pmatrix} a_1 \\ a_2 \\ a_3 \end{pmatrix} \cdot \begin{pmatrix} b_1 \\ b_2 \\ b_3 \end{pmatrix} = a_1 \cdot b_1 + a_2 \cdot b_2 + a_3 \cdot b_3$ (Vektor · Vektor = Zahl)

Betrag bzw. Länge: $\left| \begin{pmatrix} a_1 \\ a_2 \\ a_3 \end{pmatrix} \right| = \sqrt{a_1^2 + a_2^2 + a_3^2}$

Orthogonalität von Vektoren

a) - c) Zwei Vektoren stehen genau dann senkrecht aufeinander, wenn das Skalarprodukt gleich Null ist. Ist das Skalarprodukt ungleich Null, dann sind die beiden Vektoren nicht orthogonal.

d) Es sind Vektoren zu suchen, deren Skalarprodukt mit $\vec{n}$ Null ergibt.

Orts- und Verbindungsvektoren

Ortsvektoren setzen am Ursprung O (0 | 0 | 0) an. Verbindungsvektoren zwischen zwei Punkten erhält man mit Hilfe der Ortsvektoren.

Verschiedene Aufgaben

a) Stellen Sie jeweils drei Verbindungsvektoren zwischen je zwei Punkten auf und berechnen Sie deren Länge.

b) Die Orthogonalität lässt sich mit dem Skalarprodukt überprüfen.

c) Die Koordinaten des Schwerpunkts des Dreiecks ABC erhalten Sie mit Hilfe der Formel $S\left(\frac{a_1+b_1+c_1}{3} \mid \frac{a_2+b_2+c_2}{3} \mid \frac{a_3+b_3+c_3}{3}\right)$.

d) Tragen Sie in Ihre Skizze jeweils die gegebenen und gesuchten Punkte sowie den Ursprung O ein. Bestimmen Sie mit Hilfe einer Vektorkette den Ortsvektor des gesuchten Punktes. Geben Sie die Koordinaten des gesuchten Punktes an.

e) Tragen Sie in Ihre Skizze die gegebenen und gesuchten Punkte sowie den Ursprung O ein. Achten Sie dabei auf die Reihenfolge der Punkte (*gegen* den Uhrzeigersinn). Bestimmen Sie mit Hilfe einer Vektorkette den Ortsvektor des gesuchten Punktes. Geben Sie die Koordinaten des gesuchten Punktes an.

f) Da je vier Kanten parallel sind, gilt
$\overrightarrow{BF} = \overrightarrow{CG} = \overrightarrow{DH} = \overrightarrow{AE}$, $\overrightarrow{BC} = \overrightarrow{AD} = \overrightarrow{FG} = \overrightarrow{EH}$ und $\overrightarrow{AB} = \overrightarrow{EF} = \overrightarrow{DC} = \overrightarrow{HG}$.
Bestimmen Sie mit Hilfe einer Vektorkette den Ortsvektor des gesuchten Punktes. Geben Sie die Koordinaten des gesuchten Punktes an.

g) Tragen Sie in Ihre Skizze die gegebenen und gesuchten Punkte sowie den Ursprung O ein. Bestimmen Sie mit Hilfe einer Vektorkette den Ortsvektor des gesuchten Punktes. Geben Sie die Koordinaten des gesuchten Punktes an. Die Länge einer Kante ist die Länge des Verbindungsvektors der beiden Eckpunkte.

Linearkombination

Stellen Sie das zur Gleichung $\vec{a} = s \cdot \vec{b} + t \cdot \vec{c}$ zugehörige lineare Gleichungssystem auf und berechnen Sie (falls möglich) s und t.

Teilverhältnisse

a), b) Erstellen Sie jeweils eine Skizze und stellen Sie eine geeignete Vektorkette für den Ortsvektor von S bzw. T auf.

c) Überlegen Sie, wo der Punkt U liegt, berechnen Sie die Längen der Vektoren $\overrightarrow{AU}$ und $\overrightarrow{UB}$ und teilen Sie die Ergebnisse durcheinander.

6.2 Geraden

Aufstellen von Geradengleichungen

Verwenden Sie den Ortsvektor des einen Punktes als Stützvektor. Bilden Sie den Richtungsvektor, indem Sie den Verbindungsvektor zwischen den beiden Punkten aufstellen.

Punktprobe

Setzen Sie den Ortsvektor des Punktes in die Geradengleichung ein und prüfen Sie, ob sich für alle drei Komponenten der gleiche Parameter ergibt.

Gegenseitige Lage von Geraden

Für die gegenseitige Lage von zwei Geraden gibt es vier Möglichkeiten: Die Geraden können sich schneiden, parallel, identisch oder windschief sein.

Zur Bestimmung der gegenseitigen Lage prüft man zuerst die Richtungsvektoren auf lineare Abhängigkeit bzw. Unabhängigkeit:

1. Sind die Richtungsvektoren ein Vielfaches voneinander (linear abhängig), können die Geraden parallel oder identisch sein.
   Sie sind identisch, wenn ein Punkt der einen Geraden auf der anderen Geraden liegt (positive Punktprobe), sonst sind sie parallel (negative Punktprobe).
2. Sind die Richtungsvektoren kein Vielfaches voneinander (linear unabhängig), können die Geraden sich schneiden oder windschief sein.
   Durch Gleichsetzen erhält man den Schnittpunkt oder einen Widerspruch, welcher angibt, dass die Geraden windschief sind.

Verschiedene Aufgaben

a) Damit die beiden Geraden parallel sind, müssen die Richtungsvektoren $\vec{r}_t$ und $\vec{v}$ linear abhängig sein. Der Parameter t muss also so bestimmt werden, dass $\vec{r}_t = k \cdot \vec{v}$ mit $k, t \in \mathbb{R}$ gilt. Dazu prüft man, ob der eine Vektor ein Vielfaches des anderen ist. Anschließend macht man eine Punktprobe.

b) Stellen Sie die Gerade h auf, indem Sie den Punkt A als Stützpunkt benutzen. Verwenden Sie als Richtungsvektor von h den Richtungsvektor von g.

c) I) Zuerst müssen Sie nachweisen, dass S tatsächlich auf g liegt. Einen Richtungsvektor $\vec{v}$ können Sie bestimmen, indem Sie den Verbindungsvektor vom Stützpunkt H der Geraden h zum Schnittpunkt S aufstellen.

II) Damit zwei Geraden windschief sind, dürfen sie nicht parallel sein und keinen Schnittpunkt haben. Wählen Sie einen Richtungsvektor von h so, dass die Richtungsvektoren linear unabhängig sind. Anschließend zeigen Sie durch Schneiden der Geraden, dass diese keine gemeinsamen Punkte haben.

6.3 Ebenen

Parameterform der Ebenengleichung

a), b) Nehmen Sie einen der Punkte als «Stützpunkt». Die Verbindungsvektoren zwischen den Punkten ergeben die Spannvektoren.

c), d) Der Stützvektor der Geraden dient als Stützvektor der Ebene, der Richtungsvektor bildet den ersten Spannvektor. Den zweiten Spannvektor erhalten Sie, indem Sie den Verbindungsvektor zwischen dem Stützpunkt und dem angegebenen Punkt bilden.

Koordinatengleichung einer Ebene

Um eine Ebenengleichung aufzustellen, braucht man in der Regel entweder einen Punkt, der in der Ebene liegt, und zwei Spannvektoren oder einen Punkt A, der in der Ebene liegt, und einen Normalenvektor $\vec{n}$, welche man dann in die Punkt-Normalenform $(\vec{x} - \vec{a}) \cdot \vec{n} = 0$ einsetzt.

Ein Normalenvektor $\vec{n}$ errechnet sich mit Hilfe des Kreuzprodukts aus den beiden Spannvektoren (siehe Seite 44).

Zur Koordinatengleichung kommt man durch Ausmultiplizieren der Punkt-Normalenform.

a), b) Berechnen Sie das Skalarprodukt der gegebenen Punkt-Normalenform, um die Koordinatengleichung zu erhalten.

c), d) Wählen Sie einen der 3 Punkte als «Stützpunkt» und bestimmen Sie die Spannvektoren als Verbindungsvektoren zwischen dem ersten Punkt und den beiden anderen Punkten. Anschließend bestimmt man einen Normalenvektor wie oben beschrieben und rechnet über die Punkt-Normalenform die Koordinatenform aus.

e), f) Als Stützvektor bietet sich der Stützvektor der Geraden an. Als 1. Spannvektor benutzt man den Richtungsvektor der Geraden, als 2. Spannvektor nimmt man den Verbindungsvektor zwischen dem Punkt außerhalb der Geraden und dem «Stützpunkt» der Geraden.

g) - i) Bestimmen Sie zuerst den Stützvektor der Ebene. Bestimmen Sie dazu den Schnittpunkt der beiden Geraden. Der Ortsvektor des Schnittpunktes dient als Stützvektor, die beiden Richtungsvektoren der Geraden werden als Spannvektoren der Ebene genommen. (wichtig: Wenn man s und t mit Hilfe von zwei Gleichungen bestimmt hat, muss man s und t in der 3. Gleichung überprüfen).

j), k) Wenn das Gleichungssystem zu einem Widerspruch wie z.B. $3 = 0$ führt, besitzt es keine Lösung. Die Geraden schneiden sich dann nicht. Untersuchen Sie die beiden Richtungsvektoren. Sind diese linear abhängig, dann sind die Geraden parallel.

l) Um die Ebenengleichung aufzustellen, brauchen Sie einen Punkt der Ebene und einen Normalenvektor. Die Spiegelebene befindet sich genau in der Mitte zwischen A und A^*. Anhand einer Skizze kann man sich gut klarmachen, wie der Normalenvektor aussehen muss.

m) Wenn die Ebene E die Gerade g enthält, dann sind der Normalenvektor von E und der Richtungsvektor von g orthogonal. Damit ist das Skalarprodukt dieser beiden gleich Null. Gleiches gilt für den Normalenvektor von E und den Normalenvektor der bekannten Ebene F. Wenn man die beiden Skalarprodukte ausrechnet, erhält man zwei Gleichungen mit den 3 Unbekannten n_1, n_2 und n_3. Eine Unbekannte wird gesetzt, die anderen ausgerechnet. Auf diese Weise erhält man $\vec{n}$. Zum Schluss setzt man noch $\vec{n}$ und den «Stützpunkt» der Geraden in die Punkt-Normalenform ein und rechnet diese aus.

n) Drei der gegebenen Punkte benutzt man, um eine Ebene aufzustellen. Mit dem letzten macht man eine Punktprobe.

Ebenen im Koordinatensystem

Zuerst bestimmt man die Spurpunkte, dies sind die Schnittpunkte der Ebene mit den Koordinatenachsen. Überlegen Sie, welchen Wert die x_2- und die x_3-Koordinate für einen Schnittpunkt der Ebene mit der x_1-Achse besitzen. Man setzt ein und formt nach x_1 um. Ebenso verfährt man für die anderen Spurpunkte.

Bestimmen von Geraden und Ebenen in einem Quader

a) Der Punkt O des Quaders liegt im Ursprung des Koordinatensystems. Bestimmen Sie die übrigen Punkte, indem Sie die Ortsvektoren addieren.

b) Die Gleichung kann wie im vorherigen Kapitel rechnerisch bestimmt werden, oder durch Überlegung und Ablesen an der Zeichnung.

c) Um eine Geradengleichung aufzustellen, braucht man einen Stützvektor und einen Richtungsvektor.

d) Wählen Sie drei der angegebenen Punkte und stellen Sie die Ebenengleichung wie im vorangegangenen Kapitel auf.

6.4 Gegenseitige Lage von Geraden und Ebenen

Gegenseitige Lage

Eine Gerade und eine Ebene können auf drei verschiedene Arten zueinander liegen: g schneidet E, g ist parallel zu E oder g liegt in E.

Liegt die Ebene in Koordinatenform vor, wird die Gerade als «allgemeiner Punkt» geschrieben und in die Ebenengleichung eingesetzt. Anschließend wird der Parameter der Geraden bestimmt und gegebenenfalls in die Geradengleichung eingesetzt, um den Schnittpunkt zu bestimmen. Liegt die Ebene in der Parameterform vor, werden Ebenengleichung und Geradengleichung gleichgesetzt und zu einem Gleichungssystem mit 3 Unbekannten umgestellt.

Beim Lösen des Gleichungssystems bzw. der Gleichung können drei Fälle auftreten:

1. Es gibt eine eindeutige Lösung: Die Gerade schneidet die Ebene.
2. Es tritt ein Widerspruch auf (wie z.B. $3 = 0$): Die Gerade ist parallel zur Ebene.
3. Das Gleichungssystem bzw. die Gleichung hat unendlich viele Lösungen (beim Lösen ergibt sich z.B. $3 = 3$ oder $0 = 0$): Die Gerade liegt in der Ebene.

Gerade und Ebene parallel

Überlegen Sie, wie der Richtungsvektor der Geraden und der Normalenvektor der Ebene zueinander stehen müssen, damit die Gerade parallel zur Ebene liegt. Nehmen Sie das Skalarprodukt zu Hilfe. Wie kann man anschließend prüfen, ob die Gerade und die Ebene echt parallel sind oder ob g in E liegt?

Vermischte Aufgaben

a) Wenn $g \parallel$ E, so gilt: $\overrightarrow{r_g} \cdot \vec{n} = 0$. Für den Richtungsvektor $\overrightarrow{r_g}$ der Geraden gibt es unendlich viele Möglichkeiten.

b) Da $g \perp$ E, so gilt: $\overrightarrow{r_g} = k \cdot \vec{n}$; $k \in \mathbb{R}$, d.h. der Richtungsvektor $\overrightarrow{r_g}$ ist linear abhängig zum Normalenvektor zu wählen.

c) Bestimmen Sie einen Punkt und einen Normalenvektor der Ebene mit Länge 1 LE. Mit diesen legen Sie einen weiteren Punkt außerhalb der Ebene mit Abstand 3 LE fest. Der Richtungsvektor $\overrightarrow{r_g}$ der Geraden muss so gewählt werden, dass $\overrightarrow{r_g} \cdot \vec{n} = 0$. Hierfür gibt es unendlich viele Möglichkeiten.

d) Bestimmen Sie einen Punkt der Geraden und einen zum Richtungsvektor $\overrightarrow{r_g}$ orthogonalen Vektor $\overrightarrow{n_0}$ mit Länge 1 LE. Mit diesen legen Sie einen Punkt außerhalb der Geraden mit Abstand 5 LE fest. Die gesuchte Ebene geht durch den Punkt außerhalb der Geraden und hat den Normalenvektor $\overrightarrow{n_0}$ bzw. $\vec{n}$.

6.5 Gegenseitige Lage von Ebenen

Zwei Ebenen können auf drei verschiedene Arten zueinander liegen: Die beiden Ebenen schneiden sich, sie liegen parallel zueinander oder sie sind identisch.

Auch hier gibt es verschiedene Lösungswege, abhängig davon, welche Art von Ebenengleichung vorliegt. Da der Weg über die Koordinatengleichung gut nachvollziehbar ist, werden die Aufgaben auf diese Weise gelöst.

Die beiden Ebenengleichungen bilden ein lineares Gleichungssystem mit zwei Gleichungen und drei Variablen.

Beim Lösen des Gleichungssystems bzw. der Gleichung können drei Fälle auftreten:

1. Es gibt eine Lösung, wenn man eine Variable als t einsetzt und nach den anderen Variablen auflöst: Die Ebenen schneiden sich in einer Schnittgerade.

2. Es tritt ein Widerspruch auf (wie z.B. $3 = 0$): Die beiden Ebenen sind parallel.

3. Die eine Gleichung ist ein Vielfaches der anderen Gleichung: Die beiden Ebenen sind identisch.

Schnitt von zwei Ebenen

Setzten Sie bei einer Gleichung mit zwei Unbekannten die eine Unbekannte gleich t und bestimmen Sie die übrigen Unbekannten in Abhängigkeit von t. Stellen Sie anschließend die Gleichung der Schnittgeraden auf.
Bei Aufgabe c) lässt sich x_2 direkt berechnen.

Parallele Ebenen

Entweder Sie lösen das zugehörige Gleichungssystem oder Sie prüfen, ob der Normalenvektor der einen Ebene ein Vielfaches des Normalenvektors der anderen Ebene ist; anschließend machen Sie noch eine Punktprobe.
Beim Bestimmen von t wählen Sie die beiden Normalenvektoren so, dass sie ein Vielfaches voneinander sind.

Vermischte Aufgaben

Überlegen Sie anhand einer Skizze, wie die beiden Normalenvektoren zueinander stehen müssen, wenn die Ebenen senkrecht aufeinander stehen. Nehmen Sie das Skalarprodukt zu Hilfe.

Lineare Gleichungssysteme

Anwenden des Gaußschen Eliminierungsverfahrens: Zuerst werden zwei Gleichungen so zusammengezählt, dass eine Unbekannte wegfällt (eventuell muss man dazu vorher eine Gleichung mit einem Faktor wie -1 oder -2 multiplizieren).
Im nächsten Schritt löst man die beiden Gleichungen, die nur noch zwei Unbekannte enthalten, nach einer Unbekannten auf.
Zum Schluss wird schrittweise eingesetzt und die Unbekannten werden bestimmt.
Überlegen Sie, welche Lage drei Ebenen zueinander haben können und wo die gemeinsamen Punkte liegen können.

7 Abstände, Winkel und Spiegelungen

7.1 Abstandsberechnungen

Abstand Punkt – Ebene

Bei einer Abstandsberechnung rechnet man immer die Länge eines Lots von einem Punkt auf die Ebene aus. Man benutzt in der Regel die Hessesche Normalenform der Ebenengleichung (HNF), in die der Punkt eingesetzt wird. Für den Punkt $\mathrm{P}(p_1 \mid p_2 \mid p_3)$ und die Ebene

E: $ax_1 + bx_2 + cx_3 = d$ mit dem Normalenvektor $\vec{n} = \begin{pmatrix} a \\ b \\ c \end{pmatrix}$ gilt: $d(\mathrm{P};\mathrm{E}) = \frac{|a \cdot p_1 + b \cdot p_2 + c \cdot p_3 - d|}{\sqrt{a^2+b^2+c^2}}$.

Abstand Punkt – Gerade

Den Abstand eines Punktes P von einer Geraden g bestimmt man in drei Schritten:

1. Zuerst stellt man eine Hilfsebene $\mathrm{E_H}$ auf. Diese Hilfsebene enthält den Punkt P und ist orthogonal zu g, d.h. der Richtungsvektor von g dient als Normalenvektor der Ebene.
2. Die Hilfsebene wird mit g geschnitten, dies ergibt den Schnittpunkt L.
3. Der Verbindungsvektor $\overrightarrow{\mathrm{LP}}$ wird aufgestellt, sein Betrag (= seine Länge) ist der gesuchte Abstand.

Abstand paralleler Geraden

Zuerst muss bewiesen werden, dass die beiden Geraden echt parallel sind. Dies geschieht mit Hilfe der Richtungsvektoren und einer Punktprobe. Anschließend berechnet man den Abstand eines Punktes der Geraden h zur Geraden g wie in den vorangehenden Aufgaben.

Abstand windschiefer Geraden

a), b) Um den Abstand von zwei windschiefen Geraden $g: \vec{x} = \vec{a} + s \cdot \vec{r}$ und $h: \vec{x} = \vec{b} + t \cdot \vec{v}$ zu berechnen, benötigt man einen Vektor $\vec{n}$, der auf den beiden Richtungsvektoren senkrecht steht. Für den Abstand d gilt dann

$$d(g;h) = \frac{|(\vec{a}-\vec{b}) \cdot \vec{n}|}{|\vec{n}|}.$$

Den Vektor $\vec{n}$ bestimmt man mit Hilfe des Kreuzproduktes: $\vec{n} = \vec{r} \times \vec{v}$.

Abstand Gerade – Ebene

a), b) Zuerst ist zu zeigen, dass die Gerade parallel zur Ebene ist. Dazu benötigt man das Skalarprodukt. Anschließend setzt man einen Punkt der Geraden und die Ebene in die Abstandsformel ein und berechnet den Abstand.

Abstand paralleler Ebenen

a), b) Zeigen Sie, dass der Normalenvektor der einen Ebene ein Vielfaches des Normalenvektors der anderen Ebene ist. Anschließend bestimmen Sie einen Punkt in einer der Ebenen und setzen diesen und die andere Ebene in die Abstandsformel ein und berechnen somit den Abstand.

Verschiedene Aufgaben

a), b) Schreiben Sie die Gerade als «allgemeinen Punkt» A. Wenn dieser von P und Q gleich weit entfernt sein soll, muss gelten: $|\overrightarrow{PA}| = |\overrightarrow{QA}|$. Man setzt ein, löst nach t auf und setzt in die Geradengleichung ein.

c) Auch bei dieser Aufgabe wird die Gerade als «allgemeiner Punkt» geschrieben. Es gilt: $|\overrightarrow{AP}| = 3$. Setzen Sie ein und lösen Sie nach t auf.

d) Stellen Sie zuerst die Gleichung der Ebene E durch ABC auf und berechnen Sie den Abstand des Punktes S zu E mit Hilfe der Abstandsformel.

e) Setzen Sie in die Abstandsformel den Punkt, die Ebene und den Abstand ein. Anschließend wird nach b aufgelöst. Dabei muss eine Fallunterscheidung gemacht werden, wenn man die Betragsgleichung lösen will. Es ergeben sich zwei Werte für b.

f), g) Schreiben Sie die Gerade als «allgemeinen Punkt». Anschließend wird dieser, der Abstand und die Ebene in die Abstandsformel eingesetzt und nach dem Parameter s der Geraden aufgelöst. Dabei muss eine Fallunterscheidung gemacht werden. Die Lösungen s_1 und s_2 werden zum Schluss in die Geradengleichung eingesetzt.

7.2 Winkelberechnungen

Winkel zwischen Vektoren und zwischen Geraden

a) Überlegen Sie, zwischen welchen Vektoren man den Winkel berechnet (Orts- oder Verbindungsvektoren). Wenn zwei Kosinuswerte gleich sind, was gilt dann für die entsprechenden Winkel? Machen Sie sich eine Skizze.

b) Auf welche Vektoren kommt es bei der Winkelberechnung zwischen zwei Geraden an?

Winkel zwischen Ebenen

Überlegen Sie, mit Hilfe welcher Vektoren man den Winkel zwischen den beiden Ebenen bestimmen könnte.

Winkel zwischen Gerade und Ebene

Welche Vektoren der Geraden und der Ebene kommen für die Winkelbestimmung in Betracht? Machen Sie eine Skizze. Wird in diesem Fall der Kosinus oder der Sinus des Winkels berechnet?

7.3 Spiegelungen

Punkt an Punkt

Machen Sie eine Skizze. Überlegen Sie, welche Vektoren man aneinanderhängen muss, um von P zum Spiegelpunkt P^* zu gelangen, wenn z.B. Q in der Mitte liegen soll.

Punkt an Ebene

Machen Sie eine Skizze. Der Punkt A wird an dem Punkt der Ebene, der A am nächsten ist, gespiegelt. Um diesen Punkt zu bestimmen, braucht man eine Hilfsgerade durch A, die senkrecht auf der Ebene steht.

Punkt an Gerade

Machen Sie eine Skizze. Der Punkt P wird an dem Punkt der Gerade gespiegelt, der den kleinsten Abstand zu P besitzt. Um diesen zu bestimmen, braucht man eine Hilfsebene. Diese geht durch P und steht senkrecht zur Geraden.

Gerade an Ebene

Machen Sie eine Skizze. Überlegen Sie, ob die Gerade die Ebene schneidet oder parallel zu ihr liegt.
Berechnen Sie gegebenenfalls den Schnittpunkt.
Spiegeln Sie den Stützpunkt der Geraden an der Ebene mit Hilfe einer Lotgeraden und einer Vektorkette.
Überlegen Sie, welchen Richtungsvektor die Spiegelgerade hat.

Stochastik

8 Wahrscheinlichkeitsrechnung

8.1 Baumdiagramme und Pfadregeln

Ziehen mit Zurücklegen

a) I) Zeichnen Sie ein Baumdiagramm mit den Ästen rot (r), weiß (w) und gelb (g). Beachten Sie, dass die Wahrscheinlichkeiten bei jedem Ziehen gleich bleiben. Überlegen Sie, welche Ergebnisse zum gesuchten Ereignis gehören und verwenden Sie die Pfadregeln.

II) Zeichnen Sie ein Baumdiagramm mit den Ästen weiß (w) und nicht weiß ($\bar{w}$). Beachten Sie, dass die Wahrscheinlichkeiten bei jedem Ziehen gleich bleiben. Überlegen Sie, welches Ergebnis zum gesuchten Ereignis gehört und verwenden Sie die 1. Pfadregel.

b) I) Zeichnen Sie ein Baumdiagramm mit den Ästen rot (r) und nicht rot ($\bar{r}$). Beachten Sie, dass die Wahrscheinlichkeiten bei jedem Ziehen gleich bleiben. Überlegen Sie, welches Ergebnis zum gesuchten Ereignis gehört und verwenden Sie die 1. Pfadregel.

II) Überlegen Sie, welche Ergebnisse zum gesuchten Ereignis gehören und verwenden Sie die Pfadregeln oder rechnen Sie alternativ mit dem Gegenereignis $\overline{A}$ und verwenden Sie $P(A) = 1 - P(\bar{A})$.

c) I) Zeichnen Sie ein Baumdiagramm mit den Ästen rot (r) und gelb (g). Beachten Sie, dass die Wahrscheinlichkeiten bei jedem Ziehen gleich bleiben. Überlegen Sie, welche Ergebnisse zum gesuchten Ereignis gehören und verwenden Sie die Pfadregeln oder rechnen Sie alternativ mit dem Gegenereignis $\overline{A}$ und verwenden Sie
$P(A) = 1 - P(\bar{A})$.

II) Wählen Sie n als Anzahl der gelben Kugeln und zeichnen Sie ein Baumdiagramm. Bestimmen Sie die Wahrscheinlichkeit für das gesuchte Ereignis mit Hilfe des Gegenereignisses in Abhängigkeit von n; verwenden Sie $P(A) = 1 - P(\bar{A})$. Stellen Sie eine quadratische Gleichung auf und lösen Sie diese durch Wurzelziehen und Fallunterscheidung. Beachten Sie, dass $n > 0$ sein muss.

d) I) Zeichnen Sie ein Baumdiagramm mit den Ästen rot (r) und blau (b). Beachten Sie, dass die Wahrscheinlichkeiten bei jedem Ziehen gleich bleiben. Überlegen Sie, welche Ergebnisse zum gesuchten Ereignis gehören und verwenden Sie die Pfadregeln oder rechnen Sie alternativ mit dem Gegenereignis $\overline{A}$ und verwenden Sie
$P(A) = 1 - P(\bar{A})$.

II) Wählen Sie n als Anzahl der blauen Kugeln und zeichnen Sie ein Baumdiagramm. Bestimmen Sie die Wahrscheinlichkeit für das gesuchte Ereignis mit Hilfe des Gegenereignisses in Abhängigkeit von n; verwenden Sie $P(A) = 1 - P(\bar{A})$. Stellen Sie eine quadratische Gleichung auf und lösen Sie diese durch Wurzelziehen und Fallunterscheidung. Beachten Sie, dass $n > 0$ sein muss.

e) I) Zeichnen Sie ein Baumdiagramm mit den Ästen A und B. Beachten Sie, dass die Wahrscheinlichkeiten bei jedem Ziehen gleich bleiben. Überlegen Sie, welche Ergebnisse zum gesuchten Ereignis gehören und verwenden Sie die Pfadregeln oder rechnen Sie alternativ mit dem Gegenereignis $\overline{A}$ und verwenden Sie $P(A) = 1 - P(\bar{A})$.

II) Wählen Sie n als Anzahl der Buchstaben A und zeichnen Sie ein Baumdiagramm. Bestimmen Sie die Wahrscheinlichkeit für das gesuchte Ereignis mit Hilfe des Gegenereignisses in Abhängigkeit von n; verwenden Sie $P(A) = 1 - P(\bar{A})$. Stellen Sie eine quadratische Gleichung auf und lösen Sie diese durch Wurzelziehen und Fallunterscheidung. Beachten Sie, dass $n > 0$ sein muss.

f) I) Überlegen Sie, wie viele Kugeln insgesamt mindestens vorhanden sein müssen und beachten Sie, ob sich die Wahrscheinlichkeiten für rot oder schwarz bei jedem Ziehen ändern oder nicht.

II) Rechnen Sie mit dem Gegenereignis $\overline{A}$ und verwenden Sie $P(A) = 1 - P(\bar{A})$ sowie die 1. Pfadregel.

Ziehen ohne Zurücklegen

a) I) Zeichnen Sie ein Baumdiagramm mit den Ästen rot (r), grün (g) und blau (b). Beachten Sie, dass sich die Wahrscheinlichkeiten bei jedem Ziehen ändern. Überlegen Sie, welche Ergebnisse zum gesuchten Ereignis gehören und verwenden Sie die Pfadregeln.

II) Zeichnen Sie ein Baumdiagramm mit den Ästen blau (b) und nicht blau ($\bar{b}$). Beachten Sie, dass sich die Wahrscheinlichkeiten bei jedem Ziehen ändern. Überlegen Sie, welches Ergebnis zum gesuchten Ereignis gehört und verwenden Sie die 1. Pfadregel.

b) I) Überlegen Sie, wie viele Kugeln insgesamt mindestens vorhanden sein müssen und beachten Sie, ob sich die Wahrscheinlichkeiten für rot oder schwarz bei jedem Ziehen ändern oder nicht.

II) Überlegen Sie, welche Ergebnisse zum gesuchten Ereignis gehören und verwenden Sie die Pfadregeln.

c) I) Beachten Sie, dass gleichzeitiges Ziehen einem Ziehen ohne Zurücklegen entspricht und dass sich die Wahrscheinlichkeiten bei jedem Ziehen ändern. Überlegen Sie, welche Ergebnisse zum gesuchten Ereignis gehören und verwenden Sie die Pfadregeln.

II) Zeichnen Sie ein Baumdiagramm mit den Ästen weiß (w) und nicht weiß ($\bar{w}$). Beachten Sie, dass sich die Wahrscheinlichkeiten bei jedem Ziehen ändern. Rechnen Sie mit dem Gegenereignis $\overline{A}$ und verwenden Sie $P(A) = 1 - P(\bar{A})$ sowie die 1. Pfadregel.

d) I) Wählen Sie n als Anzahl der roten Kugeln und zeichnen Sie ein Baumdiagramm mit den Ästen rot (r) und weiß (w). Beachten Sie, dass sich die Wahrscheinlichkeiten bei jedem Ziehen ändern. Bestimmen Sie die Wahrscheinlichkeit für das gesuchte Ereignis mit Hilfe der 1. Pfadregel in Abhängigkeit von n, stellen Sie eine quadratische Gleichung auf und lösen Sie diese mit Hilfe der *pq*- bzw. *abc*-Formel. Beachten Sie, dass $n > 0$ sein muss.

II) Bestimmen Sie die Wahrscheinlichkeit für das gesuchte Ereignis mit Hilfe des Gegenereignisses in Abhängigkeit von n; verwenden Sie $P(A) = 1 - P(\bar{A})$. Stellen Sie eine quadratische Gleichung auf und lösen Sie diese mit Hilfe der *pq*- bzw. *abc*-Formel. Beachten Sie, dass $n > 0$ sein muss.

e) I) Zeichnen Sie ein Baumdiagramm mit den Ästen rot (r) und schwarz (s). Beachten Sie, dass sich die Wahrscheinlichkeiten bei jedem Ziehen ändern. Überlegen Sie, welche Ergebnisse zum gesuchten Ereignis gehören und verwenden Sie die Pfadregeln oder rechnen Sie alternativ mit dem Gegenereignis $\overline{A}$ und verwenden Sie $P(A) = 1 - P(\bar{A})$.

II) Zeichnen Sie ein Baumdiagramm mit den Ästen rot (r) und schwarz (s). Beachten Sie, dass sich die Wahrscheinlichkeiten bei jedem Ziehen ändern. Rechnen Sie mit dem Gegenereignis $\overline{A}$ und verwenden Sie $P(A) = 1 - P(\bar{A})$.

8.2 Binomialverteilung

Bernoulliketten

a) I) Verwenden Sie die Formel $P(X = k) = \binom{n}{k} \cdot p^k \cdot (1-p)^{n-k}$.

II) Überlegen Sie, welche Wahrscheinlichkeiten addiert werden müssen.

b) I) Bestimmen Sie n, p und k und verwenden Sie die Formel
$P(X = k) = \binom{n}{k} \cdot p^k \cdot (1-p)^{n-k}$.

II) Für ein Ereignis A beachten Sie den Zusammenhang zur Formel
$P(X = k) = \binom{n}{k} \cdot p^k \cdot (1-p)^{n-k}$.
Für ein Ereignis B formen Sie die gegebene Wahrscheinlichkeit so um, dass die obige Formel sichtbar wird; beachten Sie, dass für ein Gegenereignis gilt: $P(A) = 1 - P(\bar{A})$.

c) I) Verwenden Sie die Formel $P(X = k) = \binom{n}{k} \cdot p^k \cdot (1-p)^{n-k}$.

II) Überlegen Sie, welche Wahrscheinlichkeiten addiert werden müssen bzw. rechnen Sie mit dem Gegenereignis $\overline{A}$ und verwenden Sie $P(A) = 1 - P(\bar{A})$.

d) I) Bestimmen Sie n, p und k und verwenden Sie die Formel
$P(X = k) = \binom{n}{k} \cdot p^k \cdot (1-p)^{n-k}$.

II) Für das Ereignis A beachten Sie, dass es aus drei Ergebnissen besteht; stellen Sie den Zusammenhang zur Formel $P(X=k)=\binom{n}{k}\cdot p^k\cdot(1-p)^{n-k}$ her.
Für das Ereignis B formen Sie die gegebene Wahrscheinlichkeit so um, dass die obige Formel sichtbar wird; beachten Sie, dass für ein Gegenereignis gilt: $P(A)=1-P(\bar{A})$.

e) I) Verwenden Sie die Formel $P(X=k)=\binom{n}{k}\cdot p^k\cdot(1-p)^{n-k}$.

II) Überlegen Sie, welche Wahrscheinlichkeiten addiert werden müssen bzw. rechnen Sie mit dem Gegenereignis $\overline{A}$ und verwenden Sie $P(A)=1-P(\bar{A})$.

8.3 Erwartungswert

a) Bestimmen Sie die Wahrscheinlichkeiten für die möglichen Ereignisse. Den Erwartungswert E von X (Zufallsvariable für die Höhe des Gewinns) erhalten Sie, indem Sie die möglichen Auszahlungsbeträge mit den zugehörigen Wahrscheinlichkeiten multiplizieren und den Einsatz subtrahieren.

b) Verwenden Sie jeweils die Formel: $E(X)=n\cdot p$.

c) Bestimmen Sie die Wahrscheinlichkeiten für die möglichen Ereignisse. Den Erwartungswert E von X (Zufallsvariable für die Höhe des Gewinns) erhalten Sie, indem Sie die möglichen Auszahlungsbeträge mit den zugehörigen Wahrscheinlichkeiten multiplizieren und den Einsatz subtrahieren.

d) Bestimmen Sie die Wahrscheinlichkeiten für die möglichen Ereignisse. Den Erwartungswert E von X (Zufallsvariable für die Höhe des Gewinns) erhalten Sie, indem Sie die möglichen Auszahlungsbeträge mit den zugehörigen Wahrscheinlichkeiten multiplizieren und den Einsatz subtrahieren. Beachten Sie, dass ein Spiel fair ist, wenn der Erwartungswert für den Gewinn Null beträgt.

e) Bestimmen Sie zunächst mit Hilfe eines Baumdiagrammes und den Pfadregeln die Wahrscheinlichkeit für das gesuchte Ereignis. Den Erwartungswert E von X (Zufallsvariable für die Höhe der Auszahlung) erhalten Sie, indem Sie die möglichen Auszahlungsbeträge mit den zugehörigen Wahrscheinlichkeiten multiplizieren und den Einsatz subtrahieren. Beachten Sie, dass ein Spiel fair ist, wenn der Erwartungswert für den Gewinn Null beträgt.

9 Allgemeines Verständnis von Zusammenhängen

a) Um die Grundidee zu veranschaulichen, skizzieren Sie ein Kurvenstück im 1. Quadranten und ergänzen Sie dieses spiegelbildlich zur x-Achse. Der entstandene Rotationskörper wird in Teilzylinder zerlegt, deren Volumina aufsummiert werden.

b) Skizzieren Sie die Gerade $y=x+1$ und spiegeln Sie diese an der x-Achse. Überlegen Sie, welcher Rotationskörper berechnet werden muss.

c) Überlegen Sie, welcher Punkt des Schaubilds bestimmt wird, welche Steigung die Funktion an diesem Punkt hat und was für eine Gerade beschrieben wird.

d) Überlegen Sie, welche Summe durch das Integral bestimmt wird und welche Bedeutung die Integrationsgrenzen haben. Beachten Sie, dass ein Jahr 52 Wochen hat.

e) Legen Sie eine Skizze an, um zu veranschaulichen, welche Beziehung für die Stütz- und Richtungsvektoren gelten muss. Überlegen Sie, welche Beziehung die Richtungsvektoren haben müssen.

f) Überlegen Sie, welche Möglichkeiten es für die gegenseitige Lage gibt und welche Bedingungen die Richtungsvektoren bzw. die Ortsvektoren der Geraden erfüllen müssen.

g) Veranschaulichen Sie sich die Beziehungen am besten mit Hilfe einer Skizze.

h) Bestimmen Sie die jeweiligen Normalenvektoren und überlegen Sie, welche Bedingung diese jeweils erfüllen müssen.

i) Der Verbindungsvektor der beiden Punkte G bzw. H auf g bzw. h, welche den kleinsten Abstand voneinander haben, steht jeweils senkrecht auf den Richtungsvektoren $\overrightarrow{r_g}$ bzw. $\overrightarrow{r_h}$ der Geraden. Benutzen Sie das Skalarprodukt.

j) Machen Sie eine Skizze. Um die neue Gerade aufzustellen, braucht man einen Stützvektor und einen Richtungsvektor.

   I) Überlegen Sie, wie der Richtungsvektor aussieht, wenn die neue Gerade parallel zur alten Geraden sein soll. Wie erhält man den neuen «Stützpunkt»?

   II) Die Gerade schneidet die Ebene E. Den Schnittpunkt von g mit E haben Gerade und Spiegelgerade gemeinsam. Nun braucht man noch einen 2. Punkt, um den Richtungsvektor aufzustellen. Dazu muss man einen Punkt der Geraden an der Ebene spiegeln. Welcher Punkt bietet sich dazu an?

k) Machen Sie eine Skizze. Es gibt zwei verschiedene Fälle: Entweder beide Ebenen sind parallel, dann muss man nur einen Punkt von E_1 an E_2 spiegeln. Sind die Ebenen nicht parallel, so wird zuerst die Schnittgerade bestimmt. Überlegen Sie, wann die Normalenvektoren die gleichen bleiben und wann nicht.

l) Überlegen Sie, welche Bedeutung $P(X = k) = \binom{n}{k} \cdot p^k \cdot (1-p)^{n-k}$ bei einer Binomialverteilung mit Kettenlänge n und Trefferwahrscheinlichkeit p hat, wobei X Zufallsvariable für die Anzahl der Treffer sei.

m) Überlegen Sie zunächst, was der Term $0,98^n$ beschreibt, wenn 0,98 die Erfolgswahrscheinlichkeit ist, dass eine zufällig ausgewählte und sachgerecht gepflanzte Tulpenzwiebel im Frühjahr tatsächlich blüht.
Erläutern Sie damit Ungleichung (I) und überlegen Sie, wie man zu Ungleichung (II) kommt.

Lösungen

1 Ableiten

Klammern und Multiplikationszeichen werden bei den Lösungen dazu verwendet, um Ausdrücke übersichtlich zu machen (z.B. um bei der Produktregel zu zeigen, wo sich u' und v' befinden).

1.1 Potenzfunktionen mit natürlichen Exponenten

a) $f'(x) = 5 \cdot 4x^4 - 3 \cdot 2x^2 = 20x^4 - 6x^2$

b) $f_a{}'(x) = 2a \cdot 3x^2 - 6a^2 \cdot 2x = 6ax^2 - 12a^2x$

c) $f_t{}'(x) = t^2 \cdot 4x^3 - 3t^3 \cdot 2x + 0 = 4t^2x^3 - 6t^3x$

d) $f'(x) = 3 \cdot (4x+1)^2 \cdot 4 = 12 \cdot (4x+1)^2$

e) $f_a{}'(x) = 5 \cdot 4 \cdot \left(2x^2 + a\right)^3 \cdot 2 \cdot 2x = 80x \cdot \left(2x^2 + a\right)^3$

f) $f'(x) = 2 \cdot 3 \cdot \left(3x^2 + x\right)^2 \cdot (6x+1) = 6 \cdot \left(3x^2 + x\right)^2 \cdot (6x+1) = (36x+6) \cdot \left(3x^2 + x\right)^2$

1.2 Potenzfunktionen mit negativen Exponenten

a) Für die Funktion $f(x) = \frac{2}{x^2} = 2 \cdot x^{-2}$ ergibt sich: $f'(x) = 2 \cdot (-2) \cdot x^{-3} = -4 \cdot x^{-3} = -\frac{4}{x^3}$

b) Für die Funktion $f(x) = 4 - \frac{2}{x} = 4 - 2 \cdot x^{-1}$ ergibt sich:
$f'(x) = 0 - 2 \cdot (-1) \cdot x^{-2} = 2 \cdot x^{-2} = \frac{2}{x^2}$

c) Für die Funktion $f(x) = 2x + \frac{2}{x^3} = 2x + 2 \cdot x^{-3}$ ergibt sich:
$f'(x) = 2 + 2 \cdot (-3) \cdot x^{-4} = 2 - 6 \cdot x^{-4} = 2 - \frac{6}{x^4}$

d) Für die Funktion $f(x) = \frac{2}{3x-4} = 2 \cdot (3x-4)^{-1}$ ergibt sich:
$f'(x) = 2 \cdot (-1) \cdot (3x-4)^{-2} \cdot 3 = -\frac{6}{(3x-4)^2}$

e) Für die Funktion $f(x) = \frac{2}{3x^2-4} = 2 \cdot \left(3x^2 - 4\right)^{-1}$ ergibt sich:
$f'(x) = 2 \cdot (-1) \cdot \left(3x^2 - 4\right)^{-2} \cdot 6x = -\frac{12x}{\left(3x^2-4\right)^2}$

f) Für die Funktion $f(x) = \frac{4}{(2x+1)^2} = 4 \cdot (2x+1)^{-2}$ ergibt sich:
$f'(x) = 4 \cdot (-2) \cdot (2x+1)^{-3} \cdot 2 = -\frac{16}{(2x+1)^3}$

g) Für die Funktion $f(x) = 3x^2 - \frac{5}{(3x-1)^3} = 3x^2 - 5 \cdot (3x-1)^{-3}$ ergibt sich:
$f'(x) = 6x - 5 \cdot (-3) \cdot (3x-1)^{-4} \cdot 3 = 6x + \frac{45}{(3x-1)^4}$

h) Für die Funktion $f(x) = \frac{3}{\left(2x^2+3\right)^4} = 3 \cdot \left(2x^2 + 3\right)^{-4}$ ergibt sich:
$f'(x) = 3 \cdot (-4) \cdot \left(2x^2 + 3\right)^{-5} \cdot 4x = -\frac{48x}{\left(2x^2+3\right)^5}$

1.3 Potenzfunktionen mit gebrochenen Exponenten

a) Mit $f(x) = \sqrt{x^2+4} = \left(x^2+4\right)^{\frac{1}{2}}$ erhält man: $f'(x) = \frac{1}{2} \cdot \left(x^2+4\right)^{-\frac{1}{2}} \cdot 2x = \frac{x}{\sqrt{x^2+4}}$

b) Mit $f(x) = \sqrt{x^3-x^2} = \left(x^3-x^2\right)^{\frac{1}{2}}$ erhält man:
$f'(x) = \frac{1}{2} \cdot \left(x^3-x^2\right)^{-\frac{1}{2}} \cdot \left(3x^2-2x\right) = \frac{3x^2-2x}{2\sqrt{x^3-x^2}} = \frac{x\cdot(3x-2)}{2\sqrt{x^2\cdot(x-1)}} = \frac{x\cdot(3x-2)}{2x\sqrt{x-1}} = \frac{3x-2}{2\sqrt{x-1}}$

c) Mit $f_a(x) = \sqrt{ax^2-2ax} = \left(ax^2-2ax\right)^{\frac{1}{2}}$ erhält man:
$f_a{}'(x) = \frac{1}{2} \cdot \left(ax^2-2ax\right)^{-\frac{1}{2}} \cdot (2ax-2a) = \frac{2ax-2a}{2\sqrt{ax^2-2ax}} = \frac{ax-a}{\sqrt{ax^2-2ax}}$

d) Mit $f(x) = 6 \cdot \sqrt[3]{x^2} = 6 \cdot x^{\frac{2}{3}}$ erhält man: $f'(x) = 6 \cdot \frac{2}{3} \cdot x^{-\frac{1}{3}} = \frac{4}{x^{\frac{1}{3}}} = \frac{4}{\sqrt[3]{x}}$

e) Mit $f(x) = 4 \cdot \sqrt[4]{x+2} = 4 \cdot (x+2)^{\frac{1}{4}}$ erhält man:
$f'(x) = 4 \cdot \frac{1}{4} \cdot (x+2)^{-\frac{3}{4}} \cdot 1 = \frac{1}{(x+2)^{\frac{3}{4}}} = \frac{1}{\sqrt[4]{(x+2)^3}}$

1.4 Exponentialfunktionen

a) $f'(x) = 6x \cdot e^{-4x} + 3x^2 \cdot e^{-4x} \cdot (-4) = e^{-4x}\left(6x-12x^2\right) = 6xe^{-4x}(1-2x)$

b) $f'(x) = \frac{3}{2}x^2 \cdot e^{2x} + \frac{1}{2}x^3 \cdot e^{2x} \cdot 2 = e^{2x}\left(\frac{3}{2}x^2 + x^3\right) = x^2e^{2x}\left(\frac{3}{2}+x\right)$

c) $f'(x) = 2e^{-x} + (2x+5) \cdot e^{-x} \cdot (-1) = e^{-x}(-2x-3)$

d) $f_k{}'(x) = 1 \cdot e^{-kx} + (x+k) \cdot e^{-kx} \cdot (-k) = e^{-kx}\left(1-kx-k^2\right)$

e) $f'(x) = 2 \cdot (4x+e^{-x}) \cdot (4+e^{-x} \cdot (-1)) = 2 \cdot (4x+e^{-x}) \cdot (4-e^{-x})$

f) $f'(x) = 2 \cdot (e^x+e^{-x}) \cdot (e^x-e^{-x}) = 2 \cdot \left(e^{2x}-e^{-2x}\right)$

1.5 Trigonometrische Funktionen

a) $f'(x) = \frac{1}{6} \cdot \cos\left(3x^2\right) \cdot 6x = x \cdot \cos\left(3x^2\right)$

b) $f'(x) = \frac{1}{2} \cdot \left(-\sin\left(2x^3\right)\right) \cdot 6x^2 = -3x^2 \cdot \sin\left(2x^3\right)$

c) $f'(x) = 2 \cdot \cos\left(\frac{1}{2}x^2+4\right) + 2x \cdot \left(-\sin\left(\frac{1}{2}x^2+4\right)\right) \cdot x = 2 \cdot \cos\left(\frac{1}{2}x^2+4\right) - 2x^2 \cdot \sin\left(\frac{1}{2}x^2+4\right)$

d) $f'(x) = 2x \cdot \sin(4x+3) + x^2 \cdot \cos(4x+3) \cdot 4 = 2x \cdot \sin(4x+3) + 4x^2 \cdot \cos(4x+3)$

e) $f'(x) = 2x \cdot \cos\left(\frac{1}{2}x-1\right) + x^2 \cdot \left(-\sin\left(\frac{1}{2}x-1\right) \cdot \frac{1}{2}\right) = 2x \cdot \cos\left(\frac{1}{2}x-1\right) - \frac{1}{2}x^2 \cdot \sin\left(\frac{1}{2}x-1\right)$

f) $f'(x) = 2 \cdot (x+\cos x) \cdot (1-\sin x)$

1.6 Logarithmusfunktionen

a) $f'(x) = 4 \cdot \frac{1}{2x} \cdot 2 = \frac{4}{x}$

b) $f'(x) = 1 \cdot \ln(2x) + x \cdot \frac{1}{2x} \cdot 2 = \ln(2x) + 1$

c) $f'(x) = 2x \cdot \ln(2x) + x^2 \cdot \frac{1}{2x} \cdot 2 = 2x \cdot \ln(2x) + x$

d) $f'(x) = 1 \cdot \ln\left(x^2\right) + x \cdot \frac{1}{x^2} \cdot 2x = \ln\left(x^2\right) + 2$

e) $f'(x) = 2x \cdot \ln\left(x^2\right) + x^2 \cdot \frac{1}{x^2} \cdot 2x = 2x \cdot \ln\left(x^2\right) + 2x$

1.7 Vermischte Aufgaben

a) $f'(x) = e^x \cdot \sin(2x) + e^x \cdot \cos(2x) \cdot 2 = e^x \cdot (\sin(2x) + 2 \cdot \cos(2x))$

b) Mit $f(x) = \sqrt{e^{4x} + 1} = \left(e^{4x} + 1\right)^{\frac{1}{2}}$ erhält man:
$f'(x) = \frac{1}{2} \cdot \left(e^{4x} + 1\right)^{-\frac{1}{2}} \cdot 4e^{4x} = \frac{2e^{4x}}{\left(e^{4x}+1\right)^{\frac{1}{2}}} = \frac{2e^{4x}}{\sqrt{e^{4x}+1}}$

c) Mit $f(x) = \frac{x^2}{e^x} = x^2 \cdot e^{-x}$ erhält man: $f'(x) = 2x \cdot e^{-x} + x^2 \cdot e^{-x} \cdot (-1) = e^{-x} \cdot \left(2x - x^2\right)$

d) $f'(x) = 4 \cdot \cos\left(e^{2x}\right) \cdot e^{2x} \cdot 2 = 8 \cdot e^{2x} \cdot \cos\left(e^{2x}\right)$

e) Mit $f(x) = \frac{4}{\sqrt{x}} = \frac{4}{x^{\frac{1}{2}}} = 4 \cdot x^{-\frac{1}{2}}$ erhält man: $f'(x) = 4 \cdot \left(-\frac{1}{2}\right) \cdot x^{-\frac{3}{2}} = -\frac{2}{x^{\frac{3}{2}}} = -\frac{2}{\sqrt{x^3}}$

2 Stammfunktionen und Integrale

2.1 Stammfunktionen

2.1.1 Potenzfunktionen mit natürlichen Exponenten

a) $\mathrm{F}(x) = \frac{2}{4}x^4 - \frac{\frac{4}{3}}{3}x^3 + 2x + c = \frac{1}{2}x^4 - \frac{4}{9}x^3 + 2x + c$

b) $\mathrm{F}_a(x) = \frac{a}{5}x^5 + \frac{2a}{4}x^4 - \frac{1}{2}x^2 + c = \frac{a}{5}x^5 + \frac{a}{2}x^4 - \frac{1}{2}x^2 + c$

c) $\mathrm{F}_t(x) = \frac{t^2}{4}x^4 - \frac{t}{3}x^3 + c$

Für verkettete (verschachtelte) Funktionen mit innerem *linearem* Ausdruck gilt die Integrationsregel für lineare Substitution:
«Äußere Stammfunktion geteilt durch innere Ableitung»

d) Lineare Substitution: $\mathrm{F}(x) = 6 \cdot \frac{\frac{1}{4}(3x-1)^4}{3} + c = \frac{1}{2}(3x-1)^4 + c$

e) Lineare Substitution: $\mathrm{F}(x) = -12 \cdot \frac{\frac{1}{3}(2x-3)^3}{2} + c = -2(2x-3)^3 + c$

f) Lineare Substitution: $\mathrm{F}(x) = 5 \cdot \frac{\frac{1}{5}(ax-4)^5}{a} + c = \frac{1}{a}(ax-4)^5 + c$

2.1.2 Potenzfunktionen mit negativen Exponenten

a) Die Stammfunktion der Funktion $f(x) = 3 \cdot x^{-2} + 4x^2$ erhält man mit der Potenzregel:
$\mathrm{F}(x) = \frac{3}{-1} \cdot x^{-1} + \frac{4}{3}x^3 + c = -\frac{3}{x} + \frac{4}{3}x^3 + c$

b) Umschreiben des Bruchs in einen Ausdruck mit negativem Exponenten ergibt:
$f_a(x) = -a \cdot x^{-3} + 2a \cdot x^3$. Daraus folgt:
$\mathrm{F}_a(x) = -\frac{a}{-2} \cdot x^{-2} + \frac{2a}{4} \cdot x^4 + c = \frac{a}{2x^2} + \frac{a}{2}x^4 + c = \frac{a}{2}\left(x^4 + \frac{1}{x^2}\right) + c$

c) Umschreiben des Bruchs in einen Ausdruck mit negativem Exponenten ergibt:
$f_t(x) = t^2 \cdot x^{-4} - tx^2$. Daraus folgt:
$\mathrm{F}_t(x) = \frac{t^2}{-3}x^{-3} - \frac{t}{3}x^3 + c = -\frac{t^2}{3x^3} - \frac{t}{3}x^3 + c = -\frac{t}{3}\left(x^3 + \frac{t}{x^3}\right) + c$

d) Umschreiben des Bruchs in einen Ausdruck mit negativem Exponenten ergibt:
$f(x) = 4(2x-3)^{-2}$
Lineare Substitution: $\mathrm{F}(x) = 4\,\frac{\frac{1}{-1}(2x-3)^{-1}}{2} + c = -2(2x-3)^{-1} + c = -\frac{2}{(2x-3)} + c$

e) Umschreiben des Bruchs in einen Ausdruck mit negativem Exponenten ergibt:
$f(x) = 12(4x-2)^{-4}$
Lineare Substitution: $\mathrm{F}(x) = 12\,\frac{\frac{1}{-3}(4x-2)^{-3}}{4} + c = -1(4x-2)^{-3} + c = -\frac{1}{(4x-2)^3} + c$

f) Lineare Substitution: $\mathrm{F}(x) = 3 \cdot \frac{\ln|2x|}{2} + c = \frac{3}{2} \cdot \ln|2x| + c$

g) Lineare Substitution: $\mathrm{F}(x) = 6 \cdot \frac{\ln|x-2|}{1} + c = 6 \cdot \ln|x-2| + c$

h) Lineare Substitution: $\mathrm{F}(x) = 4 \cdot \frac{\ln|2x-1|}{2} + c = 2 \cdot \ln|2x-1| + c.$

2.1.3 Potenzfunktionen mit gebrochenen Exponenten

a) Umschreiben der Wurzel in einen Ausdruck mit gebrochenem Exponenten: $f(x) = (2x+1)^{\frac{1}{2}}$
Lineare Substitution: $\mathrm{F}(x) = \frac{\frac{1}{\frac{3}{2}}(2x+1)^{\frac{3}{2}}}{2} + c = \frac{2}{6}(2x+1)^{\frac{3}{2}} + c = \frac{1}{3}\sqrt{(2x+1)^3} + c$

b) Umschreiben der Wurzel in einen Ausdruck mit gebrochenem Exponenten: $f(x) = (4x+2)^{\frac{1}{3}}$
Lineare Substitution: $\mathrm{F}(x) = \frac{\frac{1}{\frac{4}{3}}(4x+2)^{\frac{4}{3}}}{4} + c = \frac{3}{16}(4x+2)^{\frac{4}{3}} + c = \frac{3}{16}\sqrt[3]{(4x+2)^4} + c$

c) Umschreiben der Wurzel in einen Ausdruck mit gebrochenem Exponenten: $f(x) = \left(\frac{1}{2}x+1\right)^{\frac{1}{4}}$
Lineare Substitution: $\mathrm{F}(x) = \frac{\frac{1}{\frac{5}{4}}\left(\frac{1}{2}x+1\right)^{\frac{5}{4}}}{\frac{1}{2}} + c = \frac{8}{5}\left(\frac{1}{2}x+1\right)^{\frac{5}{4}} + c = \frac{8}{5}\sqrt[4]{\left(\frac{1}{2}x+1\right)^5} + c$

d) Umschreiben der Wurzel in einen Ausdruck mit negativem Exponenten: $f(x) = x^{-\frac{1}{2}}$
Daraus folgt: $\mathrm{F}(x) = \frac{1}{\frac{1}{2}} \cdot x^{\frac{1}{2}} + c = 2 \cdot \sqrt{x} + c$

e) Umschreiben der Wurzel in einen Ausdruck mit negativem Exponenten: $f(x) = (2x+1)^{-\frac{1}{2}}$
Lineare Substitution: $\mathrm{F}(x) = \frac{\frac{1}{\frac{1}{2}}(2x+1)^{\frac{1}{2}}}{2} + c = (2x+1)^{\frac{1}{2}} + c = \sqrt{2x+1} + c$

f) Umschreiben der Wurzel in einen Ausdruck mit negativem Exponenten: $f(x) = x^{-\frac{1}{3}}$
Daraus folgt: $\mathrm{F}(x) = \frac{1}{\frac{2}{3}} \cdot x^{\frac{2}{3}} + c = \frac{3}{2} \cdot \sqrt[3]{x^2} + c$

2.1.4 Exponentialfunktionen

a) Lineare Substitution: $\mathrm{F}(x) = \frac{3}{2}e^{2x} + c$

b) Lineare Substitution: $\mathrm{F}(x) = 4 \cdot \frac{e^{-x}}{-1} + c = -4e^{-x} + c$

c) Lineare Substitution: $\mathrm{F}_t(x) = t \cdot \frac{e^{-tx}}{-t} + c = -e^{-tx} + c$

d) Lineare Substitution: $\mathrm{F}_a(x) = a \cdot \frac{e^{3x+2}}{3} + c = \frac{a}{3}e^{3x+2} + c$

e) Zuerst wird die Klammer aufgelöst: $f(x) = 2x^2 - 12e^{3x}$, daraus folgt:
$\mathrm{F}(x) = 2 \cdot \frac{1}{3} \cdot x^3 - 12 \cdot \frac{1}{3} \cdot e^{3x} + c = \frac{2}{3}x^3 - 4e^{3x} + c$

f) Zuerst wird die Klammer aufgelöst: $f_a(x) = ax^2 - 4ae^{4x}$, daraus folgt:
$\mathrm{F}_a(x) = a \cdot \frac{1}{3} \cdot x^3 - 4 \cdot a \cdot \frac{1}{4} \cdot e^{4x} + c = \frac{a}{3}x^3 - ae^{4x} + c$

2.1.5 Trigonometrische Funktion

a) Lineare Substitution: $\mathrm{F}(x) = 3 \cdot \frac{\sin(2x+1)}{2} + c = \frac{3}{2}\sin(2x+1) + c$

b) Lineare Substitution: $\mathrm{F}(x) = 4 \cdot \frac{-\cos(-3x+2)}{-3} + c = \frac{4}{3}\cos(-3x+2) + c$

c) Lineare Substitution: $\mathrm{F}(x) = \frac{2}{3} \cdot \frac{\sin(\pi x)}{\pi} + c = \frac{2}{3\pi}\sin(\pi x) + c$

d) Lineare Substitution: $\mathrm{F}_t(x) = t \cdot \frac{\sin(tx+t)}{t} + c = \sin(tx+t) + c$

e) Lineare Substitution: $\mathrm{F}_a(x) = a \cdot \frac{-\cos\left(ax-a^2\right)}{a} + c = -\cos\left(ax-a^2\right) + c$

f) Lineare Substitution: $\mathrm{F}_k(x) = k^2 \cdot \frac{\sin(kx)}{k} + c = k\sin(kx) + c$

2.1.6 Vermischte Aufgaben

a) Ansatz: $\mathrm{F}(x) = 4x^2 - 3e^{-x} + c$. Durch Einsetzen des Punktes $\mathrm{P}(0 \mid 5)$ erhält man:
$5 = 4 \cdot 0^2 - 3 \cdot e^{-0} + c \Rightarrow c = 8$. Die gesuchte Stammfunktion ist $\mathrm{F}(x) = 4x^2 - 3e^{-x} + 8$.

b) Ansatz: $\mathrm{F}(x) = \frac{-1}{(2x-1)^2} + c$. Durch Einsetzen des Punktes $\mathrm{Q}(1 \mid 3)$ erhält man:
$3 = \frac{-1}{(2\cdot 1-1)^2} + c \Rightarrow c = 4$. Die gesuchte Stammfunktion ist $\mathrm{F}(x) = \frac{-1}{(2x-1)^2} + 4$.

c) Ansatz: $\mathrm{F}(x) = \frac{1}{4} \cdot \sin(2x) + c$. Durch Einsetzen des Punktes $\mathrm{R}\left(\frac{\pi}{4} \mid 1\right)$ erhält man:
$1 = \frac{1}{4} \cdot \sin(2 \cdot \frac{\pi}{4}) + c \Rightarrow 1 = \frac{1}{4} \cdot \sin(\frac{\pi}{2}) + c$. Da $\sin(\frac{\pi}{2}) = 1$, gilt: $1 = \frac{1}{4} \cdot 1 + c \Rightarrow c = \frac{3}{4}$.
Die gesuchte Stammfunktion ist $\mathrm{F}(x) = \frac{1}{4} \cdot \sin(2x) + \frac{3}{4}$.

2.2 Integrale und Integralfunktionen

Mit Hilfe des Hauptsatzes der Differential- und Integralrechnung $\int_a^b f(x)dx = \mathrm{F}(b) - \mathrm{F}(a)$ ergibt sich:

a) $\int_0^{\frac{\pi}{2}} (4 \cdot \sin(2x))\,\mathrm{d}x = \left[-\frac{4}{2} \cdot \cos(2x)\right]_0^{\frac{\pi}{2}} = [-2 \cdot \cos(2x)]_0^{\frac{\pi}{2}} = -2 \cdot \cos\left(2 \cdot \frac{\pi}{2}\right) - (-2 \cdot \cos(2 \cdot 0))$
$= -2 \cdot (-1) - (-2) = 4$

b) $\int_{-1}^{0} (1 + e^{-x})\,\mathrm{d}x = [x - e^{-x}]_{-1}^{0} = 0 - e^{-0} - \left(-1 - e^{-(-1)}\right) = -1 + 1 + e = e$

c) $\int_1^4 \left(x + \frac{1}{\sqrt{x}}\right)\mathrm{d}x = \int_1^4 \left(x + x^{-\frac{1}{2}}\right)\mathrm{d}x = \left[\frac{1}{2}x^2 + \frac{1}{\frac{1}{2}}x^{\frac{1}{2}}\right]_1^4 = \left[\frac{1}{2}x^2 + 2 \cdot \sqrt{x}\right]_1^4$
$= \frac{1}{2} \cdot 4^2 + 2 \cdot \sqrt{4} - \left(\frac{1}{2} \cdot 1^2 + 2 \cdot \sqrt{1}\right) = 9{,}5$

d) $\int_0^1 \left(2 - \frac{1}{\sqrt[3]{x}}\right)\mathrm{d}x = \int_0^1 \left(2 - x^{-\frac{1}{3}}\right)\mathrm{d}x = \left[2x - \frac{1}{\frac{2}{3}}x^{\frac{2}{3}}\right]_0^1 = \left[2x - \frac{3}{2} \cdot \sqrt[3]{x^2}\right]_0^1$
$= 2 \cdot 1 - \frac{3}{2} \cdot \sqrt[3]{1^2} - \left(2 \cdot 0 - \frac{3}{2} \cdot \sqrt[3]{0^2}\right) = \frac{1}{2}$

e) $\int_1^2 \left(1 + \frac{3}{x^2}\right)\mathrm{d}x = \int_1^2 (1 + 3 \cdot x^{-2})\,\mathrm{d}x = \left[x + \frac{3}{-1}x^{-1}\right]_1^2 = \left[x - \frac{3}{x}\right]_1^2 = 2 - \frac{3}{2} - \left(1 - \frac{3}{1}\right) = 2{,}5$

f) $\int_2^3 \frac{1}{x+2}\mathrm{d}x = [\ln|x+2|]_2^3 = \ln|3+2| - \ln|2+2| = \ln 5 - \ln 4$

g) $\int_2^3 \frac{4}{2x+3}\mathrm{d}x = \frac{4}{2} \cdot [\ln|2x+3|]_2^3 = 2 \cdot (\ln|2 \cdot 3 + 3| - \ln|2 \cdot 2 + 3|) = 2 \cdot (\ln 9 - \ln 7)$

h) $\int_0^1 (2x+1)^3\,\mathrm{d}x = \left[\frac{1}{4\cdot 2}\cdot(2x+1)^4\right]_0^1 = \left(\frac{1}{8}\cdot(2\cdot 1+1)^4\right) - \left(\frac{1}{8}\cdot(2\cdot 0+1)^4\right) = \frac{81}{8} - \frac{1}{8} = 10$

i) $\int_0^3 \left(\frac{4}{(x+1)^2}\right)\mathrm{d}x = \int_0^3 \left(4\cdot(x+1)^{-2}\right)\mathrm{d}x = \left[\frac{4}{-1}\cdot(x+1)^{-1}\right]_0^3 = \left[-\frac{4}{x+1}\right]_0^3 = \left(-\frac{4}{3+1}\right) - \left(-\frac{4}{0+1}\right)$
$= -1+4 = 3$

j) $\mathrm{J}_1(x) = \int_1^x \left(t^2-2t+3\right)dt = \left[\frac{1}{3}t^3 - t^2 + 3t\right]_1^x = \frac{1}{3}x^3 - x^2 + 3x - \left(\frac{1}{3}1^3 - 1^2 + 3\right)$
$= \frac{1}{3}x^3 - x^2 + 3x - \frac{7}{3}$

k) $\mathrm{J}_2(x) = \int_2^x \left(2t + 4e^{-\frac{1}{2}t}\right)dt = \left[t^2 - 8e^{-\frac{1}{2}t}\right]_2^x = x^2 - 8e^{-\frac{1}{2}x} - \left(2^2 - 8e^{-\frac{1}{2}\cdot 2}\right)$
$= x^2 - 8e^{-\frac{1}{2}x} - 4 + 8e^{-1}$

2.3 Flächeninhalt zwischen zwei Kurven

a) Schnittstellen bestimmen durch Gleichsetzen und Ausklammern: $x - x^2 = 0 \Rightarrow x\cdot(1-x) = 0 \Rightarrow x_1 = 0,\ x_2 = 1$
Obere Kurve: $f(x)$ (z.B. durch Einsetzen für $x = \frac{1}{2}$)
$\mathrm{A} = \int_0^1 \left(x+1-(x^2+1)\right)\mathrm{d}x = \int_0^1 \left(-x^2+x\right)\mathrm{d}x = \left[-\frac{1}{3}x^3 + \frac{1}{2}x^2\right]_0^1 = -\frac{1}{3} + \frac{1}{2} - 0 = \frac{1}{6}$ FE.

b) Schnittstellen bestimmen durch Gleichsetzen und Wurzelziehen: $x_1 = -2,\ x_2 = 2$
Obere Kurve: $f(x)$ (nach unten geöffnete Parabel).
$\mathrm{A} = \int_{-2}^2 \left(4-x^2-(x^2-4)\right)\mathrm{d}x = \int_{-2}^2 \left(-2x^2+8\right)\mathrm{d}x = \left[-\frac{2}{3}x^3 + 8x\right]_{-2}^2$
$= -\frac{16}{3} + 16 - \left(+\frac{16}{3} - 16\right) = 32 - \frac{32}{3} = \frac{64}{3} = 21{,}33$ FE

c) Gesucht ist die Fläche im Intervall $\mathrm{I} = [0;\pi]$. Schnittstellen bestimmen durch Gleichsetzen: $2\cdot\sin x = -\sin x \Rightarrow 3\cdot\sin x = 0 \Rightarrow x_1 = 0,\ x_2 = \pi$
Obere Kurve: $f(x)$, (da $2\sin x \geqslant 0$ und $-\sin x \leqslant 0$ im Intervall I gilt)
$\mathrm{A} = \int_0^\pi \left(2\cdot\sin x - (-\sin x)\right)\mathrm{d}x = \int_0^\pi (3\cdot\sin x)\,\mathrm{d}x = \left[-3\cdot\cos x\right]_0^\pi$
$= -3\cdot\cos\pi - (-3\cdot\cos 0) = -3\cdot(-1) + 3\cdot 1 = 6$ FE.

d) Gesucht ist die Fläche im Intervall $\mathrm{I} = [0;1]$. Schnittstelle bestimmen: $e = e^x \Rightarrow x = 1$
Obere Kurve: $f(x)$, da $y = e \approx 2{,}72$ im Intervall I größer als e^x ist.
$\mathrm{A} = \int_0^1 (e - e^x)\,\mathrm{d}x = \left[e\cdot x - e^x\right]_0^1 = e\cdot 1 - e^1 - \left(e\cdot 0 - e^0\right)$
$= 0 + e^0 = 1$ FE.

2.4 Ins Unendliche reichende Flächen

a) Gesucht ist die Fläche zwischen x-Achse, y-Achse und der Kurve mit der unteren Grenze $x = 0$. Für $z > 0$ ist
$\mathrm{A}(z) = \int_0^z e^{-x}\mathrm{d}x = \left[-e^{-x}\right]_0^z = -e^{-z} - (-1) = 1 - e^{-z}$.
Geht nun $z \to \infty$, so geht $\mathrm{A}(z) = 1 - e^{-z} \to 1$, da $\frac{1}{e^z} \to 0$ für $z \to \infty$.
Es ist also $\lim\limits_{z\to\infty} \mathrm{A}(z) = 1$, damit ist der Flächeninhalt 1 FE.

b) Gesucht ist die Fläche zwischen der x-Achse, y-Achse und der Kurve mit der unteren Grenze $x = 0$. Für $z > 0$ ist
$\mathrm{A}(z) = \int_0^z e^{-2x}\mathrm{d}x = \left[-\frac{1}{2}e^{-2x}\right]_0^z = -\frac{1}{2}e^{-2z} - \left(-\frac{1}{2}e^{-2\cdot 0}\right) = -\frac{1}{2}e^{-2z} + \frac{1}{2}$.
Für $z \to \infty$ geht $\mathrm{A}(z) = -\frac{1}{2}e^{-2z} + \frac{1}{2} \to \frac{1}{2}$.
Es ist also $\lim\limits_{z\to\infty} \mathrm{A}(z) = \frac{1}{2}$, damit ist der Flächeninhalt $\frac{1}{2}$ FE.

c) Gesucht ist die Fläche zwischen der x-Achse, y-Achse und der Kurve mit der unteren Grenze $x = 0$. Für $z > 0$ ist
$\mathrm{A}(z) = \int_0^z \frac{1}{(x+1)^2}\mathrm{d}x = \int_0^z (x+1)^{-2}\mathrm{d}x \left[\frac{1}{-1}(x+1)^{-1}\right]_0^z = \left[-\frac{1}{x+1}\right]_0^z = -\frac{1}{z+1} - \left(-\frac{1}{0+1}\right) = -\frac{1}{z+1} + 1$.
Für $z \to \infty$ geht $\mathrm{A}(z) = -\frac{1}{z+1} + 1 \to 1$.
Es ist also $\lim\limits_{z\to\infty} \mathrm{A}(z) = 1$, damit ist der Flächeninhalt 1 FE.

2.5 Angewandte Integrale

a) Da $f(t) = -0,5t + 3$; $t \geqslant 0$ die Zu- und Abflussrate beschreibt, muss man eine Stammfunktion F bestimmen, die die Menge des im Becken vorhandenen Wassers beschreibt:

$\mathrm{F}(t) = -0,25t^2 + 3t + c$

Die Konstante c wird mit Hilfe des Anfangswerts bestimmt. Am Anfang befinden sich 10 Liter Wasser im Becken, daher gilt: $\mathrm{F}(0) = -0,25 \cdot 0^2 + 3 \cdot 0 + c = 10 \Rightarrow c = 10$.
Also ist $\mathrm{F}(t) = -0,25 \cdot t^2 + 3t + 10$.
Um zu berechnen, wieviel Wasser das Becken nach 9 Stunden enthält, wird $t = 9$ in $\mathrm{F}(t)$ eingesetzt: $\mathrm{F}(9) = -0,25 \cdot 9^2 + 3 \cdot 9 + 10 = -\frac{81}{4} + 37 = 16,75$.
Alternativ kann man die Wassermenge W nach 9 Stunden auch mit Hilfe eines Integrals berechnen:

$$\begin{aligned}
\mathrm{W}(9) &= 10 + \int_0^9 f(t)\mathrm{d}t = 10 + \int_0^9 (-0,5t + 3)\mathrm{d}t \\
&= 10 + \Big[-0,25t^2 + 3t\Big]_0^9 \\
&= 10 + \left(-0,25 \cdot 9^2 + 3 \cdot 9\right) - \left(-0,25 \cdot 0^2 + 3 \cdot 0\right) \\
&= 10 - \frac{81}{4} + 27 - 0 = 16,75
\end{aligned}$$

Das Becken enthält nach 9 Stunden 16,75 Liter Wasser.

b) Um die Gesamtkosten für die Herstellung der ersten 50 Werkstücke zu ermitteln, summiert man die Kosten der einzelnen Werkstücke; die Funktion wird also von 0 bis 50 integriert:

$$\int_0^{50}\left(\frac{20}{(x+2)^2}+4\right)dx=\int_0^{50}\left(20\cdot(x+2)^{-2}+4\right)dx=\left[-1\cdot 20(x+2)^{-1}+4x\right]_0^{50}$$
$$=\left[4x-\frac{20}{x+2}\right]_0^{50}=4\cdot 50-\frac{20}{50+2}-\left(4\cdot 0-\frac{20}{0+2}\right)=209\tfrac{7}{13}$$

Die Herstellung von 50 Werkstücken kostet also etwa 210 Euro.
Die durchschnittlichen Kosten pro Werkstück erhält man, indem man die Gesamtkosten durch 50 teilt: $\frac{210}{50}=4,20$
Ein Werkstück kostet durchschnittlich etwa 4,20 Euro.

2.6 Rotationskörper

a) Es ist $f(x)=\frac{1}{4}e^{2x}$ über dem Intervall $[0;1]$. Für das Volumen des Rotationskörpers gilt:

$$V_{rot}=\pi\cdot\int_0^1\left(\tfrac{1}{4}e^{2x}\right)^2dx=\pi\cdot\int_0^1\tfrac{1}{16}e^{4x}dx=\pi\cdot\left[\tfrac{1}{4\cdot 16}e^{4x}\right]_0^1=\pi\cdot\left(\tfrac{1}{64}e^4-\tfrac{1}{64}e^0\right)=\tfrac{\pi}{64}\cdot\left(e^4-1\right)$$

b) Es ist $f(x)=x^2+1$ über dem Intervall $[0;2]$. Für das Volumen des Rotationskörpers gilt:

$$V_{rot}=\pi\cdot\int_0^2\left(x^2+1\right)^2dx=\pi\cdot\int_0^2\left(x^4+2x^2+1\right)dx=\pi\cdot\left[\tfrac{1}{5}x^5+\tfrac{2}{3}x^3+x\right]_0^2$$
$$=\pi\cdot\left(\tfrac{1}{5}2^5+\tfrac{2}{3}\cdot 2^3+2^1-0\right)=\pi\cdot\left(\tfrac{32}{5}+\tfrac{16}{3}+2\right)=\pi\cdot\tfrac{206}{15}$$

c) Es ist $f(x)=\frac{2}{x}$ über dem Intervall $[1;2]$. Für das Volumen des Rotationskörpers gilt:

$$V_{rot}=\pi\cdot\int_1^2\left(\tfrac{2}{x}\right)^2dx=\pi\cdot\int_1^2\tfrac{4}{x^2}\,dx=\pi\cdot\int_1^2 4x^{-2}dx=\pi\cdot\left[\tfrac{4}{-1}\cdot x^{-1}\right]_1^2=\pi\cdot(-2-(-4))$$
$$=2\pi$$

3 Gleichungen

3.1 Quadratische, biquadratische und nichtlineare Gleichungen

Die quadratische Gleichung $x^2+px+q=0$ lässt sich mit der pq-Formel $x_{1,2}=-\frac{p}{2}\pm\sqrt{\frac{p^2}{4}-q}$, die quadratische Gleichung $ax^2+bx+c=0$ lässt sich mit der abc-Formel $x_{1,2}=\frac{-b\pm\sqrt{b^2-4ac}}{2a}$ lösen. (Oder die zweite Gleichung durch a teilen, um sie dann mit der pq-Formel zu lösen.)

a) Die Gleichung $x^2+3x-4=0$ lässt sich mit der pq- bzw. der abc-Formel lösen, z.B. durch
$$x_{1,2}=-\frac{3}{2}\pm\sqrt{\frac{3^2}{4}-(-4)}=-\frac{3}{2}\pm\sqrt{\frac{9}{4}+\frac{16}{4}}=-\frac{3}{2}\pm\sqrt{\frac{25}{4}}=-\frac{3}{2}\pm\frac{5}{2}$$
Damit sind $x_1=1$ und $x_2=-4$.
Die Gleichung hat damit die Lösungsmenge $\mathrm{L}=\{1;-4\}$.

b) Die Gleichung $x^2+\frac{2}{5}x-\frac{3}{5}=0$ lässt sich mit der pq- bzw. der abc-Formel lösen: $x_1=\frac{3}{5}$, $x_2=-1$. Die Gleichung hat damit die Lösungsmenge $\mathrm{L}=\{\frac{3}{5};-1\}$.

c) $(x-1)\cdot(x-a)^2=0$ führt zu $x-1=0$ mit der Lösung: $x_1=1$ und zu $(x-a)^2=0$ bzw. $x-a=0$ mit der Lösung: $x_2=a$. Die Lösungsmenge ist somit $\mathrm{L}=\{1;a\}$.

d) $x^2\cdot(ax-4a)=0$ führt zu $x^2=0$ mit der Lösung $x_1=0$ und zu $ax-4a=0$ bzw. $x-4=0$ mit der Lösung $x_2=4$. Die Lösungsmenge ist also $\mathrm{L}=\{0;4\}$.

e) Bei der Gleichung $x^3-4x=0$ kann man x ausklammern: $x\cdot(x^2-4)=0$. Dies führt zu $x=0$ mit der Lösung $x_1=0$ und zu $x^2-4=0$ mit den Lösungen $x_2=2$ und $x_3=-2$. Die Gleichung hat damit die Lösungsmenge $\mathrm{L}=\{-2;0;2\}$.

f) Bei der Gleichung $2x^4-3x^3=0$ kann man x^3 ausklammern: $x^3\cdot(2x-3)=0$. Dies führt zu $x^3=0$ mit der Lösung $x_1=0$ und zu $2x-3=0$ mit der Lösung $x_2=\frac{3}{2}$. Die Gleichung hat damit die Lösungsmenge $\mathrm{L}=\{0;\frac{3}{2}\}$.

g) Bei der Gleichung $x^4-3x^3+2x^2=0$ kann man x^2 ausklammern: $x^2\cdot(x^2-3x+2)=0$. Dies führt zu $x^2=0$ mit der Lösung $x_1=0$ und zu $x^2-3x+2=0$. Lösen mit Hilfe der pq- oder abc-Formel führt zu $x_2=1$ und $x_3=2$. Die Gleichung hat damit die Lösungsmenge $\mathrm{L}=\{0;1;2\}$.

h) Bei der Gleichung $x^3-5x^2+6x=0$ kann man x ausklammern: $x\cdot\left(x^2-5x+6\right)=0$. Die erste Lösung ist damit $x_1=0$. Lösen von $x^2-5x+6=0$ mit der pq- bzw. abc-Formel führt zu $x_2=2$ und $x_3=3$. Die Gleichung hat damit die Lösungsmenge $\mathrm{L}=\{0;2;3\}$.

i) Bei der Gleichung $x^4-4x^2+3=0$ kann man $x^2=z$ substituieren: Die Gleichung wird zu $z^2-4z+3=0$. Lösen mit Hilfe der pq- oder abc-Formel ergibt $z_1=1$ und $z_2=3$. Rücksubstitution: $x^2=1$ und $x^2=3$. Die Lösungen sind damit $x_{1,2}=\pm1$ und $x_{3,4}=\pm\sqrt{3}$. Die Gleichung hat also die Lösungsmenge $\mathrm{L}=\{-\sqrt{3};-1;1;\sqrt{3}\}$.

j) Bei der Gleichung $x^4-13x^2+36=0$ führt die Substitution $x^2=z$ zu $z^2-13z+36=0$. Lösen mit Hilfe der pq- oder abc-Formel ergibt $z_1=9$ und $z_2=4$. Rücksubstitution: $x^2=9$ und $x^2=4$. Für die Lösungen ergibt sich damit: $x_{1,2}=\pm3$ und $x_{3,4}=\pm2$. Die Gleichung hat damit die Lösungsmenge $\mathrm{L}=\{-3;-2;2;3\}$.

3.2 Exponentialgleichungen

a) $(2x-5)\cdot e^{-x}=0$ führt zu $2x-5=0$ mit der Lösung: $x=\frac{5}{2}$. Der Term $e^{-x}=0$ besitzt keine Lösung, also ist L= $\{\frac{5}{2}\}$.

b) $(x^2-4)\cdot e^{0,5x}=0$ führt zu $x^2-4=0$ mit den Lösungen: $x_1=-2$, $x_2=2$. Der Term $e^{0,5x}=0$ besitzt keine Lösung, also ist L= $\{-2;2\}$.

c) $x\cdot e^x=0$ führt zu $x=0$. Der Term $e^x=0$ besitzt keine Lösung, also ist L= $\{0\}$.

d) $(2x+4)\cdot(e^{2x}-4)=0$ führt zu $2x+4=0$ mit der Lösung: $x_1=-2$ und zu $e^{2x}-4=0$ mit der Lösung $x_2=\frac{\ln 4}{2}$. Also ist L= $\{-2;\frac{\ln 4}{2}\}$.

e) $(2x^2-2)\cdot(e^{-x}-2)=0$ führt zu $2x^2-2=0$ mit den Lösungen: $x_{1,2}=\pm 1$ und zu $e^{-x}-2=0$ mit der Lösung $x_3=-\ln 2$. Also ist L= $\{-1;-\ln 2;1\}$.

f) $3\cdot e^{2x}-5=7$ führt zu $e^{2x}=4$ mit der Lösung $x=\frac{\ln 4}{2}$, also ist L= $\{\frac{\ln 4}{2}\}$.

g) Bei der Gleichung $e^{2x}-6e^x+5=0$ substituiert man $e^x=z$: Wegen $e^{2x}=(e^x)^2$ gilt $e^{2x}=z^2$. Die Gleichung $e^{2x}-6e^x+5=0$ wird damit zu $z^2-6z+5=0$. Lösen mit pq- oder abc-Formel ergibt $z_1=5$ und $z_2=1$. Die Rücksubstitution $e^x=5$ führt zur Lösung $x_1=\ln 5$, die Rücksubstitution $e^x=1$ führt zur Lösung $x_2=\ln 1=0$. Die Gleichung hat damit die Lösungsmenge L $=\{0;\ln 5\}$.

h) Bei der Gleichung $e^{4x}-5e^{2x}+6=0$ substituiert man $e^{2x}=z$: Da $e^{4x}=(e^{2x})^2$ gilt $e^{4x}=z^2$. Die Gleichung $e^{4x}-5e^{2x}+6=0$ wird damit zu $z^2-5z+6=0$. Lösen mit Hilfe der pq- oder abc-Formel ergibt $z_1=2$ und $z_2=3$. Die Rücksubstitution $e^{2x}=2$ führt zur Lösung $x_1=\frac{1}{2}\ln 2$, die Rücksubstitution $e^{2x}=3$ führt zur Lösung $x_2=\frac{1}{2}\ln 3$. Die Gleichung hat damit die Lösungsmenge L $=\{\frac{1}{2}\ln 2;\frac{1}{2}\ln 3\}$.

i) Bei der Gleichung $e^x-8e^{-x}=2$ multipliziert man zuerst mit e^x und erhält: $e^x\cdot e^x-8e^{-x}\cdot e^x=2e^x$ bzw. $e^{2x}-2e^x-8=0$. Substituiert man $e^x=z$ ergibt sich: $z^2-2z-8=0$. Lösen mit Hilfe der pq- oder abc-Formel ergibt $z_1=4$ und $z_2=-2$. Rücksubstitution $e^x=4$ führt zur Lösung $x_1=\ln 4$, die Rücksubstitution $e^x=-2$ führt zu keiner weiteren Lösung, da e^x stets größer als Null ist. Die Gleichung hat damit die Lösungsmenge L $=\{\ln 4\}$.

3.3 Bruchgleichungen

a) Die Nullstelle des Nenners der Gleichung $\frac{4}{x^2}+\frac{2}{x}=2$ ist $x=0$. Also ist die Definitionsmenge D $=\mathbb{R}\setminus\{0\}$.
Der Hauptnenner ist x^2, also ergibt sich: $\frac{4}{x^2}+\frac{2x}{x^2}=\frac{2x^2}{x^2}$
Multiplikation mit dem Hauptnenner führt zu $4+2x=2x^2$ bzw. $2x^2-2x-4=0$.
Mit Hilfe der pq- bzw. abc-Formel ergibt sich: $x_1=2$ und $x_2=-1$. Da beide Lösungen in der Defintionsmenge enthalten sind, ergibt sich die Lösungsmenge: L $=\{-1;2\}$.

b) Der Nenner der Gleichung $6-\frac{12}{x^2+1}=0$ hat keine Nullstelle, da $x^2+1>0$. Also ist die Definitionsmenge D $=\mathbb{R}$.
Der Hauptnenner ist x^2+1, also ergibt sich: $\frac{6\cdot(x^2+1)}{x^2+1}-\frac{12}{x^2+1}=0$.
Multiplikation mit dem Hauptnenner führt zu $6x^2+6-12=0$ bzw. $x^2=1$.

Durch Wurzelziehen ergibt sich: $x_1 = 1$ und $x_2 = -1$. Da beide Lösungen in der Defintionsmenge enthalten sind, ergibt sich die Lösungsmenge: $\mathrm{L} = \{-1; 1\}$.

c) Die Nullstelle des Nenners der Gleichung $x^2 - \frac{4}{x^2} = 3$ ist $x = 0$. Also ist die Definitionsmenge $\mathrm{D} = \mathbb{R} \setminus \{0\}$.
Der Hauptnenner ist x^2, also ergibt sich: $\frac{x^4}{x^2} - \frac{4}{x^2} = \frac{3x^2}{x^2}$
Multiplikation mit dem Hauptnenner führt zu $x^4 - 4 = 3x^2$ bzw. $x^4 - 3x^2 - 4 = 0$.
Substituiert man $x^2 = z$, ergibt sich: $z^2 - 3z - 4 = 0$.
Mit Hilfe der pq- bzw. abc-Formel erhält man: $z_1 = 4$ und $z_2 = -1$.
Die Resubstitution $x^2 = 4$ ergibt $x_1 = 2$ und $x_2 = -2$, die Resubstitution $x^2 = -1$ ergibt keine weiteren Lösungen. Da beide Lösungen in der Defintionsmenge enthalten sind, ergibt sich die Lösungsmenge: $\mathrm{L} = \{-2; 2\}$.

d) Die Nullstelle des Nenners der Gleichung $\frac{2}{x^4} - \frac{1}{x^2} = 1$ ist $x = 0$. Also ist die Definitionsmenge $\mathrm{D} = \mathbb{R} \setminus \{0\}$.
Der Hauptnenner ist x^4, also ergibt sich: $\frac{2}{x^4} - \frac{x^2}{x^4} = \frac{x^4}{x^4}$
Multiplikation mit dem Hauptnenner führt zu $2 - x^2 = x^4$ bzw. $0 = x^4 + x^2 - 2$.
Substituiert man $x^2 = z$, ergibt sich: $0 = z^2 + z - 2$.
Mit Hilfe der pq- bzw. abc-Formel erhält man: $z_1 = 1$ und $z_2 = -2$.
Die Resubstitution $x^2 = 1$ ergibt $x_1 = 1$ und $x_2 = -1$, die Resubstitution $x^2 = -2$ ergibt keine weiteren Lösungen. Da beide Lösungen in der Defintionsmenge enthalten sind, ergibt sich die Lösungsmenge: $\mathrm{L} = \{-1; 1\}$.

e) Der Nenner der Gleichung $1 - \frac{4x}{x^2+3} = 0$ hat keine Nullstelle, da $x^2 + 3 > 0$. Also ist die Definitionsmenge $\mathrm{D} = \mathbb{R}$.
Der Hauptnenner ist $x^2 + 3$, also ergibt sich: $\frac{x^2+3}{x^2+3} - \frac{4x}{x^2+3} = 0$.
Multiplikation mit dem Hauptnenner führt zu $x^2 + 3 - 4x = 0$ bzw. $x^2 - 4x + 3 = 0$.
Mit Hilfe der pq- bzw. abc-Formel ergibt sich: $x_1 = 3$ und $x_2 = 1$. Da beide Lösungen in der Defintionsmenge enthalten sind, ergibt sich die Lösungsmenge: $\mathrm{L} = \{1; 3\}$.

f) Die Nullstelle des Nenners der Gleichung $\frac{4}{x-2} - x = 1$ ist $x = 2$. Also ist die Definitionsmenge $\mathrm{D} = \mathbb{R} \setminus \{2\}$.
Der Hauptnenner ist $x - 2$, also ergibt sich: $\frac{4}{x-2} - \frac{x \cdot (x-2)}{x-2} = \frac{x-2}{x-2}$
Multiplikation mit dem Hauptnenner führt zu $4 - x^2 + 2x = x - 2$ bzw. $0 = x^2 - x - 6$.
Mit Hilfe der pq- bzw. abc-Formel ergibt sich: $x_1 = 3$ und $x_2 = -2$. Da beide Lösungen in der Defintionsmenge enthalten sind, ergibt sich die Lösungsmenge: $\mathrm{L} = \{-2; 3\}$.

3.4 Trigonometrische Gleichungen

a) Bei der Gleichung $\sin(3x) = 1;\ x \in [0; 2\pi]$ substituiert man $3x = z$. Dies führt zu $\sin z = 1$ mit den Lösungen $z = \frac{\pi}{2} + k \cdot 2\pi;\ k \in \mathbb{Z}$, also sind $z_1 = \frac{\pi}{2}$, $z_2 = \frac{5}{2}\pi$, $z_3 = \frac{9}{2}\pi, \ldots$ mögliche Lösungen.
Die Resubstitution $z_1 = \frac{\pi}{2} = 3x_1$ ergibt $x_1 = \frac{\pi}{6}$, $z_2 = \frac{5}{2}\pi = 3x_2$ ergibt $x_2 = \frac{5}{6}\pi$, $z_3 = \frac{9}{2}\pi = 3x_3$ ergibt $x_3 = \frac{3}{2}\pi$, $z_4 = \frac{13}{2}\pi$ ergibt keine weitere Lösung, da $\frac{13}{6}\pi \notin [0; 2\pi]$
Als Lösungsmenge erhält man $\mathrm{L} = \left\{ \frac{1}{6}\pi; \frac{5}{6}\pi; \frac{3}{2}\pi \right\}$.

b) Bei der Gleichung $\sin(4x) = 0;\ \ x \in [0;\pi]$ substituiert man $4x = z$. Dies führt zu $\sin z = 0$ mit den Lösungen $z = k\cdot\pi;\ k \in \mathbb{Z}$. Also sind $z_1 = 0$, $z_2 = \pi$, $z_3 = 2\pi, \ldots$ mögliche Lösungen. Die Resubstitution $z_1 = 0 = 4x_1$ ergibt $x_1 = 0$, $z_2 = \pi = 4x_2$ ergibt $x_2 = \frac{\pi}{4}$, $z_3 = 2\pi = 4x_3$ ergibt $x_3 = \frac{\pi}{2}$, $z_4 = 3\pi = 4x_4$ ergibt $x_4 = \frac{3}{4}\pi$, $z_5 = 4\pi = 4x_5$ ergibt $x_5 = \pi$, $z_6 = 5\pi$ ergibt keine weitere Lösung.
Als Lösungsmenge erhält man $\mathrm{L} = \left\{0;\ \frac{1}{4}\pi;\ \frac{1}{2}\pi;\ \frac{3}{4}\pi;\ \pi\right\}$.

c) Bei der Gleichung $\cos(2x) = -1;\ \ x \in [0;2\pi]$ substituiert man $2x = z$. Dies führt zu $\cos z = -1$ mit den Lösungen $z = \pi + k\cdot 2\pi;\ k \in \mathbb{Z}$, also sind $z_1 = \pi$, $z_2 = 3\pi$, $z_3 = 5\pi, \ldots$ mögliche Lösungen.
Die Resubstitution $z_1 = \pi = 2x_1$ ergibt $x_1 = \frac{\pi}{2}$, $z_2 = 3\pi = 2x_2$ ergibt $x_2 = \frac{3}{2}\pi$, $z_3 = 5\pi$ ergibt keine weitere Lösung.
Als Lösungsmenge erhält man $\mathrm{L} = \left\{\frac{1}{2}\pi;\ \frac{3}{2}\pi\right\}$.

d) Die Gleichung $\sin x\cdot(\sin x + 1) = 0;\ \ x \in [0;2\pi]$ löst man mit dem Satz vom Nullprodukt:
$\sin x = 0$ hat im angegebenen Intervall die Lösungen $x_1 = 0$, $x_2 = \pi$ und $x_3 = 2\pi$.
$\sin x + 1 = 0$ bzw. $\sin x = -1$ hat die Lösung $x_4 = \frac{3}{2}\pi$.
Als Lösungsmenge erhält man $\mathrm{L} = \left\{0;\ \pi;\ \frac{3}{2}\pi;\ 2\pi\right\}$.

e) Die Gleichung $\cos x\cdot(\cos x + 1) = 0;\ \ x \in [0;\pi]$ löst man mit dem Satz vom Nullprodukt:
$\cos x = 0$ hat im angegebenen Intervall die Lösung $x_1 = \frac{1}{2}\pi$.
$\cos x + 1 = 0$ bzw. $\cos x = -1$ hat die Lösung $x_2 = \pi$.
Als Lösungsmenge erhält man $\mathrm{L} = \left\{\frac{1}{2}\pi;\ \pi\right\}$.

f) Bei der Gleichung $\sin^2 x - 2\sin x = 0;\ \ x \in [0;2\pi]$ klammert man $\sin x$ aus. Es ergibt sich: $\sin x\cdot(\sin x - 2) = 0$.
Diese Gleichung löst man mit dem Satz vom Nullprodukt:
$\sin x = 0$ hat im angegebenen Intervall die Lösungen $x_1 = 0$, $x_2 = \pi$ und $x_3 = 2\pi$.
$\sin x - 2 = 0$ bzw. $\sin x = 2$ hat keine weitere Lösung.
Als Lösungsmenge erhält man $\mathrm{L} = \{0;\ \pi;\ 2\pi\}$.

g) Bei der Gleichung $\cos^2 x + \cos x - 2 = 0;\ \ x \in [0;2\pi]$ substituiert man $\cos x = z$. Damit ergibt sich: $z^2 + z - 2 = 0$.
Mit Hilfe der pq- bzw. abc-Formel erhält man: $z_1 = 1$ und $z_2 = -2$.
Die Resubstitution $\cos x = 1$ ergibt im angegebenen Intervall die Lösungen $x_1 = 0$ und $x_2 = 2\pi$, die Resubstitution $\cos x = -2$ ergibt keine weiteren Lösungen.
Als Lösungsmenge erhält man $\mathrm{L} = \{0;\ 2\pi\}$.

h) Bei der Gleichung $\sin^2 x + 4\sin x + 3 = 0;\ \ x \in [0;2\pi]$ substituiert man $\sin x = z$. Damit ergibt sich: $z^2 + 4z + 3 = 0$.
Mit Hilfe der pq- bzw. abc-Formel erhält man: $z_1 = -1$ und $z_2 = -3$.
Die Resubstitution $\sin x = -1$ ergibt im angegebenen Intervall die Lösung $x_1 = \frac{3}{2}\pi$, die Resubstitution $\sin x = -3$ ergibt keine weiteren Lösungen.
Als Lösungsmenge erhält man $\mathrm{L} = \left\{\frac{3}{2}\pi\right\}$.

4 Funktionen und Schaubilder

4.1 Von der Gleichung zur Kurve

Ganzrationale Funktionen

a) g_1: $f(x) = \frac{1}{2}x + 1$. Schnittpunkt mit der y-Achse: $f(0) = \frac{1}{2} \cdot 0 + 1 = 1 \Rightarrow S\,(0 \mid 1)$
Schnittpunkt mit der x-Achse: $f(x) = 0$ bzw. $\frac{1}{2}x + 1 = 0$ führt zu $x = -2 \Rightarrow N\,(-2 \mid 0)$

Es handelt sich um eine Gerade mit y-Achsenabschnitt $b = 1$ und Steigung $m = \frac{1}{2}$.

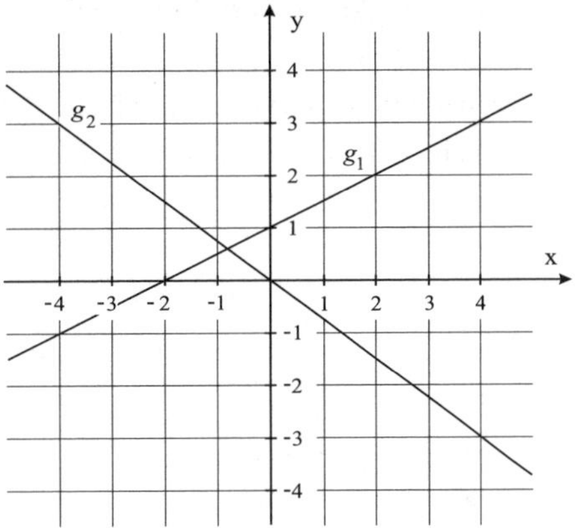

b) $g_2: f(x) = -\frac{3}{4}x$. Schnittpunkt mit der y-Achse: $f(0) = -\frac{3}{4} \cdot 0 = 0 \Rightarrow S\,(0 \mid 0)$. Schnittpunkt mit der x-Achse: $f(x) = 0$ bzw. $-\frac{3}{4}x = 0$ führt zu $x = 0 \Rightarrow N\,(0 \mid 0)$.
Es handelt sich um eine Ursprungsgerade (Gerade durch den Koordinatenursprung) mit y-Achsenabschnitt $b = 0$ und Steigung $m = -\frac{3}{4}$.

c) $f(x) = (x-1)^2 - 4$. Schnittpunkt mit der y-Achse: $f(0) = (0-1)^2 - 4 = -3 \Rightarrow S\,(0 \mid -3)$
Schnittpunkt mit der x-Achse: $f(x) = 0$ bzw. $(x-1)^2 - 4 = 0$ führt zu $x_1 = 3$, $x_2 = -1 \Rightarrow N_1(3 \mid 0), N_2(-1 \mid 0)$. Es handelt sich um eine Normalparabel, die um eine LE nach rechts und 4 LE nach unten verschoben wurde, d.h. eine nach oben geöffnete Normalparabel mit Scheitel bei $(1 \mid -4)$.

d) $f(x) = -x^2 + 4$. Schnittpunkt mit der y-Achse: $f(0) = -0^2 + 4 = 4 \Rightarrow S\,(0 \mid 4)$
Schnittpunkt mit der x-Achse: $f(x) = 0$ bzw. $-x^2 + 4 = 0$ führt zu $x_1 = 2, x_2 = -2$
$\Rightarrow N_1(2 \mid 0), N_2(-2 \mid 0)$.
Es handelt sich um eine Normalparabel, die an der x-Achse gespiegelt und dann um vier LE nach oben verschoben wurde, d.h. eine nach unten geöffnete Normalparabel mit S $(0 \mid 4)$.

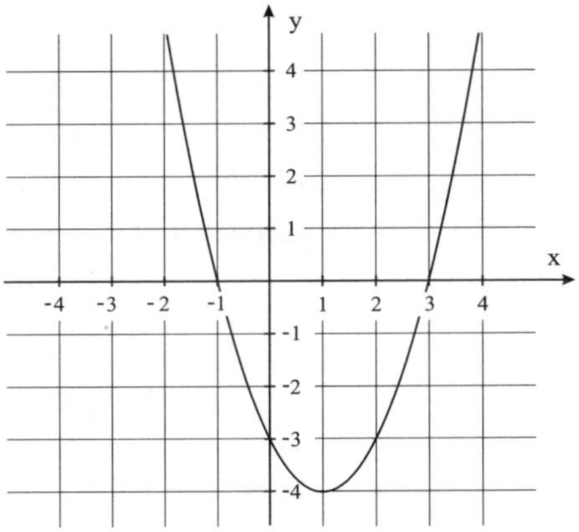

c) $f(x) = (x-1)^2 - 4$

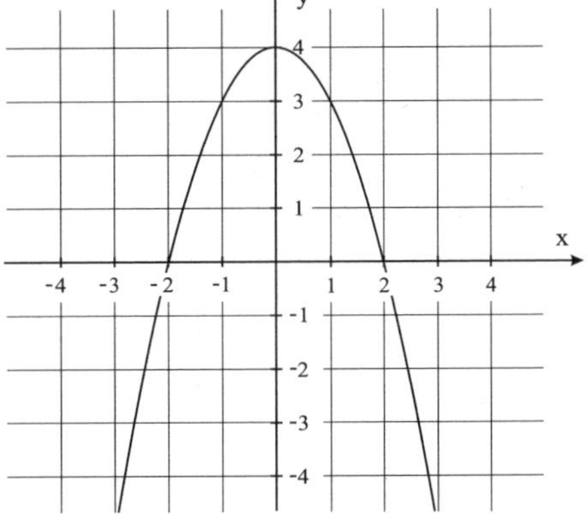

d) $f(x) = -x^2 + 4$

e) $f(x) = (x-1)^3 + 1$. Schnittpunkt mit der y-Achse: $f(0) = (0-1)^3 + 1 = 0 \Rightarrow \mathrm{S}(0 \mid 0)$.
Schnittpunkt mit der x-Achse: $f(x) = 0$ bzw. $f(x) = (x-1)^3 + 1 = 0$ führt zu $x = 0 \Rightarrow \mathrm{N}(0 \mid 0)$.
Es handelt sich um eine kubische Parabel, die um eine LE nach rechts und eine LE nach oben verschoben wurde.

f) $f(x) = -(x+1)^3$. Schnittpunkt mit der y-Achse: $f(0) = -(0+1)^3 = -1 \Rightarrow \mathrm{S}(0 \mid -1)$.
Schnittpunkt mit der x-Achse: $f(x) = 0$ bzw. $f(x) = -(x+1)^3 = 0$ führt zu $x = -1 \Rightarrow \mathrm{N}(-1 \mid 0)$.
Es handelt sich um eine kubische Parabel, die an der x-Achse gespiegelt und anschließend um eine LE nach links verschoben wurde.

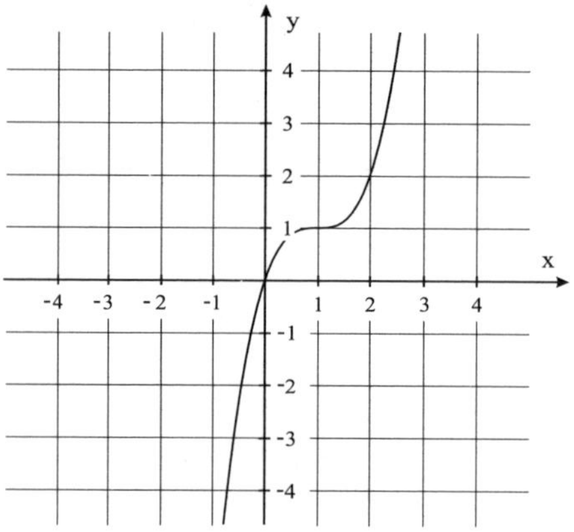

e) $f(x) = (x-1)^3 + 1$

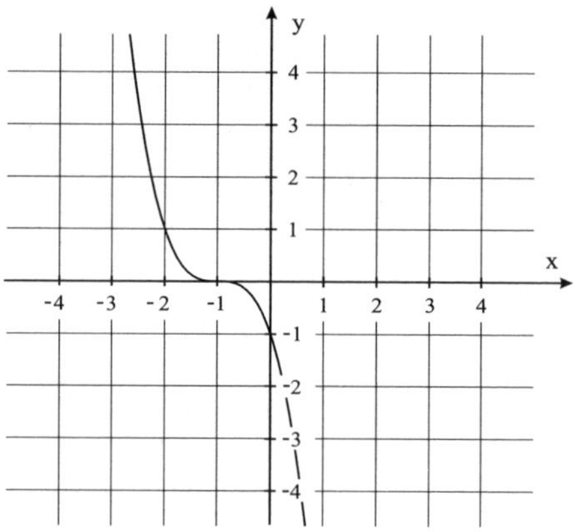

f) $f(x) = -(x+1)^3$

Potenzfunktionen

a) $f(x) = \frac{1}{x+1} + 2$. Asymptoten: $x + 1 = 0$ führt zu $x = -1$, senkrechte Asymptote (Pol); $x \to \pm\infty$ führt zu $y = 2$ (waagerechte Asymptote), da der Bruchterm gegen Null geht.
Das Schaubild von $g(x) = \frac{1}{x}$ wurde um eine LE nach links und zwei LE nach oben verschoben.

b) $f(x) = -\frac{1}{x-1}$. Asymptoten: $x - 1 = 0$ führt zu $x = 1$, senkrechte Asymptote (Pol); $x \to \pm\infty$ führt zu $y = 0$ (waagerechte Asymptote), da der Bruchterm gegen Null geht.
Das Schaubild der Funktion $g(x) = \frac{1}{x}$ wurde an der x-Achse gespiegelt und anschließend um eine LE nach rechts verschoben.

c) $f(x) = -\frac{1}{x-1} - 2$. Asymptoten: $x - 1 = 0$ führt zu $x = 1$, senkrechte Asymptote (Pol); $x \to \pm\infty$ führt zu $y = -2$ (waagerechte Asymptote), da der Bruchterm gegen Null geht.
Das Schaubild der Funktion $g(x) = \frac{1}{x}$ wurde an der x-Achse gespiegelt und anschließend um eine LE nach rechts und zwei LE nach unten verschoben.

d) $f(x) = \frac{1}{(x+1)^2} - 1$. Asymptoten: $x + 1 = 0$ führt zu $x = -1$, senkrechte Asymptote (Pol); $x \to \pm\infty$ führt zu $y = -1$ (waagerechte Asymptote), da der Bruchterm gegen Null geht. Das Schaubild der Funktion $g(x) = \frac{1}{x^2}$ wurde um eine LE nach links und eine LE nach unten verschoben.

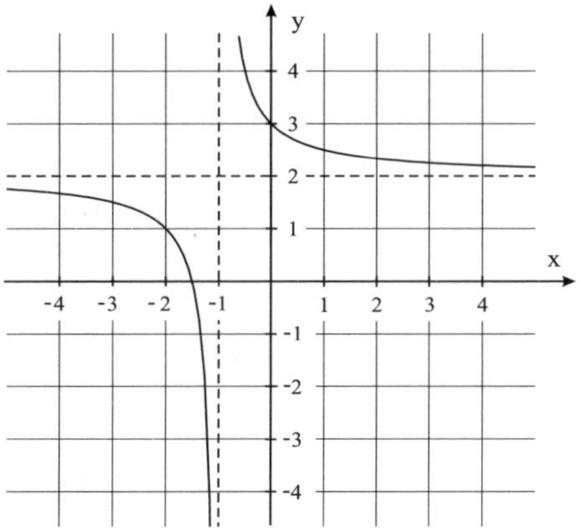

a) $f(x) = \frac{1}{x+1} + 2$

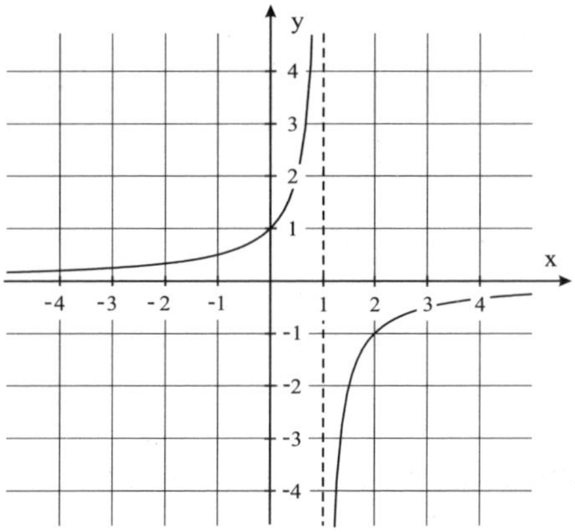

b) $f(x) = -\frac{1}{x-1}$

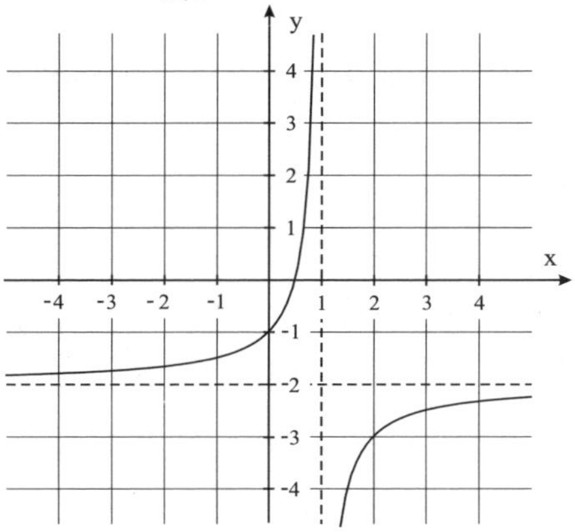

c) $f(x) = -\frac{1}{x-1} - 2$

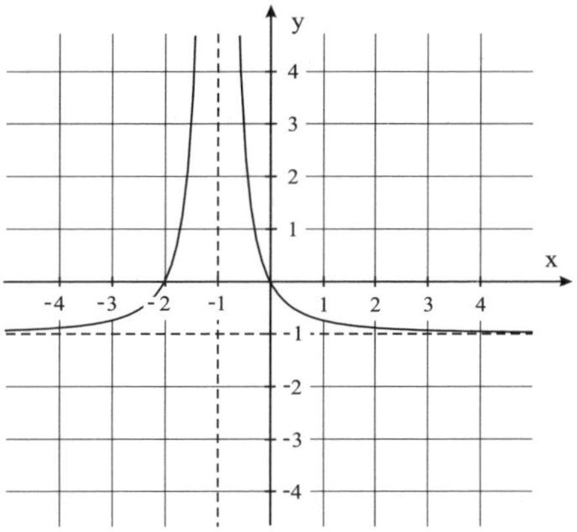

d) $f(x) = \frac{1}{(x+1)^2} - 1$

e) $f(x) = -\frac{1}{(x+1)^2}$
Asymptoten: $x + 1 = 0$ führt zu $x = -1$, senkrechte Asymptote (Pol); $x \to \pm\infty$ führt zu $y = 0$ (waagerechte Asymptote), da der Bruchterm gegen Null geht.
Das Schaubild der Funktion $g(x) = \frac{1}{x^2}$ wurde an der x-Achse gespiegelt und anschließend um eine LE nach links verschoben.

f) $f(x) = -\frac{1}{(x-1)^2} + 2$
Asymptoten: $x - 1 = 0$ führt zu $x = 1$, senkrechte Asymptote (Pol); $x \to \pm\infty$ führt zu $y = 2$ (waagerechte Asymptote), da der Bruchterm gegen Null geht.
Das Schaubild der Funktion $g(x) = \frac{1}{x^2}$ wurde an der x-Achse gespiegelt und anschließend um eine LE nach rechts und zwei LE nach oben verschoben.

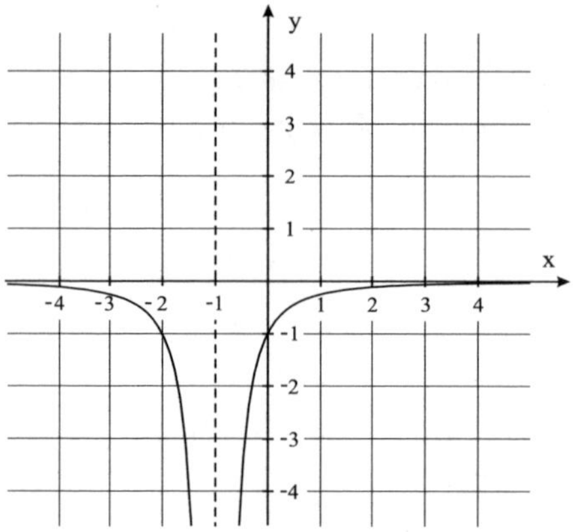

e) $f(x) = -\frac{1}{(x+1)^2}$

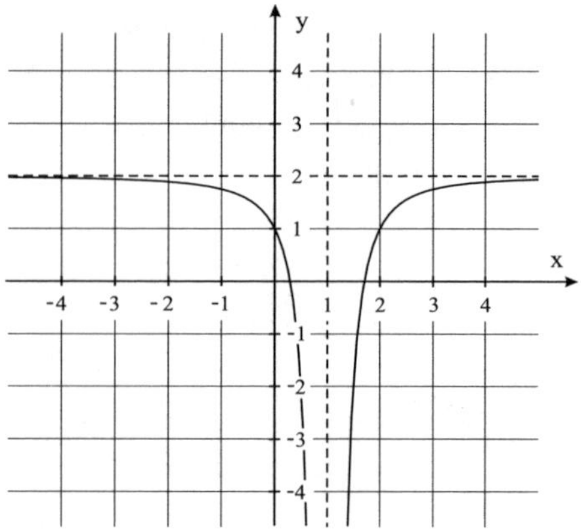

f) $f(x) = -\frac{1}{(x-1)^2} + 2$

Trigonometrische Funktionen

a) $f(x) = 2\sin x$, Periode: $p = \frac{2\pi}{1} = 2\pi$. Das Schaubild der Funktion $g(x) = \sin x$ wurde mit Faktor 2 in y-Richtung gestreckt.

b) $f(x) = \frac{1}{2}\cos x$, Periode: $p = \frac{2\pi}{1} = 2\pi$. Das Schaubild von $g(x) = \cos x$ wurde mit Faktor $\frac{1}{2}$ in y-Richtung gestaucht (bzw. gestreckt).

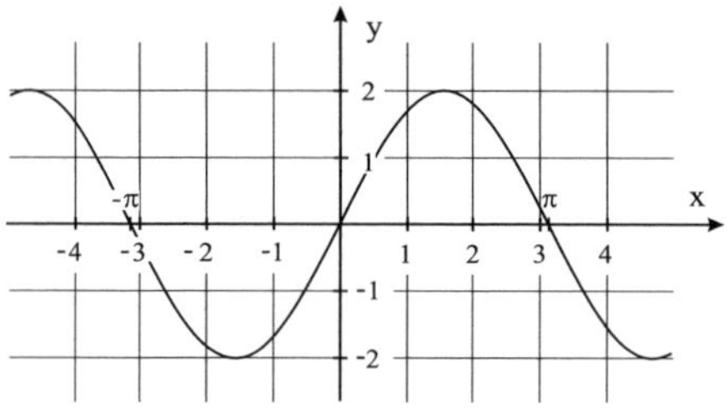

a) $f(x) = 2\sin x$

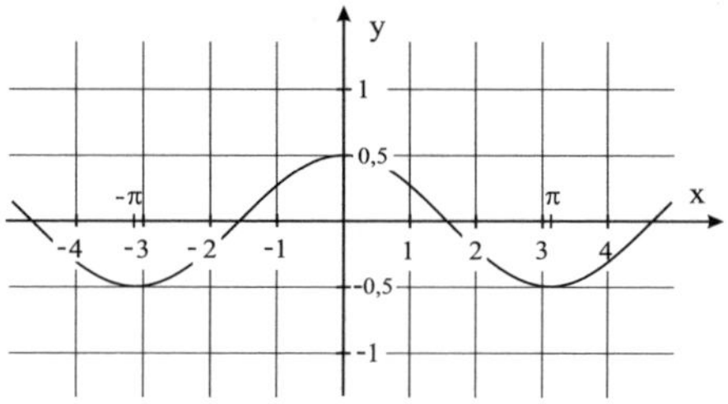

b) $f(x) = \frac{1}{2}\cos x$

c) $f(x) = \sin(2x)$, Periode: $p = \frac{2\pi}{2} = \pi$.
Das Schaubild der Funktion $g(x) = \sin x$ wurde mit Faktor 2 in x-Richtung gestaucht.

d) $f(x) = -\sin(2x) + 1$, Periode: $p = \frac{2\pi}{2} = \pi$.
Das Schaubild der Funktion $g(x) = \sin x$ wurde an der x-Achse gespiegelt, mit Faktor 2 in x-Richtung gestaucht und um eine LE nach oben verschoben.

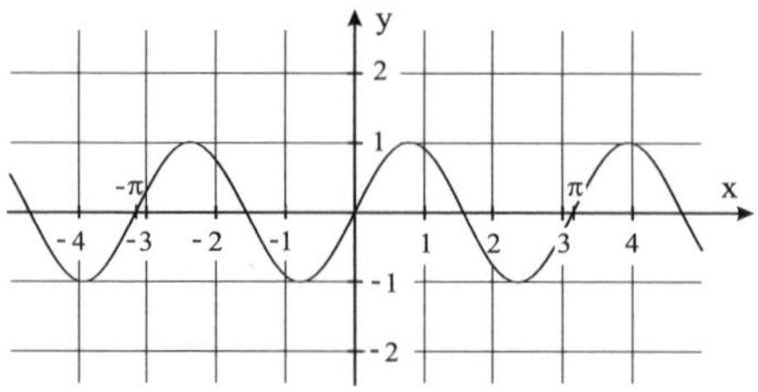

c) $f(x) = \sin(2x)$

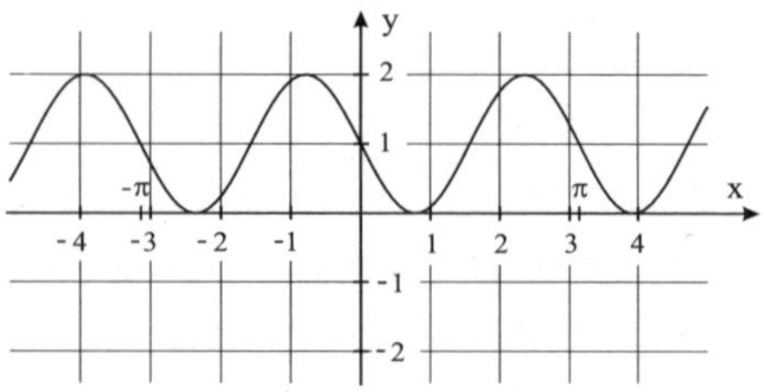

d) $f(x) = -\sin(2x) + 1$

e) $f(x) = \sin\left(\frac{1}{2}\pi(x+1)\right)$, Periode: $p = \frac{2\pi}{\frac{1}{2}\pi} = 4$.
Das Schaubild der Funktion $g(x) = \sin x$ wurde in x-Richtung gestaucht und um eine LE nach links verschoben.

f) $f(x) = \frac{1}{2}\sin(2x) + \frac{3}{2}$, Periode: $p = \frac{2\pi}{2} = \pi$.
Das Schaubild der Funktion $g(x) = \sin x$ wurde in x-Richtung mit Faktor 2 und in y-Richtung mit Faktor $\frac{1}{2}$ gestaucht, anschließend wurde es um $\frac{3}{2}$ LE nach oben verschoben.

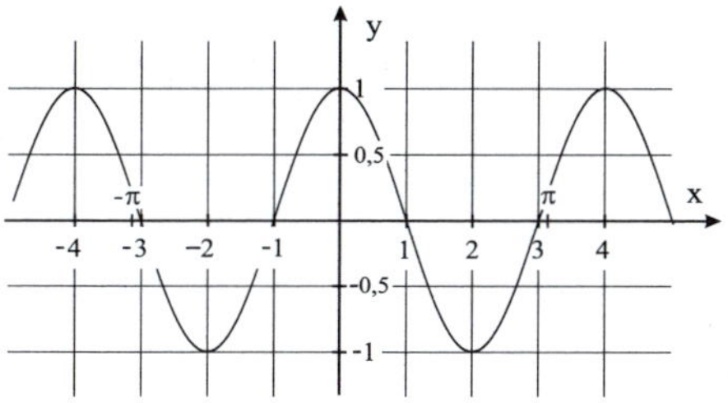

e) $f(x) = \sin\left(\frac{1}{2}\pi(x+1)\right)$

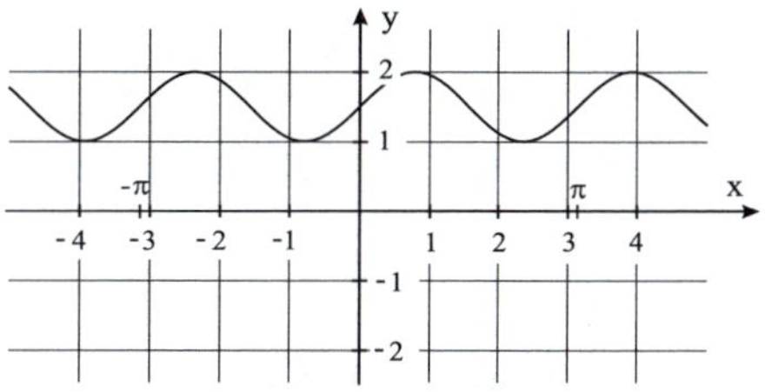

f) $f(x) = \frac{1}{2}\sin(2x) + \frac{3}{2}$

Exponentialfunktionen

a) $f(x) = e^{x-1} + 1$. Asymptote: $x \to -\infty$ führt zu $y = 1$ (waagerechte Asymptote).
Das Schaubild der Funktion $g(x) = e^x$ wurde um eine LE nach rechts und eine LE nach oben verschoben.

b) $f(x) = -e^{x-1} + 1$. Asymptote: $x \to -\infty$ führt zu $y = 1$ (waagerechte Asymptote).
Das Schaubild der Funktion $g(x) = e^x$ wurde an der x-Achse gespiegelt und anschließend um eine LE nach rechts und eine LE nach oben verschoben.

c) $f(x) = e^{-(x-1)} + 2$. Asymptote: $x \to \infty$ führt zu $y = 2$ (waagerechte Asymptote).
Das Schaubild der Funktion $g(x) = e^x$ wurde erst an der y-Achse gespiegelt und dann um eine LE nach rechts und zwei LE nach oben verschoben.

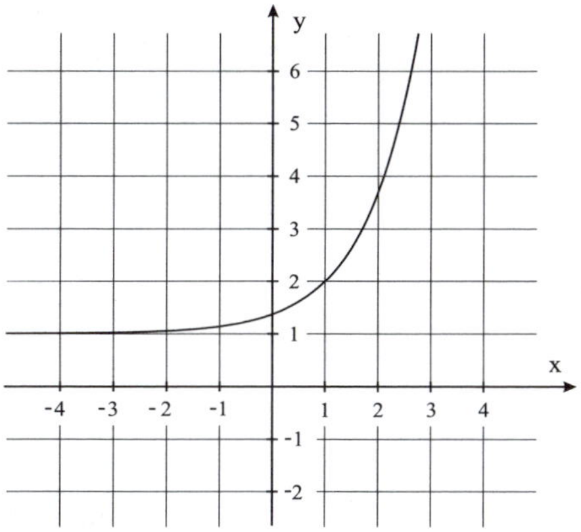

a) $f(x) = e^{x-1} + 1$

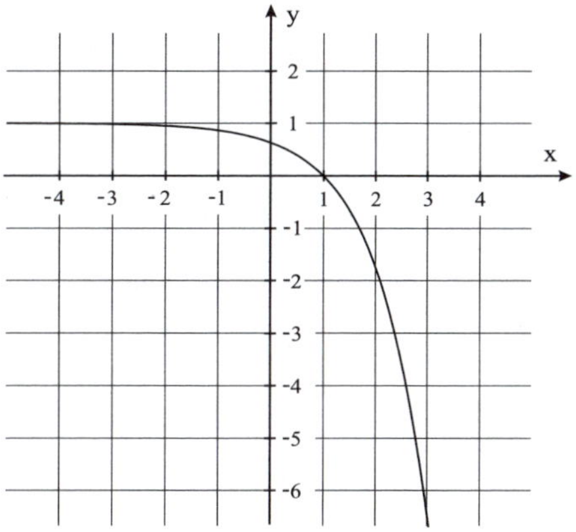

b) $f(x) = -e^{x-1} + 1$

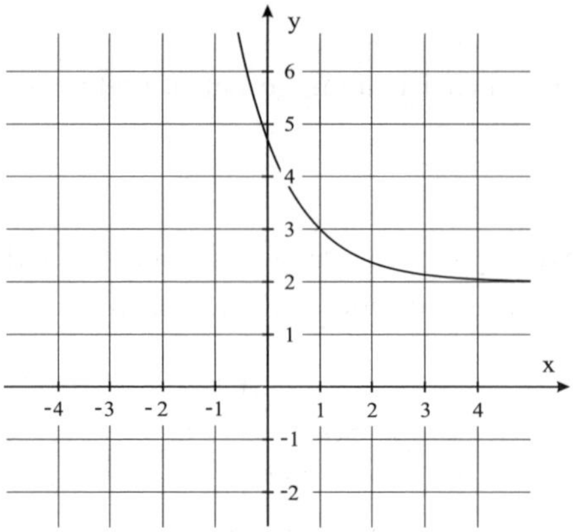

c) $f(x) = e^{-(x-1)} + 2$

4.2 Aufstellen von Funktionen mit Randbedingungen

Ganzrationale Funktionen

a) Ansatz: $f(x) = ax^2 + bx + c$. Die drei Bedingungen ergeben

$$\begin{array}{lcrcrcrcr} f(0)=4 & \Rightarrow & a\cdot 0^2 & + & b\cdot 0 & + & c & = & 4 \\ f(1)=0 & \Rightarrow & a\cdot 1^2 & + & b\cdot 1 & + & c & = & 0 \\ f(2)=18 & \Rightarrow & a\cdot 2^2 & + & b\cdot 2 & + & c & = & 18 \end{array}$$

Daraus ergibt sich das folgende Gleichungssystem:

$$\begin{array}{lrcrcrcr} \text{I} & & & & & c & = & 4 \\ \text{II} & a & + & b & + & c & = & 0 \\ \text{III} & 4a & + & 2b & + & c & = & 18 \end{array}$$

Einsetzen von c und Auflösen von II und III führt auf $a = 11$ und $b = -15$. Damit ergibt sich für die Funktionsgleichung $f(x) = 11x^2 - 15x + 4$.

b) Ansatz: $f(x) = ax^2 + bx + c$ und $f'(x) = 2ax + b$. Die drei Bedingungen ergeben

$$\begin{array}{lcrcrcrcr} f(0)=2 & \Rightarrow & a\cdot 0^2 & + & b\cdot 0 & + & c & = & 2 \\ f(1)=3 & \Rightarrow & a\cdot 1^2 & + & b\cdot 1 & + & c & = & 3 \\ f'(1)=0 & \Rightarrow & 2a\cdot 1 & + & b & & & = & 0 \end{array}$$

Daraus ergibt sich das folgende Gleichungssystem:

$$\begin{array}{lrcrcrcr} \text{I} & & & & & c & = & 2 \\ \text{II} & a & + & b & + & c & = & 3 \\ \text{III} & 2a & + & b & & & = & 0 \end{array}$$

Einsetzen von c und Auflösen von II und III führt auf $a = -1$ und $b = 2$. Damit ergibt sich für die Funktionsgleichung $f(x) = -x^2 + 2x + 2$. (Da es sich um eine nach unten geöffnete Parabel handelt, muss $M(1 \mid 3)$ ein Hochpunkt sein.)

c) Ansatz: $f(x) = ax^2 + b$ und $f'(x) = 2ax$. Die zwei Bedingungen ergeben

$$\begin{array}{lcrcrcr} f(1)=6 & \Rightarrow & a\cdot 1^2 & + & b & = & 6 \\ f'(1)=2 & \Rightarrow & 2a\cdot 1 & & & = & 2 \end{array}$$

Daraus ergibt sich das folgende Gleichungssystem:

$$\begin{array}{rcrcr} a & + & b & = & 6 \\ 2a & & & = & 2 \end{array}$$

Auflösen führt auf $a = 1$ und $b = 5$. Damit ergibt sich für die Funktionsgleichung $f(x) = x^2 + 5$.

d) Ansatz: $f(x) = ax^2 + b$. Die zwei Bedingungen ergeben:

$$\begin{array}{lcrcrcr} f(\sqrt{3})=0 & \Rightarrow & a\cdot\left(\sqrt{3}\right)^2 & + & b & = & 0 \\ f(0)=-3 & \Rightarrow & a\cdot 0 & + & b & = & -3 \end{array}$$

Daraus ergibt sich das folgende Gleichungssystem:

$$\begin{array}{rcrcr} 3a & + & b & = & 0 \\ & & b & = & -3 \end{array}$$

Auflösen führt auf $b = -3$ und $a = 1$. Damit ergibt sich für die Funktionsgleichung: $f(x) = x^2 - 3$.

e) Ansatz: $f(x) = ax^3 + bx^2 + cx + d$, $f'(x) = 3ax^2 + 2bx + c$, $f''(x) = 6ax + 2b$. Die vier Bedingungen ergeben

$$\begin{array}{lcrcrcrcrcr} f(0)=0 & \Rightarrow & a\cdot 0^3 & + & b\cdot 0^2 & + & c\cdot 0 & + & d & = & 0 \\ f''(0)=0 & \Rightarrow & 6a\cdot 0 & + & 2b & & & & & = & 0 \\ f(2)=2 & \Rightarrow & a\cdot 2^3 & + & b\cdot 2^2 & + & c\cdot 2 & + & d & = & 2 \\ f'(2)=0 & \Rightarrow & 3a\cdot 2^2 & + & 2b\cdot 2 & + & c & & & = & 0 \end{array}$$

Daraus ergibt sich das folgende Gleichungssystem:

$$\begin{array}{rcrcrcrcr} & & & & & & d & = & 0 \\ & & 2b & & & & & = & 0 \\ 8a & + & 4b & + & 2c & + & d & = & 2 \\ 12a & + & 4b & + & c & & & = & 0 \end{array}$$

Es ergeben sich $d = 0$, $b = 0$. Einsetzen in die beiden unteren Gleichungen und Auflösen nach a und c ergibt $a = -\frac{1}{8}$ und $c = \frac{3}{2} = 1,5$. Damit ergibt sich für die Funktionsgleichung $f(x) = -\frac{1}{8}x^3 + \frac{3}{2}x$.

f) Ansatz: $f(x) = ax^3 + bx^2 + cx + d$, $f'(x) = 3ax^2 + 2bx + c$, $f''(x) = 6ax + 2b$. Die vier Bedingungen ergeben

$$\begin{array}{lcrcrcrcrcr}
f(0)=1 & \Rightarrow & a\cdot 0^3 & + & b\cdot 0^2 & + & c\cdot 0 & + & d & = & 1\\
f'(0)=-1 & \Rightarrow & 3a\cdot 0^2 & + & 2b\cdot 0 & + & c & & & = & -1\\
f(-1)=4 & \Rightarrow & a\cdot(-1)^3 & + & b\cdot(-1)^2 & + & c\cdot(-1) & + & d & = & 4\\
f''(-1)=0 & \Rightarrow & 6a\cdot(-1) & + & 2b & & & & & = & 0
\end{array}$$

Daraus ergibt sich das folgende Gleichungssystem:

$$\begin{array}{rcrcrcrcr}
 & & & & & & d & = & 1\\
 & & & & c & & & = & -1\\
-a & + & b & - & c & + & d & = & 4\\
-6a & + & 2b & & & & & = & 0
\end{array}$$

Es ergeben sich $a = 1$, $b = 3$, $c = -1$, $d = 1$. Damit ergibt sich für die Funktionsgleichung $f(x) = x^3 + 3x^2 - x + 1$.

g) Ansatz: $f(x) = ax^4 + bx^2$, $f'(x) = 4ax^3 + 2bx$, $f''(x) = 12ax^2 + 2b$. Die zwei Bedingungen ergeben

$$\begin{array}{lcrcrcr}
f(1)=-2{,}5 & \Rightarrow & a\cdot 1^4 & + & b\cdot 1^2 & = & -2{,}5\\
f''(1)=0 & \Rightarrow & 12a\cdot 1^2 & + & 2b & = & 0
\end{array}$$

Daraus ergibt sich das folgende Gleichungssystem:

$$\begin{array}{rcrcr}
a & + & b & = & -2{,}5\\
12a & + & 2b & = & 0
\end{array}$$

Auflösen führt auf $a = \frac{1}{2}$ und $b = -3$. Damit ist die Funktionsgleichung: $f(x) = \frac{1}{2}x^4 - 3x^2$.

Potenzfunktionen

Die Funktionsgleichung einer einfachen Potenzfunktion mit waagerechter Asymptote a hat folgende mögliche Form:

$$f(x) = a + \frac{b}{(x-p_1)^m \cdot (x-p_2)^n}$$

a: Gleichung der waagerechten Asymptote; p_1, p_2: Polstellen; m, n: gerade Zahlen bei Pol ohne VZW; ungerade Zahlen bei Pol mit VZW; b: wird mit Hilfe eines gegebenen Punktes bestimmt, indem man diesen in den Ansatz einsetzt.

a) Ansatz: $f(x) = 4 + \frac{b}{(x-1)^1}$. Mit $f(2) = 6$ ergibt sich $4 + \frac{b}{(2-1)^1} = 6 \Rightarrow b = 2$, mögliche Lösung: $f(x) = 4 + \frac{2}{(x-1)}$.

b) Ansatz: $f(x) = -1 + \frac{b}{(x-2)^1}$. Mit $f(1) = 4$ ergibt sich $-1 + \frac{b}{(1-2)^1} = 4 \Rightarrow b = -5$, mögliche Lösung: $f(x) = -1 - \frac{5}{(x-2)}$.

c) Ansatz: $f(x) = 3 + \frac{b}{(x-1)^2}$. Mit $f(-1) = 2$ ergibt sich $3 + \frac{b}{(-1-1)^2} = 2 \Rightarrow b = -4$, mögliche Lösung: $f(x) = 3 - \frac{4}{(x-1)^2}$.

d) Ansatz: $f(x) = 0 + \frac{b}{(x-2)^2}$. Mit $f(0) = 4$ ergibt sich $0 + \frac{b}{(0-2)^2} = 4 \Rightarrow b = 16$, mögliche Lösung: $f(x) = \frac{16}{(x-2)^2}$.

Exponentialfunktionen

Der allgemeine Ansatz der e-Funktionen ist $f(x) = a \cdot e^{kx}$. Ihre Ableitung ist $f'(x) = k \cdot a \cdot e^{kx}$.

a) Zuerst wird a bestimmt: $f(0) = 2 \Rightarrow a \cdot e^{k \cdot 0} = 2 \Rightarrow a = 2$. Anschließend setzt man dies in die Funktionsgleichung ein und bestimmt k: $f(4) = 2e^{12} \Rightarrow 2 \cdot e^{k \cdot 4} = 2 \cdot e^{12}$. Teilen durch 2 ergibt $e^{k \cdot 4} = e^{12}$. Logarithmieren mit ln führt zu $k \cdot 4 = 12 \Rightarrow k = 3$. Damit ist $f(x) = 2 \cdot e^{3x}$.

b) Zuerst wird a bestimmt: $f(0) = 3 \Rightarrow a \cdot e^{k \cdot 0} = 3 \Rightarrow a = 3$. Anschließend setzt man dies in die Funktionsgleichung ein und bestimmt k: $f(2) = 3e^8 \Rightarrow 3 \cdot e^{k \cdot 2} = 3 \cdot e^8$. Teilen durch 3 ergibt $e^{k \cdot 2} = e^8$. Logarithmieren mit ln führt zu $k \cdot 2 = 8 \Rightarrow k = 4$. Damit ist $f(x) = 3 \cdot e^{4x}$.

c) Zuerst wird wie in den vorangegangenen Aufgaben a bestimmt: $f(0) = 3 \Rightarrow a \cdot e^{k \cdot 0} = 3 \Rightarrow a = 3$. Dies setzt man in die zweite Aussage über die Ableitung ein, um k zu bestimmen: $f'(0) = 6 \Rightarrow k \cdot 3 \cdot e^{k \cdot 0} = 6 \Rightarrow k \cdot 3 = 6 \Rightarrow k = 2$. Damit ist $f(x) = 3 \cdot e^{2x}$.

d) Zuerst wird wie in den vorangegangenen Aufgaben a bestimmt: $f(0) = 2 \Rightarrow a \cdot e^{k \cdot 0} = 2 \Rightarrow a = 2$. Dies setzt man in die zweite Aussage über die Ableitung ein, um k zu bestimmen: $f'(0) = 4 \Rightarrow k \cdot 2 \cdot e^{k \cdot 0} = 4 \Rightarrow k \cdot 2 = 4 \Rightarrow k = 2$. Damit ist $f(x) = 2 \cdot e^{2x}$.

e) Wird das Schaubild von $g(x) = e^x$ an der x-Achse gespiegelt und um 2 LE nach rechts und 3 LE nach unten verschoben, so erhält man als Funktionsgleichung: $f(x) = -e^{x-2} - 3$.

Trigonometrische Funktionen

Eine verallgemeinerte Sinusfunktion hat die Gleichung $f(x) = a \cdot \sin(b \cdot (x - c)) + d$, eine verallgemeinerte Kosinusfunktion die Gleichung $f(x) = a \cdot \cos(b \cdot (x - c)) + d$.

a) Verschiebung um 3 LE nach oben: $d = 3$. Periode $p = \pi \Rightarrow b = \frac{2\pi}{p} = \frac{2\pi}{\pi} = 2$.
Keine Verschiebung nach links/ rechts: $c = 0$, keine Streckung in y-Richtung: $a = 1$
Setzt man die Koeffizienten ein, erhält man als Lösung $f(x) = \sin(2x) + 3$.

b) Streckfaktor 2,5 in y-Richtung: $a = 2{,}5$. Periode $p = \frac{\pi}{2} \Rightarrow b = \frac{2\pi}{p} = \frac{2\pi}{\frac{\pi}{2}} = 4$.
Verschiebung um 3 LE nach rechts: $c = 3$, Verschiebung um 1,5 LE nach unten: $d = -1{,}5$
Setzt man die Koeffizienten ein, erhält man als Lösung $f(x) = 2{,}5 \cdot \sin(4(x-3)) - 1{,}5$.

c) Verschiebung um 2 LE nach links: $c = -2$. Verschiebung um 4 LE nach oben: $d = 4$. Streckfaktor 0,8 in y-Richtung: $a = 0{,}8$, Abstand zwischen zwei Hochpunkten = Periodenlänge $\Rightarrow p = 3\pi \Rightarrow b = \frac{2\pi}{p} = \frac{2\pi}{3\pi} = \frac{2}{3}$. Setzt man die Koeffizienten ein, erhält man als Lösung $f(x) = 0{,}8 \cdot \cos\left(\frac{2}{3} \cdot (x+2)\right) + 4$.

d) Verschiebung um 1 LE nach rechts: $c = 1$. Verschiebung um 2 LE nach unten: $d = -2$. Streckfaktor 1,7 in y-Richtung: $a = 1{,}7$. Abstand zwischen zwei Wendepunkten = halbe Periodenlänge $= \frac{\pi}{2} \Rightarrow p = 2 \cdot \frac{\pi}{2} = \pi$. $\Rightarrow b = \frac{2\pi}{p} = \frac{2\pi}{\pi} = 2$. Setzt man die Koeffizienten ein, erhält man als Lösung $f(x) = 1{,}7 \cdot \cos(2 \cdot (x-1)) - 2$.

4.3 Von der Kurve zur Gleichung

Ganzrationale Funktionen

Zu jeder Aufgabe gibt es verschiedene Lösungswege, diese sind bei den Tipps zu dieser Aufgabe ausführlich beschrieben.

a) 1. Ansatz als allgemeine Parabel 2. Grades $f(x) = ax^2 + bx + c$. Aus der Zeichnung liest man ab: $f(-2) = 0$, $f(-1) = 1$, $f(0) = 4$. Einsetzen in die allgemeine Funktion ergibt folgende Gleichungen:

$$\begin{array}{rcrcrcr} 4a & - & 2b & + & c & = & 0 \\ a & - & b & + & c & = & 1 \\ & & & & c & = & 4 \end{array}$$

Einsetzen von c und Auflösen der beiden oberen Gleichungen führt auf $a = 1$ und $b = 4$, damit ist $f(x) = x^2 + 4x + 4$.

2. Ansatz mit Linearfaktoren: Das Schaubild hat nur eine Nullstelle bei $x = -2$ und geht durch den Punkt P$(0 \mid 4)$.
Also ist $f(x) = a \cdot (x+2) \cdot (x+2)$ und es gilt:
$f(0) = 4 \Rightarrow 4 = a \cdot (0+2) \cdot (0+2) \Rightarrow a = 1$.
Damit ist die Lösung $f(x) = (x+2)^2$ bzw. $f(x) = x^2 + 4x + 4$.

3. Ansatz als verschobene Normalparabel: Es handelt sich um eine um 2 LE nach links verschobene Normalparabel, daher wird $g(x) = x^2$ zu $f(x) = (x+2)^2$. Auch hier zur Kontrolle einsetzen: $f(0) = 4$, es herrscht Übereinstimmung. Ausmultiplizieren führt zu $f(x) = x^2 + 4x + 4$.

b) 1. Ansatz als allgemeine Funktion 2. Grades $f(x) = ax^2 + bx + c$. Aus der Zeichnung liest man ab: $f(-1) = -2$, $f(0) = -1$, $f(1) = 2$. Einsetzen in die allgemeine Funktion ergibt folgende Gleichungen:

$$\begin{array}{rcrcrcr} a & - & b & + & c & = & -2 \\ & & & & c & = & -1 \\ a & + & b & + & c & = & 2 \end{array}$$

Einsetzen von c und Auflösen der oberen und unteren Gleichung führt zu $a = 1$ und $b = 2$, damit ist $f(x) = x^2 + 2x - 1$.

2. Ansatz mit Linearfaktoren ist nicht möglich, da sich die Nullstellen nicht genau bestimmen lassen.

3. Ansatz als verschobene Normalparabel: Es handelt sich um eine Normalparabel, die um 1 LE nach links und um 2 LE nach unten verschoben ist:
$f(x) = x^2$ wird zu $f(x) = (x+1)^2 - 2$. Kontrolle für $x = 0$: $f(0) = -1$, d.h. Übereinstimmung. Ausmultiplizieren führt zu $f(x) = x^2 + 2x - 1$.

c) 1. Ansatz als allgemeine Funktion 2. Grades $f(x) = ax^2 + bx + c$. Aus der Zeichnung liest man ab: $f(0) = -3$, $f(1) = 0$, $f(2) = 1$. Einsetzen in die allgemeine Funktion ergibt folgende Gleichungen:

$$\begin{array}{rcrcrcr} a & + & b & + & c & = & 0 \\ 4a & + & 2b & + & c & = & 1 \\ & & & & c & = & -3 \end{array}$$

Einsetzen von c und Auflösen der beiden oberen Gleichungen führt zu $a = -1$ und $b = 4$, damit ist $f(x) = -x^2 + 4x - 3$.

2. Ansatz mit Linearfaktoren: Das Schaubild hat Nullstellen bei $x = 1$ und $x = 3$ und geht durch den Punkt P$(2 \mid 1)$.
Also ist $f(x) = a \cdot (x-1) \cdot (x-3)$ und es gilt:
$f(2) = 1 \Rightarrow 1 = a \cdot (2-1) \cdot (2-3) \Rightarrow a = -1$.
Damit ist die Lösung $f(x) = -1 \cdot (x-1) \cdot (x-3)$ bzw. $f(x) = -x^2 + 4x - 3$.

3. Ansatz als verschobene Normalparabel: Es handelt sich um eine nach unten geöffnete Normalparabel, die um 2 LE nach rechts und um 1 LE nach oben verschoben ist: $f(x) = -x^2$ wird zu $f(x) = -(x-2)^2 + 1$. Auch hier Kontrolle für $x = 2$: $f(2) = 1$, es herrscht Übereinstimmung. Ausmultiplizieren führt zu $f(x) = -x^2 + 4x - 3$.

d) 1. Der Ansatz als allgemeine Funktion 3. Grades $f(x) = ax^3 + bx^2 + cx + d$ ist zwar möglich, aber etwas langwierig: Aus der Zeichnung liest man ab: $f(-1) = 0$, $f(0) = 3$, $f(1) = 0$ und $f(3) = 0$. Einsetzen in die allgemeine Funktion ergibt folgende Gleichungen:

$$\begin{array}{rcrcrcrcr} -a & + & b & - & c & + & d & = & 0 \\ & & & & & & d & = & 3 \\ a & + & b & + & c & + & d & = & 0 \\ 27a & + & 9b & + & 3c & + & d & = & 0 \end{array}$$

Einsetzen von d und Auflösen der oberen Gleichungen führt zu $a = 1$, $b = -3$ und $c = -1$, damit ist $f(x) = x^3 - 3x^2 - x + 3$.

2. Ansatz mit Linearfaktoren: Das Schaubild hat Nullstellen bei $x = -1$, $x = 1$ und $x = 3$ und geht durch den Punkt P$(2 \mid -3)$.
Also ist $f(x) = a \cdot (x+1) \cdot (x-1) \cdot (x-3)$ und es gilt:
$f(2) = -3 \Rightarrow -3 = a \cdot (2+1) \cdot (2-1) \cdot (2-3) \Rightarrow a = 1$.
Damit ist die Lösung $f(x) = 1 \cdot (x+1) \cdot (x-1) \cdot (x-3) = x^3 - 3x^2 - x + 3$.

e) 1. Der Ansatz als allgemeine Funktion 3. Grades $f(x) = ax^3 + bx^2 + cx + d$ ist möglich, aber etwas langwierig: Aus der Zeichnung liest man ab: $f(-4) = 0$, $f(-2) = 0$, $f(-1) = 3$ und $f(0) = 0$.

Einsetzen in die allgemeine Funktion ergibt folgende Gleichungen:

$$\begin{array}{rcrcrcrcl} -64a & + & 16b & - & 4c & + & d & = & 0 \\ -8a & + & 4b & - & 2c & + & d & = & 0 \\ -a & + & b & - & c & + & d & = & 3 \\ & & & & & & d & = & 0 \end{array}$$

Einsetzen von d und Auflösen der oberen Gleichungen führt zu $a=-1$, $b=-6$ und $c=-8$, damit ist $f(x)=-x^3-6x^2-8x$.

2. Ansatz mit Linearfaktoren: Das Schaubild hat Nullstellen bei $x=-4$, $x=-2$ und $x=0$ und geht durch den Punkt $\mathrm{P}(-1 \mid 3)$.
   Also ist $f(x)=a\cdot(x+4)\cdot(x+2)\cdot(x-0)$ und es gilt:
   $f(-1)=3 \Rightarrow 3=a\cdot(-1+4)\cdot(-1+2)\cdot(-1) \Rightarrow a=-1$.
   Damit ist die Lösung $f(x)=-1\cdot(x+4)\cdot(x+2)\cdot(x-0)=-x^3-6x^2-8x$.

f) 1. Der Ansatz als allgemeine Funktion 4. Grades $f(x)=ax^4+bx^3+cx^2+dx+e$ ist möglich, aber langwierig: Aus der Zeichnung liest man ab: $f(-4)=0$, $f(-2)=0$, $f(0)=8$, $f(2)=0$ und $f(4)=0$. Einsetzen in die allgemeine Funktion und schrittweises Auflösen mit dem Gauß-Verfahren führt zu $a=\frac{1}{8}$, $b=0$, $c=-2,5$, $d=0$ und $e=8$, damit ist $f(x)=\frac{1}{8}x^4-2,5x^2+8$.

2. Ansatz mit Linearfaktoren: Das Schaubild hat Nullstellen bei $x=-4$, $x=-2$, $x=2$ und $x=4$ und geht durch den Punkt $\mathrm{P}(0 \mid 8)$.
   Also ist $f(x)=a\cdot(x+4)\cdot(x-4)\cdot(x+2)\cdot(x-2)$ und es gilt:
   $f(0)=8 \Rightarrow 8=a\cdot 4\cdot(-4)\cdot 2\cdot(-2) \Rightarrow a=\frac{1}{8}$.
   Damit ist die Lösung $f(x)=\frac{1}{8}\left(x^2-16\right)\left(x^2-4\right)=\frac{1}{8}x^4-2,5x^2+8$.

Potenzfunktionen

Allgemein gilt, dass man zum Überprüfen der Funktionsterme (mindestens) einen der Punkte zum Schluss einsetzen sollte.

a) Das Schaubild der Grundfunktion $y=\frac{1}{x}$ ist um 2 LE nach rechts verschoben, also steht im Nenner $x-2$. Die Punktprobe mit $\mathrm{P}(3 \mid 1)$ bestätigt die Funktionsgleichung $f(x)=\frac{1}{x-2}$.

b) Das Schaubild der Grundfunktion $y=\frac{1}{x^2}$ ist um 1 LE nach links verschoben, also steht im Nenner $(x+1)^2$. Die Punktprobe mit $\mathrm{P}(-2 \mid 1)$ bestätigt die Funktionsgleichung $f(x)=\frac{1}{(x+1)^2}$.

c) Das Schaubild der Grundfunktion $y=\frac{1}{x^2}$ ist um 1 LE nach rechts und um 1 LE nach oben verschoben. Die Punktprobe mit $\mathrm{P}(2 \mid 2)$ bestätigt die Funktionsgleichung $f(x)=\frac{1}{(x-1)^2}+1$.

d) Das Schaubild der Grundfunktion $y=\frac{1}{x}$ ist um 1 LE nach links und um 1 LE nach unten verschoben. Die Punktprobe mit $\mathrm{P}(0 \mid 0)$ bestätigt die Funktionsgleichung $f(x)=\frac{1}{x+1}-1$.

Trigonometrische Funktionen

a) Als möglichen Ansatz kann man eine Sinusfunktion der Form $f(x) = a \cdot \sin(b \cdot (x-c)) + d$ verwenden. Die «Mittelachse» des Schaubildes liegt genau auf der x-Achse, also ist das Schaubild der Grundfunktion $g(x) = \sin x$ nicht in y-Richtung verschoben, somit ist $d = 0$. Da das Schaubild durch den Ursprung geht, ist die Grundfunktion $g(x) = \sin x$ nicht in x-Richtung verschoben, somit ist $c = 0$. Da die Periode $p = 2\pi$ ist, gilt: $b = \frac{2\pi}{p} = \frac{2\pi}{2\pi} = 1$. Der Abstand des Hoch- bzw. Tiefpunkts zur «Mittelachse» (Amplitude) beträgt 2 LE, also ist der Streckfaktor in y-Richtung $a = 2$.
Eine mögliche Funktionsgleichung ist $f(x) = 2 \cdot \sin x$.

b) Das Maximum des Schaubilds im Punkt $H(1 \mid 1,5)$ liegt, kann man eine Kosinusfunktion der Form $f(x) = a \cdot \cos(b \cdot (x-c)) + d$ verwenden. Die «Mittelachse» des Schaubildes liegt genau auf der x-Achse, also ist das Schaubild der Grundfunktion $g(x) = \cos x$ nicht in y-Richtung verschoben, somit ist $d = 0$. Wegen $H(1 \mid 1,5)$ ist das Schaubild der Grundfunktion $g(x) = \cos x$ um 1 LE in x-Richtung verschoben, somit ist $c = 1$. Da die Periode $p = 2\pi$ ist, gilt: $b = \frac{2\pi}{p} = \frac{2\pi}{2\pi} = 1$. Der Abstand des Hoch- bzw. Tiefpunkts zur «Mittelachse» (Amplitude) beträgt 1,5 LE, also ist der Streckfaktor in y-Richtung $a = 1,5$.
Eine mögliche Funktionsgleichung ist damit $f(x) = 1,5 \cdot \cos(x-1)$.

c) Als möglichen Ansatz kann man eine Sinusfunktion der Form $f(x) = a \cdot \sin(b \cdot (x-c)) + d$ verwenden. Die «Mittelachse» des Schaubildes liegt genau auf der Geraden $y = 1$, also ist das Schaubild der Grundfunktion $g(x) = \sin x$ um 1 LE in y-Richtung verschoben, somit ist $d = 1$. Da das Schaubild durch den Punkt $(0 \mid 1)$ geht, ist die Grundfunktion $g(x) = \sin x$ nicht in x-Richtung verschoben, somit ist $c = 0$. Da die Periode $p = 2\pi$ beträgt, gilt: $b = \frac{2\pi}{p} = \frac{2\pi}{2\pi} = 1$. Der Abstand des Hoch- bzw. Tiefpunkts zur «Mittelachse» (Amplitude) beträgt 2 LE, also ist der Streckfaktor in y-Richtung $a = 2$.
Eine mögliche Funktionsgleichung ist damit $f(x) = 2 \cdot \sin x + 1$.

d) Als möglichen Ansatz kann man eine Sinusfunktion der Form $f(x) = a \cdot \sin(b \cdot (x-c)) + d$ verwenden. Die «Mittelachse» des Schaubildes liegt genau auf der x-Achse, also ist das Schaubild der Grundfunktion $g(x) = \sin x$ nicht in y-Richtung verschoben, somit ist $d = 0$. Da das Schaubild durch den Ursprung geht, ist die Grundfunktion $g(x) = \sin x$ nicht in x-Richtung verschoben, somit ist $c = 0$. Die Periodenlänge lässt sich an den Schnittpunkten mit der x-Achse ablesen, sie beträgt ca. $p = 7,4$, also gilt: $b = \frac{2\pi}{7,4}$. Der Abstand des Hoch- bzw. Tiefpunkts zur «Mittelachse» (Amplitude) beträgt etwa 4,1 LE, also ist der Streckfaktor in y-Richtung $a = 4,1$.
Eine mögliche Funktionsgleichung ist damit $f(x) = 4,1 \cdot \sin\left(\frac{2\pi}{7,4}x\right)$.
Bemerkung: Diese Aussagen sind über diese Funktion nur möglich, weil vorher bekannt war, dass es sich um eine trigonometrische Funktion handelt. Wäre dies nicht bekannt, hätte es sich auch um eine Funktion der Gestalt $f(x) = ax^4 - bx^2$ handeln können.

5 Eigenschaften von Kurven

5.1 Schaubilder von f, f' und F

Bei allen Schaubildern wurde zuerst die Tangentensteigung in einigen Punkten näherungsweise bestimmt (z.B. indem eine Tangente an die Kurve gezeichnet und dann die Steigung dieser Geraden bestimmt wird).

a)

f_1

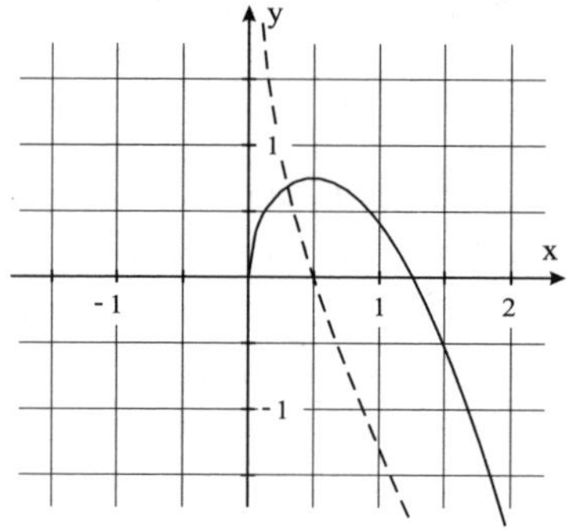

f_2

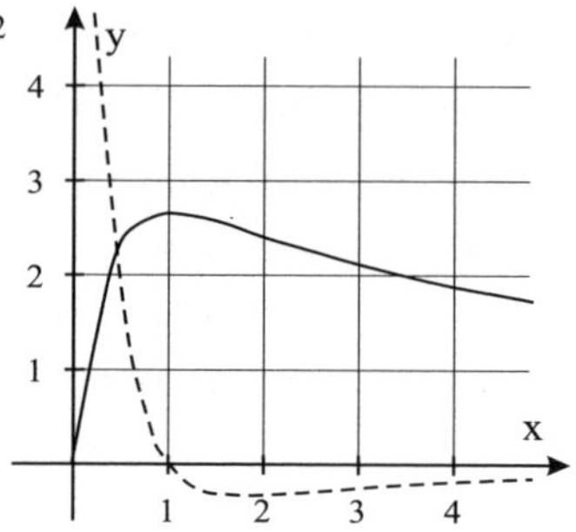

Extremwert:	$x = 0{,}5$	$\Rightarrow f'(0{,}5) = 0$
Punkt 1:	$x = 0{,}75$	$\Rightarrow f'(0{,}75) \approx -\frac{1}{2}$
Punkt 2:	$x = 1{,}5$	$\Rightarrow f'(1{,}5) \approx -2$

Punkt 1:	$x = 0{,}5$	$\Rightarrow f'(0{,}5) \approx 2$
Extremwert:	$x \approx 1$	$\Rightarrow f'(1) = 0$
Wendepunkt:	$x \approx 2{,}2$	$\Rightarrow f'(2{,}2) \approx -\frac{1}{3}$

f_3

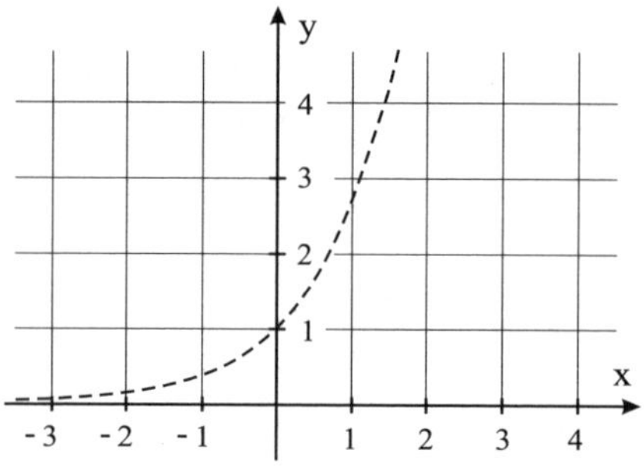

f_4

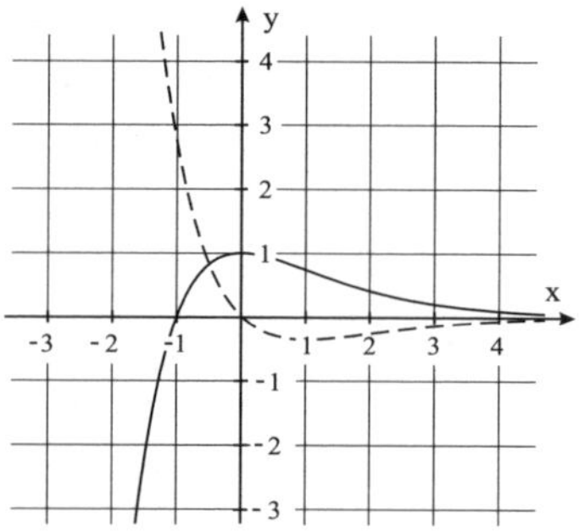

Punkt 1:	$x = -1$	$\Rightarrow f'(-1) \approx \frac{1}{3}$
Punkt 2:	$x = 0$	$\Rightarrow f'(0) \approx 1$
Punkt 3:	$x = 1$	$\Rightarrow f'(1) \approx 3$

Punkt 1:	$x = -1$	$\Rightarrow f'(-1) \approx 2$
Extremwert:	$x = 0$	$\Rightarrow f'(0) = 0$
Wendepunkt:	$x \approx 1$	$\Rightarrow f'(1) \approx -\frac{1}{3}$

Bemerkung: Bei f_3 handelt es sich um die Funktion $f(x) = e^x$, daher sind Kurve und Ableitungskurve identisch. Bewertung der Aussagen:

f' hat bei $x = 1$ ein relatives Maximum	~~f_1~~	~~f_2~~	~~f_3~~	~~f_4~~
f' ist für $x > 0$ monoton fallend	f_1	~~f_2~~	~~f_3~~	~~f_4~~
f' ist für $x > 0$ monoton steigend	~~f_1~~	~~f_2~~	f_3	~~f_4~~
f' ist für x > 1 negativ	f_1	f_2	~~f_3~~	f_4

b) f_5

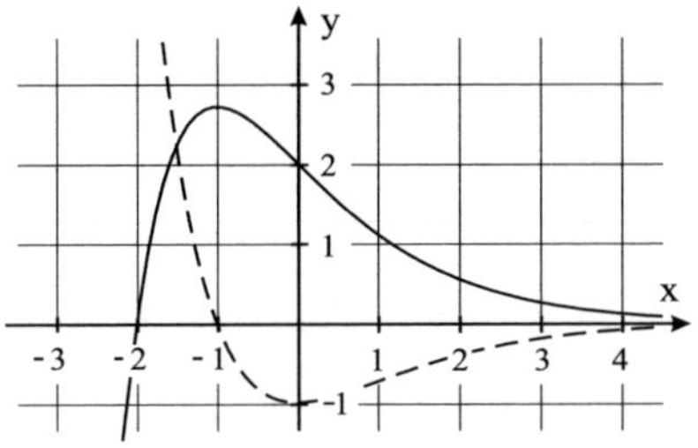

f_6

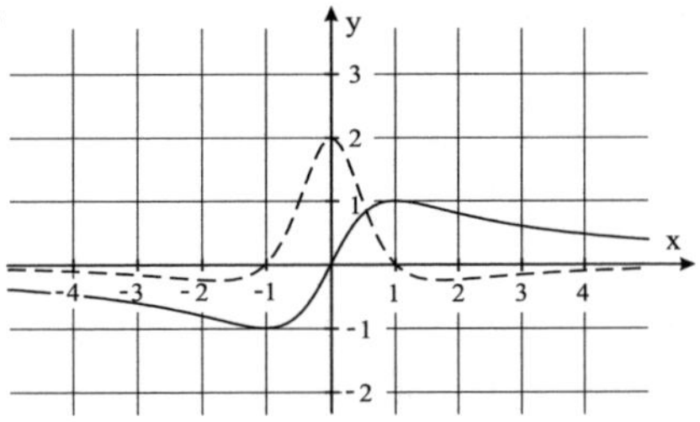

Punkt 1:	$x=-2$	$\Rightarrow f'(-2)\approx 4,5$
Extremwert:	$x=-1$	$\Rightarrow f'(-1)=0$
Wendepunkt:	$x=0$	$\Rightarrow f'(0)\approx -1$

Wendepunkte:	$x=\pm 2$	$\Rightarrow f'(\pm 2)\approx -\frac{1}{3}$
Extremwerte:	$x=\pm 1$	$\Rightarrow f'(\pm 1)=0$
Wendepunkt:	$x=0$	$\Rightarrow f'(0)\approx 2$

f_7

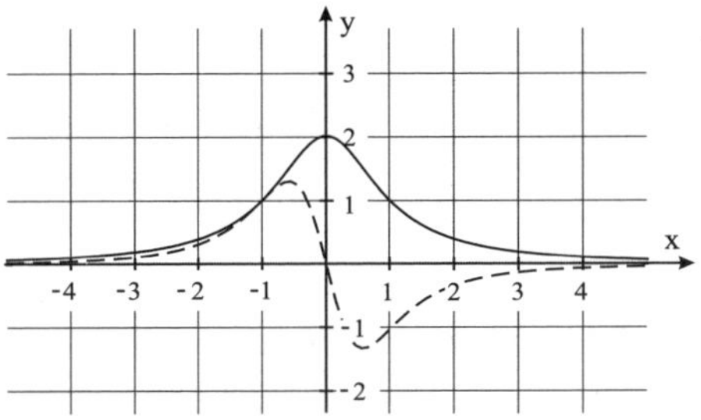

f_8

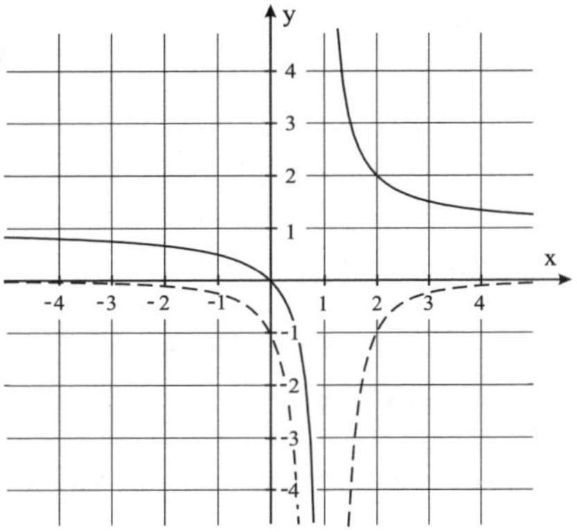

Wendepunkt:	$x=-1$	$\Rightarrow f'(-1)\approx 1$
Extrempunkt:	$x=0$	$\Rightarrow f'(0)=0$
Wendepunkt:	$x=1$	$\Rightarrow f'(1)\approx -1$

Punkt 1:	$x=-1$	$\Rightarrow f'(-1)\approx -\frac{1}{4}$
Punkt 2:	$x=0$	$\Rightarrow f'(0)=-1$
Punkt 3:	$x=1,5$	$\Rightarrow f'(1,5)\approx -4$

Bewertung der Aussagen:

$f'(x)<0$	$\not f_5$	$\not f_6$	$\not f_7$	f_8
$f''(0)=0$	f_5	f_6	$\not f_7$	$\not f_8$
$f'(1)=f'(-1)$	$\not f_5$	f_6	$\not f_7$	$\not f_8$

Von f' zu f

a)

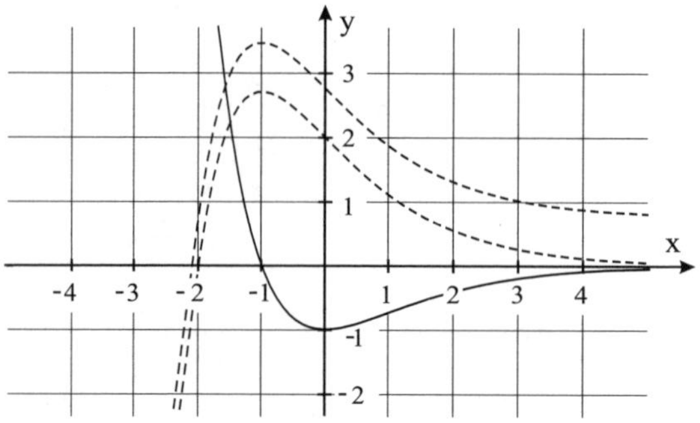

- Ableitung $f'(x)$: ——
- Mögliche Funktionen $f(x)$: – – –
- Die Funktion ist in Bezug auf Verschiebungen in y-Richtung nicht festgelegt.

I) Antwort: nein, die Ableitungskurve hat an dieser Stelle einen Extrempunkt, daher hat das Schaubild der Funktion für $x = 0$ einen Wendepunkt.

II) Antwort: ja, die Ableitungskurve hat an dieser Stelle eine Nullstelle und einen Vorzeichenwechsel. Dies bedeutet, dass das Schaubild der Funktion einen Extrempunkt für $x = -1$ besitzt. Da die Tangenten in Extrempunkten immer waagerecht sind (Steigung $= 0$), ist die Aussage richtig.

III) Antwort: nein, die Kurve der Ableitung hat an der Stelle $x = 0$ einen Tiefpunkt. Das bedeutet, dass das Schaubild der Funktion f an dieser Stelle einen Wendepunkt besitzt.

IV) Antwort: nein, da das Schaubild von f' für $0 \leqslant x \leqslant 2$ unterhalb der x-Achse verläuft und damit f streng monoton fallend ist.

b)

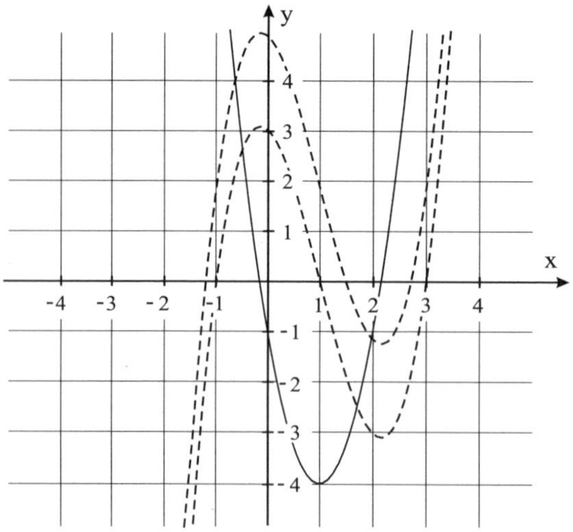

- Ableitung $f'(x)$: ——
- Mögliche Funktionen $f(x)$: – – –
- Die Funktion ist in Bezug auf Verschiebungen in y-Richtung nicht festgelegt.

I) Antwort: nein, das Schaubild der angegebenen Ableitungsfunktion f' hat an dieser Stelle einen Tiefpunkt. Das bedeutet, dass das Schaubild der Funktion f für $x = 1$ einen Wendepunkt besitzt.

II) Antwort: ja, das Schaubild der Ableitungsfunktion hat für $x \approx -0,2$ eine Nullstelle. Zusätzlich wechselt das Vorzeichen von f' von $+$ nach $-$ (die Steigung war erst positiv und ist nun negativ): Es liegt ein Hochpunkt vor.

III) Antwort: ja, da die Ableitungsfunktion mindestens den Grad 2 hat (Parabel), muss der Grad der Funktion f mindestens 3 sein.

IV) Antwort: ja, die Gerade $y = 2x$ hat die Steigung 2. Die Funktionswerte der angegebenen Ableitungsfunktion f' geben in jedem Punkt die Steigung der Funktion f an. Die Ableitungsfunktion hat für $x \approx 2,4$ den Wert $f'(2,4) = 2$. Daher ist die Tangente parallel zur Geraden $y = 2x$.

c)

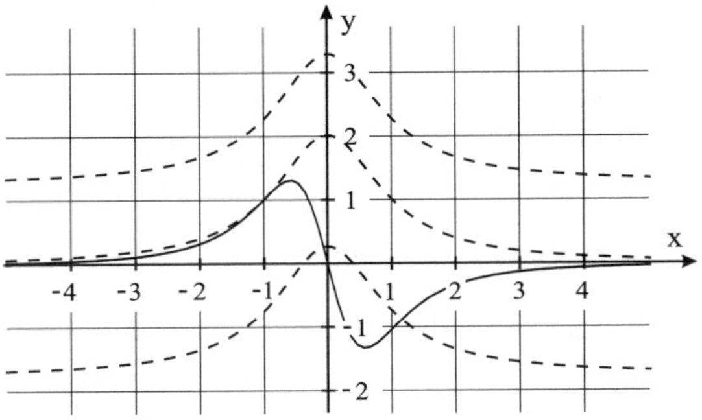

- Ableitung $f'(x)$: ——
- Mögliche Funktionen $f(x)$: – – –
- Die Funktion ist in Bezug auf Verschiebungen in y-Richtung nicht festgelegt.

I) Antwort: ja, bei $x = 0$ wechselt f' das Vorzeichen von $+$ nach $-$ $\Rightarrow$ Das Schaubild von f hat bei $x = 0$ einen Hochpunkt. Das gezeichnete Schaubild der Ableitungsfunktion ist ursprungssymmetrisch, damit unterscheiden sich die Steigungswerte rechts und links der y-Achse nur durch ihr Vorzeichen und das Schaubild von f ist y-achsensymmetrisch.

II) Antwort: ja, da das Schaubild von f' für $x > 0$ stets unterhalb der x-Achse verläuft und damit f streng monoton fallend ist.

III) Antwort: nein, die angegebene Ableitungsfunktion f' hat für $x = 0$ zwar eine Nullstelle, es handelt sich aber um einen Hochpunkt des Schaubilds von f, da an der Nullstelle ein Vorzeichenwechsel von $+$ nach $-$ stattfindet.

IV) Antwort: nein, die gezeichnete Ableitungsfunktion f' hat nur eine Nullstelle mit Vorzeichenwechsel. Daher besitzt das Schaubild von f genau einen Extrempunkt.

Von f zu F

Die Stammfunktion F

a)

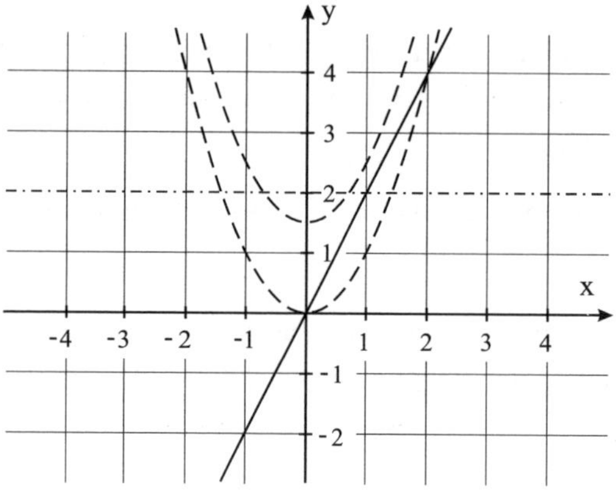

- Funktion $f(x)$: ——
- Mögliche Stammfunktionen F(x): - - -
- Ableitung $f'(x)$: - · - ·
- Die eingezeichneten Stammfunktionen sind nur einige von vielen möglichen Stammfunktionen, da diese in Bezug auf eine Verschiebung in y-Richtung nicht festgelegt sind.

I) Antwort: ja, die Ableitung einer Geraden ist immer eine waagerechte Gerade, da die Steigung einer Geraden konstant ist. Daher ist das Schaubild der Ableitungsfunktion parallel zur Geraden $y = 1$.

II) Antwort: ja, da $f(x)$ die Steigung von F(x) beschreibt und $f(1) = 2 = \mathrm{F}'(1)$ ist.

III) Antwort: nein, streng monoton wachsend bedeutet für das Schaubild, dass die y-Werte für zunehmende x-Werte auch immer größer werden. Mathematisch heißt das: $f'(x) > 0$, die Steigung ist an jedem Punkt des Schaubildes positiv. Dies gilt zwar für f, nicht aber für f'.

IV) Antwort: ja, das Schaubild der Ableitungsfunktion ist eine waagerechte Gerade. Diese erfüllt die Bedingung $f'(-x) = f'(x) = 2$.

b)

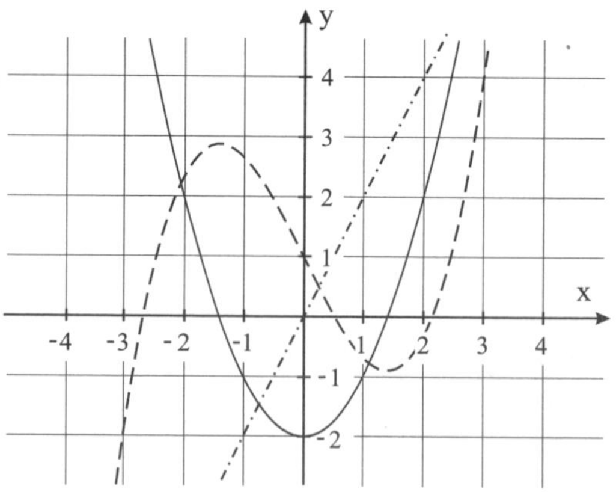

- Funktion $f(x)$: ——
- Mögliche Stammfunktionen F(x): - - -
- Ableitung $f'(x)$: - · - ·
- Die eingezeichnete Stammfunktion ist nur eine von vielen möglichen Stammfunktionen, da diese in Bezug auf eine Verschiebung in y-Richtung nicht festgelegt sind.

I) Antwort: ja, die Ableitungskurve einer Parabel ist eine Gerade mit einer Steigung ungleich Null. Diese besitzt genau eine Nullstelle am Extrempunkt der Parabel. Da die Parabel diesen für $x = 0$ hat, liegt die Nullstelle auch im fraglichen Intervall.

II) Antwort: nein, da das Schaubild von f für $0 \leqslant x \leqslant 1$ stets unterhalb der x-Achse verläuft.

III) Antwort: ja, die Extremstellen einer Funktion sind Nullstellen der 1. Ableitung. Da die Funktion f die Ableitung von F ist, besitzt F genau 2 Extremstellen im Intervall. Da die Nullstellen von f an den Stellen $x \approx \pm 1{,}4$ liegen, befinden sich die Extrempunkte an den Punkten $(1{,}4 \mid (\mathrm{F}(1{,}4))$ bzw. $(-1{,}4 \mid (\mathrm{F}(-1{,}4))$.

Die Integralfunktion

Lässt sich der Funktionsterm der Kurve bestimmen, so ist es meist ohne Schwierigkeiten möglich, die Intergralfunktion $\mathrm{J}_0(x)$ zu bestimmen und das entsprechende Schaubild zu zeichnen, da die Integralfunktion $\mathrm{J}_0(x)$ eine Nullstelle für $x = 0$ besitzt, also durch $(0 \mid 0)$ geht.

Lässt sich der Funktionsterm nicht bestimmen, so verfährt man wie folgt: Es wird der orientierte Flächeninhalt benutzt, das heißt, Flächen unterhalb der x-Achse bekommen ein negatives Vorzeichen, Flächen oberhalb der x-Achse bekommen ein positives Vorzeichen. Auch wenn sich bei allen Aufgaben der Funktionsterm bestimmen lässt, werden beide Lösungsmöglichkeiten vorgestellt.

a) Es handelt sich um eine drei LE nach rechts und drei LE nach unten verschobene Normalparabel. Daher kann man einen Funktionsterm aufstellen:

$$f(x) = (x-3)^2 - 3 = x^2 - 6x + 6$$

Die Integralfunktion ist damit:

$$\mathrm{J}_0(x) = \int_0^x t^2 - 6t + 6\,dt = \left[\tfrac{1}{3}t^3 - 3t^2 + 6t\right]_0^x = \tfrac{1}{3}x^3 - 3x^2 + 6x$$

Anhand dieses Funktionsterms lässt sich nun das Schaubild der Integralfunktion in dem Koordinatensystem skizzieren. Für die Skizze setzt man am besten die x-Werte der Extrempunkte bzw. der Wendepunkte ein. (Das sind die Nullstellen bzw. die Extremstellen der angegebenen Ableitung.)

Alternativ kann man wie beschrieben anhand des Schaubildes vorgehen:

1. Das Schaubild der Integralfunktion $\mathrm{J}_0(x)$ geht durch den Koordinatenursprung. Hier setzt man mit der Skizze an.

2. Als erstes werden die Stellen bestimmt, an denen die Funktion f Extrem- und Wendepunkte hat:

   $x \approx 1{,}3$: Nullstelle von f mit VZW von $+$ nach $- \Rightarrow$ Maximum von J_0

   $x = 3$: Minimum von $f \Rightarrow$ Wendestelle von J_0

   $x \approx 4{,}7$: Nullstelle von f mit VZW von $-$ nach $+ \Rightarrow$ Minimum von J_0

3. Nun wird die genaue Lage der entsprechenden Hoch-, Tief- und Wendepunkte bestimmt: Um diese zu bestimmen, benutzt man die Tatsache, dass der Wert der Integralfunktion an jeder Stelle dem (orientierten) Flächeninhalt zwischen Kurve K_f und x-Achse entspricht. Also unterteilt man die Fläche zwischen der Kurve und der x-Achse in entsprechende Flächenstücke (siehe Zeichnung). Zwischen $x = 0$ und $x = 1,3$ (Nullstelle von f) beträgt dieser Flächeninhalt ca. 3,5 FE (durch Abzählen an der Zeichnung bestimmt). Also liegt der Hochpunkt bei ca. $(1,3 \mid 3,5)$.

4. Als nächstes wird der Wendepunkt bestimmt:
   Seine x-Koordinate hat den Wert $x = 3$. Die Fläche II zwischen $x \approx 1,3$ und $x = 3$ beträgt ca. $-3,5$ FE. Damit ist
   $$J_0(3) = 3,5 + (-3,5) = 0$$
   Entsprechend ist W $(3 \mid 0)$.

5. Da die Kurve achsensymmetrisch zu $x = 3$ ist, ist Fläche III genauso groß wie Fläche II. Für den Wert von $J_0(x)$ an der zweiten Extremstelle $x \approx 4,7$ gilt damit
   $$J_0(4,7) = 3,5 + (-3,5) + (-3,5) = -3,5\,\text{FE}$$
   Der Tiefpunkt hat damit die Koordinaten $(4,7 \mid -3,5)$.

6. Abschließend kann man noch die nächste Nullstelle von $J_0(x)$ bestimmen: Diese muss an der Stelle liegen, an der die Fläche IV genau $+3,5\,\text{FE}$ beträgt. Durch Abzählen (oder eine Symmetriebetrachtung) ergibt sich die Nullstelle für $x = 6$, da
   $$J_0(6) = 3,5 + (-3,5) + (-3,5) + 3,5 = 0$$
   Nun kann das Schaubild eingezeichnet werden.

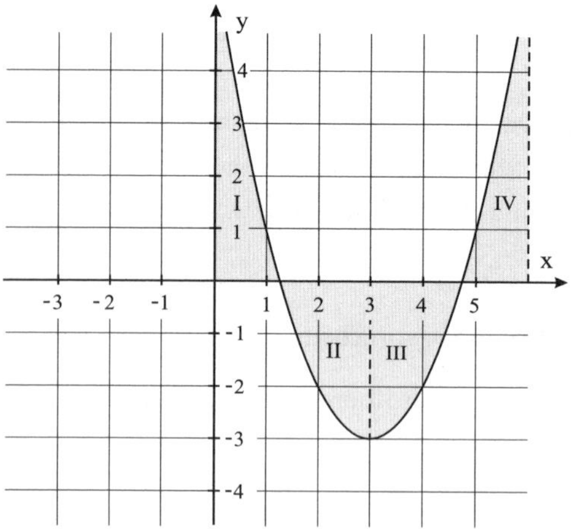

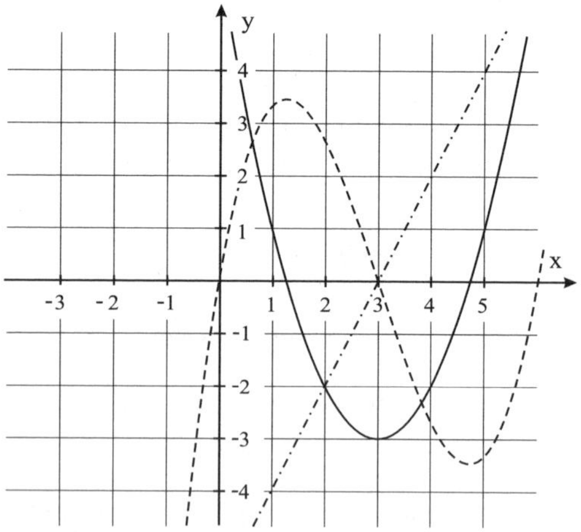

Funktion $f(x)$: ——
Ableitung $f'(x)$: –·–·

Integralfunktion $J_0(x)$: – – –
Die eingezeichnete Integralfunktion ist eindeutig festgelegt.

Zu den Aussagen:

I) Antwort: ja, das Schaubild der Ableitungsfunktion ist eine Gerade. Diese schneidet die x-Achse für $x = 3$.

II) Antwort: ja, die Integralfunktion besitzt zwar 3 Nullstellen, doch befindet sich die 3. Nullstelle außerhalb des Intervalls I.

III) Antwort: ja, die Extremstellen von $\mathrm{J}_0(x)$ sind die Nullstellen der Funktion f. Diese befinden sich beide innerhalb des Intervalls I.

b) Es handelt sich um eine zwei LE nach rechts und zwei LE nach oben verschobene Normalparabel, die nach unten geöffnet ist. Ein Funktionsterm ist:

$$f(x) = -(x-2)^2 + 2 = -x^2 + 4x - 2$$

Die Integralfunktion ist damit:

$$\mathrm{J}_0(x) = \int_0^x -t^2 + 4t - 2\,dt = \left[-\frac{1}{3}t^3 + 2t^2 - 2t\right]_0^x = -\frac{1}{3}x^3 + 2x^2 - 2x$$

Anhand dieses Funktionsterms lässt sich nun das Schaubild der Integralfunktion in das Koordinatensystem skizzieren. Für die Skizze setzt man am besten die x-Werte der Extrempunkte bzw. der Wendepunkte ein. (Das sind die Nullstellen bzw. die Extremstellen der angegebenen Ableitung.)

Ohne Bestimmung des Funktionsterms geht man vor wie folgt:

1. Ansetzen beim Koordinatenursprung

2. Extrem- und Wendepunkte:
   $x \approx 0,6$: Nullstelle von $f(x)$ mit VZW von $-$ nach $+$ $\Rightarrow$ Minimum von $\mathrm{J}_0(x)$
   $x = 2$: Maximum von $f(x) \Rightarrow$ Wendestelle von $\mathrm{J}_0(x)$
   $x \approx 3,4$: Nullstelle von $f(x)$ mit VZW von $+$ nach $-$ $\Rightarrow$ Maximum von $\mathrm{J}_0(x)$

3. Bestimmen der genauen Lage der Kurve:
   Die Fläche I beträgt ca. $-0,5$ FE, damit ist $\mathrm{J}_0(0,6) = -0,5$ daraus folgt: $\mathrm{T}\,(0,6 \mid -0,5)$.
   Die Fläche II beträgt ca. $1,8$ FE. Der Funktionswert von J_0 ist damit

   $$\mathrm{J}_0(2) = -0,5 + 1,8 = 1,3$$

   Der Wendepunkt liegt also bei $\mathrm{W}\,(2 \mid 1,3)$.
   Fläche III beträgt auch ca. $1,8$ FE. Für den Hochpunkt ist also

   $$\mathrm{J}_0(3,4) = -0,5 + 1,8 + 1,8 = 3,1$$

   Der Hochpunkt liegt daher bei $\mathrm{H}\,(3,4 \mid 3,1)$.

4. Einen Randpunkt für $x = 4$ kann man noch bestimmen, indem man die Fläche IV bestimmt und dazu zählt: Fläche IV beträgt aus Symmetriegründen auch ca. $-0,5$ FE. Damit ist

   $$\mathrm{J}_0(4) = -0,5 + 1,8 + 1,8 - 0,5 = 2,6$$

   Das Schaubild von $\mathrm{J}_0(x)$ geht also durch den Punkt $(4 \mid 2,6)$.

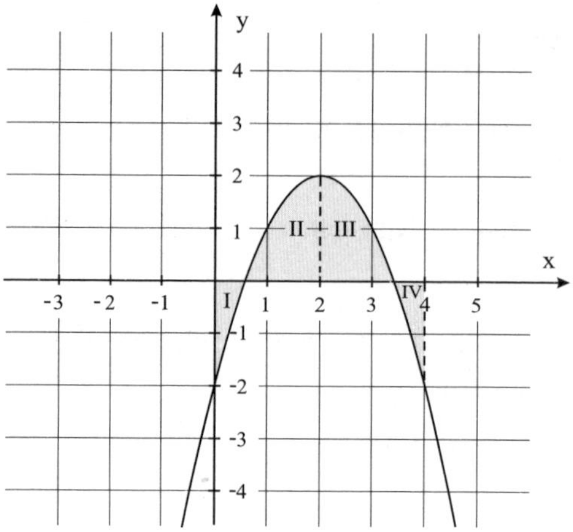

Funktion $f(x)$: ——
Ableitung $f'(x)$: -·-·

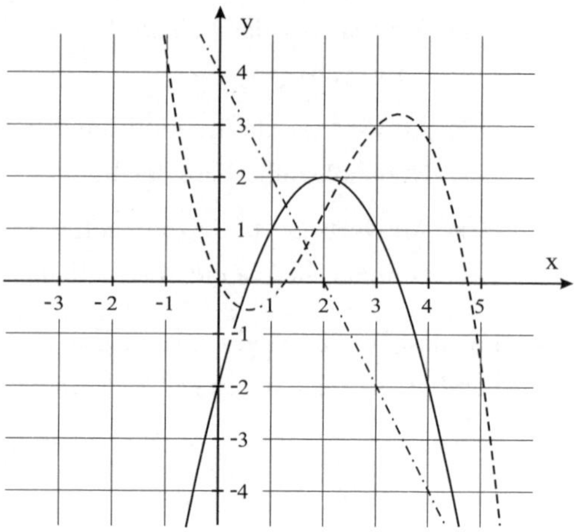

Integralfunktion $J_0(x)$: - - -
Die eingezeichnete Integralfunktion ist eindeutig festgelegt.

Zu den Aussagen:

I) Antwort: ja, die Nullstellen befinden sich bei $x = 0$, $x \approx 1,3$ und $x \approx 4,7$ und damit noch im Intervall I.

II) Antwort: ja, die Extremstellen der Integralfunktion befinden sich an den Stellen, an denen die Funktion f Nullstellen hat. Diese befinden sich mit $x \approx 0,6$ und $x \approx 3,4$ im Intervall I.

III) Antwort: nein, das Schaubild der Funktion f ist eine Parabel. Daraus ergibt sich, dass die Integralfunktion eine ganzrationale Funktion 3. Grades sein muss. Eine ganzrationale Funktion 3. Grades kann aber maximal zwei Extremstellen besitzen.

IV) Antwort: ja, das Schaubild der Funktion f ist eine nach unten geöffnete Parabel. Das Schaubild der Ableitungsfunktion $f'(x)$ ist damit eine Gerade mit negativer Steigung. Damit erfüllt die Ableitungsfunktion die Bedingung für monoton fallend: $(f'(x))' \leqslant 0$ für alle $x \in$ I, wobei sich dies in diesem Fall auf die zweite Ableitung der ursprünglichen Funktion bezieht, da ja die Steigung des Schaubildes der Ableitungsfunktion von Interesse ist.

5.2 Kurvendiskussion

Elemente der Kurvendiskussion

a) Es ist $f(x) = \frac{1}{4}x^4 - x^3 + 4x - 2$, $f'(x) = x^3 - 3x^2 + 4$, $f''(x) = 3x^2 - 6x$, $f'''(x) = 6x - 6$
Einsetzen von $x = 2$: $f'(2) = 0$, $f''(2) = 0$, $f'''(2) = 6 \neq 0$. Der Punkt $(2 \mid 2)$ ist daher ein Sattelpunkt und kein Tiefpunkt.

b) Es ist $f(x) = \frac{1}{x}$ und $g(x) = x^2 + 1$. Damit erhält man: $g(2) = 2^2 + 1 = 5$ und
$f(g(2)) = f(5) = \frac{1}{5}$ sowie $f(2) = \frac{1}{2}$ und $g(f(2)) = g\left(\frac{1}{2}\right) = \left(\frac{1}{2}\right)^2 + 1 = \frac{5}{4}$.
Setzt man $g(x)$ in $f(x)$ ein, ergibt sich: $f(g(x)) = \frac{1}{x^2+1}$.
Die Gleichung $f(g(x)) = 0{,}1$ führt zu $\frac{1}{x^2+1} = 0{,}1$ bzw.
$1 = 0{,}1x^2 + 0{,}1 \Rightarrow 9 = x^2 \Rightarrow x_{1,2} = \pm 3$.

c) Um zu bestimmen, für welche Werte von x das Schaubild der Funktion f mit $f(x) = x \cdot (x-1)$ oberhalb der x-Achse verläuft, löst man die Ungleichung $x \cdot (x-1) > 0$ durch Fallunterscheidung:
I) $x > 0$ und $x - 1 > 0$ führt zu $x > 1$
II) $x < 0$ und $x - 1 < 0$ führt zu $x < 0$
Für $x < 0$ oder $x > 1$ verläuft das Schaubild von f oberhalb der x-Achse.

d) Für eine ganzrationale Funktion 3. Grades mit $f(1) = 4$, $f'(1) = 0$, $f''(1) < 0$, $f(0) = 2$, $f''(0) = 0$ und $f'''(0) \neq 0$ kann man folgende Aussagen treffen:
Wegen $f(1) = 4$, $f'(1) = 0$, $f''(1) < 0$ ist der Punkt $\mathrm{H}(1 \mid 4)$ Hochpunkt des Schaubilds von f.
Wegen $f(0) = 2$, $f''(0) = 0$ und $f'''(0) \neq 0$ ist der Punkt $\mathrm{W}(0 \mid 2)$ Wendepunkt des Schaubilds von f.
Da bei einer ganzrationalen Funktion 3. Grades der Wendepunkt der Mittelpunkt der Strecke vom Hochpunkt zum Tiefpunkt ist, hat der Tiefpunkt des Schaubilds von f die Koordinaten $\mathrm{T}(-1 \mid 0)$.

e) Es ist $f(x) = x^2 \cdot e^x$, Ableiten (Produktr.) und Ausklammern ergibt $f'(x) = (x^2 + 2x) \cdot e^x$. Erneutes Ableiten (Produktregel) und Ausklammern ergibt $f''(x) = \left(x^2 + 4x + 2\right) \cdot e^x$. Einsetzen von $x = 0$: $f'(0) = (0^2 + 2 \cdot 0)e^0 = 0 \Rightarrow$ Die Funktion hat einen Extremwert für $x = 0$. Überprüfen in $f''(x) : f''(0) = (0^2 + 4 \cdot 0 + 2)e^0 = 2 > 0 \Rightarrow$ Es handelt sich um ein Minimum.

f) Es ist $f(x) = 3x^3 + 4$, Ableiten ergibt $f'(x) = 9x^2$, $f''(x) = 18x$, $f'''(x) = 18$. Einsetzen von $x = 0$: $f'(0) = 0$. Außerdem hat $f'(x)$ bei $x = 0$ keinen Vorzeichenwechsel $\Rightarrow$ Das Schaubild der Funktion besitzt einen Sattelpunkt in $(0 \mid 4)$.

g) Es ist $f(x) = \frac{4}{x^2+1} = 4 \cdot \left(x^2 + 1\right)^{-1}$. Ableiten mit der Kettenregel ergibt:
$f'(x) = -4 \cdot \left(x^2 + 1\right)^{-2} \cdot 2x = -\frac{8x}{\left(x^2+1\right)^2}$. Die notwendige Bedingung $f'(x) = 0$ führt zu

$-\frac{8x}{(x^2+1)^2}=0 \Rightarrow x=0$. Da $f'(x)$ an der Stelle $x=0$ das Vorzeichen von $+$ nach $-$ wechselt, handelt es sich um einen Hochpunkt. Mit $f(0)=\frac{4}{0^2+1}=4$ ergibt sich: $\mathrm{H}(0\mid 4)$.

h) Es ist $f'(x)=2xe^{-x}+x^2\cdot e^{-x}\cdot(-1)=\left(2x-x^2\right)e^{-x}$.
Bei Punkten mit waagerechter Tangente ist $f'(x)=0$, also $\left(2x-x^2\right)e^{-x}=0 \Rightarrow x_1=0$ und $x_2=2$. Um die y-Werte zu erhalten, setzt man die x-Werte in $f(x)$ ein: $y_1=0^2e^{-0}=0$ und $y_2=2^2e^{-2}=4e^{-2} \Rightarrow \mathrm{P}_1(0\mid 0)$ und $\mathrm{P}_2\left(2\mid 4e^{-2}\right)$. Die Steigung einer Geraden durch die zwei Punkte ist $m=\frac{y_2-y_1}{x_2-x_1}=\frac{4e^{-2}-0}{2-0}=2\cdot e^{-2}$. Eingesetzt in die Punkt-Steigungsform $y-y_1=m\cdot(x-x_1)$ ergibt sich $y-0=2e^{-2}\cdot(x-0)$, also hat die Gerade die Gleichung $y=2e^{-2}\cdot x$.

i) Es ist $f'(x)=1e^{-x}+x\cdot e^{-x}\cdot(-1)=(1-x)e^{-x}$,
$f''(x)=-1e^{-x}+(1-x)e^{-x}\cdot(-1)=(x-2)e^{-x}$,
$f'''(x)=1e^{-x}+(x-2)e^{-x}\cdot(-1)=(3-x)e^{-x}$.
Setzt man $f''(x)=0$, so erhält man $(x-2)e^{-x}=0 \Rightarrow x=2$.
Setzt man $x=2$ in $f'''(x)$ ein, so ergibt sich $f'''(2)=(3-2)e^{-2}\neq 0$, also existiert genau ein Wendepunkt $\mathrm{W}\left(2\mid 2e^{-2}\right)$.

j) Es ist $f'(x)=(x-2)^3$.
Da $f'(2)=(2-2)^3=0$, ist die notwendige Bedingung für einen lokalen Tiefpunkt erfüllt.
Zur Ermittlung des Vorzeichenwechsels betrachtet man $x-$Werte, die kleiner bzw. größer als 2 sind:
$x<2 \Rightarrow f'(x)<0$, da der Term in der Klammer kleiner als Null ist und «hoch 3» das Vorzeichen beibehält.
$x>2 \Rightarrow f'(x)>0$, da der Term in der Klammer größer als Null ist und «hoch 3» das Vorzeichen beibehält.
Somit wechselt f' das Vorzeichen an der Stelle $x=2$ von $-$ nach $+$.
Also hat das Schaubild von f bei $x=2$ einen Tiefpunkt.

k) Es ist $f(x)=2\cdot\sin\left(x-\frac{\pi}{2}\right)$.
P liegt auf dem Schaubild von f, da $f(\pi)=2\cdot\sin\left(\pi-\frac{\pi}{2}\right)=2\cdot\sin\left(\frac{\pi}{2}\right)=2$.
Es ist $f'(x)=2\cdot\cos\left(x-\frac{\pi}{2}\right)$ (Kettenregel). Die Steigung im Punkt $\mathrm{P}(\pi\mid 2)$ erhält man durch Einsetzen von $x=\pi$ in $f'(x)$:
$f'(\pi)=2\cdot\cos\left(\pi-\frac{\pi}{2}\right)=2\cdot\cos\left(\frac{\pi}{2}\right)=0$, also liegt im Punkt P eine waagrechte Tangente vor.

l) Es ist $f(x)=\frac{1}{2}\cdot\sin(2x-\pi)$,
$f'(x)=\frac{1}{2}\cdot\cos(2x-\pi)\cdot 2=\cos(2x-\pi)$,
$f''(x)=-\sin(2x-\pi)\cdot 2=-2\cdot\sin(2x-\pi)$,
$f'''(x)=-2\cdot\cos(2x-\pi)\cdot 2=-4\cdot\cos(2x-\pi)$.
Da $f''(\pi)=-2\cdot\sin(2\pi-\pi)=-2\cdot\sin(\pi)=-2\cdot 0=0$ und $f'''(\pi)=-4\cdot\cos(2\pi-\pi)=-4\cdot\cos(\pi)=4\neq 0$, hat das Schaubild von f bei $x=\pi$ einen Wendepunkt.

Symmetrie

a) Da die Funktion f mit $f(x) = \frac{1}{x^2} + 3$ nur gerade Exponenten enthält, erfüllt sie das Kriterium für y-Achsensymmetrie: $f(-x) = \frac{1}{(-x)^2} + 3 = \frac{1}{x^2} + 3 = f(x)$.

b) Da die Funktion f mit $f(x) = 3x^5 - 7,2x^3 + x$ nur ungerade Exponenten enthält und durch den Ursprung verläuft, erfüllt sie das Kriterium für Punktsymmetrie zum Ursprung: $f(-x) = 3 \cdot (-x)^5 - 7,2 \cdot (-x)^3 + (-x) = -3x^5 + 7,2x^3 - x = -\left(3x^5 - 7,2x^3 + x\right) = -f(x)$.

c) Um zu zeigen, dass das Schaubild der Funktion f mit $f(x) = 2 \cdot (x-1)^3 + 4$ punktsymmetrisch zum Punkt $P(1 \mid 4)$ ist, muss für jedes $h \neq 0$ gelten: $\frac{f(1+h)+f(1-h)}{2} = 4$.
Es ist $f(1+h) = 2 \cdot (1+h-1)^3 + 4 = 2h^3 + 4$ und $f(1-h) = 2 \cdot (1-h-1)^3 + 4 = -2h^3 + 4$.
Damit ist $\frac{f(1+h)+f(1-h)}{2} = \frac{2h^3+4+(-2h^3+4)}{2} = \frac{8}{2} = 4$ und die Punktsymmetrie ist nachgewiesen.

d) Wenn das Schaubild der Funktion f mit $f(x) = \frac{4}{(x-2)^2}$ achsensymmetrisch zu $x = 2$ ist, muss für beliebige $h \neq 0$ gelten: $f(2+h) = f(2-h)$.
Es ist $f(2+h) = \frac{4}{(2+h-2)^2} = \frac{4}{h^2}$ und $f(2-h) = \frac{4}{(2-h-2)^2} = \frac{4}{(-h)^2} = \frac{4}{h^2}$.
Da $f(2+h) = f(2-h)$, ist das Schaubild von f achsensymmetrisch zu $x = 2$.

Tangenten und Normalen

a) Aus $f(x) = x^2 - 4x + 2$ folgt $f'(x) = 2x - 4$. Für die Steigung m_t der Tangente im Punkt x_0 gilt $m_t = f'(x_0)$. Damit ist die Tangentensteigung in $P(1 \mid -1)$: $m_t = f'(1) = 2 \cdot 1 - 4 = -2$. Setzt man $P(1 \mid -1)$ und $m_t = -2$ in die Punkt-Steigungsform $y - y_1 = m \cdot (x - x_1)$ einer Geraden ein, so erhält man $y - (-1) = -2 \cdot (x-1)$ und damit die Tangentengleichung $t:\ y = -2x + 1$. Für die Normalensteigung m_n gilt $m_n = -\frac{1}{m_t} = -\frac{1}{-2} = \frac{1}{2}$. Setzt man P und m_n in die Punkt-Steigungsform ein, so erhält man $y - (-1) = \frac{1}{2} \cdot (x-1)$ und damit die Normalengleichung $n:\ y = \frac{1}{2}x - \frac{3}{2}$.

b) Aus $f(x) = x^3 + x + 1$ folgt $f'(x) = 3x^2 + 1$, $f''(x) = 6x$ und $f'''(x) = 6$. Um den Wendepunkt zu bestimmen, wird die 2. Ableitung gleich Null gesetzt: $f''(x) = 6x = 0 \Rightarrow x_W = 0$. Probe in f''' ergibt $f'''(0) = 6 \neq 0$, es handelt sich also um einen Wendepunkt. Der y-Wert wird bestimmt, indem man $x_W = 0$ in $f(x)$ einsetzt, was zu $W(0 \mid 1)$ führt.
Die Tangentensteigung in W ist $m_t = f'(0) = 1$. Setzt man $W(0 \mid 1)$ und $m_t = 1$ in die Punkt-Steigungsform ein, so erhält man $y - 1 = 1 \cdot (x - 0)$ und damit die Tangentengleichung $t:\ y = x + 1$. Für die Normalensteigung m_n gilt $m_n = -\frac{1}{m_t} = -\frac{1}{1} = -1$. Setzt man $W(0 \mid 1)$ und $m_n = -1$ in die Punkt-Steigungsform ein, so erhält man $y - 1 = -1 \cdot (x - 0)$ und damit die Normalengleichung $n:\ y = -x + 1$.

c) I) Da die Steigung der Tangente schon angegeben ist, muss zuerst der Punkt P bestimmt werden, in dem die Tangente die Kurve berührt. In diesem Punkt soll die Steigung der Kurve gleich -2 sein. Daher setzt man die 1. Ableitung gleich -2.

Es ist $f(x) = x^2 + 4x - 3$ und $f'(x) = 2x + 4$. Gleichsetzen der 1. Ableitung: $f'(x) = 2x + 4 = -2 \Rightarrow x_P = -3$. Durch Einsetzen in $f(x)$ wird die y-Koordinate des Punktes bestimmt. Damit ist der gesuchte Punkt $P(-3 \mid -6)$. Setzt man $P(-3 \mid -6)$ und $m_t = -2$ in die Punkt-Steigungsform ein, so erhält man $y - (-6) = -2 \cdot (x - (-3))$ und damit die Tangentengleichung $t:\ y = -2x - 12$.

II) Da die Tangente orthogonal zu der angegebenen Geraden g ist, gilt für ihre Steigung $m_t = -\frac{1}{m_g}$, die Steigung der Tangente ist damit $m_t = -\frac{1}{-\frac{1}{3}} = 3$. Nun muss der Punkt P bestimmt werden, in dem die Tangente die Kurve berührt: Da in diesem Punkt die Steigung der Kurve gleich 3 sein muss, setzt man die 1. Ableitung gleich 3 und löst nach x auf: $f'(x) = 2x + 4 = 3 \Rightarrow x_P = -\frac{1}{2}$. Durch Einsetzen in $f(x)$ wird die y-Koordinate des Punktes bestimmt. Damit ist der gesuchte Punkt $P\left(-\frac{1}{2} \mid -\frac{19}{4}\right)$. Setzt man $P\left(-\frac{1}{2} \mid -\frac{19}{4}\right)$ und $m_t = 3$ in die Punkt-Steigungsform ein, so erhält man $y - \left(-\frac{19}{4}\right) = 3 \cdot \left(x - \left(-\frac{1}{2}\right)\right)$ und damit die Tangentengleichung $t:\ y = 3x - \frac{13}{4}$.

III) Da die Tangente parallel zur angegebenen Geraden ist und die Tangentensteigung damit gleich groß ist wie die Geradensteigung, muss zuerst der Punkt P bestimmt werden, in dem die Tangente die Kurve berührt: In diesem Punkt ist die Steigung gleich 4. Daher setzt man die 1. Ableitung gleich 4: $f'(x) = 2x + 4 = 4 \Rightarrow x_P = 0$. Durch Einsetzen in $f(x)$ wird der y-Wert des Punktes bestimmt. Damit ist der gesuchte Punkt $P(0 \mid -3)$. Setzt man $P(0 \mid -3)$ und $m_t = 4$ in die Punkt-Steigungsform ein, so erhält man $y - (-3) = 4 \cdot (x - 0)$ und damit die Tangentengleichung $t:\ y = 4x - 3$.

d) Es ist $f(x) = \frac{4}{(x-1)^2} = 4 \cdot (x-1)^{-2}$. Den y-Wert des Punktes P erhält man, indem man $x = 3$ in $f(x)$ einsetzt: $f(3) = \frac{4}{(3-1)^2} = 1 \Rightarrow P(3 \mid 1)$. Die 1. Ableitung von f erhält man mit der Kettenregel: $f'(x) = -8 \cdot (x-1)^{-3} \cdot 1 = -\frac{8}{(x-1)^3}$. Damit ist die Tangentensteigung in $P(3 \mid 1)$: $m_t = f'(3) = -\frac{8}{(3-1)^3} = -1$. Setzt man $P(3 \mid 1)$ und $m_t = -1$ in die Punkt-Steigungsform $y - y_1 = m \cdot (x - x_1)$ einer Geraden ein, so erhält man $y - 1 = -1 \cdot (x - 3)$ und damit die Tangentengleichung $t:\ y = -x + 4$. Für die Normalensteigung m_n gilt: $m_n = -\frac{1}{m_t} = -\frac{1}{-1} = 1$. Setzt man P und m_n in die Punkt-Steigungsform ein, so erhält man: $y - 1 = 1 \cdot (x - 3)$ und damit die Normalengleichung $n:\ y = x - 2$.

Berührpunkte zweier Kurven

Wenn sich zwei Schaubilder K_f und K_g in einem Punkt $B\,(x_B \mid y_B)$ berühren, gelten folgende zwei Bedingungen:

1. Da B gemeinsamer Punkt ist, gilt $f(x_B) = g(x_B)$.

2. Da in B eine gemeinsame Tangente vorhanden ist, gilt $f'(x_B) = g'(x_B)$.

a) Es genügt zu zeigen, dass im Punkt $B\,(0 \mid 3)$ die beiden Bedingungen $f(x) = g(x)$ und $f'(x) = g'(x)$ erfüllt sind:

Es ist $f(0) = \frac{1}{5} \cdot 0^3 - 2 \cdot 0^2 + 5 \cdot 0 + 3 = 3$ und $g(0) = -0^2 + 5 \cdot 0 + 3 = 3$, also $f(0) = g(0)$, d.h. B $(0 \mid 3)$ ist gemeinsamer Punkt.
Ferner gilt $f'(x) = \frac{3}{5}x^2 - 4x + 5$ und $g'(x) = -2x + 5$.
Es ist $f'(0) = \frac{3}{5} \cdot 0^2 - 4 \cdot 0 + 5 = 5$ und $g'(0) = -2 \cdot 0 + 5 = 5$,
also $f'(0) = g'(0)$, d.h. in B $(0 \mid 3)$ existiert eine gemeinsame Tangente. Somit berühren sich die beiden Kurven in B $(0 \mid 3)$.

b) Es genügt zu zeigen, dass im Punkt B $\left(\frac{1}{2} \mid \frac{3}{4}\right)$ die beiden Bedingungen $f(x) = g(x)$ und $f'(x) = g'(x)$ erfüllt sind:
Es ist $f\left(\frac{1}{2}\right) = \left(\frac{1}{2}\right)^2 + \frac{1}{2} = \frac{1}{4} + \frac{1}{2} = \frac{3}{4}$ und $g\left(\frac{1}{2}\right) = -4 \cdot \left(\frac{1}{2}\right)^4 + 4 \cdot \left(\frac{1}{2}\right)^3 + \frac{1}{2} = \frac{3}{4}$, also $f\left(\frac{1}{2}\right) = g\left(\frac{1}{2}\right)$, d.h. B $\left(\frac{1}{2} \mid \frac{3}{4}\right)$ ist gemeinsamer Punkt.
Ferner gilt $f'(x) = 2x$ und $g'(x) = -16x^3 + 12x^2$.
Es ist $f'\left(\frac{1}{2}\right) = 2 \cdot \frac{1}{2} = 1$ und $g'\left(\frac{1}{2}\right) = -16 \cdot \left(\frac{1}{2}\right)^3 + 12 \cdot \left(\frac{1}{2}\right)^2 = -\frac{16}{8} + \frac{12}{4} = 1$,
also $f'\left(\frac{1}{2}\right) = g'\left(\frac{1}{2}\right)$, d.h. in B $\left(\frac{1}{2} \mid \frac{3}{4}\right)$ existiert eine gemeinsame Tangente. Somit berühren sich die beiden Kurven in B $\left(\frac{1}{2} \mid \frac{3}{4}\right)$.

c) Um mögliche Berührpunkte zu berechnen, kann man entweder die Funktionsgleichungen oder die Tangentensteigungen gleichsetzen. Anschließend muss die jeweils andere Bedingung überprüft werden.
Es ist $f'(x) = x^2 - 4x + 3$ und $g'(x) = -2x + 3$.
Gleichsetzen der Tangentensteigungen führt auf $x^2 - 4x + 3 = -2x + 3$ bzw. $x^2 - 2x = 0$ mit den Lösungen $x_1 = 2$ und $x_2 = 0$.
Setzt man $x_1 = 2$ in $f(x)$ bzw. $g(x)$ ein, so ergibt sich $f(2) = \frac{1}{3} \cdot 2^3 - 2 \cdot 2^2 + 3 \cdot 2 + 4 = 4\frac{2}{3}$ und $g(2) = -2^2 + 3 \cdot 2 + 4 = 6$, d.h. $f(2) \neq g(2)$, also liegt kein gemeinsamer Punkt vor.
Setzt man $x_2 = 0$ in $f(x)$ bzw. $g(x)$ ein, so ergibt sich $f(0) = \frac{1}{3} \cdot 0^3 - 2 \cdot 0^2 + 3 \cdot 0 + 4 = 4$ und $g(0) = -0^2 + 3 \cdot 0 + 4 = 4$, also ist auch $f(0) = g(0)$, d.h. B $(0 \mid 4)$ ist ein Berührpunkt.

d) Um mögliche Berührpunkte zu berechnen, kann man entweder die Funktionsgleichungen oder die Tangentensteigungen gleichsetzen. Anschließend muss die jeweils andere Bedingung überprüft werden.
Es ist $f'(x) = 2x$ und $g'(x) = -x^3 + 3x^2$.
Gleichsetzen der Tangentensteigungen führt auf $2x = -x^3 + 3x^2$ bzw. $x^3 - 3x^2 + 2x = 0$ bzw. $x \cdot \left(x^2 - 3x + 2\right) = 0$ mit den Lösungen $x_1 = 0$, $x_2 = 1$ und $x_3 = 2$.
Setzt man $x_1 = 0$ in $f(x)$ bzw. $g(x)$ ein, so ergibt sich $f(0) = 0^2 + 1 = 1$ und
$g(0) = -\frac{1}{4} \cdot 0^4 + 0^3 + 1 = 1$, also ist $f(0) = g(0)$, und somit B_1 $(0 \mid 1)$ ein Berührpunkt.
Setzt man $x_2 = 1$ in $f(x)$ bzw. $g(x)$ ein, so ergibt sich $f(1) = 1^2 + 1 = 2$ und
$g(1) = -\frac{1}{4} \cdot 1^4 + 1^3 + 1 = \frac{7}{4}$, also $f(1) \neq g(1) \Rightarrow$ kein Berührpunkt.
Setzt man $x_3 = 2$ in $f(x)$ bzw. $g(x)$ ein, so ergibt sich $f(2) = 2^2 + 1 = 5$ und
$g(2) = -\frac{1}{4} \cdot 2^4 + 2^3 + 1 = 5$, also ist $f(2) = g(2)$, und somit B_2 $(2 \mid 5)$ ein Berührpunkt.
Ergebnis: B_1 $(0 \mid 1)$ und B_2 $(2 \mid 5)$ sind Berührpunkte.

Funktionenscharen / Funktionen mit Parameter

a) Es handelt sich bei den Schaubildern von f_t um Parabeln, die symmetrisch zur y-Achse sind. Je nach Wert von t sind die Parabeln «gestreckt» oder «gestaucht». Für positive Werte von t sind die Parabeln nach oben geöffnet, für negative Werte sind sie nach unten geöffnet. Wird der Punkt $P_1(2 \mid 2)$ in die Gleichung eingesetzt, ergibt sich: $2 = t \cdot 2^2 \;\Rightarrow\; t = \frac{1}{2}$. Die zugehörige Funktion ist damit $f_{\frac{1}{2}}(x) = \frac{1}{2}x^2$.

b) Um die Nullstellen der Funktion $f(x) = x^2 - ax + 1$; $a > 0$ in Abhängigkeit von a zu bestimmen, wird der Funktionsterm gleich Null gesetzt:
$x^2 - ax + 1 = 0$ wird mit der pq- oder abc-Formel gelöst. Es ergibt sich $x_{1,2} = \frac{a}{2} \pm \sqrt{\frac{a^2}{4} - 1}$ bzw. $x_{1,2} = \frac{a \pm \sqrt{a^2-4}}{2}$. Für die Anzahl der Lösungen ist der Term unter der Wurzel – die Diskriminante – verantwortlich. Je nachdem, ob sie größer, gleich oder kleiner als Null ist gibt es zwei, eine oder keine Lösung:

- Für $\frac{a^2}{4} - 1 > 0$ bzw. $a^2 - 4 > 0$, d.h. für $a > 2$ gibt es zwei Lösungen.
- Für $\frac{a^2}{4} - 1 = 0$ bzw. $a^2 - 4 = 0$, d.h. für $a = 2$ gibt es eine Lösung.
- Für $\frac{a^2}{4} - 1 < 0$ bzw. $a^2 - 4 < 0$, d.h. für $a < 2$ gibt es keine Lösung.

c) Die Ableitungen der Funktionen sind
$f(x) = -x^2 + 2 \Rightarrow f'(x) = -2x$
$g_t(x) = tx^2 - 1 \Rightarrow g_t{}'(x) = 2tx$
Damit die Schaubilder der Funktionen im Schnittpunkt aufeinander senkrecht stehen, müssen folgende Gleichungen gelten:

$$\begin{array}{lrcl} \text{I} & f(x) & = & g_t(x) \\ \text{II} & f'(x) \cdot g_t'(x) & = & -1 \end{array}$$

Dabei ist Gleichung I die Gleichung für den Schnittpunkt und Gleichung II die Orthogonalitätsbedingung. Setzt man die Funktionen bzw. die Ableitungen ein, führt dies zu

$$\begin{array}{lrclcrclcrcl} \text{Ia} & -x^2+2 & = & tx^2-1 & \Rightarrow & 3 & = & x^2 \cdot (t+1) & \Rightarrow & x^2 & = & \frac{3}{t+1} \\ \text{IIa} & -2x \cdot 2tx & = & -1 & \Rightarrow & & & & & -4tx^2 & = & -1 \end{array}$$

Nun setzt man Gleichung Ia in Gleichung IIa ein: $-4t \cdot \frac{3}{t+1} = -1$. Auflösen nach t ergibt $t = \frac{1}{11}$. Die beiden Kurven stehen also für $t = \frac{1}{11}$ im Schnittpunkt senkrecht aufeinander.

d) Es ist $f_t(x) = \frac{t}{x^2+1} = t \cdot \left(x^2+1\right)^{-1}$. Ableiten mit der Kettenregel ergibt:
$f_t{}'(x) = -t \cdot \left(x^2+1\right)^{-2} \cdot 2x = -\frac{2tx}{\left(x^2+1\right)^2}$. Die Steigung im Punkt $P(1 \mid f_t(1))$ beträgt $f_t{}'(1) = -\frac{2t \cdot 1}{\left(1^2+1\right)^2} = -\frac{t}{2}$. Damit die Steigung in P den Wert -2 hat, muss gelten: $-\frac{t}{2} = -2 \Rightarrow t = 4$.

e) Man erhält die Extremstellen von $f_t(x) = x \cdot e^{tx}$; $x \in \mathbb{R}$; $t < 0$, indem man die 1. Ableitung (Produkt- und Kettenregel) gleich Null setzt:

$f_t{}'(x) = 1 \cdot e^{tx} + x \cdot e^{tx} \cdot t = (1+tx) \cdot e^{tx} = 0$ führt zu $1 + tx = 0$ bzw. $x = -\frac{1}{t}$.
Setzt man $x = -\frac{1}{t}$ in die 2. Ableitung $f_t{}''(x) = t \cdot e^{tx} + (1+tx) \cdot e^{tx} \cdot t = \left(2t + t^2 x\right) \cdot e^{tx}$ ein, so erhält man:
$f_t{}''\left(-\frac{1}{t}\right) = \left(2t + t^2 \cdot \left(-\frac{1}{t}\right)\right) \cdot e^{t \cdot \left(-\frac{1}{t}\right)} = t \cdot e^{-1} \neq 0 \Rightarrow x = -\frac{1}{t}$ ist die einzige Extremstelle von $f_t(x)$.
Da $x = 2$ Extremstelle sein soll, muss gelten: $2 = -\frac{1}{t} \Rightarrow t = -\frac{1}{2}$.
Für $t = -\frac{1}{2}$ hat das Schaubild von f_t bei $x = 2$ eine Extremstelle.

f) Es ist $f_t(x) = (2x + t) \cdot e^{-x}$; $x \in \mathbb{R}$; $t \geqslant 0$. Um den abgebildeten Schaubildern der Funktionenschar f_t den jeweiligen Parameter t zuzuordnen, kann man die Nullstellen der Schaubilder betrachten. Die Nullstelle von f_t erhält man rechnerisch, indem man die Funktionsgleichung gleich Null setzt:
$f_t(x) = 0$ führt zu $(2x + t) \cdot e^{-x} = 0$ bzw. $2x + t = 0 \Rightarrow x = -\frac{t}{2}$ ist einzige Nullstelle.
Das Schaubild G hat als einzige Nullstelle $x = -2$, somit gilt: $-\frac{t}{2} = -2 \Rightarrow t = 4$.
Das Schaubild G* hat als einzige Nullstelle $x = -1$, somit gilt: $-\frac{t}{2} = -1 \Rightarrow t = 2$.
Das Schaubild G** hat als einzige Nullstelle $x = 0$, somit gilt: $-\frac{t}{2} = 0 \Rightarrow t = 0$.
Damit gehört zu G der Parameter $t = 4$, zu G* der Parameter $t = 2$ und zu G** der Parameter $t = 0$.

Alternativ kann man auch den Schnittpunkt mit der y-Achse untersuchen. Für $x = 0$ ergibt sich: $f_t(0) = (2 \cdot 0 + t) \cdot e^{-0} = t \cdot 1 = t$. Anhand der Schaubilder kommt man zu den gleichen Lösungen wie oben angegeben.

g) Man erhält Extremstellen von $f_a(x) = \sin(ax)$; $x \in \mathbb{R}$; $0 < a < \frac{\pi}{2}$, indem man die 1. Ableitung von $f_a(x)$, die man mit Hilfe der Kettenregel bestimmt, gleich Null setzt:
$f_a{}'(x) = \cos(ax) \cdot a = 0$ führt wegen $a > 0$ zu $\cos(ax) = 0 \Rightarrow ax = \frac{\pi}{2} + k \cdot \pi$; $k \in \mathbb{Z}$.
Da $x = 3$ Extremstelle sein soll, muss gelten: $a \cdot 3 = \frac{\pi}{2} + k \cdot \pi$ bzw. $a = \frac{\pi}{6} + k \cdot \frac{\pi}{3}$.
Wegen $0 < a < \frac{\pi}{2}$ ist $a = \frac{\pi}{6}$ die einzige Lösung.
Für $a = \frac{\pi}{6}$ hat das Schaubild von f_a bei $x = 3$ eine Extremstelle.
Alternativ hätte man sich auch direkt, d.h. aufgrund des Verlaufs der Sinuskurve, überlegen können, dass das Schaubild von $f_a(x) = \sin(ax)$ für $ax = \frac{\pi}{2} + k \cdot \pi$; $k \in \mathbb{Z}$ Extremstellen hat, so dass man zum gleichen Ergebnis kommt.

h) Die Steigung m_k im Ursprung des Schaubilds von f_k mit $f_k(x) = k \cdot \sin(kx)$; $x \in \mathbb{R}$; $k > 0$ erhält man, indem man $x = 0$ in die 1. Ableitung von f_k (Kettenregel) einsetzt:
$f_k{}'(x) = k \cdot \cos(kx) \cdot k = k^2 \cdot \cos(kx)$, d.h. $m_k = f_k{}'(0) = k^2 \cdot \cos(k \cdot 0) = k^2$.
Die Steigung m im Ursprung des Schaubilds von g mit $g(x) = 2x^3 + 4x$ erhält man, indem man $x = 0$ in die 1. Ableitung von g einsetzt:
$g'(x) = 6x^2 + 4$, d.h. $m = g'(0) = 6 \cdot 0^2 + 4 = 4$.
Da die beiden Steigungen gleich sein sollen, muss gelten: $m_k = m$ bzw. $k^2 = 4$ mit den Lösungen $k_1 = -2$ und $k_2 = 2$.
Wegen $k > 0$ haben die beiden Schaubilder im Ursprung nur für $k = 2$ die gleiche Steigung.

Ortskurven

Um die Gleichung der Ortskurve zu erhalten, wird der x-Wert so umgeformt, dass der Parameter alleine steht. Der Parameter wird dann in den y-Wert eingesetzt und man erhält die Gleichung der Ortskurve durch Ausrechnen.

a) Es ist $E\left(\frac{2}{3}t \mid \frac{2}{9}t^3\right)$; zuerst wird der x-Wert $x = \frac{2}{3}t$ nach t aufgelöst: $t = \frac{3}{2}x$. In den y-Wert $y = \frac{2}{9}t^3$ wird für $t = \frac{3}{2}x$ eingesetzt: $y = \frac{2}{9} \cdot \left(\frac{3}{2}x\right)^3$.
Ausrechnen ergibt $y = \frac{2}{9} \cdot \frac{3^3}{2^3}x^3 = \frac{3}{4}x^3$.
Die Gleichung der Ortskurve lautet $y = \frac{3}{4}x^3$.

b) Es ist $H\left(\frac{2}{3}t \mid \frac{9}{2t}\right)$; zuerst wird der x-Wert $x = \frac{2}{3}t$ nach t aufgelöst: $t = \frac{3}{2}x$.
In den y-Wert $y = \frac{9}{2t}$ wird für $t = \frac{3}{2}x$ eingesetzt: $y = \frac{9}{2 \cdot \left(\frac{3}{2}x\right)}$.
Ausrechnen ergibt $y = \frac{9}{3x} = \frac{3}{x}$.
Die Gleichung der Ortskurve lautet $y = \frac{3}{x}$.

c) Es ist $H\left(\frac{t}{2} \mid \frac{t^3}{4} - t\right)$; zuerst wird der x-Wert $x = \frac{t}{2}$ nach t aufgelöst: $t = 2x$.
In den y-Wert $y = \frac{t^3}{4} - t$ wird für $t = 2x$ eingesetzt: $y = \frac{(2x)^3}{4} - 2x$.
Ausrechnen ergibt $y = \frac{2^3 \cdot x^3}{4} - 2x = 2x^3 - 2x$.
Die Gleichung der Ortskurve lautet $y = 2x^3 - 2x$.

d) Es ist $f_t(x) = x^3 - 3tx^2; t > 0$,
Ableiten ergibt $f_t{}'(x) = 3x^2 - 6tx$ und $f_t{}''(x) = 6x - 6t$.
Setzt man $f_t{}'(x) = 0$, so erhält man $3x^2 - 6tx = 0$ bzw. $x \cdot (3x - 6t) = 0 \Rightarrow x_1 = 0$ und $x_2 = 2t$.
Für den Parameter t gilt $t > 0$, also ist t eine beliebige positive Zahl.
Setzt man $x_1 = 0$ in $f_t{}''(x)$ ein, so ergibt sich $f_t{}''(0) = 6 \cdot 0 - 6t = -6t < 0 \Rightarrow$ Hochpunkt.
Setzt man $x_2 = 2t$ in $f_t{}''(x)$ ein, so ergibt sich $f_t{}''(2t) = 6 \cdot 2t - 6t = 6t > 0 \Rightarrow$ Tiefpunkt.
Den y-Wert von T erhält man durch Einsetzen von $x = 2t$ in $f_t(x)$:
$f_t(2t) = (2t)^3 - 3t \cdot (2t)^2 = 8t^3 - 12t^3 = -4t^3$.
Somit haben die Tiefpunkte der Kurvenschar die Koordinaten $T_t\left(2t \mid -4t^3\right)$.
Um die Gleichung der Ortskurve aller Tiefpunkte zu erhalten, wird zuerst der x-Wert $x = 2t$ nach t aufgelöst: $t = \frac{x}{2}$.
In den y-Wert $y = -4t^3$ wird für $t = \frac{x}{2}$ eingesetzt: $y = -4\left(\frac{x}{2}\right)^3$.
Ausrechnen ergibt $y = -4 \cdot \frac{x^3}{8} = -\frac{1}{2}x^3$.
Die Gleichung der Ortskurve lautet $y = -\frac{1}{2}x^3$.

Geometrie

6 Punkte, Geraden und Ebenen

6.1 Rechnen mit Vektoren

Addition und Subtraktion von Vektoren

Gegeben sind die Vektoren $\vec{a} = \begin{pmatrix} -1 \\ 2 \\ 4 \end{pmatrix}$ und $\vec{b} = \begin{pmatrix} 3 \\ 1 \\ 2 \end{pmatrix}$.

a) $\vec{a}+\vec{b} = \begin{pmatrix} 2 \\ 3 \\ 6 \end{pmatrix}$ b) $\vec{a}-\vec{b} = \begin{pmatrix} -4 \\ 1 \\ 2 \end{pmatrix}$ c) $2\cdot\vec{a} = \begin{pmatrix} -2 \\ 4 \\ 8 \end{pmatrix}$

d) $-\vec{a} = \begin{pmatrix} 1 \\ -2 \\ -4 \end{pmatrix}$ e) $2\vec{a}+3\vec{b} = \begin{pmatrix} 7 \\ 7 \\ 14 \end{pmatrix}$

f) $\vec{a}\cdot\vec{b} = (-1)\cdot 3 + 2\cdot 1 + 4\cdot 2 = 7$

g) $|\vec{a}| = \sqrt{(-1)^2+2^2+4^2} = \sqrt{1+4+16} = \sqrt{21}$

h) $|\vec{b}| = \sqrt{3^2+1^2+2^2} = \sqrt{14}$

i) $|\vec{a}+\vec{b}| = \left|\begin{pmatrix} 2 \\ 3 \\ 6 \end{pmatrix}\right| = \sqrt{2^2+3^2+6^2} = \sqrt{49} = 7$

Orthogonalität von Vektoren

a) $\vec{a}\cdot\vec{b} = \begin{pmatrix} -1 \\ 0 \\ 1 \end{pmatrix}\cdot\begin{pmatrix} 2 \\ 2 \\ 0 \end{pmatrix} = (-1)\cdot 2 + 0\cdot 2 + 1\cdot 0 = -2 \Rightarrow \vec{a}$ steht nicht orthogonal auf $\vec{b}$.

b) $\vec{r}\cdot\vec{n} = \begin{pmatrix} 5 \\ -1 \\ 3 \end{pmatrix}\cdot\begin{pmatrix} 2 \\ 1 \\ -3 \end{pmatrix} = 5\cdot 2 + (-1)\cdot 1 + 3\cdot(-3) = 0 \Rightarrow \vec{r}$ steht orthogonal auf $\vec{n}$.

c) $\vec{z}\cdot\vec{w} = \begin{pmatrix} 2 \\ -2 \\ 4 \end{pmatrix}\cdot\begin{pmatrix} 1 \\ 3 \\ 1 \end{pmatrix} = 2\cdot 1 + (-2)\cdot 3 + 4\cdot 1 = 0 \Rightarrow \vec{z}$ steht orthogonal auf $\vec{w}$.

d) Es sind Vektoren zu bestimmen, deren Skalarprodukt mit $\vec{n}$ Null ergibt. Dazu kann man zwei Komponenten des Vektors frei wählen, die dritte ergibt sich dann, z.B.:

$$\vec{a}=\begin{pmatrix}4\\-2\\0\end{pmatrix}, \text{ denn } \vec{a}\cdot\vec{n}=\begin{pmatrix}4\\-2\\0\end{pmatrix}\cdot\begin{pmatrix}1\\2\\-3\end{pmatrix}=4\cdot1+(-2)\cdot2+0\cdot(-3)=4-4=0$$

$$\vec{b}=\begin{pmatrix}0\\3\\2\end{pmatrix}, \text{ denn } \vec{b}\cdot\vec{n}=\begin{pmatrix}0\\3\\2\end{pmatrix}\cdot\begin{pmatrix}1\\2\\-3\end{pmatrix}=0\cdot1+3\cdot2+2\cdot(-3)=6-6=0$$

$$\vec{c}=\begin{pmatrix}5\\-1\\1\end{pmatrix}, \text{ denn } \vec{c}\cdot\vec{n}=\begin{pmatrix}5\\-1\\1\end{pmatrix}\cdot\begin{pmatrix}1\\2\\-3\end{pmatrix}=5\cdot1+(-1)\cdot2+1\cdot(-3)=5-2-3=0$$

Orts- und Verbindungsvektoren

Gegeben sind die Punkte A(2 | 3 | 2), B(7 | 4 | 3) und C(1 | 5 | −2).

a) $\vec{a}=\begin{pmatrix}2\\3\\2\end{pmatrix}, \vec{b}=\begin{pmatrix}7\\4\\3\end{pmatrix}, \vec{c}=\begin{pmatrix}1\\5\\-2\end{pmatrix}$

b) $\overrightarrow{AB}=\vec{b}-\vec{a}=\begin{pmatrix}7\\4\\3\end{pmatrix}-\begin{pmatrix}2\\3\\2\end{pmatrix}=\begin{pmatrix}5\\1\\1\end{pmatrix}$

$$\overrightarrow{AC}=\vec{c}-\vec{a}=\begin{pmatrix}1\\5\\-2\end{pmatrix}-\begin{pmatrix}2\\3\\2\end{pmatrix}=\begin{pmatrix}-1\\2\\-4\end{pmatrix}$$

$$\overrightarrow{BC}=\vec{c}-\vec{b}=\begin{pmatrix}1\\5\\-2\end{pmatrix}-\begin{pmatrix}7\\4\\3\end{pmatrix}=\begin{pmatrix}-6\\1\\-5\end{pmatrix}$$

c) Nein, ein Verbindungsvektor verbindet zwei beliebige Punkte. Ein Ortsvektor geht immer vom Ursprung zu einem Punkt.

Verschiedene Aufgaben

a) I) $\overrightarrow{AB}=\begin{pmatrix}-4\\-2\\-1\end{pmatrix}, \overrightarrow{AC}=\begin{pmatrix}-1\\-4\\-2\end{pmatrix}, \overrightarrow{BC}=\begin{pmatrix}3\\-2\\-1\end{pmatrix}$, es ist $\overline{AB}=\overline{AC}=\sqrt{21}$, damit ist das Dreieck gleichschenklig.

II) $\overrightarrow{AB} = \begin{pmatrix} 5 \\ 3 \\ -2 \end{pmatrix}$, $\overrightarrow{AC} = \begin{pmatrix} 4 \\ 4 \\ -2 \end{pmatrix}$, $\overrightarrow{BC} = \begin{pmatrix} -1 \\ 1 \\ 0 \end{pmatrix}$, es ist $\overline{AB} = \sqrt{38}$, $\overline{AC} = 6$

und $\overline{BC} = \sqrt{2}$, damit ist das Dreieck nicht gleichschenklig.

b) $\overrightarrow{AB} = \begin{pmatrix} -4 \\ 4 \\ 2 \end{pmatrix}$, $\overrightarrow{AC} = \begin{pmatrix} -6 \\ 0 \\ 6 \end{pmatrix}$, $\overrightarrow{BC} = \begin{pmatrix} -2 \\ -4 \\ 4 \end{pmatrix}$

$$\overrightarrow{AB} \cdot \overrightarrow{AC} = \begin{pmatrix} -4 \\ 4 \\ 2 \end{pmatrix} \cdot \begin{pmatrix} -6 \\ 0 \\ 6 \end{pmatrix} = 24 + 0 + 12 = 36$$

$$\overrightarrow{AB} \cdot \overrightarrow{BC} = \begin{pmatrix} -4 \\ 4 \\ 2 \end{pmatrix} \cdot \begin{pmatrix} -2 \\ -4 \\ 4 \end{pmatrix} = 8 - 16 + 8 = 0$$

$$\overrightarrow{AC} \cdot \overrightarrow{BC} = \begin{pmatrix} -6 \\ 0 \\ 6 \end{pmatrix} \cdot \begin{pmatrix} -2 \\ -4 \\ 4 \end{pmatrix} = 12 + 0 + 24 = 36$$

Da das Skalarprodukt von $\overrightarrow{AB}$ und $\overrightarrow{BC}$ gleich Null ist, stehen diese beiden Vektoren senkrecht aufeinander, d.h. das Dreieck ABC hat bei B einen rechten Winkel.

c) Die Koordinaten des Schwerpunkts des Dreiecks ABC mit $A(5 \mid 1 \mid -4)$, $B(1 \mid 5 \mid 5)$, und $C(-3 \mid 3 \mid 5)$ erhält man mit Hilfe der Formel $S\left(\frac{a_1+b_1+c_1}{3} \mid \frac{a_2+b_2+c_2}{3} \mid \frac{a_3+b_3+c_3}{3}\right)$. Damit ergibt sich:
$S\left(\frac{5+1+(-3)}{3} \mid \frac{1+5+3}{3} \mid \frac{-4+5+5}{3}\right)$ bzw. $S(1 \mid 3 \mid 2)$

d) I)

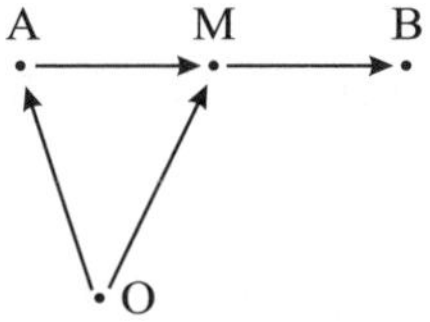

$$\overrightarrow{OM} = \overrightarrow{OA} + \tfrac{1}{2}\overrightarrow{AB} = \begin{pmatrix} 4 \\ 1 \\ 3 \end{pmatrix} + \tfrac{1}{2} \cdot \begin{pmatrix} -6 \\ 4 \\ -8 \end{pmatrix} = \begin{pmatrix} 1 \\ 3 \\ -1 \end{pmatrix}$$

$\Rightarrow M(1 \mid 3 \mid -1)$

II)

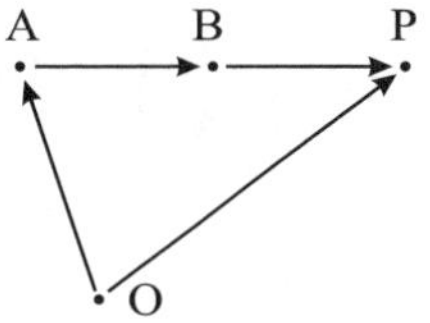

$$\overrightarrow{OP} = \overrightarrow{OA} + 2 \cdot \overrightarrow{AB} = \begin{pmatrix} 3 \\ -1 \\ -4 \end{pmatrix} + 2 \cdot \begin{pmatrix} 1 \\ 3 \\ 9 \end{pmatrix} = \begin{pmatrix} 5 \\ 5 \\ 14 \end{pmatrix}$$

$\Rightarrow P(5 \mid 5 \mid 14)$

e) I)

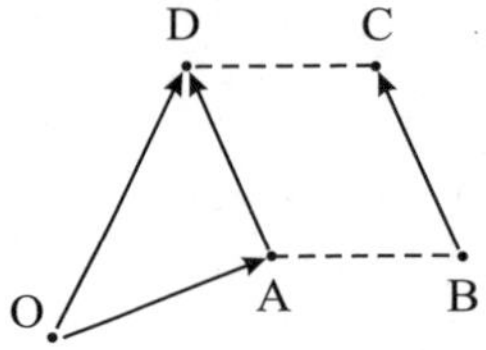

$$\overrightarrow{OD} = \overrightarrow{OA} + \overrightarrow{BC} = \begin{pmatrix} 4 \\ 2 \\ 3 \end{pmatrix} + \begin{pmatrix} -3 \\ -7 \\ -8 \end{pmatrix} = \begin{pmatrix} 1 \\ -5 \\ -5 \end{pmatrix}$$

$\Rightarrow D(1 \mid -5 \mid -5)$

II)

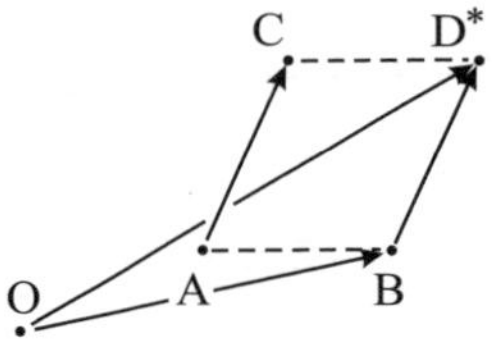

$$\overrightarrow{OD^*} = \overrightarrow{OB} + \overrightarrow{AC} = \begin{pmatrix} 1 \\ 8 \\ 5 \end{pmatrix} + \begin{pmatrix} -6 \\ -1 \\ -6 \end{pmatrix} = \begin{pmatrix} -5 \\ 7 \\ -1 \end{pmatrix}$$

$\Rightarrow D^*(-5 \mid 7 \mid -1)$

III)

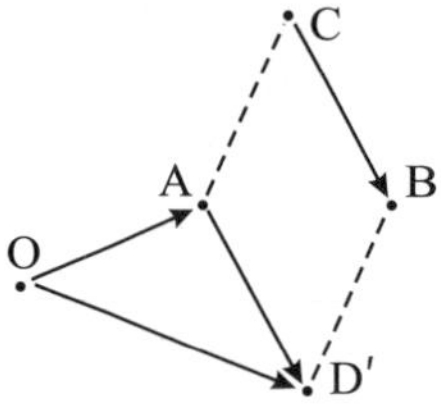

$$\overrightarrow{OD'} = \overrightarrow{OA} + \overrightarrow{CB} = \begin{pmatrix} 4 \\ 2 \\ 3 \end{pmatrix} + \begin{pmatrix} 3 \\ 7 \\ 8 \end{pmatrix} = \begin{pmatrix} 7 \\ 9 \\ 11 \end{pmatrix}$$

$\Rightarrow D'(7 \mid 9 \mid 11)$

f) I) Es ergeben sich folgende mögliche Vektorketten:

$$\overrightarrow{OD} = \overrightarrow{OA} + \overrightarrow{BC} = \begin{pmatrix} 3 \\ 1 \\ 4 \end{pmatrix} + \begin{pmatrix} 7 \\ -3 \\ 6 \end{pmatrix} = \begin{pmatrix} 10 \\ -2 \\ 10 \end{pmatrix} \Rightarrow D(10 \mid -2 \mid 10)$$

$$\overrightarrow{OE} = \overrightarrow{OA} + \overrightarrow{BF} = \begin{pmatrix} 3 \\ 1 \\ 4 \end{pmatrix} + \begin{pmatrix} 11 \\ 1 \\ 9 \end{pmatrix} = \begin{pmatrix} 14 \\ 2 \\ 13 \end{pmatrix} \Rightarrow E(14 \mid 2 \mid 13)$$

$$\overrightarrow{OG} = \overrightarrow{OC} + \overrightarrow{BF} = \begin{pmatrix} 5 \\ -2 \\ 3 \end{pmatrix} + \begin{pmatrix} 11 \\ 1 \\ 9 \end{pmatrix} = \begin{pmatrix} 16 \\ -1 \\ 12 \end{pmatrix} \Rightarrow G(16 \mid -1 \mid 12)$$

$$\overrightarrow{OH} = \overrightarrow{OD} + \overrightarrow{BF} = \begin{pmatrix} 10 \\ -2 \\ 10 \end{pmatrix} + \begin{pmatrix} 11 \\ 1 \\ 9 \end{pmatrix} = \begin{pmatrix} 21 \\ -1 \\ 19 \end{pmatrix} \Rightarrow H(21 \mid -1 \mid 19)$$

II) Die Länge der Raumdiagonalen AG ist die Länge des Verbindungsvektors $\overrightarrow{AG}$:

$$AG = |\overrightarrow{AG}| = \left| \begin{pmatrix} 13 \\ -2 \\ 8 \end{pmatrix} \right| = \sqrt{169+4+64} = \sqrt{237}\,\text{LE}.$$

g) Bei einem schiefen Dreiecksprisma sind folgende 3 Kanten parallel: AD, BE und CF $\Rightarrow$

$$\overrightarrow{AD} = \overrightarrow{BE} = \overrightarrow{CF}.\ \text{Daher gilt: } \overrightarrow{OE} = \overrightarrow{OB} + \overrightarrow{AD} = \begin{pmatrix} 5 \\ -2 \\ -1 \end{pmatrix} + \begin{pmatrix} 3 \\ 3 \\ 5 \end{pmatrix} = \begin{pmatrix} 8 \\ 1 \\ 4 \end{pmatrix}$$

$\Rightarrow E(8 \mid 1 \mid 4)$

$$\overrightarrow{\mathrm{OF}} = \overrightarrow{\mathrm{OC}} + \overrightarrow{\mathrm{AD}} = \begin{pmatrix} -1 \\ 3 \\ -2 \end{pmatrix} + \begin{pmatrix} 3 \\ 3 \\ 5 \end{pmatrix} = \begin{pmatrix} 2 \\ 6 \\ 3 \end{pmatrix} \Rightarrow \mathrm{F}(2\,|\,6\,|\,3)$$

Die Länge der Kante EF ist $|\overrightarrow{\mathrm{EF}}| = \left|\begin{pmatrix} -6 \\ 5 \\ -1 \end{pmatrix}\right| = \sqrt{36+25+1} = \sqrt{62}\,\mathrm{LE}.$

Linearkombination

a) Der Ansatz $\begin{pmatrix} 5 \\ -9 \\ 2 \end{pmatrix} = s \cdot \begin{pmatrix} 4 \\ -2 \\ 1 \end{pmatrix} + t \cdot \begin{pmatrix} 3 \\ 5 \\ 0 \end{pmatrix}$ führt zu

$$\begin{array}{lrcrcr} \text{I} & 5 & = & 4s & + & 3t \\ \text{II} & -9 & = & -2s & + & 5t \\ \text{III} & 2 & = & s & & \end{array}$$

Aus Gleichung III ergibt sich: $s = 2$. Setzt man $s = 2$ in Gleichung I ein, erhält man daraus: $5 = 4 \cdot 2 + 3t \Rightarrow t = -1$. Setzt man $s = 2$ in Gleichung II ein, erhält man daraus: $-9 = -2 \cdot 2 + 5t \Rightarrow t = -1$.

Damit ist das Gleichungssystem eindeutig lösbar und der Vektor $\vec{a}$ lässt sich als Linearkombination von $\vec{b}$ und $\vec{c}$ darstellen:

$$\vec{a} = 2 \cdot \vec{b} - 1 \cdot \vec{c}$$

b) Der Ansatz $\begin{pmatrix} 4 \\ 0 \\ -2 \end{pmatrix} = s \cdot \begin{pmatrix} 1 \\ 3 \\ -1 \end{pmatrix} + t \cdot \begin{pmatrix} 6 \\ 6 \\ -4 \end{pmatrix}$ führt zu

$$\begin{array}{lrcrcr} \text{I} & 4 & = & s & + & 6t \\ \text{II} & 0 & = & 3s & + & 6t \\ \text{III} & -2 & = & -s & - & 4t \end{array}$$

Addiert man Gleichung I zu Gleichung III, ergibt sich: $2 = 2t \Rightarrow t = 1$. Setzt man $t = 1$ in Gleichung I ein, erhält man: $4 = s + 6 \cdot 1 \Rightarrow s = -2$. Setzt man $t = 1$ und $s = -2$ in Gleichung II ein, ergibt sich: $0 = 3 \cdot (-2) + 6 \cdot 1 \Rightarrow 0 = 0$.

Damit ist das Gleichungssystem eindeutig lösbar und der Vektor $\vec{a}$ lässt sich als Linearkombination von $\vec{b}$ und $\vec{c}$ darstellen:

$$\vec{a} = -2 \cdot \vec{b} + 1 \cdot \vec{c}$$

c) Der Ansatz $\begin{pmatrix} -1 \\ 3 \\ -2 \end{pmatrix} = s \cdot \begin{pmatrix} 5 \\ 2 \\ 1 \end{pmatrix} + t \cdot \begin{pmatrix} 3 \\ -4 \\ -3 \end{pmatrix}$ führt zu

$$\begin{array}{lrcrcr} \text{I} & -1 & = & 5s & + & 3t \\ \text{II} & 3 & = & 2s & - & 4t \\ \text{III} & -2 & = & s & - & 3t \end{array}$$

Subtrahiert man das 5-fache von Gleichung II vom 2-fachen von Gleichung I, ergibt sich: $-17 = 26t \Rightarrow t = -\frac{17}{26}$. Subtrahiert man das 5-fache von Gleichung III von Gleichung I, erhält man: $9 = 18t \Rightarrow t = \frac{1}{2}$. Aufgrund des Widerspruchs ist das Gleichungssystem nicht lösbar. Damit lässt sich der Vektor $\vec{a}$ nicht als Linearkombination von $\vec{b}$ und $\vec{c}$ darstellen, d.h. $\vec{a}$, $\vec{b}$, und $\vec{c}$ sind linear unabhängig.

Teilverhältnisse

a) 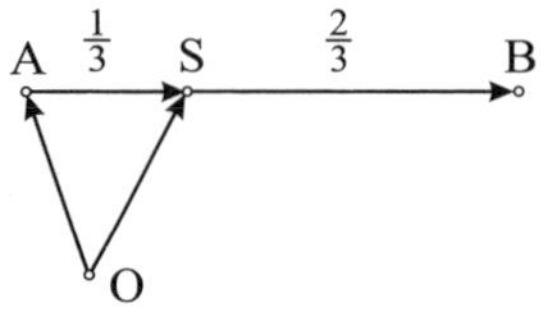

Um die Koordinaten von S zu bestimmen, stellt man eine Vektorkette auf. Es ist:

$$\overrightarrow{OS} = \overrightarrow{OA} + \tfrac{1}{3}\overrightarrow{AB} = \begin{pmatrix} 3 \\ -1 \\ 2 \end{pmatrix} + \tfrac{1}{3} \cdot \begin{pmatrix} 2 \\ -1 \\ -2 \end{pmatrix} = \begin{pmatrix} \frac{11}{3} \\ -\frac{4}{3} \\ \frac{4}{3} \end{pmatrix} \Rightarrow S\left(\tfrac{11}{3} \mid -\tfrac{4}{3} \mid \tfrac{4}{3}\right).$$

b) 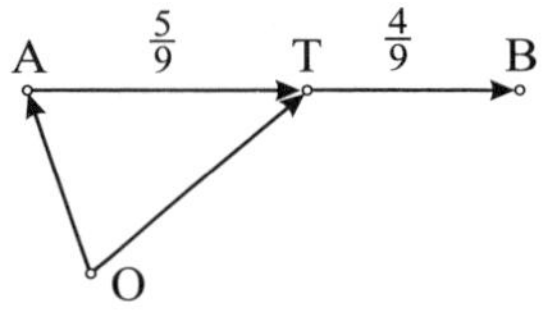

Um die Koordinaten von T zu bestimmen, stellt man eine Vektorkette auf. Es ist:

$$\overrightarrow{OT} = \overrightarrow{OA} + \tfrac{5}{9}\overrightarrow{AB} = \begin{pmatrix} 3 \\ -1 \\ 2 \end{pmatrix} + \tfrac{5}{9} \cdot \begin{pmatrix} 2 \\ -1 \\ -2 \end{pmatrix} = \begin{pmatrix} \frac{37}{9} \\ -\frac{14}{9} \\ \frac{8}{9} \end{pmatrix} \Rightarrow T\left(\tfrac{37}{9} \mid -\tfrac{14}{9} \mid \tfrac{8}{9}\right).$$

c) Der Punkt U liegt zwischen A und B, was anhand der einzelnen Koordinaten erkennbar ist.

Um das Teilverhältnis zu bestimmen, berechnet man die Längen der Vektoren $\overrightarrow{AU}$ und $\overrightarrow{UB}$ und teilt diese durcheinander. Es gilt:

$$\overline{AU} = |\overrightarrow{AU}| = \left| \begin{pmatrix} 1,5 \\ -0,75 \\ -1,5 \end{pmatrix} \right| = \sqrt{1,5^2 + (-0,75)^2 + (-1,5)^2} = 2,25$$

$$\overline{UB} = |\overrightarrow{UB}| = \left| \begin{pmatrix} 0,5 \\ -0,25 \\ -0,5 \end{pmatrix} \right| = \sqrt{0,5^2 + (-0,25)^2 + (-0,5)^2} = 0,75$$

Somit gilt für das Teilverhältnis: $\frac{\overline{AU}}{\overline{UB}} = \frac{2,25}{0,75} = 3 = \frac{3}{1}$

Der Punkt U teilt die Strecke AB im Verhältnis 3 : 1.

6.2 Geraden

Aufstellen von Geradengleichungen

Der Ortsvektor des einen Punktes wird als Stützvektor für die Gerade benutzt. Einen Richtungsvektor erhält man, indem man einen Verbindungsvektor zwischen den beiden Punkten aufstellt. Da es beliebig ist, welcher Punkt als «Stützpunkt» genommen wird bzw. in welche Richtung man den Richtungsvektor aufstellt, gibt es mehrere Lösungen. Für Aufgabe a) sind alle vier Lösungen dargestellt, für die Aufgaben b) und c) ist eine mögliche Lösung aufgeführt.

a) I) $g:\ \vec{x}=\begin{pmatrix}1\\0\\2\end{pmatrix}+r\cdot\begin{pmatrix}2\\1\\1\end{pmatrix}$ II) $g:\ \vec{x}=\begin{pmatrix}3\\1\\3\end{pmatrix}+r\cdot\begin{pmatrix}2\\1\\1\end{pmatrix}$

III) $g:\ \vec{x}=\begin{pmatrix}1\\0\\2\end{pmatrix}+r\cdot\begin{pmatrix}-2\\-1\\-1\end{pmatrix}$ IV) $g:\ \vec{x}=\begin{pmatrix}3\\1\\3\end{pmatrix}+r\cdot\begin{pmatrix}-2\\-1\\-1\end{pmatrix}$

b) $g:\ \vec{x}=\begin{pmatrix}2\\1\\-4\end{pmatrix}+s\cdot\begin{pmatrix}2\\-1\\5\end{pmatrix}$ c) $g:\ \vec{x}=\begin{pmatrix}1\\1\\0\end{pmatrix}+t\cdot\begin{pmatrix}1\\1\\-1\end{pmatrix}$

Punktprobe

Die Ortsvektoren der Punkte werden in die Geradengleichung eingesetzt. Dann ermittelt man den Parameter mit Hilfe der Gleichungen des dazugehörigen Gleichungssystems. Es muss sich für alle drei Gleichungen der gleiche Parameter ergeben.

a) Einsetzen ergibt

$$\begin{array}{lrcrcr} \text{I} & 2 & = & 1 & + & r \\ \text{II} & 7 & = & 3 & + & 4r \\ \text{III} & 0 & = & -2 & + & 2r \end{array}$$

Lösen der Gleichungen I, II und III führt zu $r=1$. Also liegt der Punkt A auf der Geraden.

b) Einsetzen ergibt

$$\begin{array}{lrcrcr} \text{I} & 3 & = & 1 & + & r \\ \text{II} & 11 & = & 3 & + & 4r \\ \text{III} & 3 & = & -2 & + & 2r \end{array}$$

Lösen der Gleichungen I und II führt zu $r=2$. Lösen von Gleichung III ergibt $r=2,5$. Dies ist ein Widerspruch. Der Punkt liegt also nicht auf der Geraden.

c) Lösen der Gleichungen I, II und III führt zu $r=-3$. Also liegt der Punkt C auf der Geraden.

Gegenseitige Lage von Geraden

Für einige Aufgaben ist die Lösung ausführlich dargestellt, ansonsten sind Zwischenergebnisse und das Endergebnis angegeben.

a) Die Richtungsvektoren der Geraden sind kein Vielfaches voneinander, da es kein k gibt, so dass gilt: $k \cdot \begin{pmatrix} 1 \\ 1 \\ 2 \end{pmatrix} = \begin{pmatrix} 2 \\ 0 \\ 1 \end{pmatrix}$, also können sich die Geraden schneiden oder windschief sein.
Gleichsetzen der Geraden führt zu

$$\begin{array}{lrcrcr} \text{I} & 4 & + & t & = & 2r \\ \text{II} & 2 & + & t & = & 0 \\ \text{III} & 5 & + & 2t & = & r \end{array}$$

Gleichung II ergibt $t = -2$. Eingesetzt in I ergibt sich $r = 1$. t und r müssen noch in Gl. III überprüft werden: $5 + 2 \cdot (-2) = 1$. Nun setzt man r in die Gleichung von g_2 ein, es ergibt sich der Schnittpunkt S mit $\mathrm{S}\,(2 \mid 0 \mid 1)$.

b) Die Richtungsvektoren der Geraden sind kein Vielfaches voneinander, da es kein k gibt, so dass gilt: $k \cdot \begin{pmatrix} 1 \\ 1 \\ 1 \end{pmatrix} = \begin{pmatrix} 3 \\ 4 \\ 5 \end{pmatrix}$, also können sich die Geraden schneiden oder windschief sein.
Gleichsetzen der Geraden führt zu

$$\begin{array}{lrcrcrcr} \text{I} & 2 & + & r & = & 3 & + & 3t \\ \text{II} & & & r & = & 2 & + & 4t \\ \text{III} & & & r & = & 3 & + & 5t \end{array}$$

Gleichung I $-$ Gleichung II ergibt $t = -1$. Eingesetzt in Gleichung II ergibt sich $r = -2$. t und r müssen noch in III überprüft werden: $-2 = 3 + 5 \cdot (-1)$. Einsetzen von r in g_1 ergibt den Schnittpunkt S mit $\mathrm{S}\,(0 \mid -2 \mid -2)$.

c) Die Richtungsvektoren der Geraden sind kein Vielfaches voneinander, da es kein k gibt, so dass gilt: $k \cdot \begin{pmatrix} 2 \\ 1 \\ -3 \end{pmatrix} = \begin{pmatrix} 4 \\ -5 \\ -1 \end{pmatrix}$.
Gleichsetzen der Geraden führt zu

$$\begin{array}{lrcrcrcr} \text{I} & 1 & + & 2s & = & 5 & + & 4t \\ \text{II} & -3 & + & s & = & 1 & - & 5t \\ \text{III} & 5 & - & 3s & = & -3 & - & t \end{array}$$

Gleichung I $-$ 2$\cdot$ Gleichung II ergibt $t = \frac{2}{7}$. Eingesetzt in II ergibt sich $s = \frac{18}{7}$. Es müssen s und t noch in Gleichung III überprüft werden, es ergibt sich $\frac{4}{7} = 0$. Dies ist ein Widerspruch, also sind die Geraden windschief.

d) Die Richtungsvektoren der Geraden sind kein Vielfaches voneinander, da es kein k gibt, so dass gilt: $k \cdot \begin{pmatrix} 2 \\ 0 \\ 1 \end{pmatrix} = \begin{pmatrix} 0 \\ 1 \\ -1 \end{pmatrix}$. Gleichsetzen der Geradengleichungen und Berechnen von t und r mit Gleichung I und II ergibt $t = \frac{1}{2}$ und $r = -1$. Prüfen in Gleichung III führt auf einen Widerspruch, also sind die Geraden windschief.

e) Prüfung der Richtungsvektoren:
$k \cdot \begin{pmatrix} 2 \\ -1 \\ 3 \end{pmatrix} = \begin{pmatrix} -2 \\ 1 \\ -3 \end{pmatrix} \Rightarrow k = -1$, d.h. die Richtungsvektoren sind ein Vielfaches voneinander (linear abhängig), also können die Geraden parallel oder identisch sein.
Man prüft nun, ob $P(4 \mid 0 \mid 1)$ der Geraden g auch auf der Geraden h liegt:

$$\begin{pmatrix} 4 \\ 0 \\ 1 \end{pmatrix} = \begin{pmatrix} 6 \\ -1 \\ 4 \end{pmatrix} + t \cdot \begin{pmatrix} -2 \\ 1 \\ -3 \end{pmatrix}$$

$4 = 6 - 2t \Rightarrow t = 1$
$0 = -1 + t \Rightarrow t = 1$
$1 = 4 - 3t \Rightarrow t = 1$, positive Punktprobe, also sind die Geraden identisch.

f) Prüfung der Richtungsvektoren:
$k \cdot \begin{pmatrix} 1 \\ -1 \\ 2 \end{pmatrix} = \begin{pmatrix} -3 \\ 3 \\ -6 \end{pmatrix} \Rightarrow k = -3$, d.h. die Richtungsvektoren sind ein Vielfaches voneinander (linear abhängig), also können die Geraden parallel oder identisch sein.
Man prüft nun, ob $P(1 \mid 2 \mid 3)$ der Geraden h auch auf der Geraden g liegt:

$$\begin{pmatrix} 1 \\ 2 \\ 3 \end{pmatrix} = \begin{pmatrix} -1 \\ 4 \\ -1 \end{pmatrix} + s \cdot \begin{pmatrix} -3 \\ 3 \\ -6 \end{pmatrix}$$

$1 = -1 - 3s \Rightarrow s = -\frac{2}{3}$
$2 = 4 + 3s \Rightarrow s = -\frac{2}{3}$
$3 = -1 - 6s \Rightarrow s = -\frac{2}{3}$, positive Punktprobe, also sind die Geraden identisch.

g) Prüfung der Richtungsvektoren:

$k \cdot \begin{pmatrix} -2 \\ -1 \\ 3 \end{pmatrix} = \begin{pmatrix} 4 \\ 2 \\ -6 \end{pmatrix} \Rightarrow k = -2$, d.h. die Richtungsvektoren sind ein Vielfaches voneinander (linear abhängig), also können die Geraden parallel oder identisch sein.

Man prüft nun, ob $P\,(1\mid 4\mid -2)$ der Geraden g auch auf der Geraden h liegt:

$$\begin{pmatrix} 1 \\ 4 \\ -2 \end{pmatrix} = \begin{pmatrix} -1 \\ 3 \\ -1 \end{pmatrix} + r \cdot \begin{pmatrix} 4 \\ 2 \\ -6 \end{pmatrix}$$

$1 = -1 + 4r \Rightarrow r = \frac{1}{2}$

$4 = 3 + 2r \Rightarrow r = \frac{1}{2}$

$-2 = -1 - 6r \Rightarrow r = \frac{1}{6}$, dies ist ein Widerspruch, d.h. negative Punktprobe, also sind die Geraden parallel.

h) Prüfung der Richtungsvektoren:

$k \cdot \begin{pmatrix} 4 \\ 6 \\ -8 \end{pmatrix} = \begin{pmatrix} 2 \\ 3 \\ -4 \end{pmatrix} \Rightarrow k = \frac{1}{2}$, d.h. die Richtungsvektoren sind ein Vielfaches voneinander (linear abhängig), also können die Geraden parallel oder identisch sein.

Man prüft nun, ob $P\,(0\mid 1\mid 4)$ der Geraden g auch auf der Geraden h liegt:

$$\begin{pmatrix} 0 \\ 1 \\ 4 \end{pmatrix} = \begin{pmatrix} 4 \\ 8 \\ -4 \end{pmatrix} + t \cdot \begin{pmatrix} 2 \\ 3 \\ -4 \end{pmatrix}$$

$0 = 4 + 2t \Rightarrow t = -2$

$1 = 8 + 3t \Rightarrow t = -\frac{7}{3}$

$4 = -4 - 4t \Rightarrow t = -2$, Widerspruch, d.h. negative Punktprobe, also sind die Geraden parallel.

Verschiedene Aufgaben

a) Wenn die beiden Geraden parallel sein sollen, müssen die beiden Richtungsvektoren linear abhängig sein. Dazu bestimmt man t so, dass der eine Vektor ein Vielfaches des anderen ist.

Gesucht ist t, so dass gilt $\begin{pmatrix} 0 \\ 2 \\ 2t \end{pmatrix} = k \cdot \begin{pmatrix} 0 \\ 4 \\ 4 \end{pmatrix}$. Es ergibt sich

$$\begin{array}{lrcl} \text{I} & 0 & = & 0 \\ \text{II} & 2 & = & 4k \\ \text{III} & 2t & = & 4k \end{array}$$

Lösen führt zu $k = \frac{1}{2}$ und $t = 1$. Es muss noch sichergestellt sein, dass die Geraden nicht identisch sind, also macht man die Punktprobe:

$$\begin{array}{llcll} \text{I} & 1 & = & 4 & \\ \text{II} & 1 & = & 1 & + \; 4r \\ \text{III} & 1 & = & 7 & + \; 4r \end{array}$$

Für Gleichung I ergibt sich unmittelbar ein Widerspruch, also sind die Geraden echt parallel (da sie keinen Schnittpunkt besitzen).

b) Es ist $g\colon\; \vec{x} = \begin{pmatrix} 2 \\ -1 \\ 3 \end{pmatrix} + r \cdot \begin{pmatrix} 2 \\ 5 \\ 3 \end{pmatrix}$. Gesucht ist eine Gerade h, die parallel zu g sein soll und durch A $(2\,|\,1\,|\,4)$ geht. Dazu wird A als Stützpunkt genommen, während der Richtungsvektor von g übernommen werden kann. Damit ist $h\colon\; \vec{x} = \begin{pmatrix} 2 \\ 1 \\ 4 \end{pmatrix} + r \cdot \begin{pmatrix} 2 \\ 5 \\ 3 \end{pmatrix}$.

c) Es sind $g\colon \vec{x} = \begin{pmatrix} 1 \\ 4 \\ 2 \end{pmatrix} + r \cdot \begin{pmatrix} 1 \\ 0 \\ 2 \end{pmatrix}$ und $h\colon \vec{x} = \begin{pmatrix} 11{,}5 \\ 9 \\ 3 \end{pmatrix} + s \cdot \vec{v}$; $s,\, t \in \mathbb{R}$.

I) Gesucht ist ein Richtungsvektor $\vec{v}$, so dass sich g und h in S $(4\,|\,4\,|\,8)$ schneiden. Dazu wird zuerst mit Hilfe einer Punktprobe nachgewiesen, dass S auf der Geraden g liegt (dies trifft für $r = 3$ zu). Nun wird $\vec{v}$ bestimmt, indem man einen Verbindungsvektor vom Stützpunkt H $(11{,}5\,|\,9\,|\,3)$ der Geraden h zum Punkt S aufstellt:

$$\overrightarrow{HS} = \begin{pmatrix} 4 \\ 4 \\ 8 \end{pmatrix} - \begin{pmatrix} 11{,}5 \\ 9 \\ 3 \end{pmatrix} = \begin{pmatrix} -7{,}5 \\ -5 \\ 5 \end{pmatrix} \Rightarrow \vec{v} = \begin{pmatrix} 7{,}5 \\ 5 \\ -5 \end{pmatrix} \text{ oder } \vec{v} = \begin{pmatrix} 3 \\ 2 \\ -2 \end{pmatrix}.$$

II) Damit g und h windschief sind, dürfen die beiden Geraden nicht parallel sein und keinen Schnittpunkt haben. Man kann z.B. $\vec{v} = \begin{pmatrix} 1 \\ 0 \\ 0 \end{pmatrix}$ wählen. Da die beiden Richtungsvektoren nicht linear abhängig sind, sind g und h nicht parallel. Folglich ist nur noch zu prüfen, ob sich die beiden Geraden schneiden. Gleichsetzen von g und h ergibt:

$$\begin{array}{rcl} 1 + r & = & 11{,}5 + t \\ 4 & = & 9 \\ 2 + 2r & = & 3 \end{array}$$

Da in der zweiten Zeile ein Widerspruch auftritt, haben die beiden Geraden keinen gemeinsamen Punkt, sind also windschief.

6.3 Ebenen

Parameterform der Ebenengleichung

a) Einer der angegebenen Punkte, z.B. A, wird als «Stützpunkt» genommen; die Verbindungsvektoren $\overrightarrow{AB}$ und $\overrightarrow{AC}$ sind dann die Spannvektoren der Ebene. Konkret ergibt sich damit:

$$E: \vec{x} = \begin{pmatrix} 1 \\ 4 \\ 3 \end{pmatrix} + r \cdot \begin{pmatrix} 1 \\ 3 \\ -6 \end{pmatrix} + s \cdot \begin{pmatrix} 2 \\ 1 \\ -2 \end{pmatrix}$$

b) Auch hier wird einer der angegebenen Punkte als Stützpunkt genommen, die Verbindungsvektoren $\overrightarrow{PQ}$ und $\overrightarrow{PR}$ ermittelt und als Spannvektoren genommen. Damit gilt:

$$E: \vec{x} = \begin{pmatrix} 3 \\ 1 \\ 2 \end{pmatrix} + r \cdot \begin{pmatrix} 1 \\ 6 \\ 1 \end{pmatrix} + s \cdot \begin{pmatrix} 1 \\ -1 \\ -3 \end{pmatrix}$$

c) Der «Stützpunkt» und der erste Spannvektor können direkt von der Geraden g übernommen werden. Den zweiten Spannvektor erhält man, indem man den Verbindungsvektor zwischen dem Stützpunkt und dem angegebenen Punkt aufstellt. Damit gilt:

$$E: \vec{x} = \begin{pmatrix} -1 \\ 2 \\ 4 \end{pmatrix} + r \cdot \begin{pmatrix} 3 \\ 6 \\ -1 \end{pmatrix} + s \cdot \begin{pmatrix} 2 \\ 1 \\ 2 \end{pmatrix}$$

d) Auch hier können der «Stützpunkt» und der erste Spannvektor direkt von der Geraden g übernommen werden. Den zweiten Spannvektor erhält man, indem man den Verbindungsvektor zwischen dem angegebenen Punkt und dem Stützpunkt aufstellt. Damit gilt:

$$E: \vec{x} = \begin{pmatrix} 7 \\ 3 \\ 2 \end{pmatrix} + r \cdot \begin{pmatrix} 1 \\ 2 \\ 1 \end{pmatrix} + s \cdot \begin{pmatrix} 7 \\ 2 \\ 0 \end{pmatrix}$$

Koordinatengleichung einer Ebene

Es gibt verschiedene Wege, die Koordinatenform der Ebenengleichung zu bestimmen. In der Lösung ist der Weg über die Punkt-Normalenform gewählt, weil er der anschaulichste ist. Es ist aber z.B. auch möglich, die Koordinatenform zu bestimmen, indem man ein Gleichungssystem bildet und dieses ausrechnet.

a) Die gegebene Punkt-Normalenform der Ebene E : $\left(\vec{x} - \begin{pmatrix} 3 \\ 1 \\ 2 \end{pmatrix}\right) \cdot \begin{pmatrix} 2 \\ 3 \\ 1 \end{pmatrix} = 0$ wird durch Ausrechnen des Skalarprodukts in die Koordinatengleichung übergeführt:

$$\begin{aligned}\left(\begin{pmatrix}x_1\\x_2\\x_3\end{pmatrix}-\begin{pmatrix}3\\1\\2\end{pmatrix}\right)\cdot\begin{pmatrix}2\\3\\1\end{pmatrix}&=0\\(x_1-3)\cdot 2+(x_2-1)\cdot 3+(x_3-2)\cdot 1&=0\\2x_1-6+3x_2-3+x_3-2&=0\\2x_1+3x_2+x_3&=11\end{aligned}$$

b) Die gegebene Punkt-Normalenform der Ebene E : $\left(\vec{x}-\begin{pmatrix}-5\\4\\-1\end{pmatrix}\right)\cdot\begin{pmatrix}2\\-1\\3\end{pmatrix}=0$ wird

durch Ausrechnen des Skalarprodukts in die Koordinatengleichung übergeführt:

$$\begin{aligned}\left(\begin{pmatrix}x_1\\x_2\\x_3\end{pmatrix}-\begin{pmatrix}-5\\4\\-1\end{pmatrix}\right)\cdot\begin{pmatrix}2\\-1\\3\end{pmatrix}&=0\\(x_1+5)\cdot 2+(x_2-4)\cdot(-1)+(x_3+1)\cdot 3&=0\\2x_1+10-x_2+4+3x_3+3&=0\\2x_1-x_2+3x_3&=-17\end{aligned}$$

c) Zuerst legt man fest, welcher Ortsvektor als Stützvektor benutzt wird, dann bildet man zwei Spannvektoren und errechnet mit diesen den Normalenvektor $\vec{n}$. Dieser wird in die Punkt-Normalenform eingesetzt und ausgerechnet:

Als Stützvektor wird $\vec{a}$ gewählt, damit ergibt sich für die Spannvektoren $\overrightarrow{AB}=\begin{pmatrix}2\\-1\\1\end{pmatrix}$

und $\overrightarrow{AC}=\begin{pmatrix}6\\2\\3\end{pmatrix}$. Das Kreuzprodukt (siehe Seite 44) der Spannvektoren ergibt $\begin{pmatrix}-5\\0\\10\end{pmatrix}$.

Ausklammern von 5 führt zu $\vec{n}=\begin{pmatrix}-1\\0\\2\end{pmatrix}$. Einsetzen von $\vec{a}$ und $\vec{n}$ in die Punkt-Normalenform

$(\vec{x}-\vec{a})\cdot\vec{n}=0$ und Ausrechnen ergibt:

$$\left(\begin{pmatrix}x_1\\x_2\\x_3\end{pmatrix}-\begin{pmatrix}2\\2\\2\end{pmatrix}\right)\cdot\begin{pmatrix}-1\\0\\2\end{pmatrix}=0\Rightarrow(x_1-2)\cdot(-1)+(x_2-2)\cdot 0+(x_3-2)\cdot 2=0.$$

Ordnen der Gleichung führt zu: $x_1-2x_3=-2$.

d) Stützvektor $= \vec{p}$, Spannvektoren $\overrightarrow{PQ} = \begin{pmatrix} 1 \\ 4 \\ -2 \end{pmatrix}$ und $\overrightarrow{PR} = \begin{pmatrix} 4 \\ -2 \\ -2 \end{pmatrix}$. Das Kreuzprodukt (siehe Seite 44) der Spannvektoren ergibt $\begin{pmatrix} -12 \\ -6 \\ -18 \end{pmatrix}$. Ausklammern von (-6) führt zu $\vec{n} = \begin{pmatrix} 2 \\ 1 \\ 3 \end{pmatrix}$. Einsetzen von $\vec{p}$ und $\vec{n}$ in die Punkt-Normalenform und Ausrechnen führt zu $2x_1 + x_2 + 3x_3 = 20$.

e) Lösungsweg: Der Stützvektor der Geraden wird als Punkt der Ebene in der Punkt-Normalenform benutzt. Der erste Spannvektor ist der Richtungsvektor der Geraden, der zweite Spannvektor ergibt sich als Verbindungsvektor des «Stützpunktes» der Geraden zu dem gegebenen Punkt. Mit den beiden Spannvektoren wird $\vec{n}$ berechnet und über die Punkt-Normalenform die Koordinatengleichung ausgerechnet.
Stützvektor $= \vec{s} = \begin{pmatrix} 3 \\ 5 \\ 7 \end{pmatrix}$, Spannvektoren $\begin{pmatrix} 1 \\ 1 \\ 1 \end{pmatrix}$ und $\begin{pmatrix} 1 \\ -4 \\ -5 \end{pmatrix}$. Das Kreuzprodukt (siehe Seite 44) der Spannvektoren und Ausklammern von (-1) führt zu $\vec{n} = \begin{pmatrix} 1 \\ -6 \\ 5 \end{pmatrix}$. Einsetzen von $\vec{s}$ und $\vec{n}$ in die Punkt-Normalenform und Ausrechnen führt zu $x_1 - 6x_2 + 5x_3 = 8$.

f) Stützvektor $= \vec{s} = \begin{pmatrix} 7 \\ 2 \\ 3 \end{pmatrix}$, Spannvektoren $\begin{pmatrix} 1 \\ -3 \\ -3 \end{pmatrix}$ und $\begin{pmatrix} -3 \\ 1 \\ 1 \end{pmatrix}$. Das Kreuzprodukt (siehe Seite 44) der Spannvektoren und Ausklammern von 8 führt zu $\vec{n} = \begin{pmatrix} 0 \\ 1 \\ -1 \end{pmatrix}$. Einsetzen von $\vec{s}$ und $\vec{n}$ in die Punkt-Normalenform und Ausrechnen führt zu $x_2 - x_3 = -1$.

g) Lösungsweg: Zuerst wird der Schnittpunkt der Geraden ermittelt. Bevor man die Gleichungen gleichsetzt, überprüft man, ob sie den gleichen Stützvektor besitzen. Der eine Richtungsvektor bildet einen Spannvektor, der andere Richtungsvektor den anderen. Mit den beiden Spannvektoren wird $\vec{n}$ berechnet und über die Punkt-Normalenform die Koordinatengleichung ausgerechnet.
Beide Geraden besitzen den gleichen Stützvektor $\vec{s} = \begin{pmatrix} 1 \\ 2 \\ 3 \end{pmatrix}$, die Spannvektoren sind $\begin{pmatrix} 1 \\ 3 \\ 4 \end{pmatrix}$ und $\begin{pmatrix} 2 \\ -1 \\ 3 \end{pmatrix}$. Damit ist $\vec{n} = \begin{pmatrix} 13 \\ 5 \\ -7 \end{pmatrix}$. Einsetzen von $\vec{s}$ und $\vec{n}$ in die Punkt-Normalenform und Ausrechnen führt zu $13x_1 + 5x_2 - 7x_3 = 2$.

h) Die Geraden besitzen nicht den gleichen Stützvektor, daher wird zuerst der Schnittpunkt der Geraden durch Gleichsetzen der dazugehörigen Gleichungen bestimmt:

$$\begin{array}{lccccccc} \text{I} & 1 & + & s & = & 3 & + & 2t \\ \text{II} & 2 & + & 3s & = & 3 & + & t \\ \text{III} & 4 & + & 2s & = & 7 & + & 3t \end{array}$$

Die Gleichung II wird mit -2 multipliziert und zu I addiert. Auflösen nach s ergibt: $s = 0$. Einsetzen in I führt auf $t = -1$. Beide Variablen müssen noch in III überprüft werden. Um den Schnittpunkt zu bestimmen, setzt man s oder t in eine der beiden Geradengleichungen ein. Der Schnittpunkt S ist damit $S\,(1 \mid 2 \mid 4)$. Nun wählt man wieder die beiden Richtungsvektoren als Spannvektoren und bestimmt $\vec{n}$: Damit ist $\vec{n} = \begin{pmatrix} 7 \\ 1 \\ -5 \end{pmatrix}$. Einsetzen von $\vec{s}$ und $\vec{n}$ in die Punkt-Normalenform und Ausrechnen führt zu $7x_1 + x_2 - 5x_3 = -11$.

i) Zuerst wird der Schnittpunkt durch Gleichsetzen der Gleichungen bestimmt: $s = -1$ und $t = 2$. Der Schnittpunkt S ist damit $S\,(1 \mid 0 \mid 2)$. Nun wählt man wieder die beiden Richtungsvektoren als Spannvektoren und bestimmt $\vec{n}$: $\vec{n} = \begin{pmatrix} -17 \\ 6 \\ 7 \end{pmatrix}$. Einsetzen von $\vec{s}$ und $\vec{n}$ in die Punkt-Normalenform und Ausrechnen führt zu $-17x_1 + 6x_2 + 7x_3 = -3$.

j) Zuerst wird der Schnittpunkt durch Gleichsetzen der dazugehörigen Gleichungen bestimmt:

$$\begin{array}{lccccccc} \text{I} & 1 & + & 3s & = & 4 & + & 6t \\ \text{II} & & & s & = & 1 & + & 2t \\ \text{III} & 2 & + & 2s & = & 1 & + & 4t \end{array}$$

Die Gleichung II wird mit -2 multipliziert zu III addiert. Es ergibt sich der Ausdruck $3 = 0$. Dies ist ein Widerspruch. Die Gleichung hat damit keine Lösung, d.h. die Geraden schneiden sich nicht. Da die Richtungsvektoren linear abhängig sind, sind die Geraden parallel. Der «Stützpunkt» der einen Geraden wird als Punkt in der Punkt-Normalenform benutzt. Der erste Spannvektor der Ebene ist der Richtungsvektor der Geraden, der zweite Spannvektor ergibt sich aus dem Verbindungsvektor zwischen dem «Stützpunkt» der ersten Geraden und dem des «Stützpunktes» der zweiten Geraden. Mit den beiden Spannvektoren wird $\vec{n}$ berechnet und über die Punkt-Normalenform die Koordinatengleichung ausgerechnet. Stützvektor $\vec{s} = \begin{pmatrix} 1 \\ 0 \\ 2 \end{pmatrix}$, die Spannvektoren sind $\begin{pmatrix} 3 \\ 1 \\ 2 \end{pmatrix}$ und $\begin{pmatrix} 3 \\ 1 \\ -1 \end{pmatrix}$. Das Kreuzprodukt (siehe Seite 44) der Spannvektoren und Ausklammern von (-3) führt zu $\vec{n} = \begin{pmatrix} 1 \\ -3 \\ 0 \end{pmatrix}$.

Einsetzen von $\vec{s}$ und $\vec{n}$ in die Punkt-Normalenform und Ausrechnen führt zu $x_1 - 3x_2 = 1$.

k) Zuerst wird der Schnittpunkt durch Gleichsetzen bestimmt. Das Lösen des Gleichungssystems führt zu einem Widerspruch, daher schneiden sich die Geraden nicht. Die Richtungsvektoren sind linear abhängig $\Rightarrow$ die Geraden sind parallel. Die Ebene wird wie in der vorangehenden Aufgabe aufgestellt, die Spannvektoren sind $\begin{pmatrix} 2 \\ 1 \\ 2 \end{pmatrix}$ und $\begin{pmatrix} 2 \\ -1 \\ 2 \end{pmatrix}$.
Das Kreuzprodukt (siehe Seite 44) der Spannvektoren und Ausklammern von 4 führt zu $\vec{n} = \begin{pmatrix} 1 \\ 0 \\ -1 \end{pmatrix}$.
Einsetzen in die Punkt-Normalenform und Ausrechnen führt zu $x_1 - x_3 = 0$.

l) Der Verbindungsvektor $\overrightarrow{\mathrm{AA}^*}$ ist orthogonal zur Spiegelebene. Damit kann man ihn als Normalenvektor der Ebene benutzen. Dann wird der Punkt P in der Mitte der beiden Punkte ausgerechnet.
Es ist $\overrightarrow{\mathrm{AA}^*} = \begin{pmatrix} 2 \\ -2 \\ -4 \end{pmatrix}$. Ausklammern von 2 ergibt $\vec{n} = \begin{pmatrix} 1 \\ -1 \\ -2 \end{pmatrix}$. Für $\vec{p}$ ergibt sich $\vec{p} = \overrightarrow{\mathrm{OA}} + \frac{1}{2} \cdot \overrightarrow{\mathrm{AA}^*} = \begin{pmatrix} 2 \\ 3 \\ 5 \end{pmatrix}$. Einsetzen in die Punkt-Normalenform ergibt die Koordinatengleichung $x_1 - x_2 - 2x_3 = -11$.

m) Da E die Gerade g enthalten soll, muss der Normalenvektor $\vec{n}$ senkrecht auf dem Richtungsvektor der Geraden stehen: $\begin{pmatrix} n_1 \\ n_2 \\ n_3 \end{pmatrix} \cdot \begin{pmatrix} 2 \\ 0 \\ -1 \end{pmatrix} = 0$. Außerdem soll die Ebene auch auf der angegebenen Ebene F mit $\vec{n_\mathrm{F}} = \begin{pmatrix} -1 \\ 1 \\ 2 \end{pmatrix}$ senkrecht stehen. Damit gilt
$\begin{pmatrix} n_1 \\ n_2 \\ n_3 \end{pmatrix} \cdot \begin{pmatrix} -1 \\ 1 \\ 2 \end{pmatrix} = 0$. Die beiden Skalarprodukte werden ausgerechnet, es ergibt sich das folgende Gleichungssystem:

$$\begin{array}{lccccccc} \mathrm{I} & 2n_1 & & & - & n_3 & = & 0 \\ \mathrm{II} & -n_1 & + & n_2 & + & 2n_3 & = & 0 \end{array}$$

Aus I ergibt sich $n_3 = 2n_1$. Da es sich um zwei Gleichungen mit drei Unbekannten handelt, wählt man eine Unbekannte und setzt ein: $n_1 = 1$, damit ist $n_3 = 2$ und $n_2 = -3$. Der so bestimmte Normalenvektor und der Stützvektor von g werden in die Punkt-Normalenform eingesetzt und diese ausgerechnet. Damit ist die Koordinatenform: $x_1 - 3x_2 + 2x_3 = 4$.

n) Lösungsweg: Mit drei Punkten wird eine Ebene aufgestellt. Anschließend prüft man, ob der 4. Punkt in der Ebene liegt. Da eine Punktprobe in der Parameterform relativ aufwändig ist, lohnt es sich, die Koordinatenform aufzustellen.

Als Stützvektor wird $\vec{a}$ gewählt, damit ergibt sich für die Spannvektoren $\overrightarrow{AB} = \begin{pmatrix} 2 \\ 2 \\ 2 \end{pmatrix}$ und $\overrightarrow{AC} = \begin{pmatrix} 5 \\ 1 \\ 1 \end{pmatrix}$. Das Kreuzprodukt (siehe Seite 44) der Spannvektoren und Ausklammern von 8 führt zu $\vec{n} = \begin{pmatrix} 0 \\ 1 \\ -1 \end{pmatrix}$. Einsetzen in die Punkt-Normalenform und Ausrechnen ergibt: $x_2 - x_3 = -1$. Einsetzen von $D\,(8 \mid -1 \mid 0)$ ergibt $-1 = -1$, damit liegen alle vier Punkte in einer Ebene.

Ebenen im Koordinatensystem

Die Spurpunkte einer Ebene liegen auf den Koordinatenachsen. Für den Spurpunkt auf der x_1-Achse sind die x_2- und die x_3-Komponente des Punktes gleich Null. Also setzt man in der Koordinatengleichung für diese 0 ein und stellt nach x_1 um. Die Spurgeraden sind die Verbindungsgeraden der entsprechenden Spurpunkte.

a) Koordinatengleichung von E: $3x_1 + 4x_2 + 3x_3 = 12$. Spurpunkt auf der x_1-Achse: Für x_2 und x_3 wird 0 eingesetzt, man erhält $3x_1 = 12 \Rightarrow x_1 = 4 \Rightarrow$ Spurpunkt $S_1\,(4 \mid 0 \mid 0)$. Entsprechend verfährt man für die anderen Punkte: $4x_2 = 12 \Rightarrow x_2 = 3 \Rightarrow S_2\,(0 \mid 3 \mid 0)$ und $3x_3 = 12 \Rightarrow x_3 = 4 \Rightarrow S_3\,(0 \mid 0 \mid 4)$.

b) $E: 4x_1 - 8x_2 + 4x_3 = 16$. Spurpunkte: $4x_1 = 16, \Rightarrow S_1\,(4 \mid 0 \mid 0)$, $-8x_2 = 16 \Rightarrow S_2\,(0 \mid -2 \mid 0)$ und $4x_3 = 16 \Rightarrow S_3\,(0 \mid 0 \mid 4)$.

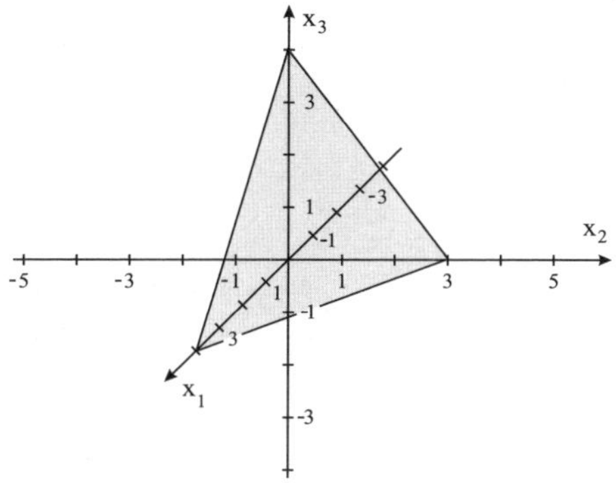

Aufgabe a)

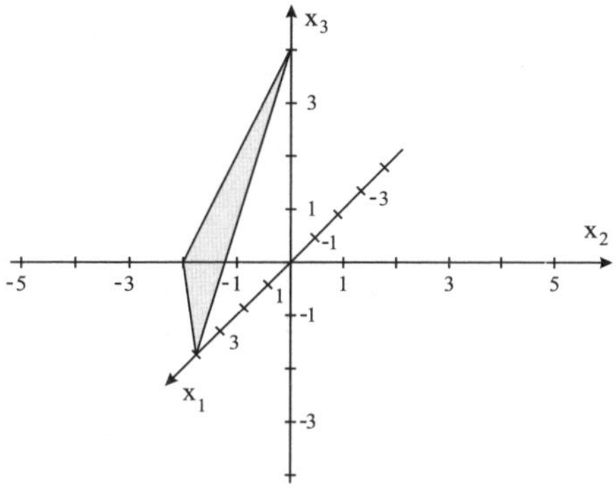

Aufgabe b)

c) $E: 3x_1 - 3x_2 - 3x_3 = 9$. Spurpunkte: $3x_1 = 9 \Rightarrow S_1\,(3 \mid 0 \mid 0)$, $-3x_2 = 9 \Rightarrow S_2\,(0 \mid -3 \mid 0)$ und $-3x_3 = 9 \Rightarrow S_3\,(0 \mid 0 \mid -3)$.

d) E : $2x_1 + 4x_2 = 8$. Spurpunkte: $2x_1 = 8 \Rightarrow S_1\,(4 \mid 0 \mid 0)$ und $4x_2 = 8 \Rightarrow S_2\,(0 \mid 2 \mid 0)$. Da es keinen Spurpunkt auf der x_3-Achse gibt, bedeutet dies, dass die Ebene parallel zur x_3-Achse ist.

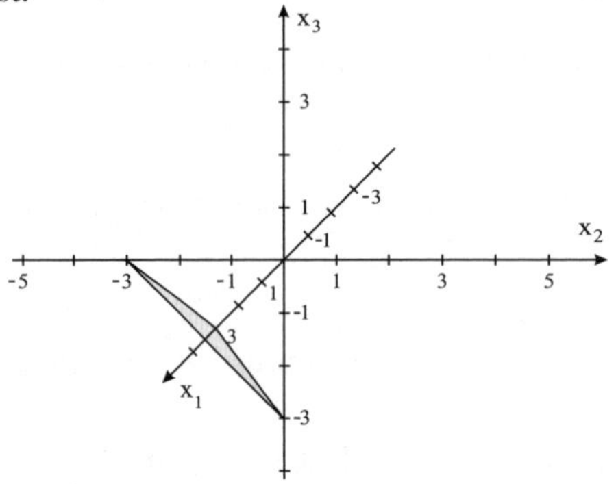

Aufgabe c)

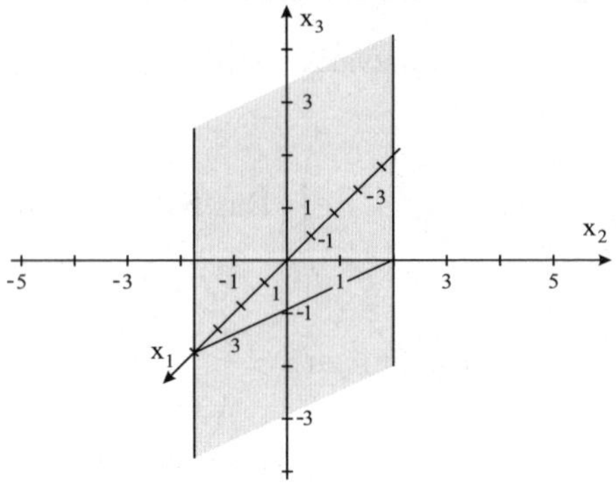

Aufgabe d)

e) E : $x_1 + 2x_3 = 4$. Spurpunkte: $x_1 = 4 \Rightarrow S_1\,(4 \mid 0 \mid 0)$ und $2x_3 = 4 \Rightarrow S_3\,(0 \mid 0 \mid 2)$. Da es keinen Spurpunkt auf der x_2-Achse gibt, bedeutet dies, dass die Ebene parallel zur x_2-Achse ist.

f) E : $3x_2 + x_3 = 3$. Spurpunkte: $3x_2 = 3 \Rightarrow S_2\,(0 \mid 1 \mid 0)$ und $x_3 = 3 \Rightarrow S_3\,(0 \mid 0 \mid 3)$. Da es keinen Spurpunkt auf der x_1-Achse gibt, bedeutet dies, dass die Ebene parallel zur x_1-Achse ist.

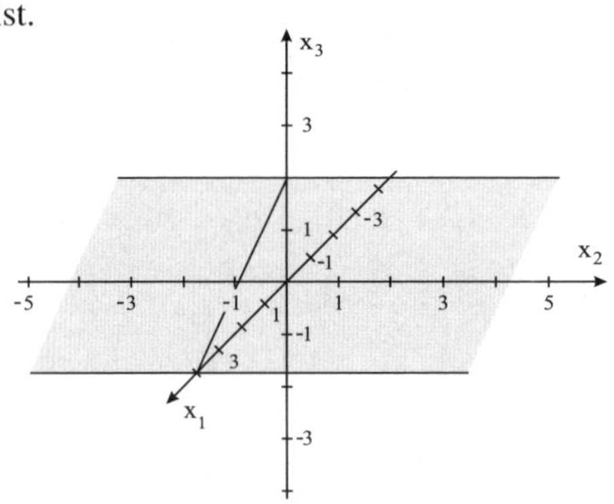

Aufgabe e)

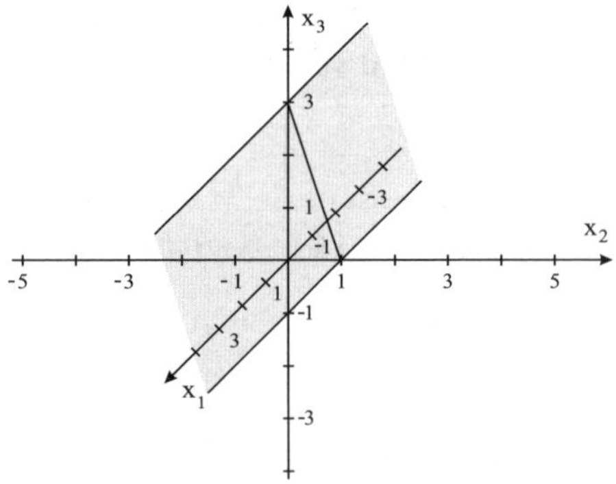

Aufgabe f)

g) E : $x_2 = 3$. Spurpunkt: $x_2 = 3 \Rightarrow S_2\,(0 \mid 3 \mid 0)$. Da es keinen Spurpunkt auf der x_1- und der x_3-Achse gibt, bedeutet dies, dass die Ebene parallel zur x_1x_3-Ebene ist.

h) E : $x_1 - x_2 = 0$. Spurpunkte: $x_1 = 0 \Rightarrow S_1\,(0 \mid 0 \mid 0)$ und $-x_2 = 0 \Rightarrow S_2\,(0 \mid 0 \mid 0)$. Die x_3-Achse ist in E enthalten. Wählt man noch einen Punkt von E, z.B. $P\,(4 \mid 4 \mid 0)$, so kann man die Ebene darstellen.

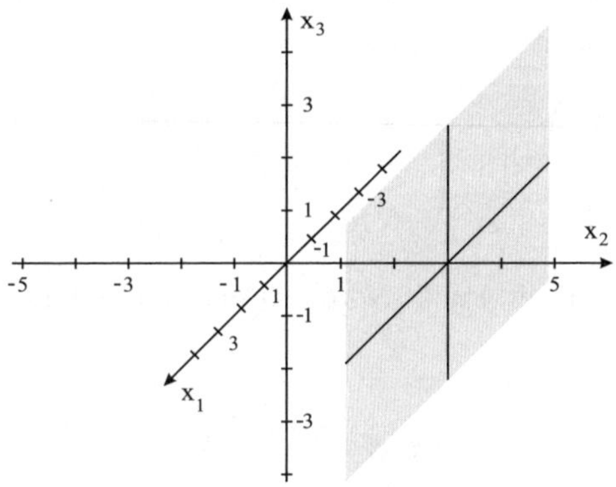

Aufgabe g)

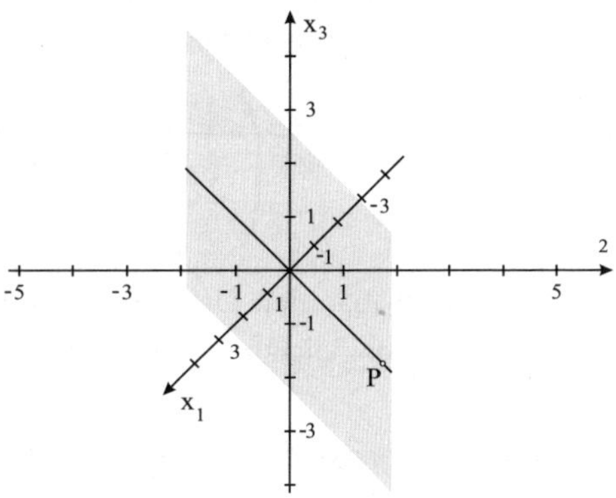

Aufgabe h)

Bestimmen von Geraden und Ebenen in einem Quader

a) $\overrightarrow{OB} = \overrightarrow{OA} + \overrightarrow{OC} \Rightarrow \overrightarrow{OB} = \begin{pmatrix} 4 \\ 6 \\ 0 \end{pmatrix} \Rightarrow \mathrm{B}(4 \mid 6 \mid 0)$

$\overrightarrow{OD} = \overrightarrow{OA} + \overrightarrow{OG} \Rightarrow \mathrm{D}(4 \mid 0 \mid 5)$ $\quad$ $\overrightarrow{OE} = \overrightarrow{OB} + \overrightarrow{OG} \Rightarrow \mathrm{E}(4 \mid 6 \mid 5)$

$\overrightarrow{OF} = \overrightarrow{OC} + \overrightarrow{OG} \Rightarrow \mathrm{F}(0 \mid 6 \mid 5)$ $\quad$ $\overrightarrow{OM} = \overrightarrow{OB} + \frac{1}{2} \cdot \overrightarrow{OG} \Rightarrow \mathrm{M}(4 \mid 6 \mid 2{,}5)$

$\overrightarrow{ON} = \overrightarrow{OC} + \frac{1}{2} \cdot \overrightarrow{OG} \Rightarrow \mathrm{N}(0 \mid 6 \mid 2{,}5)$

b) Wenn man ein kartesisches Koordinatensystem zugrundelegt, ergibt sich aus der Zeichnung für den Normalenvektor $\vec{n} = \begin{pmatrix} 0 \\ 1 \\ 0 \end{pmatrix}$. Einsetzen von $\vec{b}$ und $\vec{n}$ in die Punkt-Normalenform ergibt

für die Koordinatengleichung $x_2 = 6$.

c) Der Ortsvektor von A wird als Stützvektor genommen, der Verbindungsvektor von A zu N ist der Richtungsvektor. Die Gerade ist damit

$$g: \vec{x} = \begin{pmatrix} 4 \\ 0 \\ 0 \end{pmatrix} + r \cdot \begin{pmatrix} -4 \\ 6 \\ 2{,}5 \end{pmatrix}$$

Für die zweite Gerade verfährt man analog:

$$h: \vec{x} = \begin{pmatrix} 0 \\ 0 \\ 5 \end{pmatrix} + r \cdot \begin{pmatrix} 4 \\ 6 \\ -2{,}5 \end{pmatrix}$$

d) Einen Normalenvektor $\vec{n}$ der gesuchten Ebene erhält man mit Hilfe des Kreuzprodukts (siehe Seite 44) der Spannvektoren $\overrightarrow{OE}$ und $\overrightarrow{OF}$:

$$\begin{pmatrix} 4 \\ 6 \\ 5 \end{pmatrix} \times \begin{pmatrix} 0 \\ 6 \\ 5 \end{pmatrix} = \begin{pmatrix} 0 \\ -20 \\ 24 \end{pmatrix} = 4 \cdot \begin{pmatrix} 0 \\ -5 \\ 6 \end{pmatrix} \Rightarrow \vec{n} = \begin{pmatrix} 0 \\ -5 \\ 6 \end{pmatrix}$$

Setzt man den Ortsvektor von O und $\vec{n}$ in die Punkt-Normalenform ein, erhält man als Ebenengleichung: $-5x_2 + 6x_3 = 0$.

6.4 Gegenseitige Lage von Geraden und Ebenen

Gegenseitige Lage

a) Für die Gerade gilt:

$$\begin{aligned} x_1 &= 4 + t \\ x_2 &= 6 + 2t \\ x_3 &= 2 + 3t \end{aligned}$$

Die Gerade wird als «allgemeiner Punkt» $P_t\,(4+t \mid 6+2t \mid 2+3t)$ in die Ebenengleichung eingesetzt:
$2 \cdot (4+t) + 4 \cdot (6+2t) + 6 \cdot (2+3t) + 12 = 0$. Auflösen der Klammern führt zu: $28t + 56 = 0$ bzw. zu $t = -2$. Setzt man $t = -2$ in P_t ein, erhält man den Schnittpunkt $S\,(2 \mid 2 \mid -4)$.

b) Die Gerade wird als «allgemeiner Punkt» $P_s\,(3+2s \mid 2+5s \mid 2+7s)$ in die Ebenengleichung eingesetzt: $2 \cdot (3+2s) + 1 \cdot (2+5s) - 3 \cdot (2+7s) = 4 \Rightarrow s = -\frac{1}{6}$. Damit ergibt sich der Schnittpunkt $S\left(\frac{8}{3} \mid \frac{7}{6} \mid \frac{5}{6}\right)$.

c) Die Gerade und die Ebene werden gleichgesetzt:

$$\begin{pmatrix} 1 \\ -2 \\ -2 \end{pmatrix} + r \cdot \begin{pmatrix} 3 \\ 6 \\ -3 \end{pmatrix} + s \cdot \begin{pmatrix} 8 \\ -4 \\ 4 \end{pmatrix} = \begin{pmatrix} 4 \\ 1 \\ 3 \end{pmatrix} + t \cdot \begin{pmatrix} 2 \\ -1 \\ 1 \end{pmatrix}$$

daraus ergibt sich folgendes Gleichungssystem:

$$\begin{aligned} 3r + 8s - 2t &= 3 \\ 6r - 4s + t &= 3 \\ -3r + 4s - t &= 5 \end{aligned}$$

Löst man dieses Gleichungssystem mit dem Gaußschen Lösungsverfahren, ergibt sich ein Widerspruch, d.h. es gibt keine Lösung. Das bedeutet, dass sich Gerade und Ebene nicht schneiden, die Gerade liegt also parallel zur Ebene.
Alternativ könnte man auch die Koordinatengleichung der Ebene bestimmen und die Geradengleichung in diese einsetzen; auch hier ergibt sich ein Widerspruch.

d) Die Gerade und die Ebene werden gleichgesetzt:

$$\begin{pmatrix} 4 \\ 6 \\ 8 \end{pmatrix} + r \cdot \begin{pmatrix} 3 \\ 8 \\ 9 \end{pmatrix} + s \cdot \begin{pmatrix} 10 \\ 5 \\ 4 \end{pmatrix} = \begin{pmatrix} 3 \\ 4 \\ 7 \end{pmatrix} + t \cdot \begin{pmatrix} 1 \\ 0 \\ 1 \end{pmatrix}$$

daraus ergibt sich folgendes Gleichungssystem:

$$\begin{array}{rcrcrcr} 3r & + & 10s & - & t & = & -1 \\ 8r & + & 5s & & & = & -2 \\ 9r & + & 4s & - & t & = & -1 \end{array}$$

Löst man dieses Gleichungssystem mit dem Gaußschen Lösungsverfahren, so ergibt sich $r = -\frac{2}{13}$, $s = -\frac{2}{13}$ und $t = -1$. Einsetzen von t in die Geradengleichung führt zum Schnittpunkt $S(2 \mid 4 \mid 6)$.

Alternativ könnte man auch die Koordinatengleichung der Ebene bestimmen und die Geradengleichung in diese einsetzen; man erhält auch $t = -1$ und damit den Schnittpunkt $S(2 \mid 4 \mid 6)$.

e) Die Gerade wird als «allgemeiner Punkt» $P_s(1+2s \mid -2+s \mid 3+2s)$ in die Ebenengleichung eingesetzt: $1 \cdot (1+2s) - 1 \cdot (3+2s) = 0 \Rightarrow -2 = 0$. Dies ist ein Widerspruch, die Gleichung hat keine Lösung, also ist die Gerade parallel zur Ebene.

f) Die Gerade wird als «allgemeiner Punkt» $P_t\,(1+t \mid 2+3t \mid 3+4t)$ in die Ebenengleichung eingesetzt: $13 \cdot (1+t) + 5 \cdot (2+3t) - 7 \cdot (3+4t) - 2 = 0 \Rightarrow 0 = 0$. Die Gleichung hat unendlich viele Lösungen, also liegt die Gerade in der Ebene.

Gerade und Ebene parallel

a) Damit die Gerade g_t und die Ebene E parallel sind, muss der Normalenvektor $\vec{n}$ von E orthogonal zum Richtungsvektor $\vec{r}$ der Geraden sein: $\vec{n} \cdot \vec{r} = 0$. Ausrechnen des Skalarproduktes ergibt

$$\begin{pmatrix} 2 \\ 1 \\ t \end{pmatrix} \cdot \begin{pmatrix} 1 \\ 2 \\ 4 \end{pmatrix} = 2 \cdot 1 + 1 \cdot 2 + t \cdot 4 = 0 \quad \Rightarrow \quad t = -1$$

Für $t = -1$ ist g_t parallel zu E. Zum Nachweis, dass die Gerade echt parallel ist, setzt man noch den «Stützpunkt» der Gerade in die Ebenengleichung ein (Punktprobe). Dies führt auf einen Widerspruch, also ist die Gerade echt parallel.

b) Damit die Gerade g_t und die Ebene E_t parallel sind, muss der Normalenvektor $\vec{n}$ der Ebene orthogonal zum Richtungsvektor $\vec{r}$ der Geraden sein: $\vec{n} \cdot \vec{r} = 0$. Ausrechnen des Skalarproduktes ergibt $1 \cdot t + t \cdot 2 + 2 \cdot (-1) = 0 \Rightarrow t = \frac{2}{3}$. Für $t = \frac{2}{3}$ ist g_t parallel zu E_t. Zum Schluss wird eine Punktprobe mit dem «Stützpunkt» der Geraden gemacht, welche die echte Parallelität zeigt.

c) Damit die Gerade g_t und die Ebene E_t parallel sind, muss der Normalenvektor $\vec{n}$ der Ebene orthogonal zum Richtungsvektor $\vec{r}$ der Geraden sein: $\vec{n}\cdot\vec{r}=0$. Ausrechnen des Skalarproduktes ergibt $1\cdot 2t+t\cdot t+2\cdot(-1{,}5)=0 \Rightarrow t^2+2t-3=0$. Lösen mit der pq- oder abc-Formel ergibt $t_1=1$ und $t_2=-3$. Die Gerade und die Ebene sind für $t=1$ und $t=-3$ parallel zueinander. Zum Schluss wird eine Punktprobe mit dem «Stützpunkt» der Geraden gemacht, welche die echte Parallelität zeigt.

Vermischte Aufgaben

a) Als Stützvektor der Geraden wählt man $\vec{p}=\begin{pmatrix}4\\9\\7\end{pmatrix}$, der Normalenvektor der Ebene ist

$\vec{n}=\begin{pmatrix}2\\1\\-2\end{pmatrix}$. Nun ist ein Richtungsvektor $\overrightarrow{r_g}$ so zu wählen, dass $\overrightarrow{r_g}\cdot\vec{n}=0$. Beispiel:

$\overrightarrow{r_g}=\begin{pmatrix}1\\-2\\0\end{pmatrix}$ oder $\overrightarrow{r_g}=\begin{pmatrix}1\\0\\1\end{pmatrix}$. Eine mögliche Geradengleichung ist

$$g:\ \vec{x}=\begin{pmatrix}4\\9\\7\end{pmatrix}+t\cdot\begin{pmatrix}1\\-2\\0\end{pmatrix};\ t\in\mathbb{R}$$

b) Als Stützvektor der Geraden wählt man $\vec{q}=\begin{pmatrix}4\\-1\\3\end{pmatrix}$, der Normalenvektor der Ebene ist

$\vec{n}=\begin{pmatrix}4\\-3\\5\end{pmatrix}$. Da $g\perp E$ ist, kann man $\overrightarrow{r_g}=1\cdot\vec{n}$ wählen (oder ein anderes Vielfaches).

Eine mögliche Geradengleichung ist

$$g:\ \vec{x}=\begin{pmatrix}4\\-1\\3\end{pmatrix}+t\cdot\begin{pmatrix}4\\-3\\5\end{pmatrix};\ t\in\mathbb{R}$$

c) Der Spurpunkt S $(0\mid 10\mid 0)$ ist ein Punkt der Ebene, ein Normalenvektor ist $\vec{n}=\begin{pmatrix}-2\\1\\2\end{pmatrix}$.

Den Normaleneinheitsvektor $\overrightarrow{n_0}$ mit Länge 1 LE erhält man durch $\overrightarrow{n_0}=\frac{1}{|\vec{n}|}\cdot\vec{n}=\frac{1}{3}\cdot\begin{pmatrix}-2\\1\\2\end{pmatrix}$.

Den Ortsvektor eines Punktes außerhalb der Ebene mit Abstand 3 LE erhält man durch:

$$\overrightarrow{OP}=\overrightarrow{OS}+3\cdot\overrightarrow{n_0}=\begin{pmatrix}0\\10\\0\end{pmatrix}+3\cdot\frac{1}{3}\cdot\begin{pmatrix}-2\\1\\2\end{pmatrix}=\begin{pmatrix}-2\\11\\2\end{pmatrix}$$

Dies ist der Stützvektor der Geraden.

Der Richtungsvektor $\overrightarrow{r_g}$ der Geraden ist so zu wählen, dass gilt $\overrightarrow{r_g} \cdot \vec{n} = 0$ (weil g parallel zu E), z.B. $\overrightarrow{r_g} = \begin{pmatrix} 1 \\ 0 \\ 1 \end{pmatrix}$ oder $\overrightarrow{r_g} = \begin{pmatrix} 1 \\ 2 \\ 0 \end{pmatrix}$.

Eine mögliche Geradengleichung ist

$$g: \vec{x} = \begin{pmatrix} -2 \\ 11 \\ 2 \end{pmatrix} + t \cdot \begin{pmatrix} 1 \\ 0 \\ 1 \end{pmatrix}; t \in \mathbb{R}$$

Eine weitere Geradengleichung ergibt sich mit Hilfe von $\overrightarrow{OP} = \overrightarrow{OS} - 3 \cdot \overrightarrow{n_0}$.

d) Ein Punkt der Geraden ist A $(2 \mid 1 \mid -3)$. Ein zum Richtungsvektor $\overrightarrow{r_g} = \begin{pmatrix} 3 \\ 0 \\ 4 \end{pmatrix}$ orthogonaler Vektor ist beispielsweise $\vec{n} = \begin{pmatrix} -4 \\ 0 \\ 3 \end{pmatrix}$. Damit ist der Normaleneinheitsvektor $\overrightarrow{n_0} = \frac{1}{|\vec{n}|} \cdot \vec{n} = \frac{1}{5} \cdot \begin{pmatrix} -4 \\ 0 \\ 3 \end{pmatrix}$. Den Ortsvektor eines Punktes außerhalb der Geraden mit Abstand 5 LE erhält man durch

$$\vec{p_1} = \overrightarrow{OP} = \overrightarrow{OA} + 5 \cdot \overrightarrow{n_0} = \begin{pmatrix} 2 \\ 1 \\ -3 \end{pmatrix} + 5 \cdot \frac{1}{5} \cdot \begin{pmatrix} -4 \\ 0 \\ 3 \end{pmatrix} = \begin{pmatrix} -2 \\ 1 \\ 0 \end{pmatrix}$$

Setzt man $\vec{p_1}$ und $\vec{n}$ in die Normalenform $(\vec{x} - \vec{p}) \cdot \vec{n} = 0$ einer Ebene ein, so ergibt sich:

$$E_1: \left(\vec{x} - \begin{pmatrix} -2 \\ 1 \\ 0 \end{pmatrix}\right) \cdot \begin{pmatrix} -4 \\ 0 \\ 3 \end{pmatrix} = 0$$

Als mögliche Koordinatengleichung erhält man $E_1: -4x_1 + 3x_3 - 8 = 0$.

Eine weitere Ebenengleichung erhält man mit Hilfe von

$$\vec{p_2} = \overrightarrow{OP} = \overrightarrow{OA} - 5 \cdot \overrightarrow{n_0} = \begin{pmatrix} 2 \\ 1 \\ -3 \end{pmatrix} - 5 \cdot \frac{1}{5} \cdot \begin{pmatrix} -4 \\ 0 \\ 3 \end{pmatrix} = \begin{pmatrix} 6 \\ 1 \\ -6 \end{pmatrix}$$

Setzt man $\vec{p_2}$ und $\vec{n}$ in die Normalenform $(\vec{x} - \vec{p}) \cdot \vec{n} = 0$ einer Ebene ein, so ergibt sich:

$$E_2: \left(\vec{x} - \begin{pmatrix} 6 \\ 1 \\ -6 \end{pmatrix}\right) \cdot \begin{pmatrix} -4 \\ 0 \\ 3 \end{pmatrix} = 0$$

Als weitere mögliche Koordinatengleichung erhält man $E_2: -4x_1 + 3x_3 + 42 = 0$

6.5 Gegenseitige Lage von Ebenen

Schnitt von zwei Ebenen

a) Wählt man in Gleichung I $x_3 = t$, so ergibt sich: $x_1 + 2t = 6 \Rightarrow x_1 = 6 - 2t$. Setzt man $x_1 = 6 - 2t$ und $x_3 = t$ in Gleichung II ein, ergibt sich: $6 - 2t + x_2 + t = 1 \Rightarrow x_2 = -5 + t$ Umschreiben zu einer Geradengleichung ergibt:

$$g\colon \vec{x} = \begin{pmatrix} 6 \\ -5 \\ 0 \end{pmatrix} + t \cdot \begin{pmatrix} -2 \\ 1 \\ 1 \end{pmatrix}$$

b) Subtrahiert man das 3-fache von Gleichung II von Gleich. I, ergibt sich: $-4x_2 + 4x_3 = 12$. Wählt man $x_3 = t$, so ergibt sich: $-4x_2 + 4t = 12 \Rightarrow x_2 = -3 + t$. Setzt man $x_2 = -3 + t$ und $x_3 = t$ in Gleichung I ein, erhält man: $6x_1 - (-3 + t) + t = 6 \Rightarrow x_1 = 0,5$. Umschreiben zu einer Geradengleichung ergibt:

$$g\colon \vec{x} = \begin{pmatrix} 0,5 \\ -3 \\ 0 \end{pmatrix} + t \cdot \begin{pmatrix} 0 \\ 1 \\ 1 \end{pmatrix}$$

c) Aus Gleichung I ergibt sich direkt: $4x_2 = 8 \Rightarrow x_2 = 2$. In Gleichung II setzt man $x_3 = t$, damit ist $2x_1 + 6t = 0 \Rightarrow x_1 = -3t$. Umschreiben zu einer Geradengleichung ergibt:

$$g\colon \vec{x} = \begin{pmatrix} 0 \\ 2 \\ 0 \end{pmatrix} + t \cdot \begin{pmatrix} -3 \\ 0 \\ 1 \end{pmatrix}$$

Parallele Ebenen

a) Die beiden Ebenengleichungen werden so addiert, dass x_1 wegfällt: $-2 \cdot \text{I} + \text{II}$: Es ergibt sich $0 = 1$, dies ist ein Widerspruch; es gibt keine Lösung für das Gleichungssystem, die Ebenen sind parallel. Alternativ könnte man auch die Normalenvektoren vergleichen, müsste dann aber noch eine Punktprobe machen, um die Identität auszuschließen.

b) Die Normalenvektoren $\vec{n}_E = \begin{pmatrix} -1 \\ 1 \\ 2 \end{pmatrix}$ und $\vec{n}_F = \begin{pmatrix} 2 \\ -2 \\ -4 \end{pmatrix}$ sind ein Vielfaches voneinander:

$\vec{n}_F = -2 \cdot \vec{n}_E$, also sind die beiden Ebenen parallel oder identisch. Setzt man den Stützpunkt $A(5 \mid 2 \mid -1)$ von F in E ein, ergibt sich: $-5 + 2 + 2 \cdot (-1) = 0 \Rightarrow -5 = 0$. Aufgrund des Widerspruchs liegt A nicht auf E, somit sind die beiden Ebenen (echt) parallel.

c) Die Normalenvektoren $\vec{n}_E = \begin{pmatrix} 3 \\ 6 \\ 0 \end{pmatrix}$ und $\vec{n}_F = \begin{pmatrix} -1 \\ 2 \\ 0 \end{pmatrix}$ sind ein Vielfaches voneinander:

$\vec{n}_E = -3 \cdot \vec{n}_F$, also sind die beiden Ebenen parallel oder identisch. Setzt man den Stützpunkt

A$(-1\,|\,4\,|\,-1)$ von F in E ein, ergibt sich: $3\cdot(-1)+6\cdot 4 = 5 \Rightarrow 21 = 5$. Aufgrund des Widerspruchs liegt A nicht auf E, somit sind die beiden Ebenen (echt) parallel.

d) Damit die beiden Ebenen parallel sind, müssen die Normalenvektoren von E_t und F linear abhängig sein. Es muss also gelten: $\overrightarrow{n_{E_t}} = r\cdot\overrightarrow{n_F}$ mit $r \in \mathbb{R}$. Gesucht ist ein r, so dass gilt

$$\begin{pmatrix} t \\ -2t \\ -4 \end{pmatrix} = r\cdot\begin{pmatrix} -2 \\ 4 \\ -4 \end{pmatrix}.$$

Dies führt zu folgendem Gleichungssystem:

$$\begin{array}{lrcr} \text{I} & t & = & -2r \\ \text{II} & -2t & = & 4r \\ \text{III} & -4 & = & -4r \end{array}$$

Die Gleichung III führt auf $r = 1$. Einsetzen in Gleichung I führt zu $t = -2$. Prüfen in II bestätigt diese Lösung. Zur Kontrolle, ob die Ebenen echt parallel sind, subtrahiert man noch die Gleichungen der Ebenen, es ergibt sich $0 = -1$. Dies ist ein Widerspruch, die Ebenen sind also echt parallel.

e) Man geht wie in der vorangegangenen Aufgabe vor, es ergibt sich das Gleichungssystem

$$\begin{array}{lrcr} \text{I} & 2t & = & 8r \\ \text{II} & 1 & = & -2r \\ \text{III} & 3 & = & -6r \end{array}$$

Die Gleichungen II und III führen auf $r = -\frac{1}{2}$. Eingesetzt in I ergibt sich $t = -2$. Zur Kontrolle, ob die Ebenen echt parallel sind, addiert man noch die Gleichungen der Ebenen: $2\cdot\text{I}+\text{II}$, es ergibt sich $0 = 23$, dies ist ein Widerspruch; die Ebenen sind also echt parallel.

Verschiedene Aufgaben

a) Wenn man die Gleichung von E mit $-1{,}5$ multipliziert, so ergibt sich die Gleichung von F, also sind die Ebenen identisch.

b) Damit die Ebenen identisch sind, muss sich bei der Addition von Vielfachen der Ebenengleichungen $0 = 0$ ergeben. Aus den Faktoren vor x_1, x_2 und x_3 liest man ab, dass man Gleichung I mit 2 multiplizieren muss. Es wird also $2\cdot\text{I}$ zu II addiert, damit ergibt sich
$0 = 2d+9$
$\Rightarrow d = -4{,}5.$

c) Wenn die Ebenen orthogonal zueinander sind, muss das Skalarprodukt der beiden Normalenvektoren gleich Null sein. Es ist

$$\begin{pmatrix} 3 \\ 4 \\ -2 \end{pmatrix}\cdot\begin{pmatrix} 2 \\ 1 \\ 5 \end{pmatrix} = 6+4-10 = 0$$

Also sind die beiden Ebenen orthogonal.

d) Damit die Ebenen orthogonal zueinander sind, muss das Skalarprodukt der beiden Normalenvektoren gleich Null sein:

$$\begin{pmatrix} 2 \\ -1 \\ 3 \end{pmatrix} \cdot \begin{pmatrix} t \\ -2t \\ -4 \end{pmatrix} = 2t + 2t - 12 = 0$$

Daraus ergibt sich $4t = 12 \Rightarrow t = 3$. Für $t = 3$ sind die Ebenen orthogonal zueinander.

Lineare Gleichungssysteme

a) Gegeben ist das Gleichungssystem:

$$\begin{array}{lrcrcrcr} \text{I} & x_1 & + & 2x_2 & - & x_3 & = & 8 \\ \text{II} & -x_1 & + & x_2 & + & 2x_3 & = & 0 \\ \text{III} & -x_1 & - & 5x_2 & - & 4x_3 & = & -12 \end{array}$$

Addieren von I zu II und I zu III führt zu:

$$\begin{array}{lrcrcrcr} \text{I} & x_1 & + & 2x_2 & - & x_3 & = & 8 \\ \text{IIa} & & & 3x_2 & + & x_3 & = & 8 \\ \text{IIIa} & & - & 3x_2 & - & 5x_3 & = & -4 \end{array}$$

Addieren von IIa und IIIa führt zu:

$$\begin{array}{lrcrcrcr} \text{I} & x_1 & + & 2x_2 & - & x_3 & = & 8 \\ \text{IIa} & & & 3x_2 & + & x_3 & = & 8 \\ \text{IIIb} & & & & - & 4x_3 & = & 4 \end{array}$$

Aus IIIb folgt: $x_3 = -1$. Einsetzen in IIa ergibt: $3x_2 + (-1) = 8 \Rightarrow x_2 = 3$.
Einsetzen in I ergibt: $x_1 + 2 \cdot 3 - (-1) = 8 \Rightarrow x_1 = 1$.
Die Lösungsmenge ist damit: $\mathrm{L} = \{(1; 3; -1)\}$.
Somit haben die drei Ebenen, welche durch die drei Gleichungen dargestellt werden, genau einen gemeinsamen Punkt $S(1 \mid 3 \mid -1)$.

b) Gegeben ist das Gleichungssystem:

$$\begin{array}{lrcrcrcr} \text{I} & x_1 & + & 2x_2 & - & 2x_3 & = & 7 \\ \text{II} & x_1 & - & x_2 & - & 4x_3 & = & -9 \\ \text{III} & x_1 & + & 4x_2 & + & 3x_3 & = & 25 \end{array}$$

Multiplikation von I mit (-1) und addieren zu II und III führt zu:
Multiplikation von IIa mit 2 und IIIa mit 3 und addieren führt zu:

$$\begin{array}{lrcrcrcr} \text{I} & x_1 & + & 2x_2 & - & 2x_3 & = & 7 \\ \text{IIb} & & - & 6x_2 & - & 4x_3 & = & -32 \\ \text{IIIb} & & & & & 11x_3 & = & 22 \end{array}$$

Aus IIIb folgt: $x_3 = 2$. Einsetzen in IIb ergibt: $-6x_2 - 4 \cdot 2 = -32 \;\Rightarrow x_2 = 4$.
Einsetzen in I ergibt: $x_1 + 2 \cdot 4 - 2 \cdot 2 = 7 \;\Rightarrow x_1 = 3$.
Die Lösungsmenge ist damit: $\mathrm{L} = \{(3;4;2)\}$.
Somit haben die drei Ebenen, welche durch die drei Gleichungen dargestellt werden, genau einen gemeinsamen Punkt $S\,(3 \mid 4 \mid 2)$.

c) Gegeben ist das Gleichungssystem:

$$\begin{array}{lrcrcrcr} \text{I} & x_1 & + & x_2 & + & 7x_3 & = & 2 \\ \text{II} & 2x_1 & - & x_2 & - & 3x_3 & = & -5 \\ \text{III} & 4x_1 & - & x_2 & + & 4x_3 & = & -7 \end{array}$$

Multiplikation von I mit (-2) und addieren zu II, sowie Multiplikation von I mit (-4) und addieren zu III führt zu:

$$\begin{array}{lrcrcrcr} \text{I} & x_1 & + & x_2 & + & 7x_3 & = & 2 \\ \text{IIa} & & - & 3x_2 & - & 17x_3 & = & -9 \\ \text{IIIa} & & - & 5x_2 & - & 24x_3 & = & -15 \end{array}$$

Multiplikation von IIa mit (-5) und von IIIa mit 3 und addieren führt zu:

$$\begin{array}{lrcrcrcr} \text{I} & x_1 & + & x_2 & + & 7x_3 & = & 2 \\ \text{IIb} & & & 15x_2 & + & 85x_3 & = & 45 \\ \text{IIIb} & & & & & 13x_3 & = & 0 \end{array}$$

Aus IIIb folgt: $x_3 = 0$. Einsetzen in IIb ergibt: $15x_2 + 0 = 45 \;\Rightarrow x_2 = 3$. Einsetzen in I ergibt: $x_1 + 3 + 7 \cdot 0 = 2 \;\Rightarrow x_1 = -1$.
Die Lösungsmenge ist damit: $\mathrm{L} = \{(-1;3;0)\}$.
Somit haben die drei Ebenen, welche durch die drei Gleichungen dargestellt werden, genau einen gemeinsamen Punkt $S\,(-1 \mid 3 \mid 0)$.

d) Gegeben ist das Gleichungssystem

$$\begin{array}{rcrcrcr} x_1 & + & 2x_2 & - & x_3 & = & 4 \\ -x_1 & + & 2x_2 & - & 3x_3 & = & 6 \\ 2x_1 & + & 4x_2 & - & 2x_3 & = & 8 \end{array}$$

Der Vergleich der verschiedenen Gleichungen ergibt, dass die erste und die dritte Gleichung Vielfache voneinander sind, da die dritte Gleichung das Doppelte der ersten Gleichung ist. Es bleiben daher folgende Gleichungen übrig:

$$\begin{array}{lrcrcrcr} \text{I} & x_1 & + & 2x_2 & - & x_3 & = & 4 \\ \text{II} & -x_1 & + & 2x_2 & - & 3x_3 & = & 6 \end{array}$$

addieren von I zu II führt zu:

$$\begin{array}{lrcrcrcr} \text{I} & x_1 & + & 2x_2 & - & x_3 & = & 4 \\ \text{IIa} & & & 4x_2 & - & 4x_3 & = & 10 \end{array}$$

Man wählt nun z.B. $x_3 = t$ und setzt dies in Gleichung IIa ein:

$$\begin{array}{lrcrcrcr} \text{I} & x_1 & + & 2x_2 & - & x_3 & = & 4 \\ \text{IIb} & & & 4x_2 & - & 4t & = & 10 \end{array}$$

auflösen von IIb nach x_2 führt zu: $x_2 = t + 2,5$.
Nun wird in I eingesetzt und nach x_1 aufgelöst:
$x_1 + 2(t + 2,5) - t = 4 \Rightarrow x_1 = -t - 1$. Damit ist die Lösungsmenge:
$\mathrm{L} = \{(-t-1\,; t+2,5\,; t) \mid t \in \mathbb{R}\}$.
Somit haben die drei Ebenen, welche durch die drei Gleichungen dargestellt werden, eine gemeinsame Schnittgerade mit der Gleichung $s\colon \vec{x} = \begin{pmatrix} -1 \\ 2,5 \\ 0 \end{pmatrix} + t \cdot \begin{pmatrix} -1 \\ 1 \\ 1 \end{pmatrix}$.

e) Gegeben ist das Gleichungssystem:

$$\begin{array}{lrcrcrcr} \text{I} & x_1 & + & 2x_2 & + & x_3 & = & 4 \\ \text{II} & -x_1 & - & 4x_2 & + & x_3 & = & 7 \\ \text{III} & 2x_1 & + & 8x_2 & - & 2x_3 & = & 18 \end{array}$$

addieren von I zu II, sowie Multiplikation von I mit (-2) und addieren zu III führt zu:

$$\begin{array}{lrcrcrcr} \text{I} & x_1 & + & 2x_2 & + & x_3 & = & 4 \\ \text{IIa} & & - & 2x_2 & + & 2x_3 & = & 11 \\ \text{IIIa} & & & 4x_2 & - & 4x_3 & = & 10 \end{array}$$

Multiplikation von IIa mit 2 und addieren zu IIIa führt zu:

$$\begin{array}{lrcrcrcr} \text{I} & x_1 & + & 2x_2 & + & x_3 & = & 4 \\ \text{IIb} & & - & 4x_2 & + & 4x_3 & = & 22 \\ \text{IIIb} & & & & & 0 & = & 32 \end{array}$$

Gleichung IIIb ist ein Widerspruch. Damit ist das Gleichungssystem nicht lösbar und die Lösungsmenge ist leer: $\mathrm{L} = \{\,\}$.
Somit haben die drei Ebenen, welche durch die drei Gleichungen dargestellt werden, keinen gemeinsamen Punkt.

f) Gegeben ist das Gleichungssystem

$$\begin{array}{lrcrcrcr} \text{I} & x_1 & - & x_2 & + & 2x_3 & = & 6 \\ \text{II} & -2x_1 & + & 2x_2 & - & 4x_3 & = & -12 \\ \text{III} & 2x_1 & + & x_2 & + & x_3 & = & 3 \end{array}$$

Der Vergleich der verschiedenen Gleichungen ergibt, dass die erste und die zweite Gleichung ein Vielfaches voneinander sind, denn es ist $\mathrm{II} = -2 \cdot \mathrm{I}$. Die zweite Gleichung kann daher gestrichen werden. Es bleiben folgende Gleichungen:

$$\begin{array}{lrcrcrcr} \text{I} & x_1 & - & x_2 & + & 2x_3 & = & 6 \\ \text{III} & 2x_1 & + & x_2 & + & x_3 & = & 3 \end{array}$$

Addieren von I zu III führt zu:

$$\begin{array}{lrcrcrcr} \text{I} & x_1 & - & x_2 & + & 2x_3 & = & 6 \\ \text{IIIa} & 3x_1 & & & + & 3x_3 & = & 9 \end{array}$$

Man wählt nun z.B. $x_3 = t$ und setzt dies in die Gleichung IIIa ein:

$$\begin{array}{lrcrcrcr} \text{I} & x_1 & - & x_2 & + & 2x_3 & = & 6 \\ \text{IIIb} & 3x_1 & & & + & 3t & = & 9 \end{array}$$

Auflösen von IIIb nach x_1 führt zu: $x_1 = 3 - t$.
Nun wird in I eingesetzt und nach x_2 aufgelöst: $(3-t) - x_2 + 2t = 6 \Rightarrow x_2 = -3 + t$. Damit ist die Lösungsmenge: $\mathrm{L} = \{(3-t; -3+t; t) \mid t \in \mathbb{R}\}$.
Somit haben die drei Ebenen, welche durch die drei Gleichungen dargestellt werden, eine gemeinsame Schnittgerade mit der Gleichung $s\colon \vec{x} = \begin{pmatrix} 3 \\ -3 \\ 0 \end{pmatrix} + t \cdot \begin{pmatrix} -1 \\ 1 \\ 1 \end{pmatrix}$.

7 Abstände, Winkel und Spiegelungen

7.1 Abstandsberechnungen

Abstand Punkt – Ebene

a) Die Koordinaten des Punktes werden in die Hessesche Normalenform (HNF) eingesetzt:

$$d=\frac{|2\cdot 2-1\cdot 4+2\cdot(-1)-1|}{\sqrt{2^2+(-1)^2+2^2}}=\frac{|-3|}{\sqrt{9}}=1\,\text{LE}$$

b) Die Koordinaten des Punktes werden in die HNF eingesetzt:

$$d=\frac{|1\cdot 9+2\cdot 4+2\cdot(-3)+3|}{\sqrt{1^2+2^2+2^2}}=\frac{|14|}{\sqrt{9}}=\frac{14}{3}\,\text{LE}$$

c) Die Koordinaten des Punktes werden in die HNF eingesetzt:

$$d=\frac{|1\cdot 8-4\cdot 1-4\cdot 1|}{\sqrt{1^2+(-4)^2+(-4)^2}}=\frac{|0|}{\sqrt{33}}=0\,\text{LE}\Rightarrow\ \text{Q}\in\text{E}$$

d) Die Ebene wird zuerst in die Koordinatenform umgerechnet, anschließend wird wie in den vorangegangenen Aufgaben eingesetzt: $\text{E}:\ 2x_1+2x_2+x_3=26$, Einsetzen und Ausrechnen ergibt für den Abstand $\frac{8}{3}$ LE.

Abstand Punkt – Gerade

a) Einsetzen des Richtungsvektors von g und des Punktes T in die Punkt-Normalenform liefert die Hilfsebene $\text{E}_\text{H}:\ -2x_1+x_2+x_3=-9$. Schneiden mit g ergibt den Schnittpunkt L(8 | 3 | 4). DerVerbindungsvektor ist $\overrightarrow{\text{LT}}=\begin{pmatrix}-2\\-9\\5\end{pmatrix}$. Für den Betrag des Verbindungsvektors ergibt sich $|\overrightarrow{\text{LT}}|=\sqrt{(-2)^2+(-9)^2+5^2}=\sqrt{110}$. Also ist der Punkt T $\sqrt{110}$ LE von der Geraden entfernt.

Alternativ berechnet man den Abstand mit Hilfe des Skalarprodukts: Der «allgemeine Punkt» ist $\text{P}_g(4-2t\mid 5+t\mid 6+t)$. Der Verbindungsvektor $\overrightarrow{\text{TP}_g}$ ist damit:

$$\overrightarrow{\text{TP}_g}=\begin{pmatrix}4-2t\\5+t\\6+t\end{pmatrix}-\begin{pmatrix}6\\-6\\9\end{pmatrix}=\begin{pmatrix}-2-2t\\11+t\\-3+t\end{pmatrix}.$$

Damit dieser Vektor senkrecht auf der Geraden g steht, muss das Skalarprodukt dieses Vektors mit dem Richtungsvektor der Geraden gleich Null sein:

$$\begin{pmatrix}-2-2t\\11+t\\-3+t\end{pmatrix}\cdot\begin{pmatrix}-2\\1\\1\end{pmatrix}=0\Rightarrow 4+4t+11+t-3+t=0\Rightarrow 12+6t=0\Rightarrow t=-2$$

Einsetzen von $t = -2$ in den «allgemeinen Punkt» ergibt den Lotfußpunkt L $(8 \mid 3 \mid 4)$ und damit den Abstand $\sqrt{110}$ LE.

b) Einsetzen des Richtungsvektors von g und des Punktes P in die Punkt-Normalenform liefert die Hilfsebene $E_H: \ 3x_1 - 2x_3 = 3$. Schneiden mit g ergibt den Schnittpunkt L $(1 \mid -4 \mid 0)$. Betrag des Verbindungsvektors: $|\overrightarrow{LP}| = 7$. Der Punkt P ist 7 LE von der Geraden entfernt. Alternativ berechnet man den Abstand mit Hilfe des Skalarprodukts: Der «allgemeine Punkt» ist $P_g(-2+3t \mid -4 \mid 2-2t)$. Der Verbindungsvektor $\overrightarrow{UP_g}$ ist damit:

$$\overrightarrow{UP_g} = \begin{pmatrix} -2+3t \\ -4 \\ 2-2t \end{pmatrix} - \begin{pmatrix} -1 \\ 2 \\ -3 \end{pmatrix} = \begin{pmatrix} -1+3t \\ -6 \\ 5-2t \end{pmatrix}.$$

Damit dieser Vektor senkrecht auf der Geraden g steht, muss das Skalarprodukt dieses Vektors mit dem Richtungsvektor der Geraden gleich Null sein:

$$\begin{pmatrix} -1+3t \\ -6 \\ 5-2t \end{pmatrix} \cdot \begin{pmatrix} 3 \\ 0 \\ -2 \end{pmatrix} = 0 \Rightarrow -3+9t-10+4t = 0 \Rightarrow -13+13t = 0 \Rightarrow t = 1$$

Einsetzen von $t = 1$ in den «allgemeinen Punkt» ergibt den gleichen Lotfußpunkt L $(1 \mid -4 \mid 0)$. und damit den gleichen Abstand.

Abstand paralleler Geraden

Die Fragestellung lässt sich auf den Abstand eines Punktes zu einer Geraden zurückführen: Wenn bewiesen ist, dass die Geraden parallel sind, berechnet man den Abstand des «Stützpunktes» der einen Geraden zur anderen Geraden.

a) Wenn die Geraden parallel oder identisch sind, müssen die Richtungsvektoren linear abhängig sein. Dies lässt sich unmittelbar an den beiden Vektoren ablesen: $\begin{pmatrix} 3 \\ 0 \\ 3 \end{pmatrix} = 3 \cdot \begin{pmatrix} 1 \\ 0 \\ 1 \end{pmatrix}$.

Nun wird der Abstand des «Stützpunktes» S $(2 \mid 3 \mid 4)$ der Geraden h zu g berechnet: Einsetzen des Richtungsvektors von g und des Punktes S in die Punkt-Normalenform liefert die Hilfsebene $E_H: \ x_1 + x_3 = 6$. Schneiden mit g ergibt den Schnittpunkt L $(3 \mid 1 \mid 3)$. Für die Länge bzw. den Betrag des Verbindungsvektors ergibt sich $|\overrightarrow{LS}| = \sqrt{6}$, damit sind die beiden Geraden $\sqrt{6}$ LE voneinander entfernt.

b) Die Richtungsvektoren sind linear abhängig, daher sind die Geraden parallel oder identisch. Nun wird der Abstand des «Stützpunktes» S der Geraden h zu g berechnet: Einsetzen des Richtungsvektors von g und des Punktes S in die Punkt-Normalenform liefert die Hilfsebene $E_H: \ x_1 + 3x_2 + 4x_3 = 14$. Schneiden mit g ergibt $t = 0$ und damit den Schnittpunkt L $(5 \mid -1 \mid 3)$. Für die Länge bzw. den Betrag des Verbindungsvektors ergibt sich $|\overrightarrow{LS}| = \sqrt{56}$, damit sind die beiden Geraden $\sqrt{56}$ LE voneinander entfernt.

Abstand windschiefer Geraden

Um den Abstand von zwei windschiefen Geraden $g: \vec{x} = \vec{a} + s \cdot \vec{r}$ und $h: \vec{x} = \vec{b} + t \cdot \vec{v}$ zu berechnen, benötigt man einen Vektor $\vec{n}$, der auf den beiden Richtungsvektoren senkrecht steht. Für den Abstand d gilt dann

$$d(g;h) = \frac{\left|\left(\vec{a} - \vec{b}\right) \cdot \vec{n}\right|}{|\vec{n}|}$$

Den Vektor $\vec{n}$ bestimmt man mit Hilfe des Kreuzproduktes $\vec{n} = \vec{r} \times \vec{v}$.

a) $\vec{n} = \begin{pmatrix} 4 \\ 1 \\ -1 \end{pmatrix} \times \begin{pmatrix} 2 \\ 0 \\ -1 \end{pmatrix} = \begin{pmatrix} -1 \\ 2 \\ -2 \end{pmatrix}$. Der Vektor $\vec{a} - \vec{b}$ ist $\begin{pmatrix} -1 \\ 1 \\ -3 \end{pmatrix}$.

In die Gleichung eingesetzt ergibt sich

$$d(g;h) = \frac{\left|\begin{pmatrix} -1 \\ 1 \\ -3 \end{pmatrix} \cdot \begin{pmatrix} -1 \\ 2 \\ -2 \end{pmatrix}\right|}{\sqrt{1+4+4}} = \frac{|1+2+6|}{3} = \frac{|9|}{3} = 3 \text{ LE}.$$

Der Abstand der beiden Geraden ist 3 LE.

b) $\vec{n} = \begin{pmatrix} 2 \\ 1 \\ -2 \end{pmatrix} \times \begin{pmatrix} 0 \\ 1 \\ 2 \end{pmatrix} = \begin{pmatrix} 4 \\ -4 \\ 2 \end{pmatrix}$. Der Vektor $\vec{a} - \vec{b}$ ist $\begin{pmatrix} 2 \\ -4 \\ 6 \end{pmatrix}$.

In die Gleichung eingesetzt ergibt sich

$$d(g;h) = \frac{\left|\begin{pmatrix} 2 \\ -4 \\ 6 \end{pmatrix} \cdot \begin{pmatrix} 4 \\ -4 \\ 2 \end{pmatrix}\right|}{\sqrt{16+16+4}} = \frac{|8+16+12|}{6} = \frac{36}{6} = 6 \text{ LE}.$$

Der Abstand der beiden Geraden ist 6 LE.

Abstand Gerade – Ebene

a) Wenn g parallel zu E ist, müssen der Richtungsvektor der Geraden $\vec{r}$ und der Normalenvektor $\vec{n}$ der Ebene senkrecht aufeinander stehen:

$\vec{r} \cdot \vec{n} = 0$: $\begin{pmatrix} 2 \\ -1 \\ 3 \end{pmatrix} \cdot \begin{pmatrix} 4 \\ -1 \\ -3 \end{pmatrix} = 8 + 1 - 9 = 0 \Rightarrow$ g ist parallel zu E bzw. könnte in E liegen. Zur Abstandsberechnung wird der Abstand des «Stützpunktes» der Geraden zur Ebene E ausgerechnet: $d((1 \mid 2 \mid 3);\text{E}) = \frac{|4 \cdot 1 - 2 - 3 \cdot 3 - 19|}{\sqrt{2^2 + 1^2 + (-3)^2}} = \frac{|-26|}{\sqrt{26}} = \frac{26}{\sqrt{26}}$ LE.

b) Wenn g parallel zu E ist, müssen der Richtungsvektor der Geraden $\vec{r}$ und der Normalenvektor $\vec{n}$ der Ebene senkrecht aufeinander stehen:
$\vec{r} \cdot \vec{n} = 0$: $\begin{pmatrix} -2 \\ 1 \\ -1 \end{pmatrix} \cdot \begin{pmatrix} 2 \\ 1 \\ -3 \end{pmatrix} = -4+1+3 = 0 \Rightarrow$ g ist parallel zu E bzw. könnte in E liegen. Zur Abstandsberechnung wird der Abstand des «Stützpunktes» der Geraden zur Ebene E ausgerechnet: $d\left((1 \mid 8 \mid 1);\text{E}\right) = \frac{|2\cdot 1+8-3\cdot 1-14|}{\sqrt{2^2+1^2+(-3)^2}} = \frac{|-7|}{\sqrt{14}} = \frac{7}{\sqrt{14}}$ LE.

Abstand paralleler Ebenen

a) Wenn die Ebenen parallel zueinander liegen, müssen die beiden Normalenvektoren ein Vielfaches voneinander (linear abhängig) sein. Es ist $\vec{n}_1 = (-1) \cdot \vec{n}_2$, damit ist bewiesen, dass die Ebenen parallel liegen (bzw. identisch sein können). Abstand der Ebenen: Man bestimmt einen Punkt $\text{P}(p_1 \mid p_2 \mid p_3)$ in E_2 und berechnet den Abstand des Punktes zu E_1. Es werden z.B. p_1 und p_2 Null gesetzt und p_3 bestimmt:
$-2 \cdot 0 + 3 \cdot 0 - 1 \cdot p_3 = -7 \Rightarrow p_3 = 7$. Damit ist $\text{P}(0 \mid 0 \mid 7)$, für den Abstand folgt
$d\left((0 \mid 0 \mid 7);\text{E}_1\right) = \frac{|2\cdot 0-3\cdot 0+7-4|}{\sqrt{2^2+(-3)^2+1^2}} = \frac{3}{\sqrt{14}}$ LE.

b) Die Normalenvektoren $\vec{n}_\text{E} = \begin{pmatrix} -1 \\ 1 \\ 2 \end{pmatrix}$ und $\vec{n}_\text{F} = \begin{pmatrix} 2 \\ -2 \\ -4 \end{pmatrix}$ sind ein Vielfaches voneinander:
$\vec{n}_\text{F} = -2 \cdot \vec{n}_\text{E}$, also sind die beiden Ebenen parallel oder identisch. Setzt man den Stützpunkt $\text{A}(5 \mid 2 \mid -1)$ von F und die Ebene E in die Abstandsformel ein, ergibt sich:

$$d = \frac{|-1\cdot 5+2+2\cdot(-1)-0|}{\sqrt{(-1)^2+1^2+2^2}} = \frac{|-5|}{\sqrt{6}} = \frac{5}{\sqrt{6}} \text{ LE}$$

Verschiedene Aufgaben

a) Da der gesuchte Punkt A auf der Geraden von P und Q gleich weit entfernt ist, gilt: $|\overrightarrow{\text{PA}}| = |\overrightarrow{\text{QA}}|$. Die Gerade wird als «allgemeiner Punkt» geschrieben: $\text{A}(2+2t \mid 1+t \mid 3+2t)$.

Eingesetzt ergibt sich

$$|\overrightarrow{\text{PA}}| = |\vec{a} - \vec{p}| = \left| \begin{pmatrix} -3+2t \\ t \\ 3+2t \end{pmatrix} \right| = \sqrt{(-3+2t)^2 + t^2 + (3+2t)^2}$$

Für $|\overrightarrow{\text{QA}}|$ ergibt sich entsprechend

$$|\overrightarrow{\text{QA}}| = \sqrt{(-4+2t)^2 + (-2+t)^2 + (-4+2t)^2}$$

Die beiden Wurzeln werden gleichgesetzt:

$$\sqrt{(2t-3)^2+t^2+(2t+3)^2}=\sqrt{(2t-4)^2+(t-2)^2+(2t-4)^2}$$

Als Nächstes wird die Gleichung quadriert, um die Wurzel zu beseitigen, und die Klammern werden aufgelöst. Nachdem zusammengefasst wurde, ergibt sich $18=36t$. Dies führt zu $t=\frac{1}{2}$. Damit ist der gesuchte Punkt A $(3 \mid 1{,}5 \mid 4)$.

b) Da der gesuchte Punkt M auf der Geraden von A und C gleich weit entfernt ist, gilt $|\overrightarrow{\mathrm{AM}}|=|\overrightarrow{\mathrm{CM}}|$. Die Gerade wird als «allgemeiner Punkt» geschrieben und eingesetzt: Für den «allgemeinen Punkt» gilt M $(-1+2t \mid 4-2t \mid 1+t)$.

Eingesetzt ergibt sich

$$|\overrightarrow{\mathrm{AM}}|=|\vec{m}-\vec{a}|=\left|\begin{pmatrix}2t-3\\-2t+6\\t\end{pmatrix}\right|=\sqrt{(2t-3)^2+(-2t+6)^2+t^2}$$

Für $|\overrightarrow{\mathrm{CM}}|$ ergibt sich entsprechend

$$|\overrightarrow{\mathrm{CM}}|=\sqrt{(2t)^2+(-2t)^2+(2+t)^2}$$

Die beiden Wurzeln werden gleichgesetzt:

$$\sqrt{(2t-3)^2+(6-2t)^2+t^2}=\sqrt{(2t)^2+(-2t)^2+(2+t)^2}$$

Als Nächstes wird die Gleichung quadriert, um die Wurzel zu beseitigen, und die Klammern werden aufgelöst. Nachdem zusammengefasst wurde, ergibt sich

$$9t^2-36t+45=9t^2+4t+4$$

Dies führt zu $t=\frac{41}{40}$. Damit ist der gesuchte Punkt M$\left(\frac{21}{20} \mid \frac{39}{20} \mid \frac{81}{40}\right)$.

c) Da die beiden gesuchten Punkte P_1 und P_2 auf g die Entfernung 3 vom Punkt A haben, gilt $|\overrightarrow{\mathrm{AP}}|=3$. Die Gerade wird als «allgemeiner Punkt» umgeschrieben und eingesetzt: P$(1+2t \mid t \mid 2+2t)$. Damit ist

$$|\overrightarrow{\mathrm{AP}}|=|\vec{p}-\vec{a}|=\sqrt{(2t-2)^2+(t-1)^2+(2t-2)^2}=3$$

Die Gleichung wird zuerst quadriert, dann werden die Klammern aufgelöst. Es ergibt sich $9t^2-18t=0$. Ausklammern von t oder Auflösen mit Hilfe der pq- oder abc-Formel führt zu $t_1=2$ und $t_2=0$. Damit sind die gesuchten Punkte P_1 $(5 \mid 2 \mid 6)$ und P_2 $(1 \mid 0 \mid 2)$.

d) Zuerst stellt man eine Ebenengleichung der drei Punkte auf. Die Höhe der Pyramide ist der Abstand des Punktes S von der Ebene. Die Ebene wird wie in Kapitel 6.3 aufgestellt, Koordinatengleichung: $E:\ x_1-x_2+x_3=1$. Eingesetzt in die Abstandsformel ergibt sich für den Abstand $d=\frac{15}{\sqrt{3}}$ LE. Die Wurzel im Nenner lässt sich noch durch ein Erweitern mit $\sqrt{3}$ beseitigen: $\frac{15}{\sqrt{3}}\cdot\frac{\sqrt{3}}{\sqrt{3}}=\frac{15\cdot\sqrt{3}}{3}=5\sqrt{3}$ LE.

e) Gesucht ist der Wert b aus der Koordinatengleichung. Die Ebene, der Punkt und der Abstand werden in die Abstandsformel eingesetzt und anschließend nach b aufgelöst:

$$d(p;\mathrm{E}) = \frac{|2\cdot(-1)+1\cdot 2-2\cdot(-3)-b|}{\sqrt{2^2+1^2+2^2}} = 2 \Rightarrow \frac{|6-b|}{3} = 2 \Rightarrow |6-b| = 6$$

Nun muss eine Fallunterscheidung gemacht werden, um den Betrag aufzulösen:
1. Fall: $(6-b) = 6 \Rightarrow b_1 = 0$
2. Fall: $-(6-b) = 6 \Rightarrow b_2 = 12$
Damit sind die gesuchten Ebenen $\mathrm{E}_1:\ 2x_1+x_2-2x_3 = 0$ und $\mathrm{E}_2:\ 2x_1+x_2-2x_3 = 12$.

f) Einsetzen des «allgemeinen Punktes» $\mathrm{P}(2+2t \mid -5+4t \mid -3+5t)$ in die Abstandsformel:

$$d(\mathrm{P};\mathrm{E}) = \frac{|2\cdot(2+2t)+1\cdot(-5+4t)+2\cdot(-3+5t)-11|}{\sqrt{9}} = \frac{|18t-18|}{3} = 3$$

Fallunterscheidung:
1. Fall: $(18t-18) = 9 \Rightarrow t_1 = 1{,}5$
2. Fall: $-(18t-18) = 9 \Rightarrow t_2 = 0{,}5$
Einsetzen in die Geradengleichung führt zu $\mathrm{P}_1(5 \mid 1 \mid 4{,}5)$ und $\mathrm{P}_2(3 \mid -3 \mid -0{,}5)$.

g) Einsetzen des «allgemeinen Punktes» $\mathrm{P}(2t \mid 4+2t \mid -2+t)$ in die Abstandsformel:

$$d(\mathrm{P};\mathrm{E}) = \frac{|8t-8|}{3} = 8$$

Fallunterscheidung:
1. Fall: $(8t-8) = 24 \Rightarrow t_1 = 4$
2. Fall: $-(8t-8) = 24 \Rightarrow t_2 = -2$
Einsetzen in die Geradengleichung führt zu $\mathrm{P}_1(8 \mid 12 \mid 2)$ und $\mathrm{P}_2(-4 \mid 0 \mid -4)$.

7.2 Winkelberechnungen

Winkel zwischen Vektoren und zwischen Geraden

Zuerst stellt man die Verbindungsvektoren auf. Anschließend setzt man in die Formel für den Winkel ein. Dabei lässt sich ohne Taschenrechner teilweise nur der Kosinuswert des Winkels bestimmen.

a)

$$\cos\beta = \frac{\overrightarrow{\mathrm{BA}}\cdot\overrightarrow{\mathrm{BC}}}{|\overrightarrow{\mathrm{BA}}|\cdot|\overrightarrow{\mathrm{BC}}|} = \frac{\begin{pmatrix}2\\-4\\4\end{pmatrix}\cdot\begin{pmatrix}-4\\2\\4\end{pmatrix}}{\sqrt{2^2+(-4)^2+4^2}\cdot\sqrt{(-4)^2+2^2+4^2}} = 0 \Rightarrow \beta = 90^\circ$$

$$\cos\gamma = \frac{\overrightarrow{CA}\cdot\overrightarrow{CB}}{|\overrightarrow{CA}|\cdot|\overrightarrow{CB}|} = \frac{\begin{pmatrix}6\\-6\\0\end{pmatrix}\cdot\begin{pmatrix}4\\-2\\-4\end{pmatrix}}{\sqrt{72}\cdot 6} = \frac{36}{\sqrt{72}\cdot 6} = \frac{6}{\sqrt{72}} = \frac{6}{\sqrt{36}\cdot\sqrt{2}} = \frac{6}{6\cdot\sqrt{2}} = \frac{1}{\sqrt{2}}$$

$$\cos\alpha = \frac{\overrightarrow{AB}\cdot\overrightarrow{AC}}{|\overrightarrow{AB}|\cdot|\overrightarrow{AC}|} = \frac{\begin{pmatrix}-2\\4\\-4\end{pmatrix}\cdot\begin{pmatrix}-6\\6\\0\end{pmatrix}}{6\cdot\sqrt{72}} = \frac{36}{6\cdot\sqrt{72}} = \frac{6}{\sqrt{72}} = \frac{1}{\sqrt{2}}$$

Da $\cos\alpha = \cos\gamma$ ist, bedeutet dies im Dreieck, dass auch die Winkel gleich sein müssen. Da $\beta = 90°$ ist, sind $\alpha = 45°$ und $\gamma = 45°$.

b) I) Durch die Aufgabenstellung ist vorausgesetzt, dass sich die beiden Geraden tatsächlich schneiden, dies hätte sonst geprüft werden müssen. Der Winkel zwischen den beiden Geraden wird berechnet, indem man den Winkel zwischen den Richtungsvektoren berechnet:

$$\cos\alpha = \frac{\left|\begin{pmatrix}-1\\3\\5\end{pmatrix}\cdot\begin{pmatrix}7\\-1\\2\end{pmatrix}\right|}{\sqrt{35}\cdot\sqrt{54}} = \frac{|-7-3+10|}{\sqrt{35}\cdot\sqrt{54}} = \frac{|0|}{\sqrt{35}\cdot\sqrt{54}} = 0 \Rightarrow \alpha = 90°$$

II) Auch hier wird der Winkel α zwischen den Richtungsvektoren bestimmt; man erhält folgenden Rechenausdruck:

$$\cos\alpha = \frac{\left|\begin{pmatrix}2\\-6\\10\end{pmatrix}\cdot\begin{pmatrix}2\\3\\5\end{pmatrix}\right|}{\sqrt{140}\cdot\sqrt{38}} = \frac{|4-18+50|}{\sqrt{140}\cdot\sqrt{38}} = \frac{36}{\sqrt{140}\cdot\sqrt{38}}$$

Ohne Taschenrechner oder Kosinustabelle lässt sich der Winkelwert nicht bestimmen.

Winkel zwischen Ebenen

a) Der Winkel zwischen zwei Ebenen wird berechnet, indem man den Winkel zwischen den Normalenvektoren berechnet. Man erhält folgenden Rechenausdruck:

$$\cos\alpha = \frac{\left|\begin{pmatrix}1\\-1\\2\end{pmatrix}\cdot\begin{pmatrix}6\\1\\-1\end{pmatrix}\right|}{\sqrt{1^2+(-1)^2+2^2}\cdot\sqrt{6^2+1^2+(-1)^2}} = \frac{|6-1-2|}{\sqrt{6}\cdot\sqrt{38}} = \frac{3}{\sqrt{6}\cdot\sqrt{38}}$$

b) Auch hier wird der Winkel zwischen den Normalenvektoren bestimmt:

$$\cos\alpha = \frac{\left|\begin{pmatrix}0\\4\\0\end{pmatrix}\cdot\begin{pmatrix}6\\0\\5\end{pmatrix}\right|}{4\cdot\sqrt{6^2+5^2}} = \frac{0}{4\cdot\sqrt{61}} = 0 \Rightarrow \alpha = 90°$$

Winkel zwischen Gerade und Ebene

a) Der Winkel zwischen einer Geraden und einer Ebene wird berechnet, indem man den Winkel zwischen dem Richtungsvektor der Geraden und dem Normalenvektor der Ebene berechnet. Dabei wird im Unterschied zum Winkel zwischen zwei Geraden oder zwischen zwei Ebenen der *Sinus* des Winkels bestimmt:

$$\sin\alpha = \frac{\left|\begin{pmatrix} 1 \\ 2 \\ -1 \end{pmatrix} \cdot \begin{pmatrix} 3 \\ 5 \\ -2 \end{pmatrix}\right|}{\sqrt{6}\cdot\sqrt{38}} = \frac{|3+10+2|}{\sqrt{6}\cdot\sqrt{38}} = \frac{15}{\sqrt{6}\cdot\sqrt{38}}$$

b) Es ist:

$$\sin\alpha = \frac{\left|\begin{pmatrix} 0 \\ 1 \\ 0 \end{pmatrix} \cdot \begin{pmatrix} 6 \\ 10 \\ -4 \end{pmatrix}\right|}{\sqrt{1}\cdot\sqrt{152}} = \frac{|0+10+0|}{\sqrt{152}} = \frac{10}{\sqrt{4\cdot 38}} = \frac{10}{\sqrt{4}\cdot\sqrt{38}} = \frac{5}{\sqrt{38}}$$

c) Es ist:

$$\sin\alpha = \frac{\left|\begin{pmatrix} 1 \\ 2 \\ 3 \end{pmatrix} \cdot \begin{pmatrix} 0 \\ 0 \\ 1 \end{pmatrix}\right|}{\sqrt{14}\cdot 1} = \frac{3}{\sqrt{14}}$$

7.3 Spiegelungen

Alle Spiegelpunkte sind im Folgenden mit einem Sternchen * versehen.

Punkt an Punkt

Um den Punkt P an Q zu spiegeln, wird der Vektor $\overrightarrow{PQ}$ an den Ortsvektor von Q einmal angehängt. (Alternativ kann man auch an den Ortsvektor von P den Vektor $\overrightarrow{PQ}$ zweimal anhängen). Damit ist:

a) $\overrightarrow{OP^*} = \overrightarrow{OQ} + \overrightarrow{PQ} = \begin{pmatrix} 2 \\ 1 \\ 2 \end{pmatrix} + \begin{pmatrix} -1 \\ -3 \\ -3 \end{pmatrix} = \begin{pmatrix} 1 \\ -2 \\ -1 \end{pmatrix}$, also ist $P^*\,(1 \mid -2 \mid -1)$.

b) $\overrightarrow{OP^*} = \overrightarrow{OR} + \overrightarrow{PR} = \begin{pmatrix} 0 \\ 3 \\ -2 \end{pmatrix} + \begin{pmatrix} -3 \\ -1 \\ -7 \end{pmatrix} = \begin{pmatrix} -3 \\ 2 \\ -9 \end{pmatrix}$, also ist $P^*\,(-3 \mid 2 \mid -9)$.

c) $\overrightarrow{OP^*} = \overrightarrow{OS} + \overrightarrow{PS} = \begin{pmatrix} -3 \\ 1 \\ 4 \end{pmatrix} + \begin{pmatrix} -6 \\ -3 \\ -1 \end{pmatrix} = \begin{pmatrix} -9 \\ -2 \\ 3 \end{pmatrix}$, also ist $P^*\,(-9 \mid -2 \mid 3)$.

Punkt an Ebene

Um einen Punkt P an einer Ebene zu spiegeln, braucht man zuerst den sog. Lotfußpunkt L, das ist der Punkt der Ebene, der den kürzesten Abstand zu P besitzt (es wird «das Lot von P auf die Ebene gefällt»). An diesem Punkt wird P gespiegelt. L bestimmt man, indem man eine Lotgerade durch den Punkt P aufstellt und als Richtungsvektor den Normalenvektor $\vec{n}$ der Ebene benutzt.

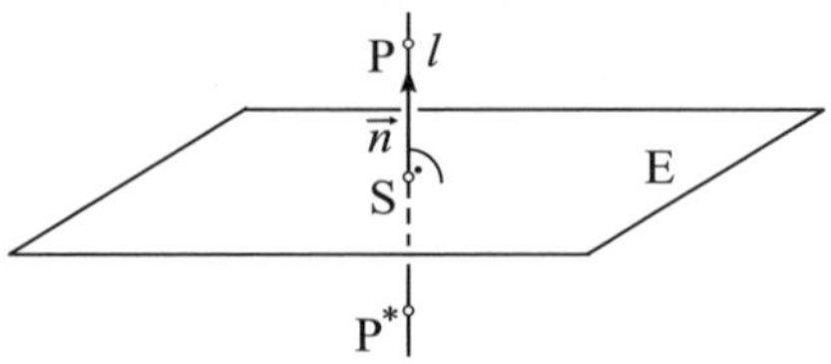

a) Die Lotgerade l hat die Gleichung $l:\ \vec{x}=\begin{pmatrix}1\\4\\7\end{pmatrix}+s\cdot\begin{pmatrix}1\\-1\\-2\end{pmatrix}$. Schneidet man l mit E: $x_1-x_2-2x_3+11=0$, ergibt sich: $\Rightarrow\ 1+s-(4-s)-2(7-2s)+11=0 \Rightarrow 6s=6$ $\Rightarrow s=1$. Setzt man $s=1$ in l ein, ergibt sich der Lotfußpunkt L $(2\mid 3\mid 5)$. Nun wird A an L gespiegelt: $\overrightarrow{OA^*}=\overrightarrow{OL}+\overrightarrow{AL}$, damit ist A* $(3\mid 2\mid 3)$.

b) Die Lotgerade l hat die Gleichung $l:\ \vec{x}=\begin{pmatrix}-1\\-4\\-9\end{pmatrix}+t\cdot\begin{pmatrix}2\\-2\\1\end{pmatrix}$. Schneidet man l mit E: $2x_1-2x_2+x_3=6$, ergibt sich: $\Rightarrow\ 2\cdot(-1+2t)-2\cdot(-4-2t)+(-9+t)=6 \Rightarrow t=1$. Setzt man $t=1$ in l ein, ergibt sich der Lotfußpunkt L $(1\mid -6\mid -8)$. Nun wird S an L gespiegelt: $\overrightarrow{OS^*}=\overrightarrow{OL}+\overrightarrow{SL}$, damit ist S* $(3\mid -8\mid -7)$.

c) Die Lotgerade l hat die Gleichung $l:\ \vec{x}=\begin{pmatrix}2\\3\\4\end{pmatrix}+r\cdot\begin{pmatrix}4\\1\\-1\end{pmatrix}$. Schneidet man l mit E: $4x_1+x_2-x_3=3$, ergibt sich: $\Rightarrow\ 4\cdot(2+4r)+3+r-(4-r)=3 \Rightarrow r=-\frac{2}{9}$. Setzt man $r=-\frac{2}{9}$ in l ein, ergibt sich der Lotfußpunkt L $\left(\frac{10}{9}\mid\frac{25}{9}\mid\frac{38}{9}\right)$. Nun wird P an L gespiegelt: $\overrightarrow{OP^*}=\overrightarrow{OL}+\overrightarrow{PL}$, damit ist P* $\left(\frac{2}{9}\mid\frac{23}{9}\mid\frac{40}{9}\right)$.

Punkt an Gerade

Ein Punkt wird an einer Geraden gespiegelt, indem man eine Hilfsebene E_H durch den Punkt und senkrecht zur Geraden aufstellt (der Richtungsvektor $\vec{r}$ der Geraden wird als Normalenvektor $\vec{n}$ benutzt). Anschließend wird die Hilfsebene mit der Geraden geschnitten und der Punkt am Schnittpunkt S von Gerade und Ebene gespiegelt.

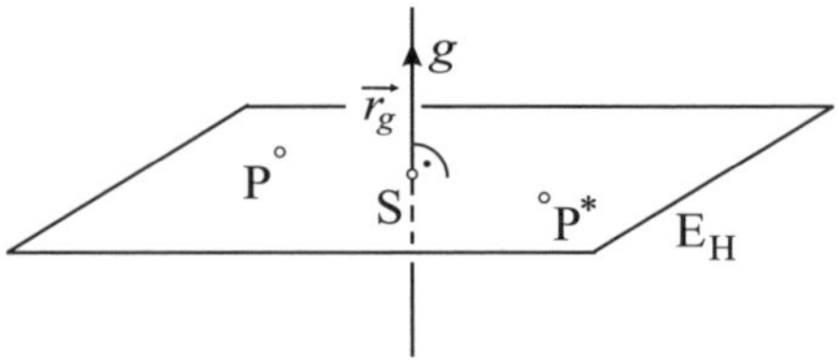

a) Setzt man P und $\vec{r}$ in die Punkt-Normalenform ein, ergibt sich:

$$E_H:\ \left(\begin{pmatrix}x_1\\x_2\\x_3\end{pmatrix}-\begin{pmatrix}2\\3\\4\end{pmatrix}\right)\cdot\begin{pmatrix}1\\0\\1\end{pmatrix}=0$$

damit hat die Hilfsebene die Gleichung $E_H: \; x_1 + x_3 = 6$.
Schneidet man E_H mit g, ergibt sich: $2+t+2+t=6 \Rightarrow t=1$
Setzt man $t=1$ in die Geradengleichung ein, erhält man den Schnittpunkt $S(3 \mid 1 \mid 3)$.
Spiegelt man P an S mit Hilfe einer Vektorkette, ergibt sich $P^*(4 \mid -1 \mid 2)$.

b) Setzt man B und $\vec{r}$ in die Punkt-Normalenform ein, ergibt sich die Hilfsebene $E_H: \; 4x_1 - x_2 - x_3 = 21$. Schneidet man E_H mit g, erhält man $t=2$ und damit den Schnittpunkt $S(7 \mid 4 \mid 3)$.
Spiegelt man B an S mit Hilfe einer Vektorkette, ergibt sich $B^*(9 \mid 10 \mid 5)$.

Gerade an Ebene

Um eine Gerade an einer Ebene zu spiegeln, prüft man zuerst mit Hilfe des Skalarprodukts, ob die Gerade die Ebene schneidet oder ob die Gerade und die Ebene parallel sind; gegebenenfalls wird der Schnittpunkt berechnet. Mit Hilfe einer Lotgeraden und einer Vektorkette wird der Stützpunkt der Geraden an der Ebene gespiegelt. Schließlich wird der Richtungsvektor der Spiegelgeraden bestimmt.

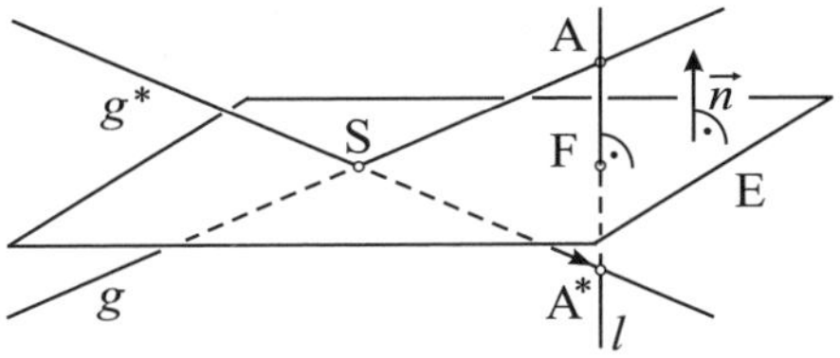

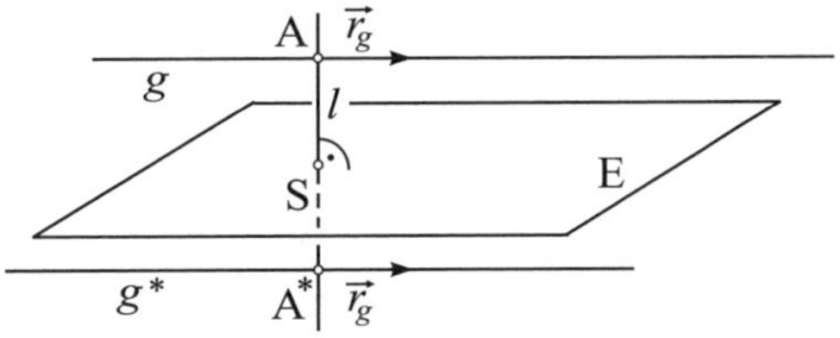

a) Die Gerade $g: \vec{x} = \begin{pmatrix} 6 \\ 2 \\ 0 \end{pmatrix} + t \cdot \begin{pmatrix} 3 \\ 1 \\ 5 \end{pmatrix}$ und die Ebene $E: \; x_1 - x_2 = 0$ schneiden sich, da das Skalarprodukt des Richtungsvektors der Geraden mit dem Normalenvektor der Ebene nicht Null ergibt:

$$\begin{pmatrix} 3 \\ 1 \\ 5 \end{pmatrix} \cdot \begin{pmatrix} 1 \\ -1 \\ 0 \end{pmatrix} = 3 \cdot 1 + 1 \cdot (-1) + 5 \cdot 0 = 2 \neq 0$$

Den Schnittpunkt S von g und E erhält man, indem man den «allgemeinen Punkt» $P_t(6+3t \mid 2+t \mid 5t)$ von g in E einsetzt:

$$6 + 3t - (2+t) = 0 \;\Rightarrow\; t = -2 \;\Rightarrow\; S(0 \mid 0 \mid -10)$$

Die Lotgerade l durch den Stützpunkt $A(6 \mid 2 \mid 0)$ von g hat die Gleichung:

$$l: \vec{x} = \begin{pmatrix} 6 \\ 2 \\ 0 \end{pmatrix} + s \cdot \begin{pmatrix} 1 \\ -1 \\ 0 \end{pmatrix}$$

Schneidet man l mit E, erhält man den Lotfußpunkt L:

$$6+s-(2-s)=0 \Rightarrow s=-2 \Rightarrow \mathrm{L}(4\,|\,4\,|\,0)$$

Nun wird A an L gespiegelt:

$$\overrightarrow{\mathrm{OA}^*}=\overrightarrow{\mathrm{OL}}+\overrightarrow{\mathrm{AL}}=\begin{pmatrix}4\\4\\0\end{pmatrix}+\begin{pmatrix}-2\\2\\0\end{pmatrix}=\begin{pmatrix}2\\6\\0\end{pmatrix} \Rightarrow \mathrm{A}^*(2\,|\,6\,|\,0)$$

Der Stützpunkt der Spiegelgeraden g^* ist beispielsweise S, der Richtungsvektor von g^* ist der Verbindungsvektor von S zu A^*. Damit ergibt sich:

$$g^*: \vec{x}=\begin{pmatrix}0\\0\\-10\end{pmatrix}+r\cdot\begin{pmatrix}2\\6\\10\end{pmatrix}$$

b) Die Gerade $g:\ \vec{x}=\begin{pmatrix}4\\9\\5\end{pmatrix}+t\cdot\begin{pmatrix}4\\-1\\-1\end{pmatrix}$ und die Ebene $\mathrm{E}: x_1+2x_2+2x_3=5$ sind parallel, da das Skalarprodukt des Richtungsvektors der Geraden mit dem Normalenvektor der Ebene Null ergibt:

$$\begin{pmatrix}4\\-1\\-1\end{pmatrix}\cdot\begin{pmatrix}1\\2\\2\end{pmatrix}=4\cdot 1+(-1)\cdot 2+(-1)\cdot 2=0$$

Die Lotgerade l durch den Stützpunkt $\mathrm{A}(4\,|\,9\,|\,5)$ von g hat die Gleichung:

$$l:\ \vec{x}=\begin{pmatrix}4\\9\\5\end{pmatrix}+s\cdot\begin{pmatrix}1\\2\\2\end{pmatrix}$$

Schneidet man l mit E, erhält man den Lotfußpunkt L:

$$4+s+2\cdot(9+2s)+2\cdot(5+2s)=5 \Rightarrow s=-3 \Rightarrow \mathrm{L}(1\,|\,3\,|\,-1)$$

Nun wird A an L gespiegelt:

$$\overrightarrow{\mathrm{OA}^*}=\overrightarrow{\mathrm{OL}}+\overrightarrow{\mathrm{AL}}=\begin{pmatrix}1\\3\\-1\end{pmatrix}+\begin{pmatrix}-3\\-6\\-6\end{pmatrix}=\begin{pmatrix}-2\\-3\\-7\end{pmatrix} \Rightarrow \mathrm{A}^*(-2\,|\,-3\,|\,-7)$$

Der Stützpunkt der Spiegelgeraden g^* ist A^*, der Richtungsvektor von g^* ist der Richtungsvektor von g. Damit ergibt sich:

$$g^*: \vec{x}=\begin{pmatrix}-2\\-3\\-7\end{pmatrix}+r\cdot\begin{pmatrix}4\\-1\\-1\end{pmatrix}$$

Stochastik

8 Wahrscheinlichkeitsrechnung

8.1 Baumdiagramme und Pfadregeln

Ziehen mit Zurücklegen

a) I)

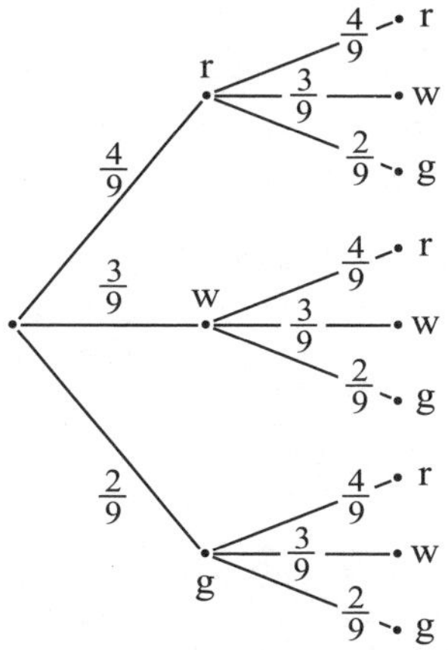

Da 4 rote, 3 weiße und 2 gelbe, also insgesamt 9 Kugeln in der Urne sind, betragen die Wahrscheinlichkeiten bei jedem Ziehen für rot (r), weiß (w) bzw. gelb (g): $\frac{4}{9}, \frac{3}{9}$ bzw. $\frac{2}{9}$.

Die Wahrscheinlichkeit, eine weiße und eine gelbe Kugel zu ziehen, erhält man mit Hilfe der 1. und 2. Pfadregel (Produkt- und Summenregel):

$$\text{P}(\text{«eine weiße und eine gelbe Kugel»}) = \text{P}(\text{wg}) + \text{P}(\text{gw}) = \frac{3}{9} \cdot \frac{2}{9} + \frac{2}{9} \cdot \frac{3}{9} = \frac{4}{27}$$

II)

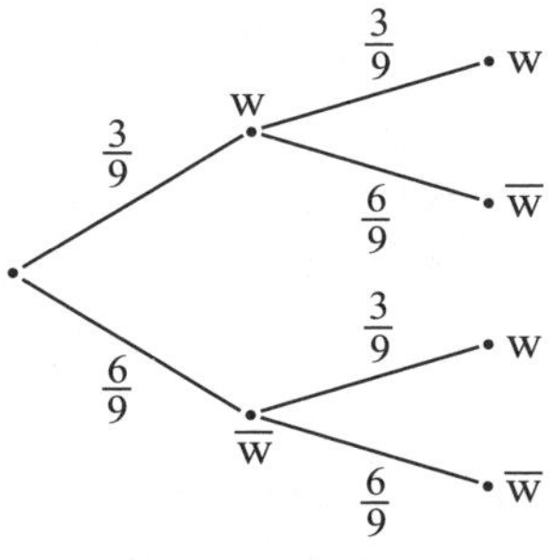

Da 3 weiße und 6 nicht weiße, also insgesamt 9 Kugeln in der Urne sind, beträgt die Wahrscheinlichkeit bei jedem Ziehen für weiß (w): $\frac{3}{9}$ und für nicht weiß ($\bar{\text{w}}$): $\frac{6}{9}$.

Die Wahrscheinlichkeit, keine weiße Kugel zu ziehen, erhält man mit Hilfe der 1. Pfadregel (Produktregel):

$$\text{P}(\text{«keine weiße Kugel»}) = \text{P}(\bar{\text{w}}\bar{\text{w}}) = \frac{6}{9} \cdot \frac{6}{9} = \frac{4}{9}$$

b) I)

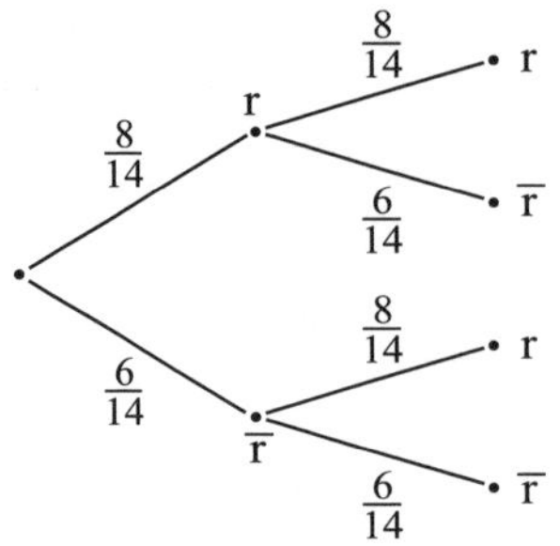

Da 8 rote und 6 nicht rote, also insgesamt 14 Kugeln in der Urne sind, beträgt die Wahrscheinlichkeit bei jedem Ziehen für rot (r): $\frac{8}{14}$ und für nicht rot ($\bar{r}$): $\frac{6}{14}$.

Die Wahrscheinlichkeit, keine rote Kugel zu ziehen, erhält man mit Hilfe der 1. Pfadregel (Produktregel):

$$P(\text{«keine rote Kugel»}) = P(\bar{r}\bar{r}) = \frac{6}{14} \cdot \frac{6}{14} = \frac{3}{7} \cdot \frac{3}{7} = \frac{9}{49}$$

II) Die Wahrscheinlichkeit, höchstens eine rote Kugel zu ziehen, erhält man mit Hilfe der 1. und 2. Pfadregel (Produkt- und Summenregel):

$$\begin{aligned} P(\text{«höchstens eine rote Kugel»}) &= P(\bar{r}\bar{r}) + P(\bar{r}r) + P(r\bar{r}) \\ &= \frac{6}{14} \cdot \frac{6}{14} + \frac{6}{14} \cdot \frac{8}{14} + \frac{8}{14} \cdot \frac{6}{14} \\ &= \frac{3}{7} \cdot \frac{3}{7} + \frac{3}{7} \cdot \frac{4}{7} + \frac{4}{7} \cdot \frac{3}{7} \\ &= \frac{9}{49} + \frac{12}{49} + \frac{12}{49} \\ &= \frac{33}{49} \end{aligned}$$

Alternativ kann man auch mit dem Gegenereignis rechnen:

$$\begin{aligned} P(\text{«höchstens eine rote Kugel»}) &= 1 - P(\text{«zwei rote Kugeln»}) \\ &= 1 - P(rr) \\ &= 1 - \frac{8}{14} \cdot \frac{8}{14} \\ &= 1 - \frac{4}{7} \cdot \frac{4}{7} \\ &= \frac{49}{49} - \frac{16}{49} \\ &= \frac{33}{49} \end{aligned}$$

c) I)

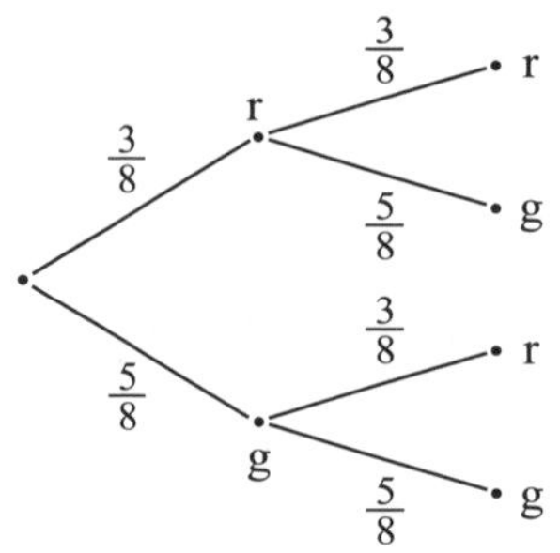

Da 5 gelbe und 3 rote, also insgesamt 8 Kugeln im Behälter sind, beträgt die Wahrscheinlichkeit bei jedem Ziehen für gelb (g): $\frac{5}{8}$ und für rot (r): $\frac{3}{8}$.

Die Wahrscheinlichkeit, mindestens eine gelbe Kugel zu ziehen, erhält man mit Hilfe der 1. und 2. Pfadregel (Produkt- und Summenregel):

$$\begin{aligned} P(\text{«mindestens eine gelbe Kugel»}) &= P(rg) + P(gr) + P(gg) \\ &= \frac{3}{8}\cdot\frac{5}{8} + \frac{5}{8}\cdot\frac{3}{8} + \frac{5}{8}\cdot\frac{5}{8} \\ &= \frac{15}{64} + \frac{15}{64} + \frac{25}{64} = \frac{55}{64} \end{aligned}$$

Alternativ kann man auch mit dem Gegenereignis rechnen:

$$\begin{aligned} P(\text{«mindestens eine gelbe Kugel»}) &= 1 - P(\text{«keine gelbe Kugel»}) \\ &= 1 - P(rr) \\ &= 1 - \frac{3}{8}\cdot\frac{3}{8} \\ &= \frac{64}{64} - \frac{9}{64} = \frac{55}{64} \end{aligned}$$

II)

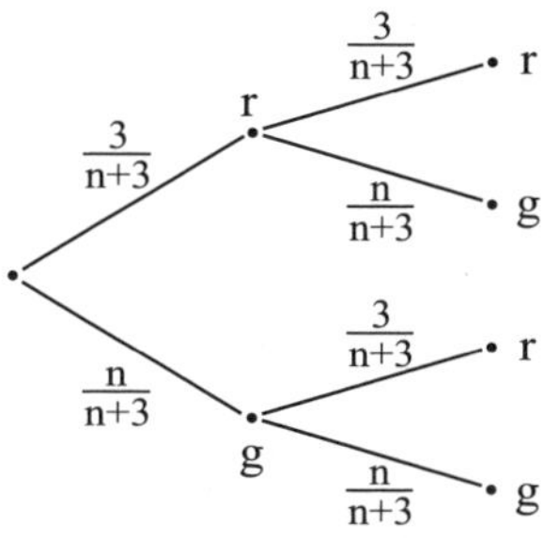

Wenn im Behälter 3 rote und n gelbe Kugeln sind, gibt es insgesamt $n+3$ Kugeln. Damit beträgt die Wahrscheinlichkeit bei jedem Ziehen für gelb (g): $\frac{n}{n+3}$ und für rot (r): $\frac{3}{n+3}$.
Da die Wahrscheinlichkeit, mindestens eine gelbe Kugel zu ziehen, 0,91 betragen soll, erhält man (am geschicktesten) mit Hilfe des Gegenereignisses folgende Gleichung:

$$\begin{aligned} P(\text{«mindestens eine gelbe Kugel»}) &= 1 - P(\text{«keine gelbe Kugel»}) \\ 0{,}91 &= 1 - P(rr) \\ 0{,}91 &= 1 - \frac{3}{n+3}\cdot\frac{3}{n+3} \\ \frac{3}{n+3}\cdot\frac{3}{n+3} &= 0{,}09 \\ \frac{9}{(n+3)^2} &= 0{,}09 \\ \frac{9}{0{,}09} &= (n+3)^2 \\ \frac{9}{\frac{9}{100}} &= (n+3)^2 \\ 100 &= (n+3)^2 \mid \pm\sqrt{\ } \\ \pm 10 &= n+3 \end{aligned}$$

Durch Fallunterscheidung ergibt sich:
I) $n+3 = 10 \Rightarrow n_1 = 7$ bzw. II) $n+3 = -10 \Rightarrow n_2 = -13$
Wegen $n > 0$ kommt nur $n_1 = 7$ als Lösung in Frage.
Also hätten sich im Behälter 7 gelbe Kugeln befinden müssen.

d) I)

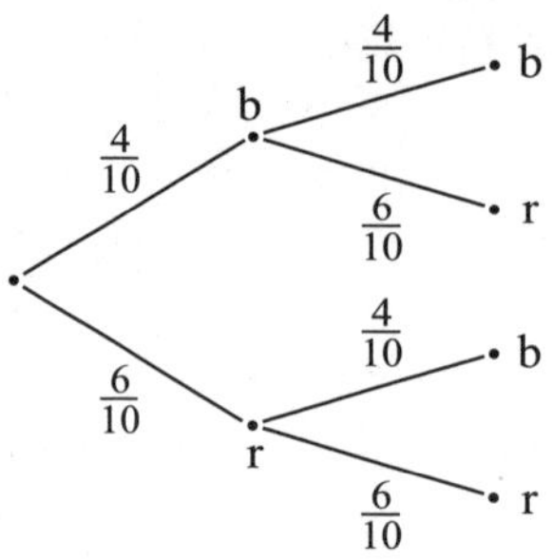

Da 4 blaue und 6 rote, also insgesamt 10 Kugeln in der Urne sind, beträgt die Wahrscheinlichkeit bei jedem Ziehen für blau (b): $\frac{4}{10}$ und für rot (r): $\frac{6}{10}$.

Die Wahrscheinlichkeit, dass höchstens eine Kugel blau ist, erhält man mit Hilfe der 1. und 2. Pfadregel (Produkt- und Summenregel):

$$\begin{aligned} P(\text{«höchstens eine blaue Kugel»}) &= P(rr) + P(br) + P(rb) \\ &= \frac{6}{10} \cdot \frac{6}{10} + \frac{4}{10} \cdot \frac{6}{10} + \frac{6}{10} \cdot \frac{4}{10} \\ &= \frac{36}{100} + \frac{24}{100} + \frac{24}{100} \\ &= \frac{84}{100} = 0,84 \end{aligned}$$

Alternativ kann man auch mit dem Gegenereignis rechnen:

$$\begin{aligned} P(\text{«höchstens eine blaue Kugel»}) &= 1 - P(\text{«zwei blaue Kugeln»}) \\ &= 1 - P(bb) \\ &= 1 - \frac{4}{10} \cdot \frac{4}{10} \\ &= \frac{100}{100} - \frac{16}{100} = \frac{84}{100} = 0,84 \end{aligned}$$

II)

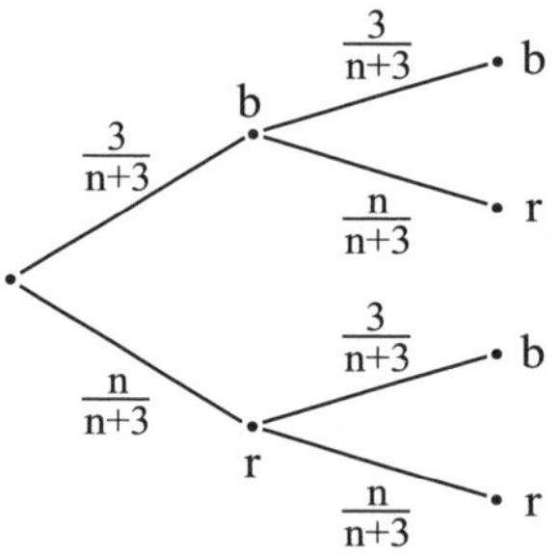

Wenn im Behälter 6 rote und n blaue Kugeln sind, gibt es insgesamt $n+6$ Kugeln. Damit beträgt die Wahrscheinlichkeit bei jedem Ziehen für blau (b): $\frac{n}{n+6}$ und für rot (r): $\frac{6}{n+6}$.

Da die Wahrscheinlichkeit, höchstens eine blaue Kugel zu ziehen, 0,64 betragen soll, erhält man (am geschicktesten) mit Hilfe des Gegenereignisses folgende Gleichung:

$$\begin{aligned} P(\text{«höchstens eine blaue Kugel»}) &= 1 - P(\text{«zwei blaue Kugeln»}) \\ 0,64 &= 1 - P(bb) \\ 0,64 &= 1 - \frac{n}{n+6} \cdot \frac{n}{n+6} \\ \frac{n}{n+6} \cdot \frac{n}{n+6} &= 0,36 \\ \frac{n^2}{(n+6)^2} &= 0,36 \quad | \pm\sqrt{} \\ \frac{n}{n+6} &= \pm 0,6 \end{aligned}$$

Durch Fallunterscheidung erhält man:

$$\begin{aligned} \tfrac{n}{n+6} &= 0{,}6 \\ n &= 0{,}6 \cdot n + 3{,}6 \\ 0{,}4 \cdot n &= 3{,}6 \\ \Rightarrow n_1 &= 9 \end{aligned} \qquad \begin{aligned} \tfrac{n}{n+6} &= -0{,}6 \\ n &= -0{,}6 \cdot n - 3{,}6 \\ 1{,}6 \cdot n &= -3{,}6 \\ \Rightarrow n_2 &= -\tfrac{9}{4} \end{aligned}$$

Wegen $n > 0$ kommt nur $n_1 = 9$ als Lösung in Frage.
Also hätten sich im Behälter 9 blaue Kugeln befinden müssen.

e) I)

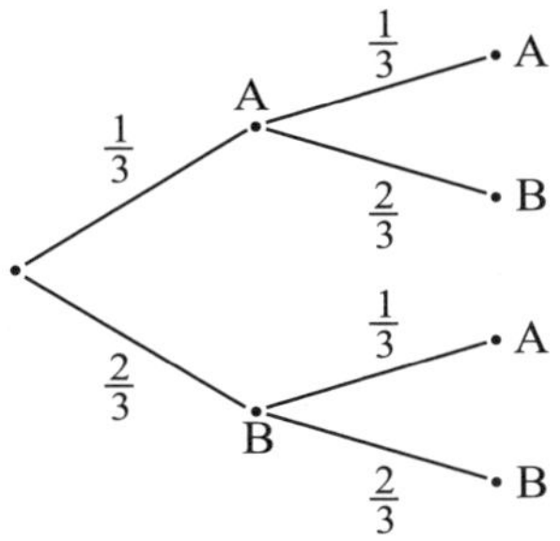

Da 4-mal der Buchstabe A und 8-mal der Buchstabe B, also insgesamt 12 Buchstaben im Hut sind, beträgt die Wahrscheinlichkeit bei jedem Ziehen für A: $\frac{4}{12} = \frac{1}{3}$ und für B: $\frac{8}{12} = \frac{2}{3}$.
Die Wahrscheinlichkeit, mindestens einmal B zu ziehen, erhält man mit Hilfe der 1. und 2. Pfadregel (Produkt- und Summenregel):

$$\begin{aligned} P(\text{«mindestens einmal B»}) &= P(AB) + P(BA) + P(BB) \\ &= \frac{1}{3} \cdot \frac{2}{3} + \frac{2}{3} \cdot \frac{1}{3} + \frac{2}{3} \cdot \frac{2}{3} \\ &= \frac{2}{9} + \frac{2}{9} + \frac{4}{9} = \frac{8}{9} \end{aligned}$$

Alternativ kann man auch mit dem Gegenereignis rechnen:

$$\begin{aligned} P(\text{«mindestens einmal B»}) &= 1 - P(\text{«kein B»}) \\ &= 1 - P(AA) \\ &= 1 - \frac{1}{3} \cdot \frac{1}{3} \\ &= \frac{9}{9} - \frac{1}{9} = \frac{8}{9} \end{aligned}$$

II)

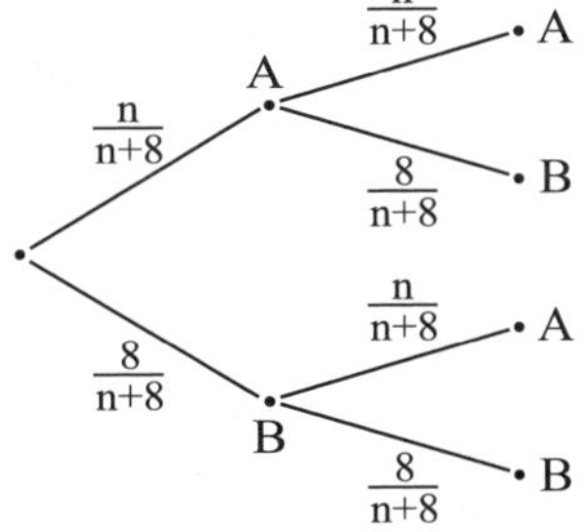

Wenn im Hut n-mal der Buchstabe A und 8-mal der Buchstabe B sind, gibt es insgesamt $n + 8$ Buchstaben. Damit beträgt die Wahrscheinlichkeit bei jedem Ziehen für A: $\frac{n}{n+8}$ und für B: $\frac{8}{n+8}$.
Da die Wahrscheinlichkeit, höchstens einmal den Buchstaben B zu ziehen, 0,96 betragen soll, erhält man (am geschicktesten) mit Hilfe des Gegenereignisses folgende Gleichung:

$$
\begin{aligned}
P(\text{«höchstens einmal B»}) &= 1 - P(\text{«zweimal B»}) \\
0{,}96 &= 1 - P(BB) \\
0{,}96 &= 1 - \frac{8}{n+8} \cdot \frac{8}{n+8} \\
\frac{8}{n+8} \cdot \frac{8}{n+8} &= 0{,}04 \\
\frac{64}{(n+8)^2} &= 0{,}04 \\
\frac{64}{0{,}04} &= (n+8)^2 \\
\frac{64}{\frac{4}{100}} &= (n+8)^2 \\
1600 &= (n+8)^2 \mid \pm\sqrt{\ } \\
\pm 40 &= n+8 \\
\Rightarrow\ n_1 &= 32 \text{ bzw. } n_2 = -48
\end{aligned}
$$

Wegen $n > 0$ kommt nur $n_1 = 32$ als Lösung in Frage.
Also hätten sich im Hut 32 Buchstaben A befinden müssen.

f) I)

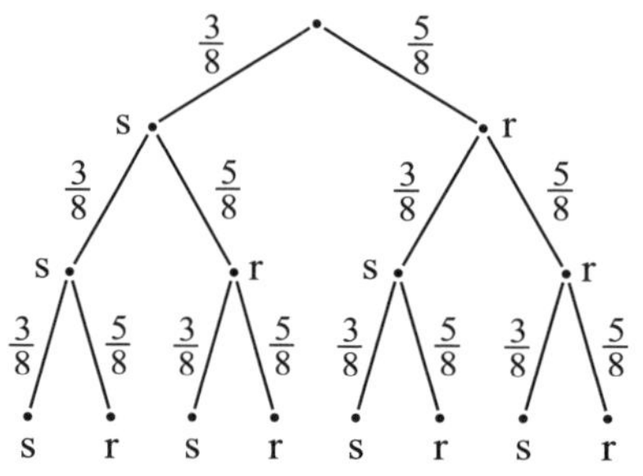

Zum Baumdiagramm passt z.B. folgende Situation:
In einer Urne befinden sich 5 rote und 3 schwarze Kugeln. Es werden drei Kugeln mit Zurücklegen gezogen, da die Wahrscheinlichkeiten beim 2. und beim 3. Zug gleich groß sind wie beim 1. Zug.

II) Die Wahrscheinlichkeit beträgt bei jedem Ziehen für rot (r): $\frac{5}{8}$ und für schwarz (s): $\frac{3}{8}$.
Die Wahrscheinlichkeit, dass mindestens eine Kugel rot ist, erhält man am geschicktesten mit Hilfe des Gegenereignisses:

$$
\begin{aligned}
P(\text{«mindestens eine rote Kugel»}) &= 1 - P(\text{«keine rote Kugel»}) \\
&= 1 - P(sss) \\
&= 1 - \frac{3}{8} \cdot \frac{3}{8} \cdot \frac{3}{8} \\
&= \frac{512}{512} - \frac{27}{512} \\
&= \frac{485}{512}
\end{aligned}
$$

Ziehen ohne Zurücklegen

a) I)

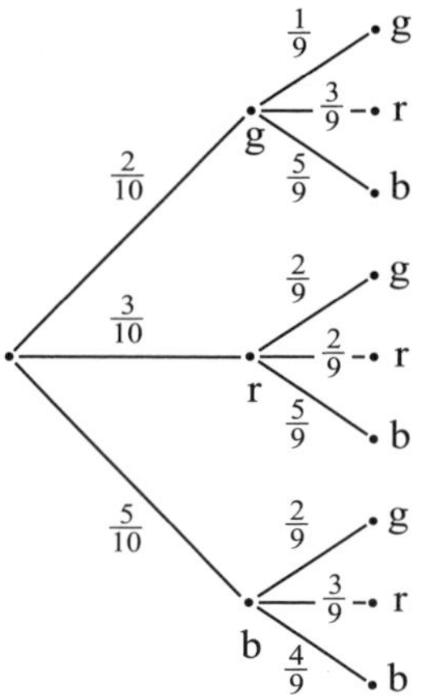

Da 2 grüne, 3 rote und 5 blaue, also insgesamt 10 Kugeln in der Urne sind, betragen die Wahrscheinlichkeiten beim 1. Ziehen für grün (g): $\frac{2}{10}$, für rot (r): $\frac{3}{10}$ und für blau (b): $\frac{5}{10}$.

Danach sind nur noch 9 Kugeln in der Urne und die Wahrscheinlichkeiten bei der 2. Ziehung hängen jeweils davon ab, welche Farbe beim 1. Mal gezogen wurde.

Die Wahrscheinlichkeit, dass eine grüne und eine rote Kugel gezogen wird, erhält man mit Hilfe der 1. und 2. Pfadregel (Produkt- und Summenregel):

$$\begin{aligned} P(\text{«rote und grüne Kugel»}) &= P(gr) + P(rg) \\ &= \frac{2}{10} \cdot \frac{3}{9} + \frac{3}{10} \cdot \frac{2}{9} \\ &= \frac{12}{90} = \frac{2}{15} \end{aligned}$$

II)

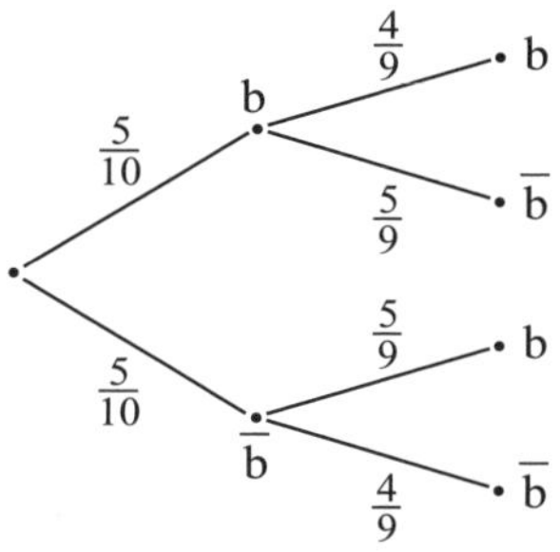

Da 5 blaue und 5 nicht blaue, also insgesamt 10 Kugeln in der Urne sind, betragen die Wahrscheinlichkeiten beim 1. Ziehen für blau (b): $\frac{5}{10}$ und für nicht blau ($\bar{b}$): $\frac{5}{10}$.

Danach sind nur noch 9 Kugeln in der Urne und die Wahrscheinlichkeiten bei der 2. Ziehung hängen jeweils davon ab, welche Farbe beim 1. Mal gezogen wurde.

Die Wahrscheinlichkeit, dass keine blaue Kugel gezogen wird, erhält man mit Hilfe der 1. Pfadregel (Produktregel):

$$P(\text{«keine blaue Kugel»}) = P(\bar{b}\bar{b}) = \frac{5}{10} \cdot \frac{4}{9} = \frac{20}{90} = \frac{2}{9}$$

b) I)

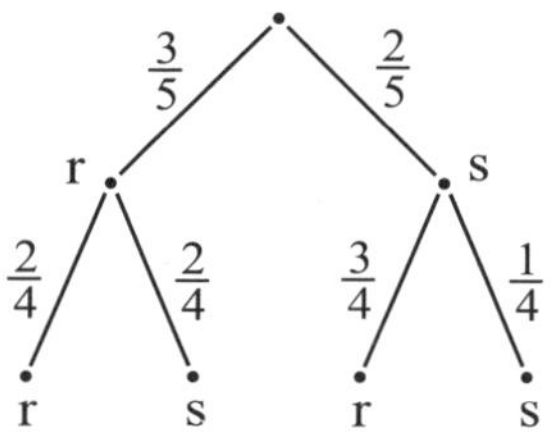

Zum Baumdiagramm passt z.B. folgende Situation:

In einer Urne befinden sich 3 rote und 2 schwarze Kugeln. Es werden zwei Kugeln ohne Zurücklegen gezogen, da die Wahrscheinlichkeiten beim 2. Zug anders sind als beim 1. Zug.

II) Die Wahrscheinlichkeit beträgt beim 1. Ziehen für rot (r): $\frac{3}{5}$ und für schwarz (s): $\frac{2}{5}$. Danach sind nur noch 4 Kugeln in der Urne und die Wahrscheinlichkeiten bei der 2. Ziehung hängen jeweils davon ab, welche Farbe beim 1. Mal gezogen wurde.
Die Wahrscheinlichkeit, dass beide Kugeln gleichfarbig sind, erhält man mit Hilfe der 1. und 2. Pfadregel (Produkt- und Summenregel):

$$\begin{aligned} P(\text{«beide Kugeln gleichfarbig»}) &= P(rr) + P(ss) \\ &= \frac{3}{5} \cdot \frac{2}{4} + \frac{2}{5} \cdot \frac{1}{4} \\ &= \frac{6}{20} + \frac{2}{20} = \frac{8}{20} = \frac{2}{5} \end{aligned}$$

c) I) Das gleichzeitige Ziehen von Kugeln entspricht einem Ziehen ohne Zurücklegen. Da 7 weiße, 5 schwarze und 3 rote, also insgesamt 15 Kugeln in der Urne sind, betragen die Wahrscheinlichkeiten beim 1. Ziehen für weiß (w): $\frac{7}{15}$, für schwarz (s): $\frac{5}{15}$ und für rot (r): $\frac{3}{15}$.
Danach sind nur noch 14 Kugeln in der Urne und die Wahrscheinlichkeiten bei der 2. Ziehung hängen jeweils davon ab, welche Farbe beim 1. Mal gezogen wurde. Schließlich sind nur noch 13 Kugeln in der Urne.

Die Wahrscheinlichkeit, dass eine weiße und zwei schwarze Kugeln gezogen werden, erhält man mit Hilfe der 1. und 2. Pfadregel (Produkt- und Summenregel):

$$\begin{aligned} P(\text{« 1 weiße und 2 schwarze Kugeln»}) &= P(wss) + P(sws) + P(ssw) \\ &= \frac{7}{15} \cdot \frac{5}{14} \cdot \frac{4}{13} + \frac{5}{15} \cdot \frac{7}{14} \cdot \frac{4}{13} + \frac{5}{15} \cdot \frac{4}{14} \cdot \frac{7}{13} \\ &= 3 \cdot \frac{7}{15} \cdot \frac{5}{14} \cdot \frac{4}{13} = \frac{2}{13} \end{aligned}$$

II)

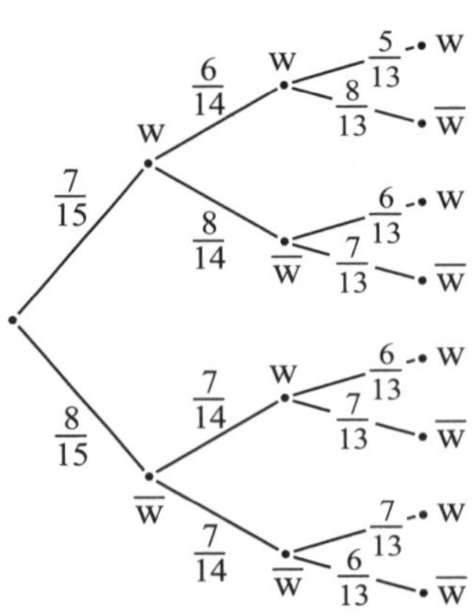

Da 7 weiße und 8 nicht weiße, also insgesamt 15 Kugeln in der Urne sind, betragen die Wahrscheinlichkeiten beim 1. Ziehen für weiß (w): $\frac{7}{15}$ und für nicht weiß $\bar{w}$: $\frac{8}{15}$.

Danach sind nur noch 14 Kugeln in der Urne und die Wahrscheinlichkeiten bei der 2. Ziehung hängen jeweils davon ab, welche Farbe beim 1. Mal gezogen wurde. Schließlich sind nur noch 13 Kugeln in der Urne.

Die Wahrscheinlichkeit, dass mindestens eine weiße Kugel gezogen wird, erhält man am geschicktesten mit Hilfe des Gegenereignisses:

$$
\begin{aligned}
P(\text{«mindestens eine weiße Kugel»}) &= 1 - P(\text{«keine weiße Kugel»})\\
&= 1 - P(\bar{w}\bar{w}\bar{w})\\
&= 1 - \frac{8}{15}\cdot\frac{7}{14}\cdot\frac{6}{13}\\
&= 1 - \frac{8}{65} = \frac{57}{65}
\end{aligned}
$$

d) I)

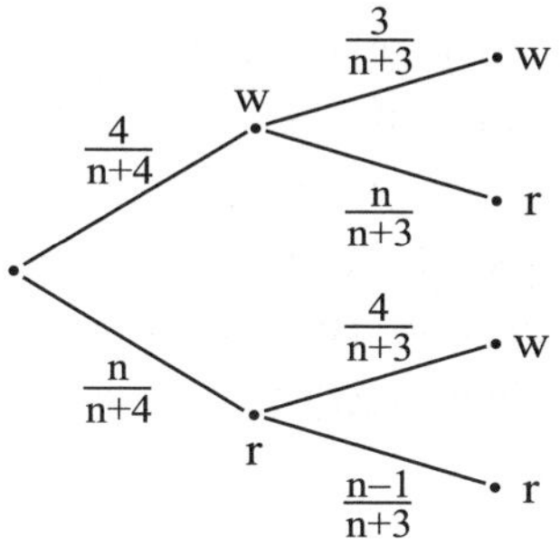

Wenn in der Urne 4 weiße und n rote Kugeln sind, gibt es insgesamt $n+4$ Kugeln. Damit beträgt die Wahrscheinlichkeit beim 1. Ziehen für weiß (w): $\frac{4}{n+4}$ und für rot (r): $\frac{n}{n+4}$.

Beim 2. Ziehen sind nur noch $n+3$ Kugeln vorhanden und die Wahrscheinlichkeiten hängen davon ab, welche Farbe schon gezogen wurde. Da die Wahrscheinlichkeit, dass beide Kugeln weiß sind, $\frac{1}{6}$ betragen soll, erhält man mit Hilfe der 1. Pfadregel folgende Gleichung:

$$
\begin{aligned}
P(\text{«beide Kugeln weiß»}) &= P(ww)\\
\frac{1}{6} &= \frac{4}{n+4}\cdot\frac{3}{n+3}\\
(n+4)\cdot(n+3) &= 72\\
n^2 + 7n - 60 &= 0\\
&\Rightarrow n_1 = 5 \text{ bzw. } n_2 = -12
\end{aligned}
$$

Wegen $n > 0$ kommt nur $n_1 = 5$ als Lösung in Frage.
Also waren in der Urne 5 rote Kugeln vorhanden.

II) Da die Wahrscheinlichkeit, mindestens eine weiße Kugel zu ziehen, $\frac{2}{3}$ betragen soll, erhält man (am geschicktesten) mit Hilfe des Gegenereignisses folgende Gleichung:

$$
\begin{aligned}
P(\text{«mindestens eine weiße Kugel»}) &= 1 - P(\text{«keine weiße Kugel»})\\
\frac{2}{3} &= 1 - P(rr)\\
\frac{2}{3} &= 1 - \frac{n}{n+4}\cdot\frac{n-1}{n+3}\\
\frac{n}{n+4}\cdot\frac{n-1}{n+3} &= \frac{1}{3}\\
3\cdot n\cdot(n-1) &= (n+4)\cdot(n+3)\\
3n^2 - 3n &= n^2 + 7n + 12\\
2n^2 - 10n - 12 &= 0\\
n^2 - 5n - 6 &= 0
\end{aligned}
$$

$$\Rightarrow n_1 = 6 \text{ bzw. } n_2 = -1$$

Wegen $n > 0$ kommt nur $n_1 = 6$ als Lösung in Frage.
Also waren in der Urne 6 rote Kugeln vorhanden.

e) I)

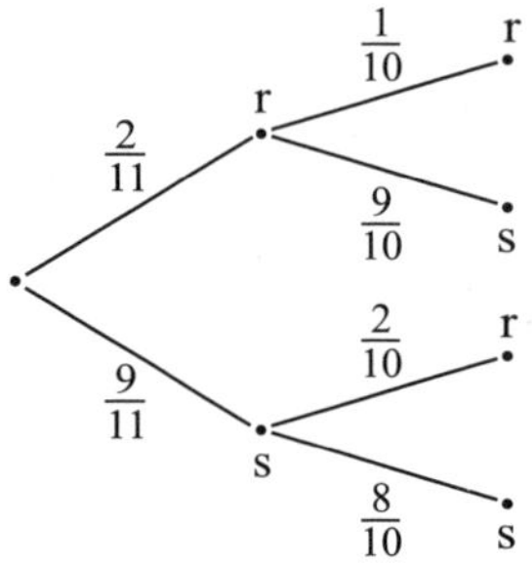

Da 2 rote und 9 schwarze, also insgesamt 11 Kugeln in der Urne sind, beträgt die Wahrscheinlichkeit beim 1. Ziehen für rot (r): $\frac{2}{11}$ und für schwarz (s): $\frac{9}{11}$.
Beim 2. Ziehen sind nur noch 10 Kugeln vorhanden und die Wahrscheinlichkeiten hängen davon ab, welche Farbe schon gezogen wurde.
Die Wahrscheinlichkeit, dass höchstens eine Kugel rot ist, erhält man mit Hilfe der 1. und 2. Pfadregel (Produkt- und Summenregel):

$$\begin{aligned} P(\text{«höchstens eine rote Kugel»}) &= P(rs) + P(sr) + P(ss) \\ &= \frac{2}{11} \cdot \frac{9}{10} + \frac{9}{11} \cdot \frac{2}{10} + \frac{9}{11} \cdot \frac{8}{10} \\ &= \frac{9}{55} + \frac{9}{55} + \frac{36}{55} \\ &= \frac{54}{55} \end{aligned}$$

Alternativ kann man auch mit dem Gegenereignis rechnen:

$$\begin{aligned} P(\text{«höchstens eine rote Kugel»}) &= 1 - P(\text{«zwei rote Kugeln»}) \\ &= 1 - P(rr) \\ &= 1 - \frac{2}{11} \cdot \frac{1}{10} \\ &= \frac{55}{55} - \frac{1}{55} = \frac{54}{55} \end{aligned}$$

II)

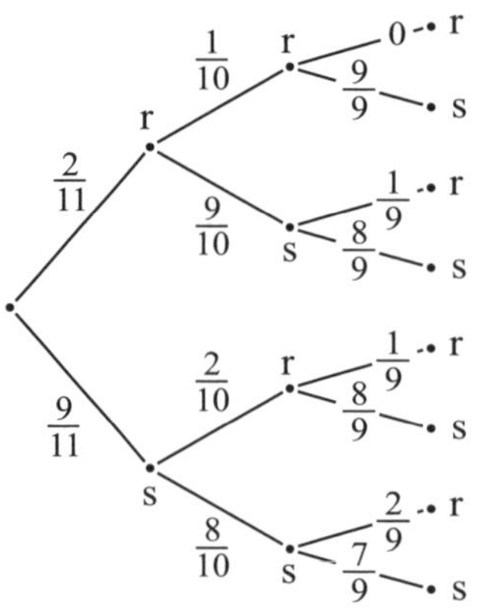

Da 2 rote und 9 schwarze, also insgesamt 11 Kugeln in der Urne sind, beträgt die Wahrscheinlichkeit beim 1. Ziehen für rot (r): $\frac{2}{11}$ und für schwarz (s): $\frac{9}{11}$.
Bei jeder weiteren Ziehung ist eine Kugel weniger vorhanden, so dass die Wahrscheinlichkeiten bei den weiteren Ziehungen davon abhängen, welche Farben schon gezogen wurden.
Die Wahrscheinlichkeit, höchstens zwei schwarze Kugeln zu ziehen, berechnet man am geschicktesten mit Hilfe des Gegenereignisses:

$$\begin{aligned} P(\text{«höchstens zwei schwarze Kugeln»}) &= 1 - P(\text{«drei schwarze Kugeln»}) \\ &= 1 - P(sss) \\ &= 1 - \frac{9}{11} \cdot \frac{8}{10} \cdot \frac{7}{9} \\ &= 1 - \frac{28}{55} = \frac{27}{55} \end{aligned}$$

8.2 Binomialverteilung

Bei einem Bernoulli-Experiment wird die Wahrscheinlichkeit P eines Ereignisses mit k Treffern mit der Trefferwahrscheinlichkeit p und der Kettenlänge n (Anzahl der Durchführungen des Experiments) mit folgender Formel berechnet:

$$P(X = k) = \binom{n}{k} \cdot p^k \cdot (1-p)^{n-k}$$

Bernoulliketten

a) I) Da die Zufallsvariable X binomialverteilt ist mit $p = 0,4$ und $n = 10$, gilt:

$$P(X = 1) = \binom{10}{1} \cdot 0,4^1 \cdot (1 - 0,4)^9 = \frac{10}{1} \cdot 0,4 \cdot 0,6^9 = 4 \cdot 0,6^9$$

II) Anhand der gegebenen Abbildung kann man folgende Wahrscheinlichkeiten näherungsweise ablesen:

$$\begin{aligned} P(X=4) &\approx 0,25 & \quad P(X=8) &\approx 0,01 \\ P(X=5) &\approx 0,20 & \quad P(X=9) &\approx 0,00 \\ P(X=6) &\approx 0,11 & \quad P(X=10) &\approx 0,00 \\ P(X=7) &\approx 0,04 \end{aligned}$$

Damit gilt:

$$P(3 < X < 6) = P(X = 4) + P(X = 5) \approx 0,25 + 0,20 = 0,45$$

und

$$\begin{aligned} P(X > 6) &= P(X = 7) + P(X = 8) + P(X = 9) + P(X = 10) \\ &\approx 0,04 + 0,01 + 0,00 + 0,00 \\ &= 0,05 \end{aligned}$$

b) I) Da es bei der Stichprobe nur die beiden Ausgänge verdorben oder nicht verdorben gibt, handelt es sich um ein Bernoulliexperiment.
Die Wahrscheinlichkeit, dass eine Apfelsine verdorben ist, beträgt $p = 0,2 = \frac{1}{5}$, die Kettenlänge ist $n = 5$.

Damit gilt für die Wahrscheinlichkeit, dass in der Stichprobe genau eine verdorbene Apfelsine ist:

$$P(X=1)=\binom{5}{1}\cdot\left(\frac{1}{5}\right)^{1}\cdot\left(\frac{4}{5}\right)^{4}=5\cdot\frac{4^4}{5^5}=\frac{4^4}{5^4}=\frac{256}{625}$$

II) Um ein Ereignis A anzugeben, formt man die gegebene Wahrscheinlichkeit um:

$$P(A)=\binom{5}{3}\cdot 0,2^3\cdot 0,8^2=P(X=3)$$

Damit lautet das Ereignis A: In der Stichprobe sind genau drei verdorbene Apfelsinen enthalten.

Um ein Ereignis B anzugeben, formt man ebenfalls die gegebene Wahrscheinlichkeit um:

$$\begin{aligned}P(B)&=1-0,2^5\\&=1-\binom{5}{5}\cdot 0,2^5\cdot 0,8^0\\&=1-P(X=5)\end{aligned}$$

Dies ist die Wahrscheinlichkeit für das Gegenereignis zu: Es sind alle 5 Apfelsinen verdorben.

Damit lautet das Ereignis B: Es ist mindestens eine Apfelsine nicht verdorben.

c) I) Da die Zufallsvariable X binomialverteilt ist mit $p=0,2$ und $n=20$, gilt:

$$P(X=2)=\binom{20}{2}\cdot 0,2^2\cdot(1-0,2)^{18}=\frac{20\cdot 19}{2\cdot 1}\cdot 0,2^2\cdot 0,8^{18}=190\cdot 0,2^2\cdot 0,8^{18}$$

II) Aufgrund der Binomialverteilung mit $p=0,2$ und $n=20$ gilt ebenfalls:

$$\begin{aligned}P(X<2)&=P(X=0)+P(X=1)\\&=\binom{20}{0}\cdot 0,2^0\cdot 0,8^{20}+\binom{20}{1}\cdot 0,2^1\cdot 0,8^{19}\\&=0,8^{20}+20\cdot 0,2\cdot 0,8^{19}\\&=0,8^{20}+4\cdot 0,8^{19}\\&=0,8^{20}+5\cdot 0,8\cdot 0,8^{19}\\&=0,8^{20}+5\cdot 0,8^{20}\\&=6\cdot 0,8^{20}\end{aligned}$$

und

$$\begin{aligned}P(X\neq 1)&=1-P(X=1)\\&=1-\binom{20}{1}\cdot 0,2^1\cdot 0,8^{19}\\&=1-20\cdot 0,2\cdot 0,8^{19}\\&=1-4\cdot 0,8^{19}\end{aligned}$$

d) I) Da es bei einer Zwiebel nur die beiden Ausgänge keimen oder nicht keimen gibt, handelt es sich um ein Bernoulliexperiment.

Die Wahrscheinlichkeit, dass eine Zwiebel keimt, beträgt $p = 90\% = 0,9$. Die Kettenlänge ist $n = 20$. Damit gilt für die Wahrscheinlichkeit, dass von 20 Zwiebeln alle keimen:

$$P(X=20) = \binom{20}{20} \cdot 0,9^{20} \cdot 0,1^{0} = 1 \cdot 0,9^{20} \cdot 1 = 0,9^{20}$$

II) Um ein Ereignis A anzugeben, formt man die gegebene Wahrscheinlichkeit um:

$$\begin{aligned} P(A) &= \binom{20}{18} \cdot 0,9^{18} \cdot 0,1^{2} + \binom{20}{19} \cdot 0,9^{19} \cdot 0,1^{1} + 0,9^{20} \\ &= P(X=18) + P(X=19) + P(X=20) \\ &= P(X \geqslant 18) \end{aligned}$$

Damit lautet das Ereignis A: Mindestens 18 Zwiebeln keimen.

Um ein Ereignis B anzugeben, formt man ebenfalls die gegebene Wahrscheinlichkeit um:

$$\begin{aligned} P(B) &= 1 - 0,1^{20} \\ &= 1 - \binom{20}{0} \cdot 0,9^{0} \cdot 0,1^{20} \\ &= 1 - P(X=0) \end{aligned}$$

Dies ist die Wahrscheinlichkeit für das Gegenereignis zu: Es keimt keine der 20 Zwiebeln.

Damit lautet das Ereignis B: Es keimt mindestens eine der Zwiebeln.

e) Die Zufallsvariable X ist binomialverteilt mit $n = 10$ und $p = 0,6$ und hat folgende Verteilung:

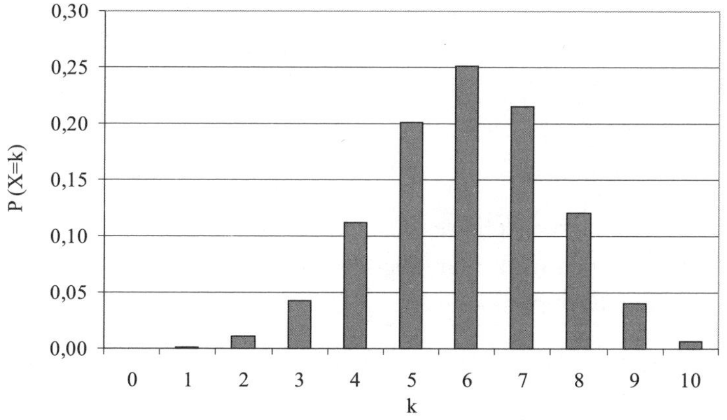

I) Da die Zufallsvariable X binomialverteilt ist mit $p = 0,6$ und $n = 10$, gilt:

$$P(X = 10) = \binom{10}{10} \cdot 0,6^{10} \cdot (1 - 0,6)^0 = 0,6^{10}$$

II) Anhand der gegebenen Abbildung kann man folgende Wahrscheinlichkeiten näherungsweise ablesen:

$$\begin{aligned} P(X = 4) &\approx 0,11 \\ P(X = 6) &\approx 0,25 \\ P(X = 7) &\approx 0,22 \\ P(X = 8) &\approx 0,12 \\ P(X = 9) &\approx 0,04 \\ P(X = 10) &\approx 0,01 \end{aligned}$$

Damit gilt:

$$\begin{aligned} P(X > 5) &= P(X = 6) + P(X = 7) + P(X = 8) + P(X = 9) + P(X = 10) \\ &\approx 0,25 + 0,22 + 0,12 + 0,04 + 0,01 \\ &= 0,64 \end{aligned}$$

und

$$P(X \neq 4) = 1 - P(X = 4) \approx 1 - 0,11 = 0,89$$

8.3 Erwartungswert

a) Da in der Urne 1 weiße, 1 rote und 8 schwarze Kugeln sind, beträgt die Wahrscheinlichkeit für weiß: $\frac{1}{10}$, für rot: $\frac{1}{10}$ und für schwarz: $\frac{8}{10}$. Damit erhält man für die Auszahlungsbeträge folgende Verteilung:

Ereignis	Auszahlungsbetrag x_i	$P(x_i)$	$x_i \cdot P(x_i)$
weiß	4	$\frac{1}{10}$	0,4
rot	8	$\frac{1}{10}$	0,8
schwarz	0	$\frac{8}{10}$	0
Summe		1	1,2

Sei X Zufallsvariable für die Höhe des Gewinns. Den Erwartungswert E von X erhält man, indem man die möglichen Auszahlungsbeträge mit den zugehörigen Wahrscheinlichkeiten multipliziert und den Einsatz subtrahiert:

$$E(X) = 4 \cdot 0,1 + 8 \cdot 0,1 + 0 \cdot 0,8 - 0,5 = 1,2 - 0,5 = 0,7$$

Der Erwartungswert für den Gewinn beträgt 0,70€.

b) I) Mit $n = 80$ und $p = 0,3$ ergibt sich für den Erwartungswert:

$$E(X) = n \cdot p = 80 \cdot 0,3 = 24$$

II) Mit $E(X) = 20$ und $n = 50$ ergibt sich für die Trefferwahrscheinlichkeit:

$$20 = 50 \cdot p \Rightarrow p = \frac{2}{5} = 0,4$$

III) Mit $E(X) = 12$ und $p = 0,6$ ergibt sich für die Kettenlänge:

$$12 = n \cdot 0,6 \Rightarrow n = \frac{12}{0,6} = 20$$

c) Die Wahrscheinlichkeit beträgt für 1 €: $\frac{180}{360}$, für 3 €: $\frac{120}{360}$ und für 4 €: $\frac{60}{360}$. Damit ergibt sich für die Auszahlungsbeträge folgende Verteilung:

Auszahlungsbetrag x_i in €	$P(x_i)$	$x_i \cdot P(x_i)$
1	$\frac{180}{360}$	$\frac{1}{2}$
3	$\frac{120}{360}$	1
4	$\frac{60}{360}$	$\frac{2}{3}$

Sei X Zufallsvariable für die Höhe des Gewinns. Den Erwartungswert von X erhält man, indem man die möglichen Auszahlungsbeträge mit den zugehörigen Wahrscheinlichkeiten multipliziert und den Einsatz von 2 Euro subtrahiert:

$$E(X) = 1 \cdot \frac{180}{360} + 3 \cdot \frac{120}{360} + 4 \cdot \frac{60}{360} - 2 = \frac{1}{2} + 1 + \frac{2}{3} - 2 = \frac{1}{6} \approx 0,17$$

Der Erwartungswert beträgt also etwa 17 Cent.

d) Da in der Urne 4 weiße, 4 rote und 2 schwarze Kugeln sind, beträgt die Wahrscheinlichkeit für weiß (w): $\frac{4}{10} = 0,4$, für rot (r): $\frac{4}{10} = 0,4$ und für schwarz (s): $\frac{2}{10} = 0,2$. Damit ergibt sich für die Auszahlungsbeträge folgende Verteilung:

Ereignis	Auszahlungsbetrag x_i in €	$P(x_i)$	$x_i \cdot P(x_i)$
weiß	1	0,4	0,4
rot	2	0,4	0,8
schwarz	0	0,2	0
Summe		1	1,2

Sei X Zufallsvariable für die Höhe des Gewinns. Den Erwartungswert von X erhält man, indem man die möglichen Auszahlungsbeträge mit den zugehörigen Wahrscheinlichkeiten multipliziert und den Einsatz von 1 Euro subtrahiert:

$$E(X) = 1 \cdot 0,4 + 2 \cdot 0,4 + 0 \cdot 0,2 - 1 = 1,2 - 1 = 0,2$$

Der Erwartungswert beträgt $0,20$ €.
Da der Erwartungswert nicht Null ist, ist das Spiel auch nicht fair. Es wird in diesem Fall der Spieler begünstigt, da der Erwartungswert des Spielers positiv ist.

e)

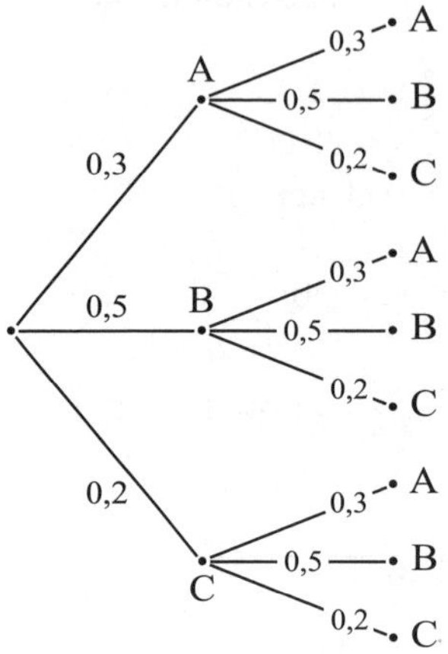

Die Wahrscheinlichkeiten für die Buchstaben A, B und C betragen bei jedem Drehen:
$P(A) = 0,3$
$P(B) = 0,5$
$P(C) = 0,2$

Die Wahrscheinlichkeit, dass zwei gleiche Buchstaben erscheinen, erhält man mit Hilfe der 1. und 2. Pfadregel (Produkt- und Summenregel):

$$\begin{aligned} P(\text{«zwei gleiche Buchstaben»}) &= P(AA) + P(BB) + P(CC) \\ &= 0,3 \cdot 0,3 + 0,5 \cdot 0,5 + 0,2 \cdot 0,2 \\ &= 0,09 + 0,25 + 0,04 \\ &= 0,38 \end{aligned}$$

Sei X Zufallsvariable für die Höhe des Gewinns. Den Erwartungswert von X erhält man, indem man den möglichen Auszahlungsbetrag mit der zugehörigen Wahrscheinlichkeit multipliziert und den Einsatz subtrahiert:

$$E(X) = 10 \cdot 0,38 - 4 = 3,8 - 4 = -0,2$$

Der Erwartungswert beträgt $-0,20$ Euro.
Da der Erwartungswert nicht Null ist, ist das Spiel auch nicht fair. Es wird der Spieler benachteiligt.

9 Allgemeines Verständnis von Zusammenhängen

a) Der entstandene Rotationskörper wird in unendlich viele unendlich kleine Teilzylinder zerlegt. Die Grundfläche eines Teilzylinders ist $G = \pi \cdot r^2$, wobei $r = f(x)$ ist. Die Höhe eines Zylinders ist das Differential $h = dx$ (unendlich kleine Länge). Das Volumen eines Teilzylinders ist $dV = G \cdot h = \pi \cdot r^2 \cdot h = \pi \cdot f(x)^2 \cdot dx$. Das gesamte Volumen des Rotationskörpers erhält man durch Summieren (= Integrieren) aller Teilzylinder:

$$V_{rot} = \int_a^b dV = \int_a^b \pi \cdot \left(f(x)^2\right) dx = \pi \cdot \int_a^b \left(f(x)^2\right) dx$$

b) Mit Hilfe des Terms

$$V = \pi \cdot \int_2^4 (x+1)^2 dx$$

wird das Volumen des Rotationskörpers berechnet, der entsteht, wenn die Gerade $y = x + 1$ um die x-Achse rotiert. Es handelt sich dabei um einen Kegelstumpf.

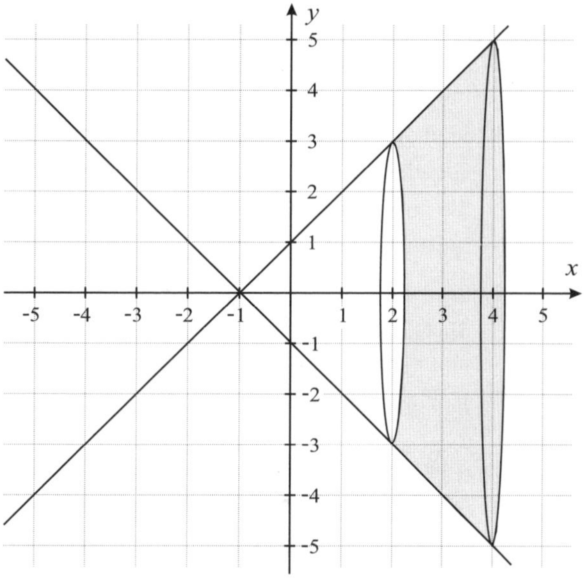

c) In Rechenschritt (1) wird $x = 2$ in $f(x)$ eingesetzt, so dass man den zugehörigen y-Wert erhält; damit werden die Koordinaten eines Punktes P des Schaubilds von f berechnet: $P(2 \mid 1)$.
In Rechenschritt (2) wird die 1. Ableitung von f bestimmt und der x-Wert des Punktes P eingesetzt; damit erhält man die (Tangenten-)Steigung $m = f'(2) = 3$ im Punkt P.
In Schritt (3) werden m und die Koordinaten von P in die Punkt-Steigungsform einer Geraden eingesetzt; damit erhält man die Gleichung der Tangente in P an das Schaubild von f.

d) Durch das Integral

$$\int_0^{52} f(t)dt$$

wird die Anzahl der Zahnpastatuben berechnet, die insgesamt innerhalb eines Jahres verkauft werden. Teilt man diese Summe durch 52, so erhält man die durchschnittliche Anzahl an Zahnpastatuben, die wöchentlich verkauft werden, was durch das Integral $\frac{1}{52} \cdot \int_0^{52} f(t)dt$ beschrieben wird.

e) I) Die Richtungsvektoren $\vec{r}$ und $\vec{v}$ müssen linear abhängig (ein Vielfaches voneinander) sein. Für die Stützvektoren muss gelten: $\vec{a} \neq \vec{b}$. Außerdem darf der zu $\vec{b}$ gehörende Punkt B nicht auf g liegen, das heißt $\vec{b} \neq \vec{a} + s \cdot \vec{r}$ (bzw. der zu $\vec{a}$ gehörende Punkt A darf nicht auf h liegen).

II) Die Stützvektoren müssen nicht unbedingt gleich sein, aber jeder «Stützpunkt» muss ein Punkt der anderen Gerade sein (Nachweis durch Punktprobe). Die Richtungsvektoren $\vec{r}$ und $\vec{v}$ müssen linear abhängig sein.

III) Die Stützvektoren müssen nicht unbedingt gleich sein, aber die Geraden müssen sich schneiden. Die Richtungsvektoren müssen orthogonal sein: $\vec{r} \cdot \vec{v} = 0$.

f) Zur Bestimmung der gegenseitigen Lage überprüft man zuerst die Richtungsvektoren auf lineare Abhängigkeit bzw. Unabhängigkeit:

1. Sind die Richtungsvektoren ein Vielfaches voneinander (linear abhängig), können die Geraden parallel oder identisch sein.
   Sie sind identisch, wenn ein Punkt der einen Geraden auf der anderen Geraden liegt (positive Punktprobe), sonst sind sie parallel (negative Punktprobe).
2. Sind die Richtungsvektoren kein Vielfaches voneinander (linear unabhängig), können die Geraden sich schneiden oder windschief sein.
   Durch Gleichsetzen erhält man den Schnittpunkt oder einen Widerspruch, woraus im Fall eines Widerspruchs folgt, dass die Geraden windschief sind.

g) I) $\vec{a}$ ist der Stützvektor der Geraden, der Punkt A ist der «Stützpunkt» der Geraden, an dem der Richtungsvektor $\vec{r}$ ansetzen kann. Dieser gibt die Richtung der Geraden an. $\vec{b}$ ist der Ortsvektor zum «Stützpunkt» der Ebene. $\vec{n}$ ist der Normalenvektor der Ebene, der senkrecht auf dieser steht. $\left(\vec{x} - \vec{b}\right)$ ist ein Verbindungsvektor zwischen einem beliebigen Punkt X der Ebene und dem «Stützpunkt» B. Er liegt genau dann in der Ebene, wenn die Gleichung $\left(\vec{x} - \vec{b}\right) \cdot \vec{n} = 0$ erfüllt ist, und ist damit orthogonal zu $\vec{n}$.

II)
1. Damit die Gerade parallel zur Ebene liegt, muss der Richtungsvektor $\vec{r}$ der Geraden orthogonal zum Normalenvektor $\vec{n}$ der Ebene stehen. Das Skalarprodukt der beiden muss Null ergeben: $\vec{r} \cdot \vec{n} = 0$. Außerdem muss eine Punktprobe des «Stützpunktes» der Geraden in der Ebenengleichung einen Widerspruch ergeben, damit Gerade und Ebene echt parallel liegen.
2. Damit die Gerade senkrecht auf der Ebene steht, müssen der Richtungsvektor $\vec{r}$ der Geraden und der Normalenvektor $\vec{n}$ der Ebene linear abhängig sein. Also muss gelten: $\vec{n} = t \cdot \vec{r}$ mit $t \in \mathbb{R}$.
3. Damit die Gerade in der Ebene liegt, muss der «Stützpunkt» A der Geraden in der Ebene liegen und der Richtungsvektor $\vec{r}$ der Geraden orthogonal zum Normalenvektor $\vec{n}$ der Ebene stehen: $\vec{r} \cdot \vec{n} = 0$.

h) I) Zwei parallel liegende Ebenen unterscheiden sich nur durch ihre Konstante d bzw. h. Damit die zweite Ebenengleichung nicht nur ein Vielfaches der ersten Ebenengleichung ist, muss gelten: $a = r \cdot e$, $b = r \cdot f$, $c = r \cdot g$ und $d \neq r \cdot h$ mit $r \in \mathbb{R}$. Wäre auch $d = r \cdot h$, wären die Ebenen identisch.

II) Damit die beiden Ebenen senkrecht aufeinander stehen, müssen die beiden Normalenvektoren senkrecht aufeinander stehen. Ihr Skalarprodukt ist damit $\vec{n}_\mathrm{E} \cdot \vec{n}_\mathrm{F} = 0$. Anders ausgedrückt: $a \cdot e + b \cdot f + c \cdot g = 0$

III) Damit die beiden Ebenen identisch sind, müssen für a, b und c die gleichen Bedingungen wie für parallele Ebenen gelten (siehe I), allerdings muss für d in diesem Fall gelten: $d = r \cdot h$.

i) Man schreibt die Geraden g bzw. h als «parameterisierte Punkte» G bzw. H mit jeweils einem Parameter $t \in \mathbb{R}$ (z.B. $g:\ \vec{x} = \begin{pmatrix} 2 \\ 1 \\ 3 \end{pmatrix} + t \cdot \begin{pmatrix} 4 \\ 2 \\ 5 \end{pmatrix} \Rightarrow \mathrm{G}(2+4t \mid 1+2t \mid 3+5t)$).

1. Eine allgemeine Form des Verbindungsvektors $\overrightarrow{\mathrm{GH}}$ wird ermittelt. (Diese hat *zwei* Parameter).
2. Der Vektor $\overrightarrow{\mathrm{GH}}$ steht senkrecht auf g bzw. h, also ist jeweils das Skalarprodukt mit den Richtungsvektoren $\vec{r_g}$ bzw. $\vec{r_h}$ Null. Damit ergeben sich folgende zwei Gleichungen: I) $\overrightarrow{\mathrm{GH}} \cdot \vec{r_g} = 0$, II) $\overrightarrow{\mathrm{GH}} \cdot \vec{r_h} = 0$
3. Man löst das Gleichungssystem bestehend aus den Gleichungen I und II und ermittelt die Punkte G und H durch Einsetzen der Parameter.
4. Der Abstand der windschiefen Geraden ist dann $|\overrightarrow{\mathrm{GH}}|$.

j) Bei der Spiegelung einer Geraden $g:\ \vec{a} + s \cdot \vec{r}$ an einer Ebene unterscheidet man zwei Fälle:

I) Die Gerade ist parallel zur Ebene: In diesem Fall spiegelt man den «Stützpunkt» A der Geraden an der Ebene, indem man eine Hilfsgerade senkrecht zu E durch A aufstellt und den Lotfußpunkt ermittelt (sofern A nicht der Schnittpunkt mit der Ebene ist). Der gespiegelte «Stützpunkt» A^* ist der «Stützpunkt» der neuen Geraden. Der Richtungsvektor $\vec{r}$ wird übernommen.

II) Die Gerade schneidet die Ebene: Zuerst ermittelt man den Schnittpunkt der Geraden mit der Ebene. Anschließend spiegelt man den «Stützpunkt» A (oder einen beliebigen anderen Punkt außer dem Schnittpunkt) der Geraden an der Ebene. Der Spiegelpunkt ist A^*. Die Spiegelgerade besitzt den «Stützpunkt» A^*, als Richtungsvektor dient der Verbindungsvektor zwischen A^* und dem Schnittpunkt mit der Ebene.

k) Bei der Spiegelung einer Ebene E_1 an einer Ebene E_2 können zwei Fälle auftreten:

I) Die Ebenen sind parallel: Zuerst bestimmt man einen Punkt auf E_1, dieser Punkt wird an E_2 gespiegelt. Der Normalenvektor wird übernommen, da die Ebenen parallel sind. Der Spiegelpunkt und der Normalenvektor werden in die Punkt-Normalenform eingesetzt und ergeben die Spiegelebene.

II) Die Ebenen schneiden sich: Es wird zuerst eine Schnittgerade ermittelt. Anschließend wird ein Punkt P, der nicht auf der Schnittgeraden liegt, auf der Ebene E_1 bestimmt und an E_2 gespiegelt. Mit der Schnittgeraden und dem Spiegelpunkt P^* wird die Spiegelebene aufgestellt.

l) Allgemein gilt für eine binomialverteilte Zufallsvariable X mit Kettenlänge n und Trefferwahrscheinlichkeit p: Die Wahrscheinlichkeit für genau k Treffer beträgt:

$$P(X=k)=\binom{n}{k}\cdot p^k\cdot(1-p)^{n-k}$$

In diesem Fall beschreibt X die Anzahl der Überraschungseier, die eine Filmfigur enthalten, wenn man zufällig 20 Eier erwirbt: $n=20$, $p=\frac{1}{5}$.
Die Rechnung:

$$\binom{20}{2}\cdot\left(\frac{1}{5}\right)^2\cdot\left(\frac{4}{5}\right)^{18}\approx 0{,}137$$

liefert somit die Wahrscheinlichkeit $P(X=2)$.
Damit beträgt die Wahrscheinlichkeit, dass bei 20 Eiern genau zwei Eier eine Figur aus dem Film enthalten, etwa $13{,}7\%$.

m) Laut Verpackungsangabe kommt es bei sachgerechter Pflanzung einer Tulpenzwiebel im nächsten Frühjahr mit einer Wahrscheinlichkeit von $p=0{,}98$ zu einer Blüte. $0{,}98^n$ ist also die Wahrscheinlichkeit, dass von n ($n\in\mathbb{N}$) sachgerecht gepflanzten Tulpenzwiebeln alle n Zwiebeln im nächsten Frühjahr zu einer Blüte kommen. Ungleichung (I) beschreibt die Bedingung für die Wahrscheinlichkeit, dass alle n gepflanzten Tulpenzwiebeln im nächsten Frühjahr blühen, größer als 75 % ist:

$$0{,}98^n>0{,}75$$

Ungleichung (II) beschreibt die Lösung von Ungleichung (I): $n<14{,}24$.
Also dürfen höchstens 14 Tulpenzwiebeln gepflanzt werden, wenn gewährleistet werden soll, dass mit einer Wahrscheinlichkeit von mehr als 75 % alle gepflanzten Tulpenzwiebeln blühen.

Pflichtteil Abitur 2007

Tipps ab Seite 201, Lösungen ab Seite 203 ☐

Aufgabe 1

Bilden Sie die erste Ableitung der Funktion f mit $f(x) = (1 + \sin x)^2$. (2 VP)

Aufgabe 2

Berechnen Sie das Integral $\int_0^{\ln 2} e^{2x}dx$. (2 VP)

Aufgabe 3

Lösen Sie die Gleichung $e^x - 2 - \frac{15}{e^x} = 0$. (3 VP)

Aufgabe 4*

Gegeben ist die Funktion f mit $f(x) = \frac{4}{x^2+1}$; $x \in \mathbb{R}$.

a) Bestimmen Sie den Punkt des Schaubilds von f mit waagrechter Tangente.

b) Das Schaubild von f hat im Punkt $P(1 \mid f(1))$ die Normale n.
Ermitteln Sie eine Gleichung von n. (4 VP)

Aufgabe 5

Gegeben ist das Schaubild der Ableitung f' der Funktion f.

a) Welche Aussagen über die Funktion f ergeben sich daraus im Hinblick auf
- Monotonie
- Extremstellen
- Wendestellen?

Begründen Sie Ihre Aussagen.

b) Es gilt $f(0) = 2$.
Skizzieren Sie das Schaubild von f.

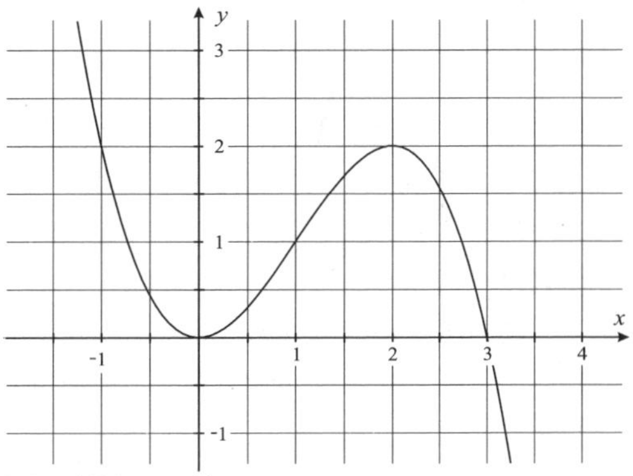

Schaubild von f'

(5VP)

*Aufgabenteil wurde an die neuen Richtlinien angepasst.

Aufgabe 6

Lösen Sie das lineare Gleichungssystem:

$$\begin{array}{rcrcrcr} 3x_1 & - & x_2 & + & 2x_3 & = & 7 \\ x_1 & + & 2x_2 & + & 3x_3 & = & 14 \\ x_1 & - & 5x_2 & - & 4x_3 & = & -21 \end{array}$$

Interpretieren Sie das Gleichungssystem und seine Lösungsmenge geometrisch. (3 VP)

Aufgabe 7

Gegeben sind die Ebenen E und F mit

$$E\colon \vec{x} = \begin{pmatrix} 1 \\ 1 \\ 0 \end{pmatrix} + r \cdot \begin{pmatrix} 1 \\ 0 \\ 2 \end{pmatrix} + s \cdot \begin{pmatrix} -1 \\ 1 \\ 0 \end{pmatrix}; \quad r, s \in \mathbb{R}.$$

$$F\colon \left(\vec{x} - \begin{pmatrix} 2 \\ 1 \\ -2 \end{pmatrix} \right) \cdot \begin{pmatrix} 2 \\ 2 \\ -1 \end{pmatrix} = 0.$$

Zeigen Sie, dass die Ebenen E und F parallel sind.
Bestimmen Sie den Abstand der Ebenen. (4 VP)

Aufgabe 8 *

In einem Behälter befinden sich 7 rote und 5 gelbe Kugeln. Es werden 2 Kugeln mit Zurücklegen gezogen.

a) Berechnen Sie die Wahrscheinlichkeit, dass mindestens eine der beiden Kugeln gelb ist.

b) Wie viele gelbe Kugeln hätten sich in dem Behälter befinden müssen, damit die Wahrscheinlichkeit, mindestens eine gelbe Kugel zu ziehen, 0,51 betragen hätte? (4 VP)

Aufgabe 9

Von einem senkrechten Kegel kennt man die Koordinaten der Spitze S, die Koordinaten eines Punktes P des Grundkreises sowie eine Koordinatengleichung der Ebene E, in der der Grundkreis liegt.
Beschreiben Sie ein Verfahren, um den Mittelpunkt M und den Radius r des Grundkreises zu bestimmen. (3 VP)

Summe: 30 VP

*Diese Aufgabe wurde unter Berücksichtigung der neuen Richtlinien ergänzt.

Tipps Pflichtteil 2007

1. Verwenden Sie die Kettenregel.

2. Bestimmen Sie eine Stammfunktion und setzen Sie die Integrationsgrenzen ein. Die Regel für lineare Substitution lautet: «äußere Stammfunktion geteilt durch innere Ableitung».

3. Multiplizieren Sie die Gleichung mit e^x, substituieren Sie $e^x = z$ und lösen Sie die dabei entstehende quadratische Gleichung mit Hilfe der pq- oder abc-Formel. Anschließend resubstituieren Sie wieder und lösen die Gleichungen durch Logarithmieren. Beachten Sie, dass der Logarithmus einer negativen Zahl nicht existiert.

4. a) Schreiben Sie den Bruch als Potenz mit negativem Exponenten, bestimmen Sie mit Hilfe der Kettenregel die 1. Ableitung von $f(x)$ und setzen Sie diese gleich Null. Den y-Wert des Punktes mit waagrechter Tangente erhalten Sie durch Einsetzen des erhaltenen x-Werts in $f(x)$.

   b) Den y-Wert des Punktes P erhalten Sie, indem Sie den x-Wert von P in $f(x)$ einsetzen. Zur Bestimmung der Gleichung der Normalen n benötigen Sie zuerst die Steigung m_t der Tangente im Punkt P. Setzen Sie hierzu den x-Wert von P in $f'(x)$ ein. Die Normalensteigung m_n erhalten Sie als den negativen Kehrwert von m_t. Nun setzen Sie die Koordinaten des Punkts P und die Normalensteigung in die Punkt-Steigungsform $y - y_1 = m \cdot (x - x_1)$ ein und erhalten so die Gleichung der Normalen n.

5. a) Zur Bestimmung des Monotonieverhaltens von f lesen Sie aus dem gegebenen Schaubild von f' ab, wo die Kurve oberhalb, auf bzw. unterhalb der x-Achse verläuft. Ist $f'(x) \geqslant 0$, so ist f monoton wachsend.
   Zur Bestimmung der Extremstellen von f lesen Sie die Schnittstellen der zu f' gehörigen Kurve mit der x-Achse (Nullstellen mit Vorzeichenwechsel) ab.
   Zur Bestimmung der Wendestellen von f lesen Sie die Extremstellen von f' ab.

   b) Um das Schaubild von f zu skizzieren, verwenden Sie obige Aussagen. Bestimmen Sie die Art der Extremstelle und beachten Sie jeweils die Steigung in den Wendepunkten, die Sie am Schaubild von f' ablesen können.

6. Lösen Sie das lineare Gleichungssystem mit Hilfe des Gaußschen Lösungsverfahrens. Hat eine Gleichung noch zwei Unbekannte, setzen Sie eine Unbekannte gleich t und bestimmen Sie die anderen Unbekannten in Abhängigkeit von t. Überlegen Sie, welches die geometrischen Entsprechungen einer Gleichung bzw. der Lösungsmenge des LGS sind.

7. Zeigen Sie mit Hilfe des Skalarprodukts, dass der Normalenvektor der Ebene F senkrecht auf beiden Spannvektoren der Ebene E steht (das Skalarprodukt zweier Vektoren ist genau dann gleich Null, wenn diese senkrecht aufeinander stehen). Alternativ können Sie auch mit Hilfe des Kreuzprodukts (siehe Seite 44) einen Normalenvektor von E bestimmen und

zeigen, dass dieser ein Vielfaches des Normalenvektors von F ist.
Um den Abstand der beiden Ebenen zu bestimmen, setzen Sie einen Punkt von E in die Hessesche Normalenform (HNF) von F ein.

8. a) Zeichnen Sie ein Baumdiagramm mit den Ästen rot (r) und gelb (g). Beachten Sie, dass die Wahrscheinlichkeiten bei jedem Ziehen gleich bleiben. Überlegen Sie, welche Ergebnisse zum gesuchten Ereignis gehören und verwenden Sie die Pfadregeln oder rechnen Sie alternativ mit dem Gegenereignis $\overline{A}$ und verwenden Sie $P(A) = 1 - P(\bar{A})$.

   b) Wählen Sie n als Anzahl der gelben Kugeln und zeichnen Sie ein Baumdiagramm. Bestimmen Sie die Wahrscheinlichkeit für das gesuchte Ereignis mit Hilfe des Gegenereignisses in Abhängigkeit von n; verwenden Sie $P(A) = 1 - P(\bar{A})$. Stellen Sie eine quadratische Gleichung auf und lösen Sie diese durch Wurzelziehen und Fallunterscheidung nach x auf. Beachten Sie, dass $n > 0$ sein muss.

9. Skizzieren Sie die Problemstellung.
Zur Bestimmung des Mittelpunkts stellen Sie eine Gerade auf und schneiden diese mit der Ebene.
Den Radius *r* erhalten Sie als Abstand zweier Punkte.

Lösungen Pflichtteil 2007

1. Zur Bestimmung der ersten Ableitung der Funktion f mit $f(x) = (1+\sin x)^2$ verwendet man die Kettenregel: $f'(x) = 2 \cdot (1+\sin x) \cdot \cos x$

2. Um das Integral zu berechnen, bestimmt man zuerst eine Stammfunktion und setzt anschließend die Integrationsgrenzen in diese ein:
$$\int_0^{\ln 2} e^{2x}dx = \left[\tfrac{1}{2}e^{2x}\right]_0^{\ln 2} = \left(\tfrac{1}{2}e^{2\cdot\ln 2}\right) - \left(\tfrac{1}{2}e^{2\cdot 0}\right) = \tfrac{1}{2}\cdot\left(e^{\ln 2}\right)^2 - \tfrac{1}{2}\cdot e^0 = \tfrac{1}{2}\cdot 2^2 - \tfrac{1}{2} = \tfrac{3}{2}$$

3. Multipliziert man die Gleichung $e^x - 2 - \frac{15}{e^x} = 0$ mit e^x, so erhält man $(e^x)^2 - 2\cdot e^x - 15 = 0$.
Substituiert man $e^x = z$, so ergibt sich $z^2 - 2z - 15 = 0$.
Mit Hilfe der pq- oder abc-Formel erhält man als Lösungen $z_1 = 5$ und $z_2 = -3$.
Die Resubstitution $e^x = 5$ hat als Lösung $x = \ln 5$, die Resubstitution $e^x = -3$ ergibt keine weitere Lösung, da der Logarithmus einer negativen Zahl nicht existiert.
Also ist $x = \ln 5$ die einzige Lösung der Gleichung.

4. a) Um den Punkt des Schaubilds von f mit $f(x) = \frac{4}{x^2+1} = 4\cdot\left(x^2+1\right)^{-1}$ mit waagrechter Tangente zu bestimmen, bildet man zuerst mit Hilfe der Kettenregel die 1. Ableitung von $f(x)$ und setzt diese gleich Null:
$$f'(x) = -4\cdot\left(x^2+1\right)^{-2}\cdot 2x = -\frac{8x}{\left(x^2+1\right)^2}$$
$f'(x) = 0$ führt zu $-\frac{8x}{\left(x^2+1\right)^2} = 0$ bzw. $-8x = 0 \Rightarrow x = 0$.
Den zugehörigen y-Wert erhält man durch Einsetzen in $f(x): y = f(0) = \frac{4}{0^2+1} = 4$
Somit ist $\mathrm{Q}(0 \mid 4)$ der Punkt des Schaubilds von f mit waagrechter Tangente.

   b) Den y-Wert des Punktes P erhält man, indem man den x-Wert von P in $f(x)$ einsetzt:
$f(1) = \frac{4}{1^2+1} = 2 \Rightarrow \mathrm{P}(1 \mid 2)$.
Zur Bestimmung der Gleichung der Normalen n benötigt man zuerst die Steigung m_t der Tangente im Punkt $\mathrm{P}(1 \mid 2): m_t = f'(1) = -\frac{8\cdot 1}{\left(1^2+1\right)^2} = -2$.
Die Normalensteigung m_n erhält man, indem man den negativen Kehrwert von m_t bestimmt: $m_n = -\frac{1}{m_t} = -\frac{1}{-2} = \frac{1}{2}$.
Setzt man m_n und die Koordinaten von P in die Punkt-Steigungsform ein, so ergibt sich die gesuchte Gleichung der Normalen n: $y - 2 = \frac{1}{2}\cdot(x-1)$ bzw. $y = \frac{1}{2}x + \frac{3}{2}$

5. a) Da das Schaubild von f' für $x \leqslant 3$ oberhalb beziehungsweise auf der x-Achse verläuft, ist dort $f'(x) \geqslant 0$ und damit ist die Funktion f für $x \leqslant 3$ monoton wachsend; für $x > 3$ ist f streng monoton fallend, da $f'(x) < 0$.
Bei $x = 3$ hat f' eine Nullstelle mit Vorzeichenwechsel von $+$ nach $-$, also hat die Funktion f dort eine Extremstelle (Hochpunkt).
Bei $x = 0$ hat f' zwar eine Nullstelle, aber es findet kein Vorzeichenwechsel statt. Deshalb hat die Funktion f dort keine Extremstelle, das Schaubild von f hat dort einen Sattelpunkt (Wendepunkt mit waagerechter Tangente).

An den Stellen $x = 0$ und $x = 2$ hat f' Extremstellen, also hat die Funktion f dort Wendestellen.

b) Um das Schaubild von f zu skizzieren, kann man neben $f(0) = 2$ noch obige Eigenschaften verwenden:
Bei $x = 0$ ist ein Wendepunkt mit Steigung Null ($f'(0) = 0$), also ein Sattelpunkt (S).
Bei $x = 2$ ist ein Wendepunkt (W) mit Steigung 2 ($f'(2) = 2$).
Bei $x = 3$ ist ein Hochpunkt (H).
Somit erhält man eine Skizze des Schaubilds von f wie rechts gezeichnet.

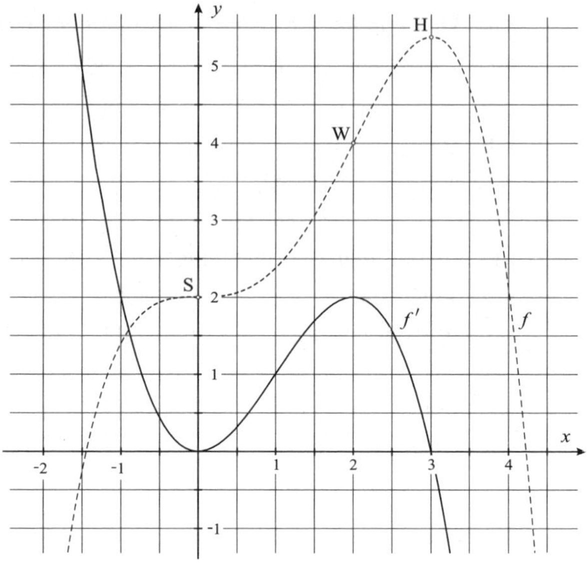

6. Gegeben ist das lineare Gleichungssystem

$$\begin{array}{lrcrcrcr} \text{I} & 3x_1 & - & x_2 & + & 2x_3 & = & 7 \\ \text{II} & x_1 & + & 2x_2 & + & 3x_3 & = & 14 \\ \text{III} & x_1 & - & 5x_2 & - & 4x_3 & = & -21 \end{array}$$

Addiert man zu Gleichung I das (-3)-fache von Gleichung II, bzw. zieht man Gleichung III von Gleichung II ab, so erhält man:

$$\begin{array}{lrcrcrcr} \text{I} & 3x_1 & - & x_2 & + & 2x_3 & = & 7 \\ \text{IIa} & & - & 7x_2 & - & 7x_3 & = & -35 \\ \text{IIIa} & & & 7x_2 & + & 7x_3 & = & 35 \end{array}$$

Da die beiden Gleichungen IIa und IIIa Vielfache voneinander sind, gibt es unendlich viele Lösungen des Gleichungssystems:
Setzt man $x_3 = t$, so ist $x_2 = 5 - t$ und durch Einsetzen in I erhält man $x_1 = 4 - t$.
Die Lösungsmenge des Gleichungssystems ist damit $\mathrm{L} = \{(4 - \mathrm{t} \mid 5 - \mathrm{t} \mid \mathrm{t}) \mid \mathrm{t} \in \mathbb{R}\}$.
Jede Gleichung des linearen Gleichungssystems entspricht der Gleichung einer Ebene im Raum. Das Gleichungssystem entspricht somit geometrisch der Suche nach Punkten, die in allen drei Ebenen liegen. Die Lösungsmenge gibt diese gemeinsamen Punkte an und entspricht in diesem Fall einer Geraden, der Schnittgerade g der drei Ebenen:

$$g\colon \vec{x} = \begin{pmatrix} x_1 \\ x_2 \\ x_3 \end{pmatrix} = \begin{pmatrix} 4 \\ 5 \\ 0 \end{pmatrix} + t \cdot \begin{pmatrix} -1 \\ -1 \\ 1 \end{pmatrix},\ t \in \mathbb{R}.$$

7. Um zu zeigen, dass die Ebenen E und F parallel sind, berechnet man jeweils das Skalarprodukt des Normalenvektors von F $\overrightarrow{n_F} = \begin{pmatrix} 2 \\ 2 \\ -1 \end{pmatrix}$ mit den beiden Spannvektoren von E.

Man erhält:

$$\begin{pmatrix} 2 \\ 2 \\ -1 \end{pmatrix} \cdot \begin{pmatrix} 1 \\ 0 \\ 2 \end{pmatrix} = 2 \cdot 1 + 2 \cdot 0 + (-1) \cdot 2 = 0$$

$$\begin{pmatrix} 2 \\ 2 \\ -1 \end{pmatrix} \cdot \begin{pmatrix} -1 \\ 1 \\ 0 \end{pmatrix} = 2 \cdot (-1) + 2 \cdot 1 + (-1) \cdot 0 = 0$$

Da die Skalarprodukte jeweils Null ergeben, steht der Normalenvektor von F senkrecht auf beiden Spannvektoren von E; somit sind die Ebenen E und F parallel.
Alternativ hätte man auch mit Hilfe des Kreuzprodukts der beiden Spannvektoren von E einen Normalenvektor von E bestimmen können:

$$\overrightarrow{n_E} = \begin{pmatrix} 1 \\ 0 \\ 2 \end{pmatrix} \times \begin{pmatrix} -1 \\ 1 \\ 0 \end{pmatrix} = \begin{pmatrix} -2 \\ -2 \\ 1 \end{pmatrix}$$

Da die Normalenvektoren $\overrightarrow{n_E}$ und $\overrightarrow{n_F}$ Vielfache voneinander sind, nämlich $\overrightarrow{n_E} = -\overrightarrow{n_F}$, sind die Ebenen E und F parallel.
Um den Abstand der beiden Ebenen zu bestimmen, berechnet man den Abstand des Punktes $P(1 \mid 1 \mid 0)$, der in E liegt, von der Ebene F. Dazu wird zuerst die Koordinatengleichung von F bestimmt. Man erhält $F\colon 2x_1 + 2x_2 - x_3 - 8 = 0$. Setzt man die Koordinaten von P in die Hessesche Normalenform von F ein, so erhält man:

$$d = \frac{|2 \cdot 1 + 2 \cdot 1 - 0 - 8|}{\left|\begin{pmatrix} 2 \\ 2 \\ -1 \end{pmatrix}\right|} = \frac{|-4|}{\sqrt{2^2 + 2^2 + (-1)^2}} = \frac{4}{3}$$

Der Abstand der Ebenen E und F beträgt somit $\frac{4}{3}$ LE.

8. a)

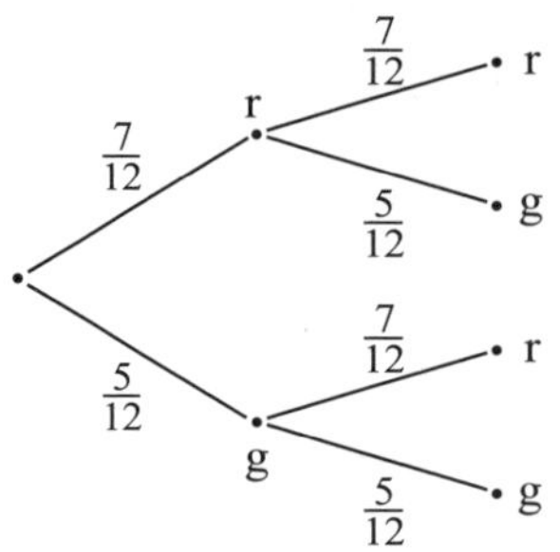

Da 5 gelbe und 7 rote, also insgesamt 12 Kugeln im Behälter sind, beträgt die Wahrscheinlichkeit bei jedem Ziehen für gelb (g): $\frac{5}{12}$ und für rot (r): $\frac{7}{12}$.

Die Wahrscheinlichkeit, mindestens eine gelbe Kugel zu ziehen, erhält man mit Hilfe der 1. und 2. Pfadregel (Produkt- und Summenregel):

$$\begin{aligned} P(\text{«mindestens eine gelbe Kugel»}) &= P(gr) + P(gg) + P(rg) \\ &= \frac{5}{12} \cdot \frac{7}{12} + \frac{5}{12} \cdot \frac{5}{12} + \frac{7}{12} \cdot \frac{5}{12} \\ &= \frac{35}{144} + \frac{25}{144} + \frac{35}{144} \\ &= \frac{95}{144} \end{aligned}$$

Alternativ kann man auch mit dem Gegenereignis rechnen:

$$\begin{aligned} P(\text{«mindestens eine gelbe Kugel»}) &= 1 - P(\text{«keine gelbe Kugel»}) \\ &= 1 - P(rr) \\ &= 1 - \frac{7}{12} \cdot \frac{7}{12} \\ &= \frac{144}{144} - \frac{49}{144} \\ &= \frac{95}{144} \end{aligned}$$

b)

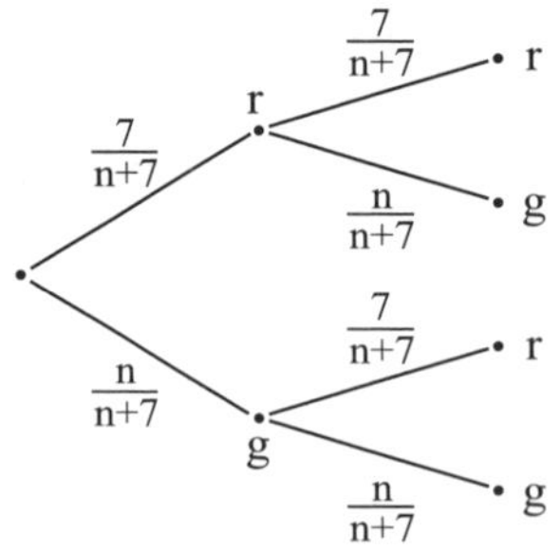

Wenn im Behälter 7 rote und n gelbe Kugeln sind, gibt es insgesamt $n+7$ Kugeln. Damit beträgt die Wahrscheinlichkeit bei jedem Ziehen für gelb (g): $\frac{n}{n+7}$ und für rot (r): $\frac{7}{n+7}$.

Da die Wahrscheinlichkeit, mindestens eine gelbe Kugel zu ziehen, 0,51 betragen soll, erhält man (am geschicktesten) mit Hilfe des Gegenereignisses folgende Gleichung:

$$
\begin{aligned}
\text{P}(\text{«mindestens eine gelbe Kugel»}) &= 1 - \text{P}(\text{«keine gelbe Kugel»})\\
0{,}51 &= 1 - \text{P(rr)}\\
0{,}51 &= 1 - \frac{7}{n+7}\cdot\frac{7}{n+7}\\
\frac{7}{n+7}\cdot\frac{7}{n+7} &= 0{,}49\\
\frac{49}{(n+7)^2} &= 0{,}49\\
\frac{49}{0{,}49} &= (n+7)^2\\
100 &= (n+7)^2\\
\pm 10 &= n+7\\
\Rightarrow n_1 &= 3\\
n_2 &= -17
\end{aligned}
$$

Wegen $n > 0$ kommt nur $n_1 = 3$ als Lösung in Frage.
Also hätten sich im Behälter 3 gelbe Kugeln befinden müssen.

9. Um den Mittelpunkt M des Grundkreises zu bestimmen, stellt man mit Hilfe des Punktes S und des Normalenvektors $\vec{n_E}$ der Ebene E eine Lotgerade l durch S auf: $\vec{x} = \vec{s} + t \cdot \vec{n_E},\ t \in \mathbb{R}$. Schneidet man l mit E, so erhält man die Koordinaten des Mittelpunkts M des Grundkreises. Den Radius r des Grundkreises erhält man, indem man den Abstand der Punkte M und P berechnet; dieser ergibt sich als Betrag des Verbindungsvektors der beiden Punkte: $r = |\overrightarrow{MP}|$

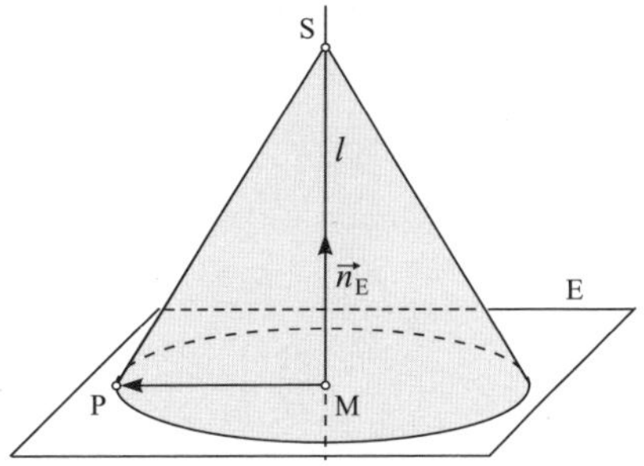

Pflichtteil 2008

Tipps ab Seite 211, Lösungen ab Seite 212 ☐

Aufgabe 1 *

Bilden Sie die Ableitung der Funktion f mit $f(x) = \dfrac{2}{(3x-1)^2}$.

(2 VP)

Aufgabe 2

G ist eine Stammfunktion der Funktion g mit $g(x) = 2 - 3 \cdot \sin(4x)$.

Der Punkt P$(0 \mid 1)$ liegt auf dem Schaubild von G.

Bestimmen Sie einen Funktionsterm von G. (2 VP)

Aufgabe 3

Lösen Sie die Gleichung $\dfrac{6}{x^4} + \dfrac{1}{x^2} = 1 \; (x \neq 0)$. (3 VP)

Aufgabe 4

Für eine ganzrationale Funktion h zweiten Grades gilt:

T$(-1 \mid -4)$ ist der Tiefpunkt und Q$(2 \mid 5)$ ein weiterer Punkt ihres Schaubilds.

Ermitteln Sie eine Funktionsgleichung von h. (4 VP)

*Aufgabenteil wurde an die neuen Richtlinien angepasst.

Aufgabe 5

Gegeben sind die Schaubilder von vier Funktionen, jeweils mit sämtlichen Asymptoten:

Schaubild 1

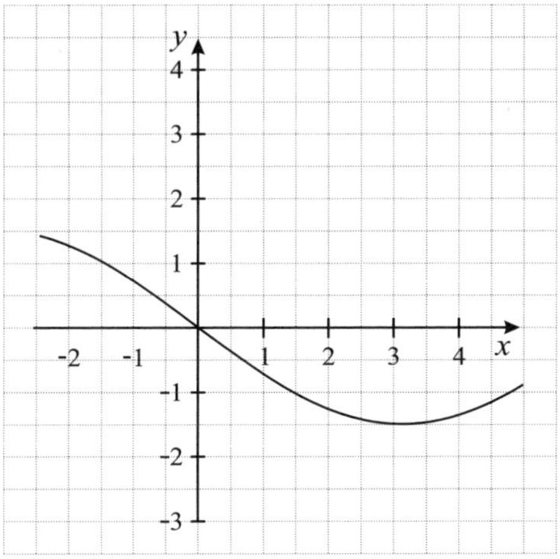

Schaubild 2

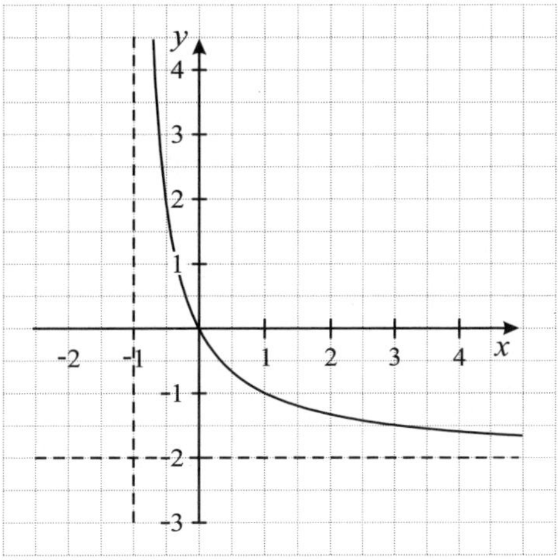

Schaubild 3

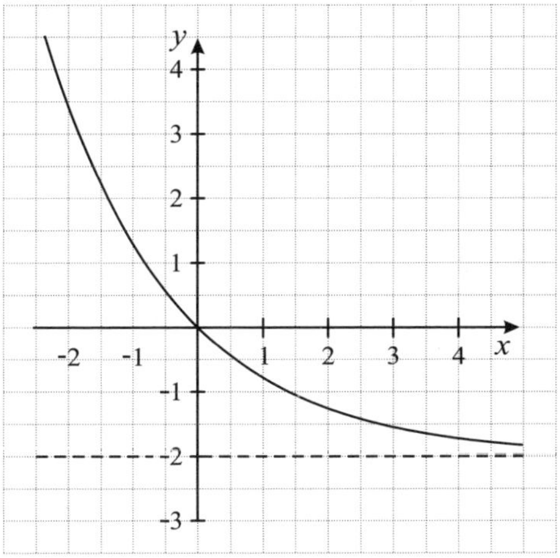

Schaubild 4

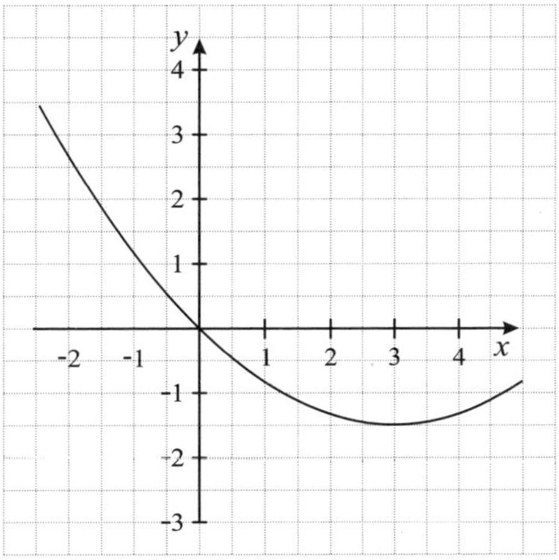

Drei dieser vier Schaubilder werden beschrieben durch die Funktionen f, g und h mit $f(x) = \frac{-2x}{x+a}$, $g(x) = -2 + b \cdot e^{-0,5x}$, $h(x) = c \cdot x^2 - x$.

a) Ordnen Sie den Funktionen f, g und h jeweils das passende Schaubild zu. Begründen Sie Ihre Zuordnung.

b) Bestimmen Sie die Werte für a und b. (5VP)

Aufgabe 6

Gegeben sind die zwei parallelen Geraden g und h durch

$$g\colon \vec{x} = \begin{pmatrix} 2 \\ 9 \\ 4 \end{pmatrix} + s\begin{pmatrix} 3 \\ -4 \\ 1 \end{pmatrix},\quad h\colon \vec{x} = \begin{pmatrix} 1 \\ 2 \\ 5 \end{pmatrix} + t\begin{pmatrix} 6 \\ -8 \\ 2 \end{pmatrix};\quad s, t \in \mathbb{R}.$$

Bestimmen Sie den Abstand der beiden Geraden. (4 VP)

Aufgabe 7

Die Ebene E geht durch die Punkte A(1,5 | 0 | 0), B(0 | 3 | 0) und C(0 | 0 | 6).

Untersuchen Sie, ob die Gerade $g\colon \vec{x} = \begin{pmatrix} -4 \\ 2 \\ 3 \end{pmatrix} + t\begin{pmatrix} -2 \\ 3 \\ 2 \end{pmatrix};\ t \in \mathbb{R}$

parallel zur Ebene E verläuft. (3 VP)

Aufgabe 8*

Die Zufallsvariable X ist binomialverteilt mit $n = 8$ und $p = 0,6$.

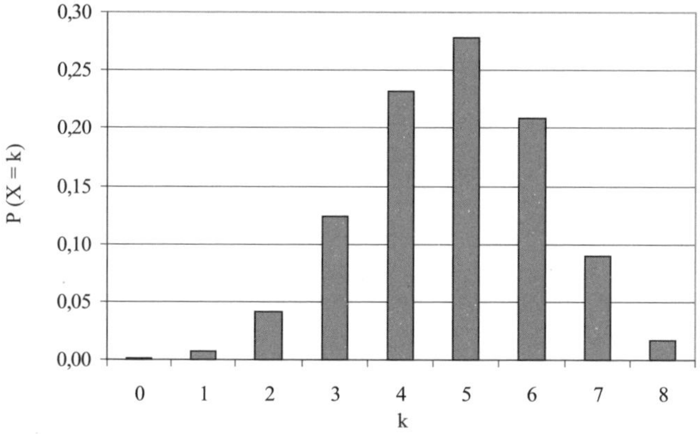

a) Berechnen Sie $P(X = 1)$.

b) Bestimmen Sie mithilfe der Abbildung näherungsweise $P(4 \leqslant X < 6)$ und $P(X \neq 5)$. (4 VP)

Aufgabe 9

Gegeben sind die beiden Ebenen $E_1\colon\ (\vec{x} - \vec{p}_1)\cdot\vec{n}_1 = 0$ und $E_2\colon\ (\vec{x} - \vec{p}_2)\cdot\vec{n}_2 = 0$.
Beschreiben Sie ein Verfahren, mit dem man anhand dieser Normalengleichungen die gegenseitige Lage der beiden Ebenen untersuchen kann. (3 VP)

Summe: 30 VP

*Diese Aufgabe wurde unter Berücksichtigung der neuen Richtlinien ergänzt.

Tipps Pflichtteil 2008

1. Schreiben Sie den Bruch als Potenz mit negativem Exponenten und verwenden Sie die Kettenregel $(u(v(x)))' = u'(v(x)) \cdot v'(x)$.

2. Bestimmen Sie zunächst eine allgemeine Stammfunktion von g und setzen Sie die Koordinaten des Punktes P in diese ein; lösen Sie die entstandene Gleichung.

3. Multiplizieren Sie die Gleichung mit x^4, substituieren Sie $x^2 = z$ und lösen Sie die entstandene quadratische Gleichung mit Hilfe der pq- oder abc-Formel. Anschließend resubstituieren Sie wieder und lösen die Gleichungen durch Wurzelziehen, falls möglich.

4. Verwenden Sie für die Funktion h den Ansatz $h(x) = ax^2 + bx + c$ sowie deren 1. Ableitung. Stellen Sie mit Hilfe der gegebenen Punkte und der Steigung im Tiefpunkt drei Gleichungen auf; lösen Sie das entstandene lineare Gleichungssystem.

5. a) Überlegen Sie, wie viele Asymptoten das Schaubild der Funktion f bzw. der Funktion g hat und welche Form das Schaubild von h hat.

   b) Bestimmen Sie die Polstelle des Schaubilds von f, indem Sie den Nenner von $f(x)$ gleich Null setzen und setzen Sie das Ergebnis mit der abgelesenen Polstelle gleich; lösen Sie die Gleichung nach a auf.
   Bestimmen Sie die Koordinaten eines eindeutig ablesbaren Punktes des Schaubilds, welches zur Funktion g gehört, und setzen Sie diese in die Funktionsgleichung von g ein; lösen Sie die Gleichung nach b auf.

6. Skizzieren Sie die Problemstellung.
   Um den Abstand der beiden Geraden zu bestimmen, stellen Sie die Gleichung einer Hilfsebene E_H orthogonal zur Geraden h durch den Stützpunkt G der Geraden g auf und schneiden E_H mit h; als Normalenvektor $\vec{n}$ von E_H wählen Sie den Richtungsvektor von g. Anschließend berechnen Sie den Abstand des berechneten Schnittpunkts zum Stützpunkt G mit Hilfe des Betrags des Verbindungsvektors der beiden Punkte.

7. Bestimmen Sie mit Hilfe des Kreuzprodukts (siehe Seite 44) zweier Verbindungsvektoren der drei Punkte von E einen Normalenvektor $\vec{n}$ von E.
   Prüfen Sie, ob das Skalarprodukt von $\vec{n}$ mit dem Richtungsvektor der Geraden g Null ergibt.

8. a) Bestimmen Sie n, p und k und verwenden Sie die Formel
   $P(X = k) = \binom{n}{k} \cdot p^k \cdot (1-p)^{n-k}$.

   b) Überlegen Sie, welche Wahrscheinlichkeiten addiert werden müssen.

9. Skizzieren Sie die möglichen Lagebeziehungen.
   Überlegen Sie, wie die Normalenvektoren zueinander stehen müssen, damit die Ebenen parallel sind oder sich schneiden; beachten Sie, dass eine Punktprobe notwendig ist, um den Spezialfall, dass E_1 und E_2 identisch sind, zu untersuchen.

Lösungen Pflichtteil 2008

1. Zur Bestimmung der Ableitung der Funktion f mit $f(x) = \frac{2}{(3x-1)^2} = 2\cdot(3x-1)^{-2}$ verwendet man die Potenz- und Kettenregel:

$$f'(x) = -4\cdot(3x-1)^{-3}\cdot 3 = -\frac{12}{(3x-1)^3}$$

2. Eine allgemeine Stammfunktion der Funktion g mit $g(x) = 2-3\cdot\sin(4x)$ erhält man durch lineare Substitution:

$$\mathrm{G}_c(x) = 2x - 3\cdot\left(-\frac{1}{4}\cos(4x)\right) + c = 2x + \frac{3}{4}\cdot\cos(4x) + c;\ c\in\mathbb{R}$$

Da der Punkt $\mathrm{P}(0\mid 1)$ auf dem Schaubild von $\mathrm{G}_c(x)$ liegt, gilt: $\mathrm{G}_c(0) = 1$

$$\begin{aligned} 1 &= 2\cdot 0 + \frac{3}{4}\cdot\cos(4\cdot 0) + c \\ 1 &= \frac{3}{4}\cdot 1 + c \\ c &= \frac{1}{4} \end{aligned}$$

Damit hat die gesuchte Stammfunktion G den Funktionsterm $\mathrm{G}(x) = 2x + \frac{3}{4}\cdot\cos(4x) + \frac{1}{4}$.

3. Die Gleichung $\frac{6}{x^4} + \frac{1}{x^2} = 1$ führt nach Multiplikation mit x^4 auf beiden Seiten zur Gleichung $6 + x^2 = x^4$ bzw. $x^4 - x^2 - 6 = 0$.
Substituiert man $x^2 = z$, so erhält man die quadratische Gleichung $z^2 - z - 6 = 0$, die mit Hilfe der pq-Formel oder der abc-Formel gelöst wird. Man erhält $z_1 = -2$ und $z_2 = 3$.
Die Resubstitution $x^2 = -2$ ergibt keine reelle Lösung, die Resubstitution $x^2 = 3$ ergibt die Lösungen $x_1 = \sqrt{3}$ und $x_2 = -\sqrt{3}$.
Somit sind $x_1 = \sqrt{3}$ und $x_2 = -\sqrt{3}$ die Lösungen der gegebenen Gleichung.

4. Als Ansatz für eine ganzrationale Funktion h zweiten Grades verwendet man $h(x) = ax^2 + bx + c$ sowie deren Ableitung $h'(x) = 2ax + b$.
Da $\mathrm{T}(-1\mid -4)$ der Tiefpunkt des Schaubilds von h ist, gelten die Bedingungen: $h(-1) = -4$ und $h'(-1) = 0$.
Da $\mathrm{Q}(2\mid 5)$ ein weiterer Punkt des Schaubilds von h ist, gilt die Bedingung: $h(2) = 5$.
Damit erhält man folgendes lineares Gleichungssystem:

$$\begin{array}{lrcrcrcr} \mathrm{I} & a\cdot(-1)^2 & + & b\cdot(-1) & + & c & = & -4 \\ \mathrm{II} & 2a\cdot(-1) & + & b & & & = & 0 \\ \mathrm{III} & a\cdot 2^2 & + & b\cdot 2 & + & c & = & 5 \end{array}$$

bzw.

$$\begin{array}{lcccccccc} \text{I} & a & - & b & + & c & = & -4 \\ \text{II} & -2a & + & b & & & = & 0 \\ \text{III} & 4a & + & 2b & + & c & = & 5 \end{array}$$

Subtrahiert man Gleichung III von Gleichung I, erhält man:

$$\begin{array}{lcccccccc} \text{I} & a & - & b & + & c & = & -4 \\ \text{II} & -2a & + & b & & & = & 0 \\ \text{IIIa} & -3a & - & 3b & & & = & -9 \end{array}$$

Addiert man das 3-fache von Gleichung II zu Gleichung IIIa, erhält man:

$$\begin{array}{lcccccccc} \text{I} & a & - & b & + & c & = & -4 \\ \text{II} & -2a & + & b & & & = & 0 \\ \text{IIIb} & -9a & & & & & = & -9 \end{array}$$

Aus Gleichung IIIb erhält man $a = 1$.
Setzt man $a = 1$ in Gleichung II ein, erhält man: $-2 \cdot 1 + b = 0 \Rightarrow b = 2$
Setzt man $a = 1$ und $b = 2$ in Gleichung I ein, erhält man: $1 - 2 + c = -4 \Rightarrow c = -3$
Damit lautet die gesuchte Funktionsgleichung: $h(x) = x^2 + 2x - 3$

5. a) Der Funktion f mit $f(x) = \frac{-2x}{x+a}$ kann das Schaubild 2 zugeordnet werden, da dieses als einziges Schaubild eine senkrechte Asymptote (Pol) bei $x = -1$ und eine waagrechte Asymptote $y = -2$ besitzt.
Der Funktion g mit $g(x) = -2 + b \cdot e^{-0,5x}$ kann das Schaubild 3 zugeordnet werden, da nur noch dieses Schaubild eine waagrechte Asymptote $y = -2$ für $x \to \infty$ besitzt.
Der Funktion h mit $h(x) = c \cdot x^2 - x$ kann das Schaubild 4 zugeordnet werden, da das Schaubild von h eine Parabel ist. Schaubild 1 hat einen Wendepunkt, ist also keine Parabel; somit kommt nur Schaubild 4, welches eine Parabel darstellen könnte, in Frage.

b) Zur Bestimmung von a setzt man die senkrechte Asymptote $x = -1$ des Schaubilds 2 mit der Polstelle von $f(x)$ gleich; die Polstelle von f erhält man, indem man den Nenner von $f(x)$ gleich Null setzt: $x + a = 0 \Rightarrow x = -a$.

$$-1 = -a \Rightarrow a = 1$$

Zur Bestimmung von b verwendet man die Koordinaten des Ursprungs, der auf dem Schaubild 3 liegt: $g(0) = 0$ führt zu

$$0 = -2 + b \cdot e^{-0,5 \cdot 0} \Rightarrow b = 2$$

6. Die Geraden $g\colon \vec{x} = \begin{pmatrix} 2 \\ 9 \\ 4 \end{pmatrix} + s \begin{pmatrix} 3 \\ -4 \\ 1 \end{pmatrix}$ und $h\colon \vec{x} = \begin{pmatrix} 1 \\ 2 \\ 5 \end{pmatrix} + t \begin{pmatrix} 6 \\ -8 \\ 2 \end{pmatrix}$ sind parallel,

da die Richtungsvektoren ein Vielfaches voneinander sind: $\begin{pmatrix} 6 \\ -8 \\ 2 \end{pmatrix} = 2 \cdot \begin{pmatrix} 3 \\ -4 \\ 1 \end{pmatrix}$

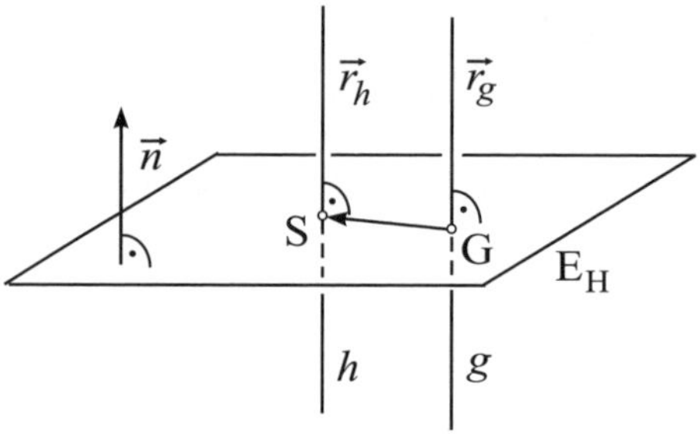

Um den Abstand der beiden Geraden zu bestimmen, stellt man eine Hilfsebene E_H orthogonal zur Geraden h durch den Stützpunkt G$(2 \mid 9 \mid 4)$ der Geraden g auf und schneidet E_H mit h; als Normalenvektor $\vec{n}$ von E_H wählt man den Richtungsvektor von g :

$$E_H\colon (\vec{x} - \vec{g}) \cdot \vec{n} = 0$$

$$E_H\colon \begin{pmatrix} x_1 - 2 \\ x_2 - 9 \\ x_3 - 4 \end{pmatrix} \cdot \begin{pmatrix} 3 \\ -4 \\ 1 \end{pmatrix} = 0$$

$$E_H\colon 3 \cdot (x_1 - 2) + (-4) \cdot (x_2 - 9) + 1 \cdot (x_3 - 4) = 0$$

$$E_H\colon 3x_1 - 4x_2 + x_3 + 26 = 0$$

Zur Berechnung des Schnittpunkts S von E_H mit h setzt man die Koordinaten eines allgemeinen Punktes $P_t\,(1 + 6t \mid 2 - 8t \mid 5 + 2t)$ der Geraden h in die Koordinatengleichung von E_H ein und erhält:

$$3 \cdot (1 + 6t) - 4 \cdot (2 - 8t) + (5 + 2t) + 26 = 0 \;\Rightarrow\; t = -\frac{1}{2}$$

Setzt man $t = -\frac{1}{2}$ in die Gleichung von h ein, erhält man die Koordinaten von S:

$$\vec{s} = \begin{pmatrix} 1 \\ 2 \\ 5 \end{pmatrix} - \frac{1}{2} \cdot \begin{pmatrix} 6 \\ -8 \\ 2 \end{pmatrix} \;\Rightarrow\; S\,(-2 \mid 6 \mid 4)$$

Der gesuchte Abstand d der beiden Geraden g und h ist der Abstand der Punkte S und G:

$$d = \left|\overrightarrow{\mathrm{GS}}\right| = \left|\begin{pmatrix} -4 \\ -3 \\ 0 \end{pmatrix}\right| = \sqrt{(-4)^2 + (-3)^2 + 0^2} = 5$$

Der Abstand der beiden Geraden g und h beträgt 5 LE.

7. Um zu untersuchen, ob die Gerade $g\colon \vec{x} = \begin{pmatrix} -4 \\ 2 \\ 3 \end{pmatrix} + t \begin{pmatrix} -2 \\ 3 \\ 2 \end{pmatrix}$; $t \in \mathbb{R}$ parallel zur Ebene E durch die Punkte A $(1{,}5 \mid 0 \mid 0)$, B $(0 \mid 3 \mid 0)$ und C $(0 \mid 0 \mid 6)$ verläuft, prüft man, ob das Skalarprodukt eines Normalenvektors der Ebene E und des Richtungsvektors der Geraden g Null ergibt.
Einen Normalenvektor $\vec{n}$ von E bestimmt man z.B. mit Hilfe des Kreuzprodukts der beiden Spannvektoren $\overrightarrow{\mathrm{AB}} = \begin{pmatrix} -1{,}5 \\ 3 \\ 0 \end{pmatrix}$ und $\overrightarrow{\mathrm{AC}} = \begin{pmatrix} -1{,}5 \\ 0 \\ 6 \end{pmatrix}$:

$$\overrightarrow{\mathrm{AB}} \times \overrightarrow{\mathrm{AC}} = \begin{pmatrix} -1{,}5 \\ 3 \\ 0 \end{pmatrix} \times \begin{pmatrix} -1{,}5 \\ 0 \\ 6 \end{pmatrix} = \begin{pmatrix} 18 \\ 9 \\ 4{,}5 \end{pmatrix} = 4{,}5 \cdot \begin{pmatrix} 4 \\ 2 \\ 1 \end{pmatrix} \Rightarrow \vec{n} = \begin{pmatrix} 4 \\ 2 \\ 1 \end{pmatrix}$$

Bestimmt man das Skalarprodukt von $\vec{n}$ und dem Richtungsvektor $\vec{r_g}$ der Geraden g, erhält man:

$$\vec{n} \cdot \vec{r_g} = \begin{pmatrix} 4 \\ 2 \\ 1 \end{pmatrix} \cdot \begin{pmatrix} -2 \\ 3 \\ 2 \end{pmatrix} = 4 \cdot (-2) + 2 \cdot 3 + 1 \cdot 2 = 0$$

Da das Skalarprodukt von $\vec{n}$ und $\vec{r_g}$ Null ergibt, sind die Ebene E und die Gerade g parallel.

8. a) Da die Zufallsvariable X binomialverteilt ist mit $\mathrm{p} = 0{,}6$ und $\mathrm{n} = 8$, gilt:

$$\mathrm{P}(\mathrm{X} = 1) = \binom{8}{1} \cdot 0{,}6^1 \cdot (1 - 0{,}6)^7 = \frac{8}{1} \cdot 0{,}6 \cdot 0{,}4^7 = 4{,}8 \cdot 0{,}4^7$$

b) Anhand der gegebenen Abbildung kann man folgende Wahrscheinlichkeiten ablesen:

$$\mathrm{P}(\mathrm{X} = 4) \approx 0{,}23$$
$$\mathrm{P}(\mathrm{X} = 5) \approx 0{,}28$$

Damit gilt:

$$P(4 \leqslant X < 6) = P(X = 4) + P(X = 5) \approx 0,23 + 0,28 = 0,51$$

und

$$P(X \neq 5) = 1 - P(X = 5) \approx 1 - 0,28 = 0,72$$

9. Als mögliche Lagebeziehungen kommen in Frage:

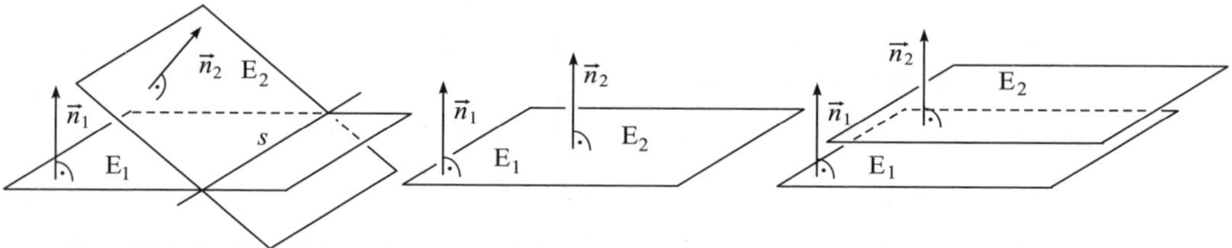

E_1 und E_2 schneiden sich — E_1 und E_2 sind identisch — E_1 und E_2 sind parallel

Um die gegenseitige Lage der beiden Ebenen $E_1: (\vec{x} - \vec{p}_1) \cdot \vec{n}_1 = 0$ und $E_2: (\vec{x} - \vec{p}_2) \cdot \vec{n}_2 = 0$ zu untersuchen, prüft man zunächst, ob die Normalenvektoren $\vec{n}_1$ und $\vec{n}_2$ ein Vielfaches voneinander (linear abhängig) sind.
Ist dies der Fall, gilt also $\vec{n}_1 = k \cdot \vec{n}_2$; $k \in \mathbb{R} \setminus \{0\}$, sind die beiden Ebenen parallel; falls der Ortsvektor $\vec{p}_2$ von E_2 die Bedingung $(\vec{p}_2 - \vec{p}_1) \cdot \vec{n}_1 = 0$ erfüllt, liegt der Punkt P_2 von E_2 auch in E_1 und die beiden Ebenen sind identisch.
Ist dies nicht der Fall, sind also die Normalenvektoren $\vec{n}_1$ und $\vec{n}_2$ kein Vielfaches voneinander (linear unabhängig), schneiden sich die beiden Ebenen in einer Schnittgeraden; falls zusätzlich $\vec{n}_1 \cdot \vec{n}_2 = 0$ gilt, schneiden sich die beiden Ebenen rechtwinklig.

Pflichtteil 2009

Tipps ab Seite 219, Lösungen ab Seite 220

Aufgabe 1

Bilden Sie die erste Ableitung der Funktion f mit $f(x) = x^2 \cdot \sin(3x+1)$. (2 VP)

Aufgabe 2

Berechnen Sie das Integral $\int_4^9 \left(\frac{2}{\sqrt{x}} - 1\right) \mathrm{d}x$. (2 VP)

Aufgabe 3

Lösen Sie die Gleichung $\left(2x^2 - 8\right) \cdot \left(e^{2x} - 6\right) = 0$. (3 VP)

Aufgabe 4

Das Schaubild der Funktion f mit $f(x) = -x^3 + 3x^2 - x - 3$ besitzt einen Wendepunkt.
Bestimmen Sie eine Gleichung der Tangente in diesem Wendepunkt. (4 VP)

Aufgabe 5

Die Abbildung zeigt das Schaubild einer Funktion f.
F ist eine Stammfunktion von f.

a) Welche Aussagen über F ergeben sich daraus im Bereich $-2 < x < 7$ hinsichtlich
   - Extremstellen
   - Wendestellen
   - Nullstellen?

   Begründen Sie Ihre Antworten.

b) Begründen Sie, dass $F(6) - F(2) > 1$ gilt.

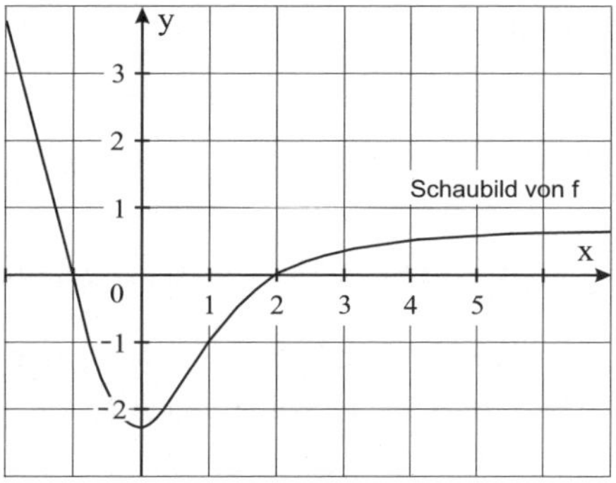

(5VP)

Aufgabe 6 *

Untersuchen Sie, ob sich der Vektor $\vec{a} = \begin{pmatrix} -2 \\ -3 \\ 4 \end{pmatrix}$ als Linearkombination der Vektoren $\vec{b} = \begin{pmatrix} 4 \\ 3 \\ -2 \end{pmatrix}$ und $\vec{c} = \begin{pmatrix} 2 \\ -2 \\ 1 \end{pmatrix}$ darstellen lässt. (3 VP)

Aufgabe 7

Gegeben sind die Ebene E: $x_1 + x_2 = 4$ und die Gerade g: $\vec{x} = \begin{pmatrix} 1 \\ 3 \\ 3 \end{pmatrix} + r \cdot \begin{pmatrix} 1 \\ -1 \\ 0 \end{pmatrix}$.

a) Veranschaulichen Sie die Ebene E in einem Koordinatensystem.

b) Untersuchen Sie die gegenseitige Lage von g und E.

c) Bestimmen Sie den Abstand des Ursprungs von der Ebene E. (4 VP)

Aufgabe 8 *

Ein Glücksrad wird für ein Glücksspiel verwendet. Ein Spieler stellt hierzu folgende Rechnung auf:

$$\begin{aligned} \mathrm{P}(\mathrm{X}) &= \mathrm{x}_1 \cdot \mathrm{P}(\mathrm{x}_1) + \mathrm{x}_2 \cdot \mathrm{P}(\mathrm{x}_2) + \mathrm{x}_1 \cdot \mathrm{P}(\mathrm{x}_3) + \mathrm{x}_1 \cdot \mathrm{P}(\mathrm{x}_4) \\ &= 1\,€ \cdot \frac{1}{2} + 2\,€ \cdot \frac{1}{4} + 4\,€ \cdot \frac{1}{8} + 6\,€ \cdot \frac{1}{8} \end{aligned}$$

a) Beschreiben Sie, wie das zugehörige Glücksrad aussehen könnte.

b) Wie hoch müsste der Einsatz des Spielers sein, damit er mit einem durchschnittlichen Gewinn von 75 Cent rechnen kann?

(4 VP)

Aufgabe 9

Gegeben sind eine Gerade g und ein Punkt A im Raum. A liegt nicht auf g.
A wird an der Geraden g gespiegelt.
Beschreiben Sie ein Verfahren, um den Bildpunkt A$'$ zu bestimmen.

(3 VP)

Summe: 30 VP

*Die Aufgabe wurde unter Berücksichtigung der neuen Richtlinien ergänzt.

Tipps Pflichtteil 2009

1. Verwenden Sie die Produktregel $(u \cdot v)' = u' \cdot v + u \cdot v'$ sowie die Kettenregel.
2. Schreiben Sie den Bruch als Potenz mit negativer Hochzahl und bestimmen Sie eine Stammfunktion des Integranden; verwenden Sie den Hauptsatz der Differential- und Integralrechnung:
$$\int_a^b f(x)\mathrm{d}x = \mathrm{F}(b) - \mathrm{F}(a)$$
3. Setzen Sie jede Klammer gleich Null und lösen Sie die entstandenen Gleichungen durch Wurzelziehen bzw. Logarithmieren nach x auf.
4. Leiten Sie f drei mal ab und bestimmen Sie die Wendestelle x_W mit Hilfe der notwendigen Bedingung $f''(x) = 0$. Prüfen Sie, ob $f'''(x_\mathrm{W}) \neq 0$ ist. Den zugehörigen y-Wert y_W erhalten Sie, indem Sie x_W in $f(x)$ einsetzen. Die Steigung m_t der Tangente erhalten Sie, indem Sie x_W in $f'(x)$ einsetzen. Die Gleichung der Tangente t erhalten Sie mit Hilfe der Punkt-Steigungsform: $y - y_\mathrm{W} = m_t \cdot (x - x_\mathrm{W})$.
5. a) Überlegen Sie, welche Bedeutung die Nullstellen sowie die Extremstelle von f für die Funktion F haben. Beachten Sie, dass F keine eindeutige Stammfunktion ist.

   b) Schreiben Sie $\mathrm{F}(6) - \mathrm{F}(2)$ mithilfe des Hauptsatzes der Differential- und Integralrechnung als Integral und interpretieren Sie dieses als Flächeninhalt der Fläche zwischen dem Schaubild von f und der x-Achse. Schätzen Sie den diesen Flächeninhalt ab.
6. Stellen Sieund welche Beträge auf den Sektoren stehen. das zur Gleichung $\vec{a} = s \cdot \vec{b} + t \cdot \vec{c}$ zugehörige lineare Gleichungssystem auf und berechnen Sie (falls möglich) s und t.
7. a) Bestimmen Sie die Spurpunkte von E (E ist zu einer Koordinatenachse parallel!)

   b) Schreiben Sie die Gerade g als allgemeinen Punkt P_g und setzen Sie diesen in die Koordinatengleichung von E ein. Bei einem Widerspruch ist g parallel zu E, bei einer wahren Aussage liegt g in E, bei einer eindeutigen Lösung gibt es einen Schnittpunkt.

   c) Den Abstand d des Ursprungs von E erhalten Sie mit Hilfe der Hesseschen Normalenform (HNF):
   $d(\mathrm{P};\mathrm{E}) = \frac{|a \cdot p_1 + b \cdot p_2 + c \cdot p_3 - d|}{\sqrt{a^2+b^2+c^2}}$, wobei $\begin{pmatrix} a \\ b \\ c \end{pmatrix}$ ein Normalenvektor von E ist.
8. a) Überlegen Sie, wie groß die Mittelpunktswinkel aufgrund der angegebenen Wahrscheinlichkeiten für die einzelnen Sektoren sein müssen.

   b) Den Erwartungswert E von X (Zufallsvariable für die Höhe des Gewinns) erhalten Sie, indem Sie die möglichen Auszahlungsbeträge mit den zugehörigen Wahrscheinlichkeiten multiplizieren und den Einsatz x subtrahieren. Stellen Sie eine Gleichung auf und lösen Sie diese.
9. Skizzieren Sie die Problemstellung. Überlegen Sie, wie Sie mithilfe einer Hilfsebene durch A und A$'$ und deren Schnittpunkt mit g eine geeignete Vektorkette aufstellen können.

Lösungen Pflichtteil 2009

1. Zur Bestimmung der Ableitung der Funktion f mit $f(x) = x^2 \cdot \sin(3x+1)$ verwendet man die Produktregel sowie die Kettenregel:

$$\begin{aligned} f'(x) &= 2x \cdot \sin(3x+1) + x^2 \cdot \cos(3x+1) \cdot 3 \\ &= 2x \cdot \sin(3x+1) + 3x^2 \cdot \cos(3x+1) \end{aligned}$$

2. Zur Bestimmung des Integrals schreibt man den Bruch als Potenz mit negativer Hochzahl; anschließend bestimmt man eine Stammfunktion und verwendet den Hauptsatz der Differential- und Integralrechnung:

$$\begin{aligned} \int_4^9 \left(\frac{2}{\sqrt{x}} - 1\right) \mathrm{d}x &= \int_4^9 \left(2 \cdot x^{-\frac{1}{2}} - 1\right) \mathrm{d}x \\ &= \left[\frac{2}{\frac{1}{2}} \cdot x^{\frac{1}{2}} - x\right]_4^9 \\ &= \left[4 \cdot \sqrt{x} - x\right]_4^9 \\ &= \left(4 \cdot \sqrt{9} - 9\right) - \left(4 \cdot \sqrt{4} - 4\right) \\ &= -1 \end{aligned}$$

3. Um die Gleichung $\left(2x^2 - 8\right) \cdot \left(e^{2x} - 6\right) = 0$ zu lösen, setzt man jede Klammer gleich Null und löst die entstandenen Gleichungen nach x auf:

$$2x^2 - 8 = 0 \Rightarrow x^2 = 4 \Rightarrow x_{1,2} = \pm 2$$

$$e^{2x} - 6 = 0 \Rightarrow e^{2x} = 6 \Rightarrow 2x = \ln(6) \Rightarrow x_3 = \frac{\ln(6)}{2}$$

Damit erhält man die Lösungen $x_1 = -2$, $x_2 = 2$ und $x_3 = \frac{\ln(6)}{2}$.

4. Zur Bestimmung des Wendepunkts des Schaubilds von $f(x) = -x^3 + 3x^2 - x - 3$ leitet man f drei mal ab und setzt die zweite Ableitung gleich Null:

$$\begin{aligned} f'(x) &= -3x^2 + 6x - 1 \\ f''(x) &= -6x + 6 \\ f'''(x) &= -6 \end{aligned}$$

Die notwendige Bedingung $f''(x) = 0$ führt zu:

$$-6x + 6 = 0 \Rightarrow x_W = 1$$

Wegen $f'''(1) = -6 \neq 0$ handelt es sich um eine Wendestelle.
Den zugehörigen y-Wert y_W erhält man, indem man $x_W = 1$ in $f(x)$ einsetzt:

$y_W = -1^3 + 3 \cdot 1^2 - 1 - 3 = -2 \Rightarrow W(1 \mid -2)$.
Die Steigung m_t der Tangente erhält man, indem man $x_W = 1$ in $f'(x)$ einsetzt:
$m_t = f'(1) = -3 \cdot 1^2 + 6 \cdot 1 - 1 = 2$.
Die Gleichung der Tangente t in W erhält man mit Hilfe der Punkt-Steigungsform:

$$t: y - y_W = m_t \cdot (x - x_W)$$
$$t: y - (-2) = 2 \cdot (x - 1)$$
$$t: y = 2x - 4$$

Die Tangente im Wendepunkt $W(1 \mid -2)$ hat damit die Gleichung $y = 2x - 4$.

5. a) Da f bei $x_1 = -1$ und bei $x_2 = 2$ jeweils eine Nullstelle mit Vorzeichenwechsel hat, hat F zwei Extremstellen im Bereich , $-2 < x < 7$.
Da f bei $x = 0$ eine Extremstelle hat, hat F dort eine Wendestelle.
Eine Aussage über Nullstellen von F ist nicht möglich, da das absolute Glied von F nicht eindeutig bestimmt ist und das Schaubild von F in y-Richtung verschiebbar ist.

b) Schreibt man $F(6) - F(2)$ mit Hilfe des Hauptsatzes der Differential- und Integralrechnung als Integral, erhält man:

$$F(6) - F(2) = \int_2^6 f(x)\mathrm{d}x$$

Interpretiert man dieses Integral als Flächeninhalt der Fläche zwischen dem Schaubild von f und der x-Achse, so kann man anhand des gegebenen Schaubilds abschätzen bzw. erkennen, dass für $2 \leqslant x \leqslant 6$ dieser Flächeninhalt größer als 1 ist.
Damit ist die Behauptung $F(6) - F(2) > 1$ wahr.

6. Der Ansatz

$$\begin{pmatrix} -2 \\ -3 \\ 4 \end{pmatrix} = s \cdot \begin{pmatrix} 4 \\ 3 \\ -2 \end{pmatrix} + t \cdot \begin{pmatrix} 2 \\ -2 \\ 1 \end{pmatrix}$$

führt zu

$$\begin{array}{lrclcr} \text{I} & -2 & = & 4s & + & 2t \\ \text{II} & -3 & = & 3s & - & 2t \\ \text{III} & 4 & = & -2s & + & t \end{array}$$

Subtrahiert man das 4-fache von Gleichung II vom 3-fachen von Gleichung I, ergibt sich:
$6 = 14t \Rightarrow t = \frac{3}{7}$
Addiert man das 2-fache von Gleichung III zu Gleichung I, erhält man: $6 = 4t \Rightarrow t = \frac{3}{2}$.
Aufgrund des Widerspruchs ist das Gleichungssystem nicht lösbar. Damit lässt sich der Vektor $\vec{a}$ nicht als Linearkombination von $\vec{b}$ und $\vec{c}$ darstellen.

7. a) Zur Veranschaulichung der Ebene E: $x_1 + x_2 = 4$ in einem Koordinatensystem bestimmt man die Spurpunkte von E mit den Koordinatenachsen:

Den Schnittpunkt S_1 von E mit der x_1-Achse erhält man durch $x_1 + 0 = 4 \Rightarrow S_1(4 \mid 0 \mid 0)$.

Den Schnittpunkt S_2 von E mit der x_2-Achse erhält man durch $0 + x_2 = 4 \Rightarrow S_2(0 \mid 4 \mid 0)$.

Den Schnittpunkt S_3 von E mit der x_3-Achse erhält man durch $0 + 0 = 4$. Aufgrund des Widerspruchs gibt es keinen Schnittpunkt; also ist E parallel zur x_3-Achse.

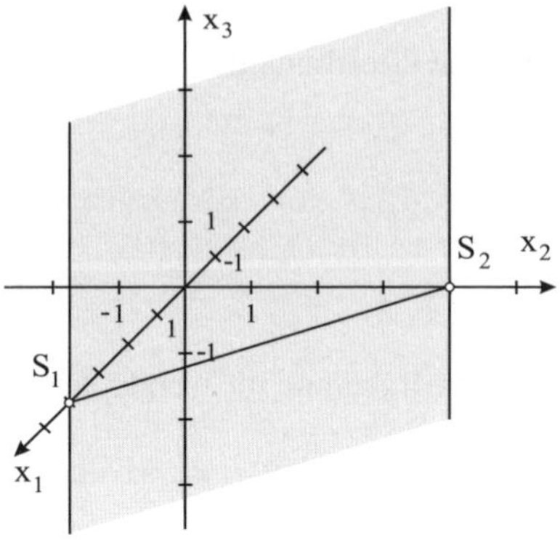

b) Um die gegenseitige Lage von $g\colon \vec{x} = \begin{pmatrix} 1 \\ 3 \\ 3 \end{pmatrix} + r \cdot \begin{pmatrix} 1 \\ -1 \\ 0 \end{pmatrix}$ und E zu untersuchen, setzt man den allgemeinen Punkt $P_g(1+r \mid 3-r \mid 3)$ von g in die Koordinatengleichung von E ein und erhält:

$$1 + r + 3 - r = 4 \Rightarrow 4 = 4$$

Aufgrund der wahren Aussage liegt g in der Ebene E.

c) Den Abstand d des Ursprungs $O(0 \mid 0 \mid 0)$ von E erhält man mit Hilfe der Hesseschen Normalenform (HNF):

$$d(O; E) = \frac{|1 \cdot 0 + 1 \cdot 0 - 4|}{\sqrt{1^2 + 1^2}} = \frac{4}{\sqrt{2}}$$

Alternativ kann man auch eine Lotgerade l vom Ursprung auf die Ebene E aufstellen und diese mit E schneiden:

$$l\colon \vec{x} = \begin{pmatrix} 0 \\ 0 \\ 0 \end{pmatrix} + r \cdot \begin{pmatrix} 1 \\ 1 \\ 0 \end{pmatrix}$$

Setzt man den allgemeinen Punkt $P_l(r \mid r \mid 0)$ von l in E ein, erhält man: $r + r = 4 \Rightarrow r = 2$.

Setzt man $r = 2$ in P_l ein, erhält man die Koordinaten des Schnittpunkts $F(2 \mid 2 \mid 0)$ der Lotgeraden l und der Ebene E.

Die Länge des Verbindungsvektors vom Ursprung zu F ist der Abstand vom Ursprung zu E:

$$d(\mathrm{O};\mathrm{E}) = \left|\overrightarrow{\mathrm{OF}}\right| = \left|\begin{pmatrix} 2 \\ 2 \\ 0 \end{pmatrix}\right| = \sqrt{2^2+2^2} = \sqrt{8}$$

Der Abstand vom Ursprung zur Ebene E beträgt $\sqrt{8}$ LE.

8. a) Aufgrund der gegebenen Rechnung

$$\begin{aligned} &x_1 \cdot P(x_1) + x_2 \cdot P(x_2) + x_3 \cdot P(x_3) + x_4 \cdot P(x_4) \\ =&1 € \cdot \frac{1}{2} + 2 € \cdot \frac{1}{4} + 4 € \cdot \frac{1}{8} + 6 € \cdot \frac{1}{8} \end{aligned}$$

könnte das Glücksrad 4 Sektoren mit den Wahrscheinlichkeiten $\frac{1}{2}$, $\frac{1}{4}$, $\frac{1}{8}$ und $\frac{1}{8}$ haben. Diese entsprechen den Mittelpunktswinkeln 180°, 90°, 45° und 45°.
Damit ergibt sich folgendes Aussehen:

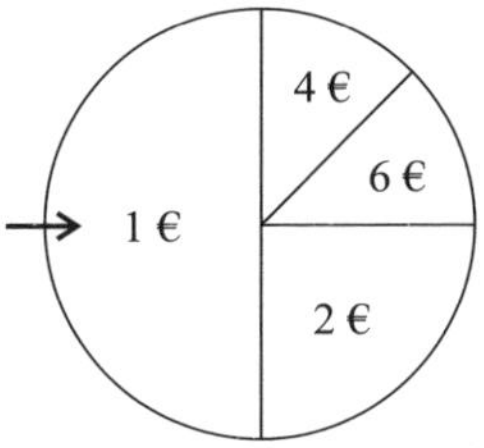

b) Sei X Zufallsvariable für die Höhe des Gewinns und x der Einsatz des Spielers. Den Erwartungswert von X erhält man, indem man die möglichen Auszahlungsbeträge mit den zugehörigen Wahrscheinlichkeiten multipliziert und den Einsatz x subtrahiert:

$$E(X) = 1 € \cdot \frac{1}{2} + 2 € \cdot \frac{1}{4} + 4 € \cdot \frac{1}{8} + 6 € \cdot \frac{1}{8} - x € = (2{,}25 - x) €$$

Damit der Spieler mit einem durchschnittlichen Gewinn von 75 Cent rechnen kann, muss der Erwartungswert 0,75 betragen. Also muss gelten:

$$E(X) = 0{,}75 \Rightarrow 2{,}25 - x = 0{,}75 \Rightarrow x = 1{,}50$$

Der Einsatz des Spielers muss 1,50 € betragen.

9. Um den Punkt A an der Geraden g zu spiegeln, bestimmt man zuerst die zu g orthogonale Hilfsebene E_H, die den Punkt A enthält und deren Normalenvektor der Richtungsvektor $\overrightarrow{r_g}$ ist:

$$E_H: (\vec{x} - \vec{a}) \cdot \overrightarrow{r_g} = 0$$

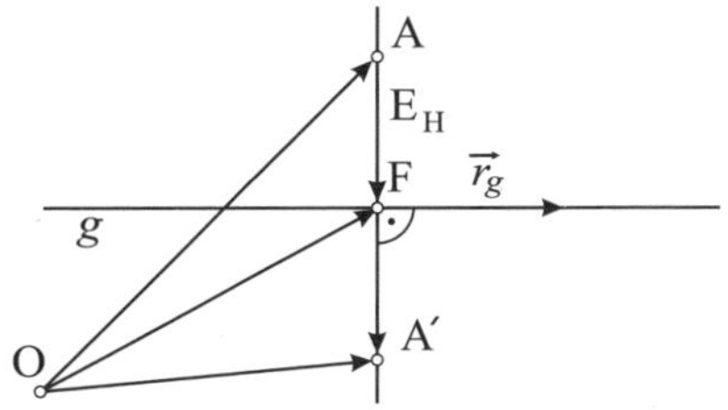

Anschließend ermittelt man den Schnittpunkt F von g und E_H.
Zum Schluss stellt man eine Vektorkette auf, um den Bildpunkt A′ zu erhalten:

$$\overrightarrow{\mathrm{OA}'} = \overrightarrow{\mathrm{OA}} + 2 \cdot \overrightarrow{\mathrm{AF}}$$

oder alternativ:

$$\overrightarrow{\mathrm{OA}'} = \overrightarrow{\mathrm{OF}} + \overrightarrow{\mathrm{AF}}$$

Pflichtteil 2010

Tipps ab Seite 227, Lösungen ab Seite 229 ☐

Aufgabe 1
Bilden Sie die erste Ableitung der Funktion f mit $f(x) = (2-3x)\cdot e^{-x}$
und vereinfachen Sie soweit wie möglich. (2 VP)

Aufgabe 2
Berechnen Sie das Integral $\int_1^e \left(\frac{2}{x} + 4x\right) \mathrm{d}x$. (2 VP)

Aufgabe 3 *
Lösen Sie die Gleichung $\cos x \cdot (\cos x + 1) = 0$ für $x \in [0;\, 2\pi]$.
(3 VP)

Aufgabe 4 *
Gegeben ist die Funktion f mit $f(x) = \frac{1}{x^2} - 4$. Ihr Schaubild ist K.

a) Geben Sie die Asymptoten von K an.

b) Bestimmen Sie den Schnittpunkt der Tangente an K im Punkt $P(1 \mid f(1))$ mit der x-Achse. (4 VP)

*Aufgabenteil wurde an die neuen Richtlinien angepasst.

Aufgabe 5

Die vier Abbildungen zeigen Schaubilder von Funktionen einschließlich aller waagrechten Asymptoten.

Eines dieser Schaubilder gehört zur Funktion f mit $f(x) = \frac{a}{1+x^2} - 1$.

Schaubild 1

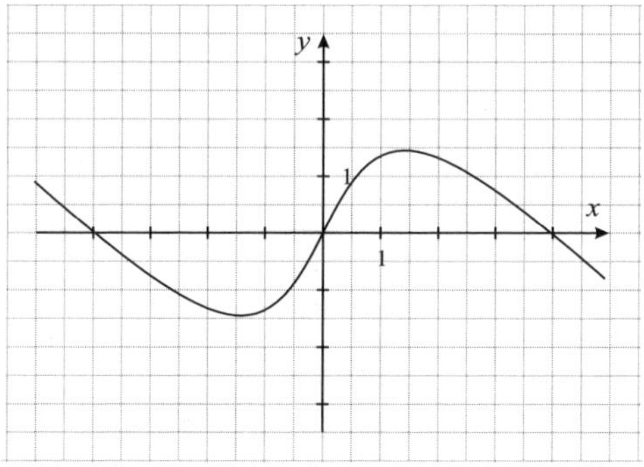

Schaubild 2

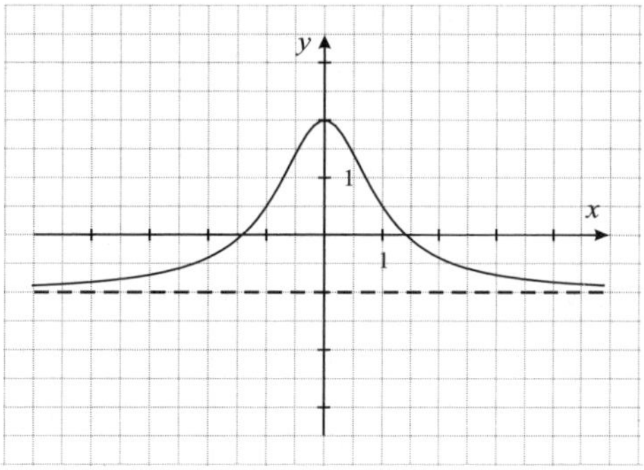

Schaubild 3

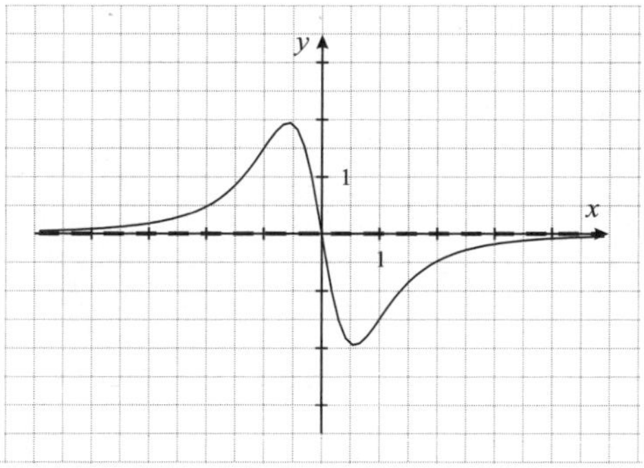

Schaubild 4

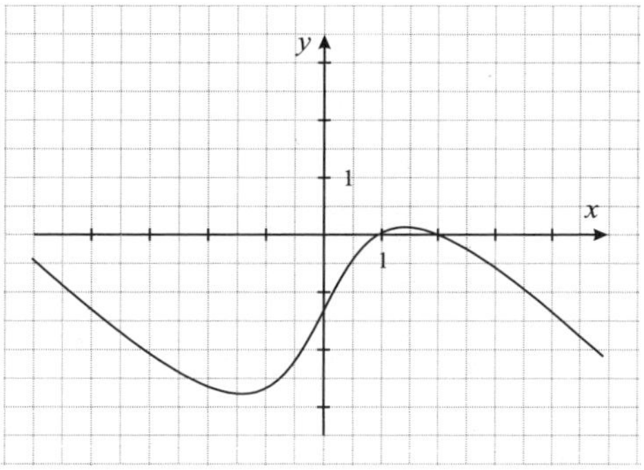

a) Begründen Sie, dass Abbildung 2 zur Funktion f gehört.
Bestimmen Sie den Wert von a.

b) Von den drei anderen Abbildungen gehört eine zur Ableitungsfunktion f' und eine zur Integralfunktion I mit $\mathrm{I}(x) = \int_2^x f(t)\,\mathrm{d}t$.
Ordnen Sie diesen beiden Funktionen die zugehörigen Abbildungen zu und begründen Sie jeweils Ihre Entscheidung. (5VP)

Aufgabe 6

Gegeben sind die Punkte A $(2 \mid 4 \mid 1)$, B $(0 \mid 2 \mid -1)$, C $(4 \mid -2 \mid 1)$ und D $(-1 \mid 9 \mid 0)$.
Überprüfen Sie, ob diese vier Punkte in einer Ebene liegen. (3 VP)

Aufgabe 7

Gegeben sind die Ebene E: $3x_1 - 4x_3 = -7$ und der Punkt $P(9 \mid -4 \mid 1)$.

a) Berechnen Sie den Abstand des Punktes P von der Ebene E.

b) Der Punkt $S(-1 \mid 1 \mid 1)$ liegt auf E.
Bestimmen Sie den Punkt Q auf der Geraden durch S und P,
der genauso weit von E entfernt ist wie P. (4 VP)

Aufgabe 8*

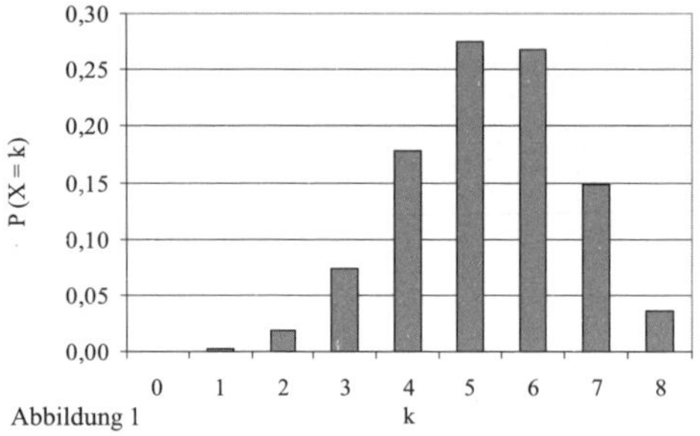

Abbildung 1

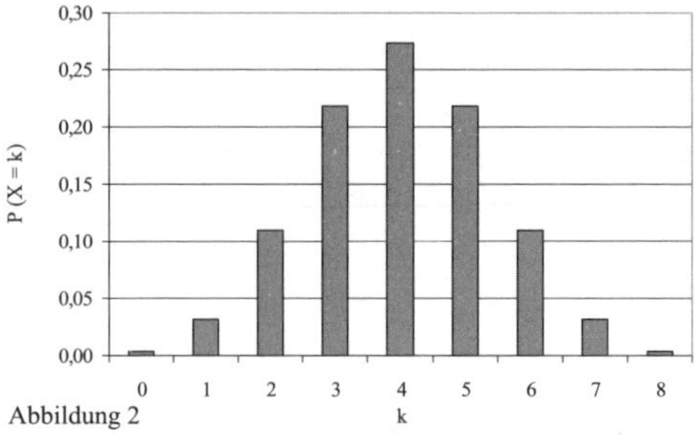

Abbildung 2

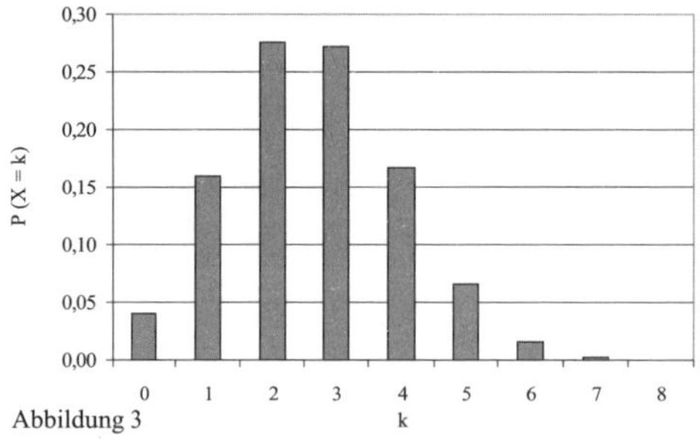

Abbildung 3

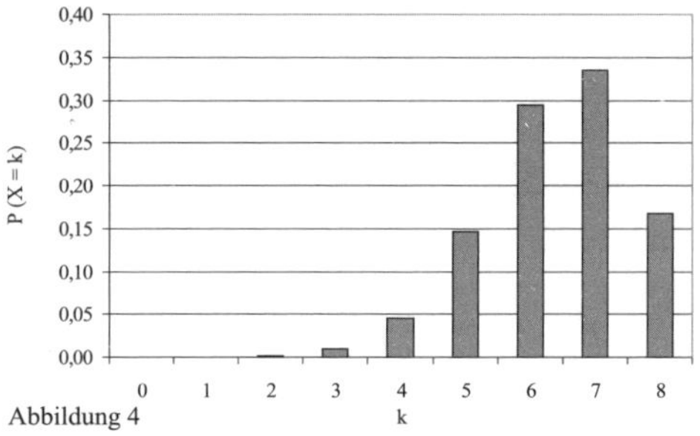

Abbildung 4

Die Zufallsvariable X ist binomialverteilt mit $n = 8$ und $p = 0{,}5$.

a) Berechnen Sie den Erwartungswert von X und begründen Sie, welche der Abbildungen die Verteilung von X beschreibt.

b) Bestimmen Sie mit Hilfe der Abbildung näherungsweise $P(3 \leqslant X < 6)$ und $P(X \neq 4)$. (4 VP)

Aufgabe 9

Die Gerade g und die Ebene E schneiden sich im Punkt S.
Die Gerade g' ist das Bild von g bei der Spiegelung an der Ebene E.
Beschreiben Sie ein Verfahren, um eine Gleichung der Geraden g' zu ermitteln. (3 VP)

Summe: 30 VP

*Diese Aufgabe wurde unter Berücksichtigung der neuen Richtlinien ergänzt.

Tipps Pflichtteil 2010

1. Verwenden Sie die Produktregel $(u \cdot v)' = u' \cdot v + u \cdot v'$ sowie die Kettenregel.

2. Schreiben Sie den Bruch als Potenz mit negativer Hochzahl und bestimmen Sie eine Stammfunktion des Integranden; verwenden Sie den Hauptsatz der Differential- und Integralrechnung:
$$\int_a^b f(x)\mathrm{d}x = \mathrm{F}(b) - \mathrm{F}(a)$$

3. Verwenden Sie den Satz vom Nullprodukt, d.h. Sie setzen jeden Faktor gleich Null und lösen die entstandenen Gleichungen.

4. a) Die senkrechte Asymptote des Schaubilds K der Funktion f erhalten Sie, indem Sie den Nenner gleich Null setzen.
   Die waagrechte Asymptote von K erhalten Sie, indem Sie den Grenzwert für $x \longrightarrow \pm\infty$ betrachten.

   b) Den y-Wert von P erhalten Sie, indem Sie den x-Wert von P in $f(x)$ einsetzen.
   Die Steigung m_t der Tangente in P erhalten Sie mit Hilfe der 1. Ableitung von f, indem Sie den x-Wert von P in $f'(x)$ einsetzen.
   Die Gleichung der Tangente t in P erhalten Sie mit Hilfe der Punkt-Steigungsform $t: y - y_1 = m \cdot (x - x_1)$.
   Den Schnittpunkt N von t mit der x-Achse erhalten Sie, indem Sie $y = 0$ setzen.

5. a) Überlegen Sie, ob das Schaubild von f eine waagrechte Asymptote hat bzw. welche Symmetrie vorliegt.
   Um a zu bestimmen, lesen Sie die Koordinaten eines Punktes des Schaubildes von f ab und setzen diese in $f(x)$ ein.

   b) Beachten Sie, dass das Schaubild von f bei $x = 0$ einen Hochpunkt hat und überlegen Sie, was dies für f' an der Stelle $x = 0$ bedeutet.
   Überlegen Sie, an welcher Stelle die Integralfunktion I eine Nullstelle hat; beachten Sie hierzu, dass $\int_b^b f(t)\mathrm{d}t = 0$.

6. Um zu prüfen, ob die vier Punkte in einer Ebene E liegen, stellen Sie mit Hilfe von A, B und C eine Ebenengleichung auf und prüfen mit Hilfe einer Punktprobe, ob der Punkt D in E liegt.
   Verwenden Sie für die Parametergleichung der Ebene E beispielsweise den Stützpunkt A und die Spannvektoren $\overrightarrow{AB}$ und $\overrightarrow{AC}$. Setzen Sie die Koordinaten von D in die Parametergleichung von E ein. Bei einer eindeutigen Lösung liegt D in E.
   Alternativ können Sie auch eine Koordinatengleichung von E bestimmen. Einen Normalenvektor $\vec{n}$ von E erhalten Sie mit Hilfe des Vektorprodukts (siehe Seite 44) der Spannvektoren

$\overrightarrow{AB}$ und $\overrightarrow{AC}$. Alternativ können Sie $\vec{n}$ auch mit Hilfe des Skalarprodukts bestimmen, da $\vec{n}$ sowohl auf $\overrightarrow{AB}$ als auch auf $\overrightarrow{AC}$ senkrecht steht, so dass gilt: $\vec{n} \cdot \overrightarrow{AB} = 0$ und $\vec{n} \cdot \overrightarrow{AC} = 0$.
Lösen Sie das entstandene lineare Gleichungssystem.
Eine Koordinatengleichung von E erhalten Sie mit Hilfe der Punkt-Normalenform:
E: $(\vec{x} - \vec{a}) \cdot \vec{n} = 0$.
Setzen Sie die Koordinaten von D in die Koordinatengleichung von E ein.
Bei einer wahren Aussage liegt D in E.

7. a) Den Abstand $d\,(\mathrm{P};\mathrm{E})$ des Punktes P von der Ebene E erhalten Sie mit Hilfe der Hesseschen Normalenform (HNF):

   $d\,(\mathrm{P};\mathrm{E}) = \frac{|a \cdot p_1 + b \cdot p_2 + c \cdot p_3 - d|}{\sqrt{a^2+b^2+c^2}}$, wobei $\begin{pmatrix} a \\ b \\ c \end{pmatrix}$ ein Normalenvektor von E ist.

   Alternativ können Sie auch eine Lotgerade von Punkt P auf die Ebene E aufstellen und diese mit E schneiden; anschließend berechnen Sie die Länge des Verbindungsvektors von P zum Schnittpunkt.

   b) Skizzieren Sie die Problemstellung.
   Die Koordinaten des Punktes Q erhalten Sie mit Hilfe einer Vektorkette.

8. a) Verwenden Sie die Formel: $\mathrm{E}(\mathrm{X}) = \mathrm{n} \cdot \mathrm{p}$. Beachten Sie, dass $\mathrm{P}(\mathrm{X} = \mathrm{E}(\mathrm{X}))$ maximal sein muss.

   b) Überlegen Sie, welche Wahrscheinlichkeiten addiert werden müssen bzw. rechnen Sie mit dem Gegenereignis $\overline{\mathrm{A}}$ und verwenden Sie $\mathrm{P}(\mathrm{A}) = 1 - \mathrm{P}(\bar{\mathrm{A}})$.

9. Skizzieren Sie die Problemstellung.
Überlegen Sie, wie Sie den Spiegelpunkt A′ des Stützpunktes A der Geraden erhalten können.
Stellen Sie mit Hilfe von S und A′ eine Geradengleichung der Spiegelgeraden g' auf.

Lösungen Pflichtteil 2010

1. Zur Bestimmung der Ableitung der Funktion f mit $f(x) = (2-3x) \cdot e^{-x}$ verwendet man die Produktregel sowie die Kettenregel:

$$\begin{aligned} f'(x) &= -3 \cdot e^{-x} + (2-3x) \cdot e^{-x} \cdot (-1) \\ &= e^{-x} \cdot (-3 + (2-3x) \cdot (-1)) \\ &= e^{-x} \cdot (-3 - 2 + 3x) \\ &= e^{-x} \cdot (-5 + 3x) \end{aligned}$$

2. Zur Berechnung des Integrals bestimmt man eine Stammfunktion und verwendet den Hauptsatz der Differential- und Integralrechnung:

$$\begin{aligned} \int_1^e \left(\frac{2}{x} + 4x\right) \mathrm{d}x &= \left[2 \cdot \ln|x| + 2x^2\right]_1^e \\ &= \left(2 \cdot \ln|e| + 2 \cdot e^2\right) - \left(2 \cdot \ln|1| + 2 \cdot 1^2\right) \\ &= \left(2 \cdot 1 + 2e^2\right) - (2 \cdot 0 + 2) \\ &= 2 + 2e^2 - 2 = 2e^2 \end{aligned}$$

3. Um die Gleichung $\cos x \cdot (\cos x + 1) = 0$ für $x \in [0; 2\pi]$ zu lösen, verwendet man den Satz vom Nullprodukt, d.h. man setzt jeden Faktor gleich Null und löst die entstandenen Gleichungen nach x auf:

$$\cos x = 0 \;\Rightarrow\; x_1 = \frac{\pi}{2} \text{ und } x_2 = \frac{3}{2}\pi$$
$$\cos x + 1 = 0 \;\Rightarrow\; \cos x = -1 \;\Rightarrow\; x_3 = \pi$$

Damit erhält man die Lösungen $x_1 = \frac{\pi}{2}$, $x_2 = \frac{3}{2}\pi$ und $x_3 = \pi$.

4. a) Die senkrechte Asymptote des Schaubilds K der Funktion f mit $f(x) = \frac{1}{x^2} - 4$ erhält man, indem man den Nenner gleich Null setzt: $x^2 = 0 \;\Rightarrow\; x = 0$.
Die waagerechte Asymptote von K erhält man, indem man den Grenzwert für $x \longrightarrow \pm\infty$ betrachtet.
Für $x \longrightarrow \pm\infty$ geht der Bruch $\frac{1}{x^2}$ gegen Null, somit geht $f(x)$ gegen -4.
Also hat K die waagrechte Asymptote $y = -4$ und die senkrechte Asymptote $x = 0$.

   b) Um die Gleichung der Tangente in $\mathrm{P}(1 \mid f(1))$ zu bestimmen, berechnet man zuerst den y-Wert von P:

$$f(1) = \frac{1}{1^2} - 4 = -3 \;\Rightarrow\; \mathrm{P}(1 \mid -3)$$

Die Steigung m_t der Tangente in P erhält man mit Hilfe der 1. Ableitung von $f(x) = \frac{1}{x^2} - 4 = x^{-2} - 4$:

$$f'(x) = -2 \cdot x^{-3} = -\frac{2}{x^3}$$

Setzt man $x = 1$ in $f'(x)$ ein, erhält man die Steigung m_t in P: $m_t = f'(1) = -\frac{2}{1^3} = -2$.
Die Gleichung der Tangente t in P erhält man mit Hilfe der Punkt-Steigungsform:

$$t: y - y_1 = m \cdot (x - x_1)$$
$$t: y - (-3) = -2 \cdot (x - 1)$$
$$t: y + 3 = -2x + 2$$
$$t: y = -2x - 1$$

Den Schnittpunkt N von t mit der x-Achse erhält man, indem man $y = 0$ setzt und die Gleichung nach x auflöst:

$$0 = -2x - 1 \Rightarrow x = -\frac{1}{2} \Rightarrow \mathrm{N}\left(-\frac{1}{2} \mid 0\right)$$

5. a) Da das Schaubild von f mit $f(x) = \frac{a}{1+x^2} - 1$ für $x \to \pm\infty$ bei $y = -1$ eine waagrechte Asymptote hat und außerdem wegen $f(-x) = \frac{a}{1+(-x)^2} - 1 = \frac{a}{1+x^2} - 1 = f(x)$ achsensymmetrisch zur y-Achse ist, gehört nur Abbildung 2 zur Funktion f.
Um a zu bestimmen, liest man die Koordinaten eines Punktes, z.B. $(0 \mid 2)$, des Schaubildes von f ab und setzt diese in $f(x)$ ein:

$$f(0) = 2$$
$$\frac{a}{1+0^2} - 1 = 2$$
$$a = 3$$

b) Das Schaubild von f hat bei $x = 0$ einen Hochpunkt, somit hat f' an der Stelle $x = 0$ einen Vorzeichenwechsel von $+$ nach $-$. Dies ist nur beim Schaubild in Abbildung 3 der Fall.
Die Integralfunktion I mit $\mathrm{I}(x) = \int_2^x f(t)\mathrm{d}t$ hat bei $x = 2$ eine Nullstelle, da $\int_2^2 f(t)\mathrm{d}t = 0$. Dies ist nur beim Schaubild in Abbildung 4 der Fall.
Somit gehört Abbildung 3 zu f' und Abbildung 4 zu I.

6. Um zu prüfen, ob die vier Punkte $\mathrm{A}(2 \mid 4 \mid 1)$, $\mathrm{B}(0 \mid 2 \mid -1)$, $\mathrm{C}(4 \mid -2 \mid 1)$ und $\mathrm{D}(-1 \mid 9 \mid 0)$ in einer Ebene E liegen, stellt man mit Hilfe von A, B und C eine Ebenengleichung auf und prüft mit Hilfe einer Punktprobe, ob der Punkt D in E liegt.
Die Ebene E, in der die Punkte $\mathrm{A}(2 \mid 4 \mid 1)$, $\mathrm{B}(0 \mid 2 \mid -1)$ und $\mathrm{C}(4 \mid -2 \mid 1)$ liegen, hat beispielsweise den Stützpunkt A und die Spannvektoren $\overrightarrow{\mathrm{AB}} = \begin{pmatrix} -2 \\ -2 \\ -2 \end{pmatrix}$ und $\overrightarrow{\mathrm{AC}} = \begin{pmatrix} 2 \\ -6 \\ 0 \end{pmatrix}$.

Damit hat E die Parametergleichung:

$$E\colon \vec{x} = \begin{pmatrix} 2 \\ 4 \\ 1 \end{pmatrix} + s \cdot \begin{pmatrix} -2 \\ -2 \\ -2 \end{pmatrix} + t \cdot \begin{pmatrix} 2 \\ -6 \\ 0 \end{pmatrix};\ s,t \in \mathbb{R}$$

bzw.

$$E\colon \vec{x} = \begin{pmatrix} 2 \\ 4 \\ 1 \end{pmatrix} + s \cdot \begin{pmatrix} 1 \\ 1 \\ 1 \end{pmatrix} + t \cdot \begin{pmatrix} 1 \\ -3 \\ 0 \end{pmatrix};\ s,t \in \mathbb{R}$$

Setzt man die Koordinaten von $D(-1 \mid 9 \mid 0)$ in die Parametergleichung von E ein, erhält man:

$$\begin{pmatrix} -1 \\ 9 \\ 0 \end{pmatrix} = \begin{pmatrix} 2 \\ 4 \\ 1 \end{pmatrix} + s \cdot \begin{pmatrix} 1 \\ 1 \\ 1 \end{pmatrix} + t \cdot \begin{pmatrix} 1 \\ -3 \\ 0 \end{pmatrix}$$

Dadurch ergibt sich folgendes lineares Gleichungssystem:

$$\begin{array}{llcllll} \text{I} & -1 & = & 2 & + & s & + & t \\ \text{II} & 9 & = & 4 & + & s & - & 3t \\ \text{III} & 0 & = & 1 & + & s & & \end{array}$$

Aus Gleichung III erhät man: $1 + s = 0 \Rightarrow s = -1$
Setzt man $s = -1$ in Gleichung I ein, ergibt sich: $-1 = 2 + (-1) + t \Rightarrow t = -2$
Setzt man $s = -1$ in Gleichung II ein, ergibt sich: $9 = 4 + (-1) - 3t \Rightarrow t = -2$
Aufgrund der eindeutigen Lösbarkeit des linearen Gleichungssystems liegt der Punkt D in der Ebene E.

Alternativ kann man auch eine Koordinatengleichung von E bestimmen.
Einen Normalenvektor $\vec{n}$ von E erhält man mit Hilfe des Vektorprodukts (siehe Seite 44)

der Spannvektoren $\begin{pmatrix} 1 \\ 1 \\ 1 \end{pmatrix}$ und $\begin{pmatrix} 1 \\ -3 \\ 0 \end{pmatrix}$:

$$\begin{pmatrix} 1 \\ 1 \\ 1 \end{pmatrix} \times \begin{pmatrix} 1 \\ -3 \\ 0 \end{pmatrix} = \cdot \begin{pmatrix} 3 \\ 1 \\ -4 \end{pmatrix} \Rightarrow \vec{n} = \begin{pmatrix} 3 \\ 1 \\ -4 \end{pmatrix}$$

Alternativ kann man $\vec{n}$ auch mit Hilfe des Skalarprodukts bestimmen, da $\vec{n}$ sowohl auf $\overrightarrow{AB}$ als auch auf $\overrightarrow{AC}$ senkrecht steht, so dass gilt:

$$\vec{n}\cdot\overrightarrow{AB}=0 \Rightarrow \begin{pmatrix} n_1 \\ n_2 \\ n_3 \end{pmatrix}\cdot\begin{pmatrix} -2 \\ -2 \\ -2 \end{pmatrix}=0 \text{ und } \vec{n}\cdot\overrightarrow{AC}=0 \Rightarrow \begin{pmatrix} n_1 \\ n_2 \\ n_3 \end{pmatrix}\cdot\begin{pmatrix} 2 \\ -6 \\ 0 \end{pmatrix}=0$$

Daraus ergibt sich das lineare Gleichungssystem:

$$-2n_1-2n_2-2n_3=0$$
$$2n_1-6n_2+0n_3=0$$

Wählt man z.B. $n_2=1$, erhält man aus der zweiten Gleichung: $2n_1-6\cdot 1=0 \Rightarrow n_1=3$
Setzt man $n_2=1$ und $n_1=3$ in die erste Gleichung ein, erhält man:
$-2\cdot 3-2\cdot 1-2n_3=0 \Rightarrow n_3=-4$.

Damit ergibt sich ein Normalenvektor $\vec{n}=\begin{pmatrix} 3 \\ 1 \\ -4 \end{pmatrix}$.

Eine Koordinatengleichung von E erhält man mit Hilfe der Punkt-Normalenform:

$$\text{E: } (\vec{x}-\vec{a})\cdot\vec{n}=0$$

$$\text{E: } \left(\vec{x}-\begin{pmatrix} 2 \\ 4 \\ 1 \end{pmatrix}\right)\cdot\begin{pmatrix} 3 \\ 1 \\ -4 \end{pmatrix}=0$$

$$\text{E: } (x_1-2)\cdot 3+(x_2-4)\cdot 1+(x_3-1)\cdot(-4)=0$$

$$\text{E: } 3x_1-6+x_2-4-4x_3+4=0$$

$$\text{E: } 3x_1+x_2-4x_3-6=0$$

Setzt man die Koordinaten von $D(-1\mid 9\mid 0)$ in die Koordinatengleichung von E ein, ergibt sich:

$$3\cdot(-1)+9-4\cdot 0-6=0 \Leftrightarrow 0=0$$

Aufgrund der wahren Aussage liegt der Punkt D in der Ebene E.
Somit liegen alle vier Punkte in einer Ebene.

7. a) Den Abstand $d(\text{P};\text{E})$ des Punktes $\text{P}(9\mid -4\mid 1)$ von der Ebene $\text{E}:\ 3x_1-4x_3=-7$ erhält man mit Hilfe der Hesseschen Normalenform (HNF):

$$d(\text{P};\text{E})=\frac{|3\cdot 9-4\cdot 1+7|}{\sqrt{3^2+(-4)^2}}=\frac{30}{5}=6$$

Der Abstand des Punktes P zur Ebene E beträgt somit 6 LE.

Alternativ kann man auch eine Lotgerade l vom Punkt P auf die Ebene E aufstellen und diese mit E schneiden (der Normalenvektor von E wird als Richtungsvektor von g verwendet):

$$l\colon\ \vec{x} = \begin{pmatrix} 9 \\ -4 \\ 1 \end{pmatrix} + r \cdot \begin{pmatrix} 3 \\ 0 \\ -4 \end{pmatrix}$$

Setzt man den allgemeinen Punkt $P_l\,(9+3r \mid -4 \mid 1-4r)$ in E ein, erhält man:

$$3\cdot(9+3r) - 4\cdot(1-4r) = -7 \Rightarrow r = -\frac{6}{5}$$

Setzt man $r = -\frac{6}{5}$ in P_l ein, erhält man die Koordinaten des Schnittpunkts $F\left(\frac{27}{5} \mid -4 \mid \frac{29}{5}\right)$ der Lotgeraden l und der Ebene E.
Die Länge des Verbindungsvektors von P zu F ist der Abstand von P zu E:

$$d\,(P;E) = \left|\overrightarrow{PF}\right| = \left|\begin{pmatrix} -\frac{18}{5} \\ 0 \\ \frac{24}{5} \end{pmatrix}\right| = \sqrt{\left(-\frac{18}{5}\right)^2 + \left(\frac{24}{5}\right)^2} = 6$$

Der Abstand von P zur Ebene E beträgt 6 LE.

b)

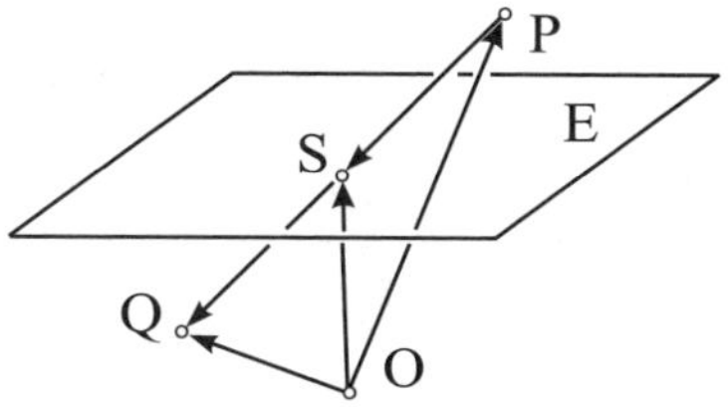

Die Koordinaten des Punktes Q erhält man mit Hilfe einer Vektorkette:

$$\overrightarrow{OQ} = \overrightarrow{OS} + \overrightarrow{PS} = \begin{pmatrix} -1 \\ 1 \\ 1 \end{pmatrix} + \begin{pmatrix} -10 \\ 5 \\ 0 \end{pmatrix} = \begin{pmatrix} -11 \\ 6 \\ 1 \end{pmatrix} \Rightarrow Q(-11 \mid 6 \mid 1)$$

Der Punkt $Q(-11 \mid 6 \mid 1)$ auf der Geraden durch S und P ist genauso weit von E entfernt wie P.

8. a) Die passende Abbildung kann man bestimmen, indem man den Erwartungswert von X mit $n = 8$ und $p = 0{,}5$ berechnet:

$$E(X) = n \cdot p = 8 \cdot 0{,}5 = 4$$

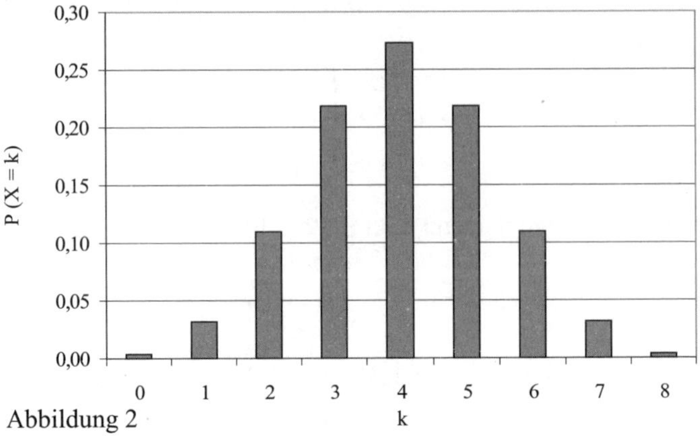

Abbildung 2

Abbildung 2 zeigt die Verteilung von X, da $P(X=4)$ maximal sein muss.

b) Anhand der gegebenen Abbildung kann man folgende Wahrscheinlichkeiten näherungsweise ablesen:

$$P(X=3) \approx 0,22$$
$$P(X=4) \approx 0,27$$
$$P(X=5) \approx 0,22$$

Damit gilt:

$$P(3 \leqslant X < 6) = P(X=3) + P(X=4) + P(X=5) \approx 0,22 + 0,27 + 0,22 = 0,71$$

und

$$P(X \neq 4) = 1 - P(X=4) \approx 1 - 0,27 = 0,73$$

9. Zuerst spiegelt man den Stützpunkt A der Geraden g an der Ebene E:
Hierzu stellt man eine Lotgerade l auf, die den Punkt A enthält und orthogonal zu E ist.
Ein Normalenvektor $\vec{n}$ von E ist der Richtungsvektor von l. Damit hat l die Gleichung: $l\colon \vec{x} = \vec{a} + t \cdot \vec{n}$.

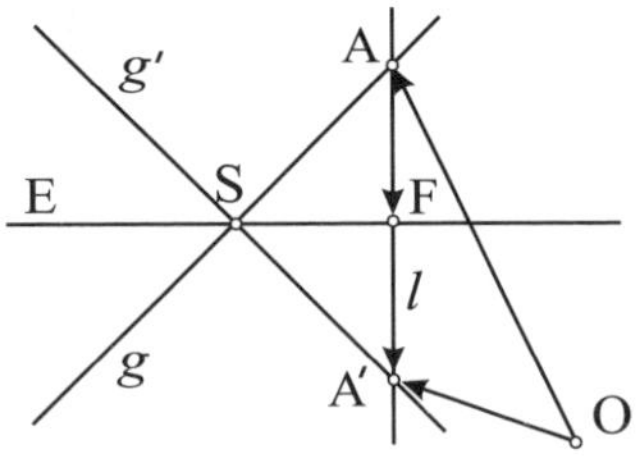

Schneidet man l und E, erhält man den Punkt F.
Den Spiegelpunkt A$'$ erhält man mit Hilfe einer Vektorkette: $\overrightarrow{OA'} = \overrightarrow{OA} + 2 \cdot \overrightarrow{AF}$
Anschließend stellt man mit Hilfe von S und A$'$ eine Geradengleichung der Spiegelgeraden g' auf:

$$g'\colon \vec{x} = \vec{s} + r \cdot \overrightarrow{SA'}$$

Pflichtteil 2011

Tipps ab Seite 237, Lösungen ab Seite 239

Aufgabe 1

Bilden Sie die erste Ableitung der Funktion f mit $f(x) = \frac{\sin(2x)}{x}$.

(2 VP)

Aufgabe 2

Berechnen Sie das Integral $\int_0^1 (2x-1)^4 \, dx$. (2 VP)

Aufgabe 3

Lösen Sie die Gleichung $4e^{2x} + 6e^x = 4$. (3 VP)

Aufgabe 4

Gegeben sind die Funktionen f und g mit $f(x) = e^x$ und $g(x) = -e^{-x} + 2$.

a) Beschreiben Sie, wie das Schaubild von g aus dem Schaubild von f entsteht.

b) Zeigen Sie, dass sich die Schaubilder von f und g im Punkt $P(0 \mid 1)$ berühren.

(4 VP)

Aufgabe 5

Die Abbildung zeigt das Schaubild einer Funktion f.
F ist eine Stammfunktion von f.
Begründen Sie, dass folgende Aussagen wahr sind:

(1) F ist im Bereich $-3 \leqslant x \leqslant 1$ monoton wachsend.

(2) f' hat im Bereich $-3,5 \leqslant x \leqslant 3,5$ drei Nullstellen.

(3) $\int_0^3 f'(x)\,dx = -1$

(4) $O(0 \mid 0)$ ist Hochpunkt des Schaubilds von f'.

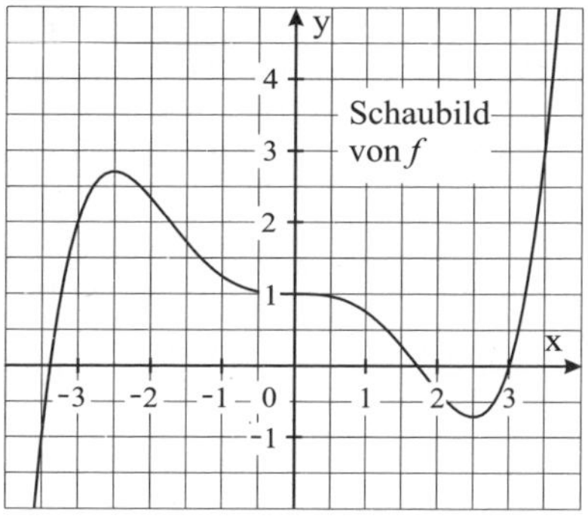

(5 VP)

Aufgabe 6

Lösen Sie das lineare Gleichungssystem:

$$\begin{array}{rcrcrcr} -5x_1 & + & x_2 & - & 3x_3 & = & 7 \\ 5x_1 & - & 3x_2 & - & x_3 & = & -11 \\ x_1 & & & + & x_3 & = & -1 \end{array}$$

Interpretieren Sie das Gleichungssystem und seine Lösungsmenge geometrisch. (4 VP)

Aufgabe 7

Gegeben sind die Ebene E: $\left[\vec{x} - \begin{pmatrix} -1 \\ 4 \\ -3 \end{pmatrix}\right] \cdot \begin{pmatrix} 8 \\ 1 \\ -4 \end{pmatrix} = 0$

und die Gerade

$$g\colon \vec{x} = \begin{pmatrix} 7 \\ 5 \\ -7 \end{pmatrix} + t \cdot \begin{pmatrix} 1 \\ -4 \\ 1 \end{pmatrix}.$$

a) Zeigen Sie, dass E und g parallel zueinander sind.

b) Bestimmen Sie den Abstand von E und g. (3 VP)

Aufgabe 8*

Zur Premiere eines Films bringt eine Schokoladenfirma Überraschungseier mit Filmfiguren auf den Markt. Die Firma wirbt damit, dass sich in jedem 5. Überraschungsei eine Filmfigur befindet. Für einen Kindergeburtstag werden 20 Überraschungseier gekauft, wobei man davon ausgehen kann, dass die Verteilung der Figuren zufällig ist.

a) Erklären Sie, welche Bedeutung in diesem Zusammenhang die folgende Rechnung hat:

$$\binom{20}{2} \cdot \left(\frac{1}{5}\right)^2 \cdot \left(\frac{4}{5}\right)^{18} \approx 0,13691$$

b) Berechnen Sie die Wahrscheinlichkeit, dass sich in keinem Ei eine Filmfigur befindet.

(4 VP)

Aufgabe 9

Gegeben sind eine Gerade g und ein Punkt A, der nicht auf g liegt.
Beschreiben Sie ein Verfahren, mit dem man denjenigen Punkt B auf g bestimmt, der den kleinsten Abstand von A hat. (3 VP)

Summe: 30 VP

*Diese Aufgabe wurde unter Berücksichtigung der neuen Richtlinien ergänzt.

Tipps Pflichtteil 2011

1. Schreiben Sie den Bruch als Potenz mit negativem Exponenten und verwenden Sie die Produktregel $(u(x)\cdot v(x))' = u'(x)\cdot v(x) + u(x)\cdot v'(x)$ sowie die Kettenregel.

2. Verwenden Sie für die verkettete Funktion f mit innerem linearem Ausdruck die Integrationsregel: «Äußere Stammfunktion geteilt durch innere Ableitung» und bestimmen Sie damit eine Stammfunktion F des Integranden; verwenden Sie anschließend den Hauptsatz der Differential- und Integralrechnung: $\int_a^b f(x)\mathrm{d}x = \mathrm{F}(b) - \mathrm{F}(a)$

3. Substituieren Sie $e^x = z$, lösen Sie die quadratische Gleichung mit Hilfe der pq- oder abc-Formel und resubstituieren Sie wieder. Beachten Sie, dass e^x immer positiv ist. Lösen Sie die entstandenen Gleichungen – falls möglich – durch Logarithmieren.

4. a) Überlegen Sie, wie das Schaubild von e^{-x} aus dem Schaubild von e^x hervorgeht und welche Bedeutung das Minuszeichen vor e^{-x} sowie die Zahl (+2) haben.
   b) Bestimmen Sie mit Hilfe der Kettenregel die 1. Ableitung von $f(x)$ und $g(x)$ und berechnen Sie $f(0)$, $g(0)$, $f'(0)$ und $g'(0)$.

5. (1) Beachten Sie, dass das Schaubild von f die Steigung des Schaubilds von F beschreibt. Eine Funktion F ist monoton wachsend, wenn gilt: $\mathrm{F}'(x) \geqslant 0$.
   (2) Überlegen Sie, an welchen Stellen das Schaubild von f Punkte mit waagerechter Tangente hat. Daraus können Sie folgern, dass f' an diesen Stellen Nullstellen hat.
   (3) Verwenden Sie die Tatsache, dass f eine Stammfunktion von f' ist und berechnen Sie das Integral mit Hilfe des Hauptsatzes der Differential- und Integralrechnung: $\int_a^b f(x)\mathrm{d}x = \mathrm{F}(b) - \mathrm{F}(a)$.
   (4) Überlegen Sie, ob das Schaubild von f bei $x = 0$ einen Wendepunkt hat und wie groß die Steigung an dieser Stelle ist. Beachten Sie, dass das Schaubild von f für $-1 \leqslant x < 0$ und für $0 < x \leqslant 1$ eine negative Steigung hat.

6. Lösen Sie das lineare Gleichungssystem mit Hilfe des Gaußschen Eliminationsverfahrens. Ergibt sich eine wahre Aussage und ein System von zwei Gleichungen mit drei Unbekannten (unterbestimmtes Gleichungssystem), setzen Sie eine Unbekannte, z.B. x_1, gleich t und bestimmen Sie die anderen Unbekannten in Abhängigkeit von t. Überlegen Sie, welches die geometrische Entsprechung einer Gleichung des Gleichungssystems ist und was es bedeutet, wenn es unendlich viele Lösungen des Gleichungssystems gibt.

7. a) Skizzieren Sie die Problemstellung.
   Um nachzuweisen, dass E und g parallel zueinander sind, berechnen Sie das Skalarprodukt des Normalenvektors $\vec{n}$ der Ebene E und des Richtungsvektors $\vec{r}_g$ der Geraden

g; ist das Ergebnis gleich Null, sind $\vec{n}$ und $\vec{r}_g$ orthogonal zueinander und damit E und g parallel.

b) Um den Abstand von E und g zu bestimmen, ermitteln Sie zuerst eine Koordinatengleichung von E, indem Sie die gegebene Normalenform ausmultiplizieren.
Der Abstand $d(g;\mathrm{E})$ von E und g entspricht dem Abstand $d(\mathrm{P};\mathrm{E})$ des Stützpunktes $\mathrm{P}(7\mid 5\mid -7)$ der Geraden g von der Ebene E. Diesen erhalten Sie mit Hilfe der Hesseschen Normalenform (HNF): $d(\mathrm{P};\mathrm{E}) = \frac{|a\cdot p_1+b\cdot p_2+c\cdot p_3-d|}{\sqrt{a^2+b^2+c^2}}$, wobei $\begin{pmatrix} a \\ b \\ c \end{pmatrix}$ ein Normalenvektor von E ist.
Alternativ können Sie auch eine Lotgerade von Punkt P auf die Ebene E aufstellen und diese mit E schneiden; anschließend berechnen Sie die Länge des Verbindungsvektors von P zum Schnittpunkt.

8. a) Bestimmen Sie n und p und stellen Sie den Zusammenhang zur Formel $\mathrm{P}(\mathrm{X}=\mathrm{k}) = \binom{\mathrm{n}}{\mathrm{k}}\cdot \mathrm{p}^{\mathrm{k}}\cdot(1-\mathrm{p})^{\mathrm{n}-\mathrm{k}}$ her.

   b) Bestimmen Sie n, p und k und verwenden Sie die Formel $\mathrm{P}(\mathrm{X}=\mathrm{k}) = \binom{\mathrm{n}}{\mathrm{k}}\cdot \mathrm{p}^{\mathrm{k}}\cdot(1-\mathrm{p})^{\mathrm{n}-\mathrm{k}}$.

9. Skizzieren Sie die Problemstellung.
Überlegen Sie, wie man eine Hilfsebene $\mathrm{E_H}$ aufstellen kann, die durch A geht und orthogonal zu g ist. Überlegen Sie, wie man den Punkt B mit Hilfe von $\mathrm{E_H}$ und g erhalten kann.

Lösungen Pflichtteil 2011

1. Zur Bestimmung der Ableitung der Funktion f mit $f(x) = \frac{\sin(2x)}{x} = \sin(2x) \cdot x^{-1}$ verwendet man die Produktregel sowie die Kettenregel:

$$f'(x) = \cos(2x) \cdot 2 \cdot x^{-1} + \sin(2x) \cdot \left(-1 \cdot x^{-2}\right) = \frac{2 \cdot \cos(2x)}{x} - \frac{\sin(2x)}{x^2} = \frac{2x \cdot \cos(2x) - \sin(2x)}{x^2}$$

2. Zur Berechnung des Integrals bestimmt man eine Stammfunktion und verwendet den Hauptsatz der Differential- und Integralrechnung:

$$\begin{aligned} \int_0^1 (2x-1)^4 \, dx &= \left[\frac{\frac{1}{5} \cdot (2x-1)^5}{2}\right]_0^1 = \left[\frac{1}{10} \cdot (2x-1)^5\right]_0^1 \\ &= \left(\frac{1}{10} \cdot (2 \cdot 1 - 1)^5\right) - \left(\frac{1}{10} \cdot (2 \cdot 0 - 1)^5\right) \\ &= \left(\frac{1}{10}\right) - \left(-\frac{1}{10}\right) = \frac{1}{5} \end{aligned}$$

3. Zur Lösung der Gleichung $4e^{2x} + 6e^x = 4$ substituiert man $e^x = z$ und erhält die quadratische Gleichung:

$$4z^2 + 6z - 4 = 0 \text{ bzw. } 2z^2 + 3z - 2 = 0$$

Mit Hilfe der *pq*- oder *abc*-Formel erhält man die Lösungen $z_1 = -2$ und $z_2 = \frac{1}{2}$.
Die Resubstitution $e^x = -2$ ergibt keine Lösung, da e^x immer positiv ist.
Die Resubstitution $e^x = \frac{1}{2}$ ergibt durch Logarithmieren die Lösung $x = \ln\left(\frac{1}{2}\right)$.

4. a) Wegen $g(x) = -f(-x) + 2$ entsteht das Schaubild von g aus dem Schaubild von f durch Spiegelung an der y-Achse (wegen $f(-x)$, also des Minuszeichens im Exponenten bei e^{-x}), durch Spiegelung an der x-Achse (wegen $-f(-x)$, also des Minuszeichens vor e^{-x}) und schließlich durch Verschiebung um 2 LE in y-Richtung (wegen des Terms $+2$).

   b) Um zu zeigen, dass sich die Schaubilder von f und g in $P(0 \mid 1)$ berühren, muss man nachweisen, dass $P(0 \mid 1)$ auf beiden Schaubildern liegt (für $x = 0$ müssen also die y-Werte übereinstimmen) und dass die Tangentensteigungen in P bei beiden Schaubildern gleich sind.
   Hierzu setzt man den Wert $x = 0$ in $f(x) = e^x$ und $g(x) = -e^{-x} + 2$ bzw. $f'(x) = e^x$ und $g'(x) = -e^{-x} \cdot (-1) = e^{-x}$ ein:

$$f(0) = e^0 = 1 \qquad f'(0) = e^0 = 1$$

$$g(0) = -e^{-0} + 2 = -1 + 2 = 1 \qquad g'(0) = e^{-0} = 1$$

   Wegen $f(0) = g(0) = 1$ liegt $P(0 \mid 1)$ auf dem Schaubild von f und auf dem von g.
   Wegen $f'(0) = g'(0) = 1$ sind die Tangentensteigungen in P gleich.
   Damit berühren sich die Schaubilder von f und g in $P(0 \mid 1)$.

5. (1) Das Schaubild von f beschreibt die Steigung des Schaubilds von F.
Da das Schaubild von f für $-3 \leqslant x \leqslant 1$ oberhalb der x-Achse verläuft, gilt:
$F'(x) = f(x) \geqslant 0$. Damit ist F für $-3 \leqslant x \leqslant 1$ monoton wachsend.

   (2) Das Schaubild von f besitzt einen Hochpunkt bei $x = -2,5$, einen Sattelpunkt bei $x = 0$ und einen Tiefpunkt bei $x = 2,5$. Also gibt es drei waagerechte Tangenten mit Steigung Null, so dass die Ableitungsfunktion f' für $-3,5 \leqslant x \leqslant 3,5$ drei Nullstellen hat.

   (3) Da f eine Stammfunktion von f' ist, ergibt sich für das Integral:

$$\int_0^3 f'(x)\mathrm{d}x = \Big[f(x)\Big]_0^3 = f(3) - f(0)$$
$$= 0 - 1 = -1$$

   (4) Das Schaubild von f hat bei $x = 0$ einen Wendepunkt mit Steigung Null, also einen Sattelpunkt.
Damit hat das Schaubild von f' bei $x = 0$ einen Extrempunkt mit y-Wert Null.
Für $-1 \leqslant x < 0$ hat das Schaubild von f eine negative Steigung, für $x = 0$ ist sie Null und für $0 < x \leqslant 1$ ist sie wieder negativ.
Damit hat f' an der Stelle $x = 0$ ein Maximum.
Somit ist $O(0 \mid 0)$ Hochpunkt des Schaubilds von f'.

6. Gegeben ist das lineare Gleichungssystem:

$$\begin{array}{lrcrcrcr} \text{I} & -5x_1 & + & x_2 & - & 3x_3 & = & 7 \\ \text{II} & 5x_1 & - & 3x_2 & - & x_3 & = & -11 \\ \text{III} & x_1 & & & + & x_3 & = & -1 \end{array}$$

Addiert man Gleichung I und II und addiert man das 5-fache von Gleichung III zu Gleichung I, erhält man:

$$\begin{array}{lrcrcrcr} \text{I} & -5x_1 & + & x_2 & - & 3x_3 & = & 7 \\ \text{IIa} & & - & 2x_2 & - & 4x_3 & = & -4 \\ \text{IIIa} & & & x_2 & + & 2x_3 & = & 2 \end{array}$$

Addiert man das 2-fache von Gleichung IIIa zu Gleichung IIa, so erhält man:

$$\begin{array}{lrcrcrcr} \text{I} & -5x_1 & + & x_2 & - & 3x_3 & = & 7 \\ \text{IIa} & & - & 2x_2 & - & 4x_3 & = & -4 \\ \text{IIIb} & & & & & 0 & = & 0 \end{array}$$

Aufgrund der wahren Aussage in Gleichung IIIb und der Unbestimmtheit von Gleichung IIa (eine Gleichung mit zwei Unbekannten) gibt es unendlich viele Lösungen des Gleichungssystems.

Setzt man in Gleichung IIa $x_2 = t$, so ergibt sich: $-2t - 4x_3 = -4 \Rightarrow x_3 = 1 - \frac{1}{2}t$
Setzt man $x_2 = t$ und $x_3 = 1 - \frac{1}{2}t$ in Gleichung I ein, ergibt sich:

$$-5x_1 + t - 3 \cdot \left(1 - \frac{1}{2}t\right) = 7 \Rightarrow x_1 = -2 + \frac{1}{2}t$$

Die Lösungsmenge des Gleichungssystem ist damit:

$$\mathrm{L} = \left\{ \left(-2 + \frac{1}{2}t \mid t \mid 1 - \frac{1}{2}t \right) \mid t \in \mathbb{R} \right\}$$

Alternativ kann man in Gleichung IIa $x_3 = t$ setzen, so ergibt sich:

$$-2x_2 - 4t = -4 \Rightarrow x_2 = 2 - 2t$$

Setzt man $x_3 = t$ und $x_2 = 2 - 2t$ in Gleichung I ein, ergibt sich:

$$-5x_1 + 2 - 2t - 3t = 7 \Rightarrow x_1 = -1 - t$$

Die Lösungsmenge des Gleichungssystem ist damit:

$$\mathrm{L} = \{(-1 - t \mid 2 - 2t \mid t) \mid t \in \mathbb{R}\}$$

Jede Gleichung des linearen Gleichungssystems entspricht der Gleichung einer Ebene im Raum. Das Gleichungssystem entspricht somit der Suche nach Punkten, die in allen drei Ebenen liegen. Die Lösungsmenge gibt diese gemeinsamen Punkte an und entspricht in diesem Fall einer Geraden, der Schnittgerade g der drei Ebenen:

$$g\colon \vec{x} = \begin{pmatrix} -2 \\ 0 \\ 1 \end{pmatrix} + t \cdot \begin{pmatrix} \frac{1}{2} \\ 1 \\ -\frac{1}{2} \end{pmatrix};\ t \in \mathbb{R} \text{ bzw. } g\colon \vec{x} = \begin{pmatrix} -1 \\ 2 \\ 0 \end{pmatrix} + t \cdot \begin{pmatrix} -1 \\ -2 \\ 1 \end{pmatrix};\ t \in \mathbb{R}$$

7. a) Die Ebene E: $\left[\vec{x} - \begin{pmatrix} -1 \\ 4 \\ -3 \end{pmatrix}\right] \cdot \begin{pmatrix} 8 \\ 1 \\ -4 \end{pmatrix} = 0$ hat den Normalenvektor $\vec{n} = \begin{pmatrix} 8 \\ 1 \\ -4 \end{pmatrix}$,

die Gerade $g\colon \vec{x} = \begin{pmatrix} 7 \\ 5 \\ -7 \end{pmatrix} + t \cdot \begin{pmatrix} 1 \\ -4 \\ 1 \end{pmatrix}$ hat den Richtungsvektor $\vec{r}_g = \begin{pmatrix} 1 \\ -4 \\ 1 \end{pmatrix}$.

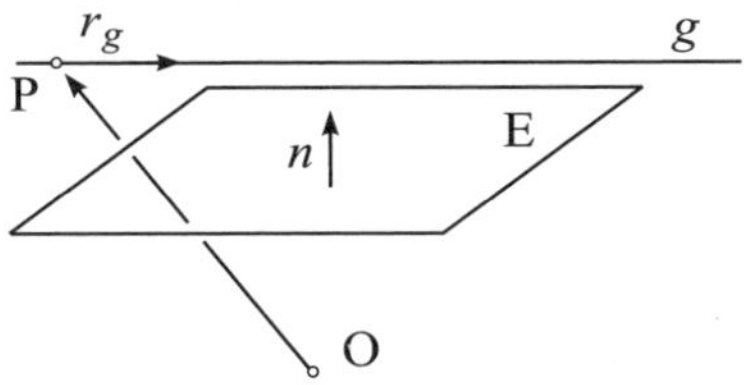

Um nachzuweisen, dass E und g parallel zueinander sind, muss man mit Hilfe des

Skalarprodukts prüfen, ob $\vec{n}$ und $\vec{r}_g$ orthogonal zueinander sind:

$$\vec{n}\cdot\vec{r}_g = \begin{pmatrix} 8 \\ 1 \\ -4 \end{pmatrix} \cdot \begin{pmatrix} 1 \\ -4 \\ 1 \end{pmatrix} = 8\cdot 1 + 1\cdot(-4) + (-4)\cdot 1 = 8-4-4 = 0$$

Wegen $\vec{n}\cdot\vec{r}_g = 0$ sind $\vec{n}$ und $\vec{r}_g$ orthogonal zueinander und damit E und g parallel zueinander.

b) Um den Abstand von E und g zu bestimmen, ermittelt man zuerst eine Koordinatengleichung von E, indem man die gegebene Normalenform ausmultipliziert:

$$\text{E: } \left[\vec{x} - \begin{pmatrix} -1 \\ 4 \\ -3 \end{pmatrix}\right] \cdot \begin{pmatrix} 8 \\ 1 \\ -4 \end{pmatrix} = 0$$

$$\text{E: } (x_1+1)\cdot 8 + (x_2-4)\cdot 1 + (x_3+3)\cdot(-4) = 0$$

$$\text{E: } 8x_1 + 8 + x_2 - 4 - 4x_3 - 12 = 0$$

$$\text{E: } 8x_1 + x_2 - 4x_3 - 8 = 0$$

Der Abstand $d(g;\text{E})$ von E und g entspricht dem Abstand $d(\text{P};\text{E})$ des Stützpunktes $\text{P}(7\mid 5\mid -7)$ der Geraden g von der Ebene E. Diesen erhält man mit Hilfe der Hesseschen Normalenform (HNF):

$$d(g;\text{E}) = d(\text{P};\text{E}) = \frac{|8\cdot 7 + 5 - 4\cdot(-7) - 8|}{\sqrt{8^2+1^2+(-4)^2}} = \frac{81}{\sqrt{81}} = \frac{81}{9} = 9$$

Alternativ kann man auch eine Lotgerade l vom Punkt P auf die Ebene E aufstellen und diese mit E schneiden:

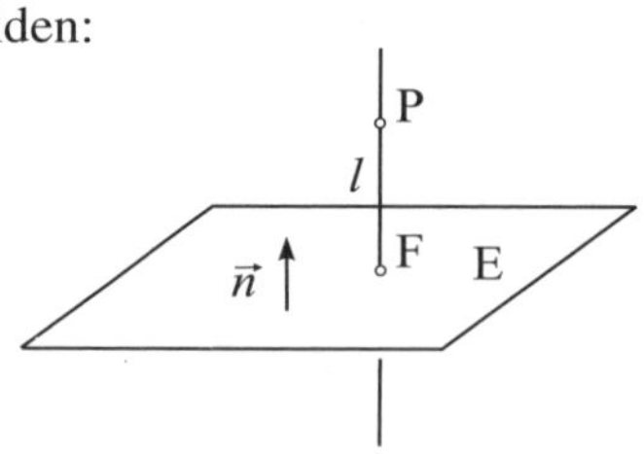

$$l\colon \vec{x} = \begin{pmatrix} 7 \\ 5 \\ -7 \end{pmatrix} + r\cdot \begin{pmatrix} 8 \\ 1 \\ -4 \end{pmatrix}$$

Setzt man den allgemeinen Punkt $\text{P}_l\,(7+8r\mid 5+r\mid -7-4r)$ in E ein, erhält man:

$$8\cdot(7+8r) + 5 + r - 4\cdot(-7-4r) - 8 = 0 \Rightarrow r = -1$$

Setzt man $r = -1$ in P_l ein, erhält man die Koordinaten des Schnittpunkts $F(-1 \mid 4 \mid -3)$ der Lotgeraden l und der Ebene E.
Die Länge des Verbindungsvektors von P zu F ist der Abstand von P zu E bzw. von E und g:

$$d(g;\mathrm{E}) = d(\mathrm{P};\mathrm{E}) = \left|\overrightarrow{\mathrm{PF}}\right| = \left|\begin{pmatrix} -8 \\ -1 \\ 4 \end{pmatrix}\right| = \sqrt{(-8)^2+(-1)^2+4^2} = \sqrt{81} = 9$$

Der Abstand von E und g beträgt 9 LE.

8. a) Ist X Zufallsvariable für die Anzahl der Überraschungseier, die eine Filmfigur enthalten, so ist X binomialverteilt mit $n = 20$ und $p = \frac{1}{5}$.
Die Rechnung:

$$\binom{20}{2} \cdot \left(\frac{1}{5}\right)^2 \cdot \left(\frac{4}{5}\right)^{18} \approx 0,1369$$

liefert somit die Wahrscheinlichkeit $P(X = 2)$, d.h. die Wahrscheinlichkeit, dass bei 20 Eiern genau zwei Eier eine Figur aus dem Film enthalten beträgt etwa 0, 1369 bzw. etwa 14 %.

b) Für die Wahrscheinlichkeit, dass sich in keinem Ei eine Filmfigur befindet, gilt mit $k = 0$ entsprechend:

$$P(\text{«keine Filmfigur»}) = P(X=0) = \binom{20}{0} \cdot \left(\frac{1}{5}\right)^0 \cdot \left(\frac{4}{5}\right)^{20} = \left(\frac{4}{5}\right)^{20}$$

9. Um denjenigen Punkt B auf der Geraden g zu bestimmen, der von A den kleinsten Abstand hat, stellt man zuerst eine Hilfsebene E_H auf, die durch A geht und orthogonal zu g ist; als Normalenvektor von E_H kann man den Richtungsvektor $\vec{r}$ von g verwenden:

$$E_H : (\vec{x} - \vec{a}) \cdot \vec{r} = 0$$

Der Schnittpunkt von E_H und g ist der gesuchte Punkt B.

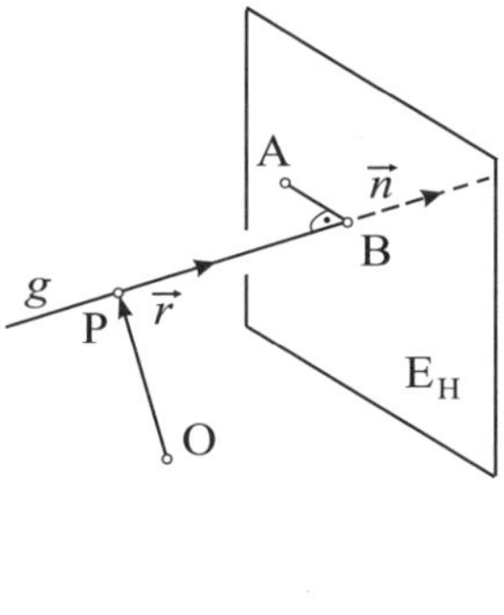

Pflichtteil 2012

Tipps ab Seite 247, Lösungen ab Seite 249 □

Aufgabe 1

Bilden Sie die erste Ableitung der Funktion f mit $f(x) = (\sin(x) + 7)^5$.

(2 VP)

Aufgabe 2

Bestimmen Sie eine Stammfunktion der Funktion f mit $f(x) = 2e^{4x} + \frac{3}{x^2}$. (2 VP)

Aufgabe 3

Lösen Sie für $0 \leqslant x \leqslant 2\pi$ die Gleichung $\sin(x) \cdot \cos(x) - 2\cos(x) = 0$. (3 VP)

Aufgabe 4

Gegeben sind die Funktionen f mit $f(x) = \frac{2}{x}$ und g mit $g(x) = 2x - 3$.
Bestimmen Sie die gemeinsamen Punkte der beiden zugehörigen Graphen.
Untersuchen Sie, ob sich die beiden Graphen senkrecht schneiden.

(4 VP)

Aufgabe 5

Eine der folgenden Abbildungen zeigt den Graphen der Funktion f mit $f(x) = x^3 - 3x - 2$.

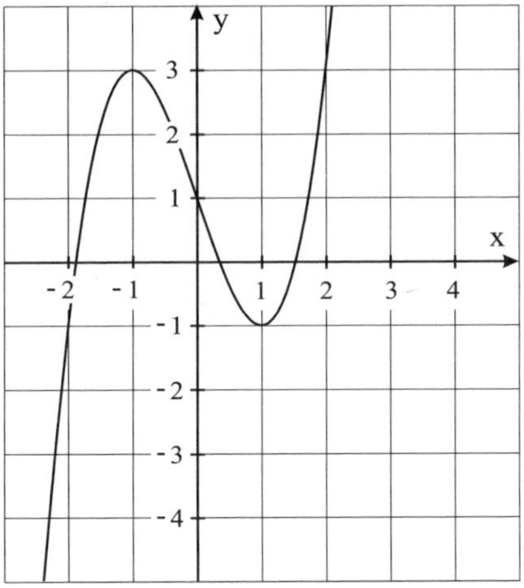

Abb. 1

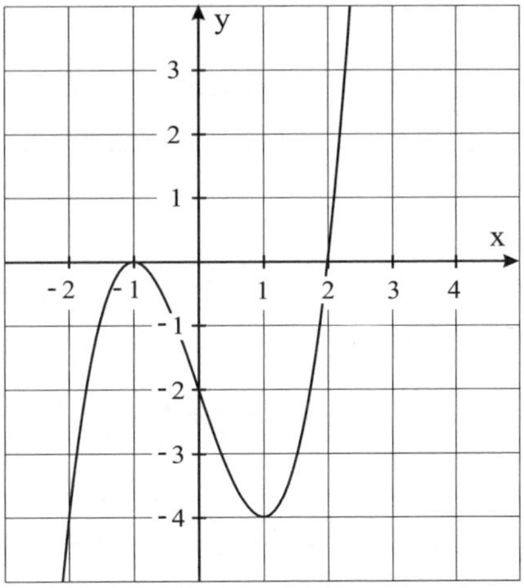

Abb. 2

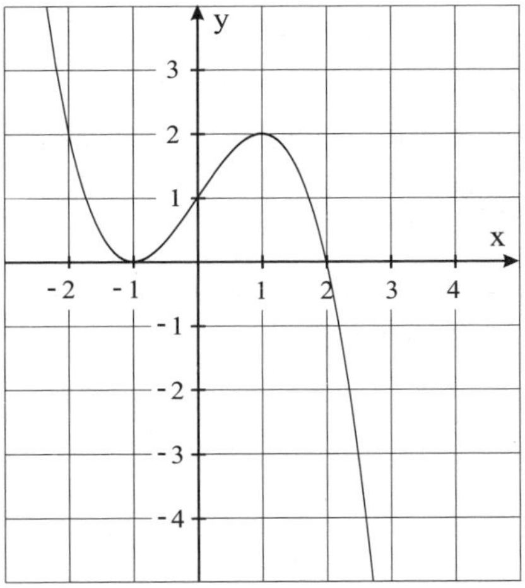

Abb. 3

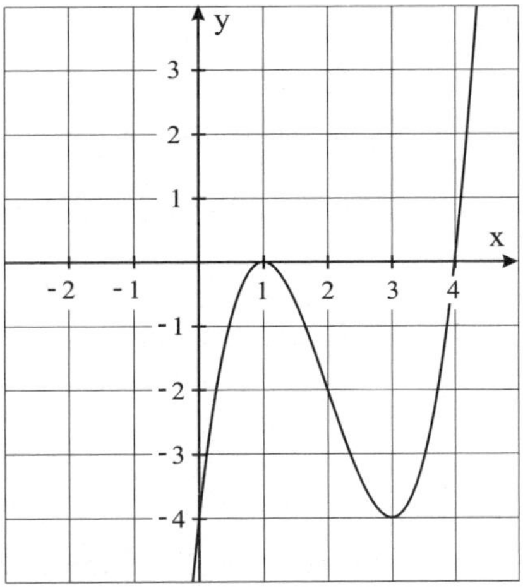

Abb. 4

1. Begründen Sie, dass die Abbildung 2 den Graphen von f zeigt.
2. Von den anderen drei Abbildungen gehört eine zur Funktion g mit $g(x) = f(x-a)$ und eine zur Funktion h mit $h(x) = b \cdot f(x)$.
   Ordnen Sie diesen beiden Funktionen die zugehörigen Abbildungen zu und begründen Sie Ihre Entscheidung.
   Geben Sie die Werte für a und b an.
3. Die bis jetzt nicht zugeordnete Abbildung zeigt den Graphen einer Funktion k.
   Geben Sie ohne Rechnung einen Funktionsterm für k an. (5 VP)

Aufgabe 6

Gegeben sind die Ebenen E: $\left[\vec{x} - \begin{pmatrix} 1 \\ 2 \\ 1 \end{pmatrix}\right] \cdot \begin{pmatrix} 4 \\ -1 \\ 2 \end{pmatrix} = 0$ und F: $x_2 + 2x_3 = 8$.

Bestimmen Sie eine Gleichung der Schnittgeraden.

(3 VP)

Aufgabe 7

Gegeben sind der Punkt A $(1 \mid 1 \mid 3)$ und die Ebene E: $x_1 - x_3 - 4 = 0$.

1. Welche besondere Lage hat E im Koordinatensystem?
2. Der Punkt A wird an der Ebene E gespiegelt.
   Bestimmen Sie die Koordinaten des Bildpunktes.

(4 VP)

Aufgabe 8*

Eine Urne enthält 3 blaue und 7 rote Kugeln. Es werden 2 Kugeln mit Zurücklegen gezogen.

1. Berechnen Sie die Wahrscheinlichkeit, dass höchstens eine Kugel blau ist.
2. Wie viele rote Kugeln hätten sich in der Urne befinden müssen, damit die Wahrscheinlichkeit, genau eine rote Kugel zu ziehen, $\frac{4}{9}$ betragen hätte?

(4 VP)

Aufgabe 9

Gegeben sind eine Ebene E und eine Gerade g, die in E liegt.
Beschreiben Sie ein Verfahren, mit dem man eine Gleichung der Geraden h ermitteln kann, die orthogonal zu g ist und ebenfalls in E liegt.

(3 VP)

*Diese Aufgabe wurde unter Berücksichtigung der neuen Richtlinien ergänzt.

Tipps Pflichtteil 2012

1. Verwenden Sie die Kettenregel.

2. Schreiben Sie zuerst den Bruch von $f(x)$ als Potenz mit negativem Exponenten und bilden Sie anschließend die Stammfunktion F von f mit Hilfe der linearen Substitution.

3. Zur Lösung der Gleichung klammern Sie $\cos(x)$ aus und verwenden den Satz vom Nullprodukt; überlegen Sie anhand des Schaubilds von $\cos(x)$, wo im angegebenen Bereich Nullstellen sind. Beachten Sie, dass $\sin(x)$ nur Werte zwischen -1 und 1 annehmen kann.

4. Die gemeinsamen Punkte der Graphen von f und g erhalten Sie durch Gleichsetzen der Funktionsterme; lösen Sie die entstandene quadratische Gleichung mit Hilfe der *pq*- oder *abc*-Formel. Die zugehörigen y-Werte erhalten Sie, indem Sie die x-Werte jeweils in $f(x)$ oder $g(x)$ einsetzen.
   Um zu untersuchen, ob sich die beiden Graphen senkrecht schneiden, berechnen Sie mit Hilfe der 1. Ableitung von $f(x)$ und $g(x)$ jeweils die Steigung in den gemeinsamen Punkten P_1 und P_2. Ist die eine Steigung der negative Kehrwert der anderen Steigung bzw. gilt $f'(x) \cdot g'(x) = -1$, schneiden sich die beiden Graphen senkrecht.

5.
   1. Bestimmen Sie $f(0)$.
   2. Beachten Sie, dass der Graph der Funktion g mit $g(x) = f(x-a)$ der um a LE in x-Richtung verschobene Graph von f ist. Überlegen Sie, welche Abbildung einen solchen Graphen zeigt.
      Der Graph der Funktion h mit $h(x) = b \cdot f(x)$ ist der mit Faktor b gestreckte/gestauchte Graph von f. Beachten Sie, dass bei einer Streckung/Stauchung die Nullstellen nicht verändert werden. Überlegen Sie, ob der Graph von f zusätzlich an der x-Achse gespiegelt wurde.
   3. Beachten Sie, dass der Graph der noch nicht zugeordneten Abbildung aus dem Graphen von f durch Verschiebung in y-Richtung hervorgeht.

6. Bestimmen Sie zuerst eine Koordinatengleichung von E, indem Sie die angegebene Normalenform mit Hilfe des Skalarprodukts ausmultiplizieren. Lösen Sie das aus den Gleichungen von E und F entstandene lineare Gleichungssystem. Setzen Sie eine Unbekannte, z.B. x_3, gleich t. Bestimmen Sie die anderen Unbekannten in Abhängigkeit von t und schreiben Sie das Ergebnis als Geradengleichung um.

7.
   1. Bestimmen Sie die möglichen Spurpunkte von E.
      Alternativ können Sie auch das Skalarprodukt des Normalenvektors $\vec{n}$ von E mit dem Richtungsvektor $\vec{r}$ der x_2-Achse berechnen. Falls $\vec{n} \cdot \vec{r} = 0$, ist der Normalenvektor von E orthogonal zum Richtungsvektor der x_2-Achse. Überlegen Sie, wie die Ebene E damit im Verhältnis zur x_2-Achse liegt.

2. Skizzieren Sie die Problemstellung. Um den Punkt A an der Ebene E zu spiegeln, stellen Sie eine Lotgerade l vom Punkt A auf die Ebene E auf und schneiden diese mit E; als Richtungsvektor von l verwenden Sie den Normalenvektor von E, den Sie aus der gegebenen Gleichung ablesen können. Stellen Sie eine Vektorkette unter Verwendung des berechneten Schnittpunkts auf.

8. 1. Zeichnen Sie ein Baumdiagramm mit den Ästen rot (r) und blau (b). Beachten Sie, dass die Wahrscheinlichkeiten bei jedem Ziehen gleich bleiben. Überlegen Sie, welche Ergebnisse zum gesuchten Ereignis gehören und verwenden Sie die Pfadregeln oder rechnen Sie alternativ mit dem Gegenereignis $\overline{A}$ und verwenden Sie $P(A) = 1 - P(\bar{A})$.
   2. Wählen Sie n als Anzahl der roten Kugeln und zeichnen Sie ein Baumdiagramm. Bestimmen Sie die Wahrscheinlichkeit für das gesuchte Ereignis mit Hilfe der Pfadregelne in Abhängigkeit von n. Stellen Sie eine quadratische Gleichung auf und lösen Sie diese mit Hilfe der *pq*- oder *abc*-Formel. Beachten Sie, dass n eine ganze Zahl sein muss.

9. Skizzieren Sie die Problemstellung. Als Stützpunkt der Geraden h können Sie einen beliebigen Punkt A der Ebene E verwenden. Überlegen Sie, auf welchen Vektoren der Richtungsvektor $\vec{r}_h$ der Geraden h orthogonal ist; verwenden Sie das Kreuzprodukt oder das Skalarprodukt.
   Alternativ können Sie auch eine zur Geraden g orthogonale Hilfsebene E_H durch einen beliebigen Punkt A von E aufstellen und diese mit g schneiden; überlegen Sie, wie Sie mit Hilfe des Schnittpunkts den Richtungsvektor $\vec{r}_h$ der Geraden h erhalten.

Lösungen Pflichtteil 2012

1. Zur Bestimmung der Ableitung der Funktion f mit $f(x) = (\sin(x)+7)^5$ verwendet man die Kettenregel:

$$f'(x) = 5 \cdot (\sin(x)+7)^4 \cdot \cos(x)$$

2. Zur Bestimmung einer Stammfunktion der Funktion f mit $f(x) = 2e^{4x} + \frac{3}{x^2}$ schreibt man zuerst den Bruch von $f(x)$ als Potenz mit negativem Exponenten: $f(x) = 2e^{4x} + 3 \cdot x^{-2}$. Anschließend bildet man eine Stammfunktion F von f mit Hilfe der linearen Substitution:

$$\mathrm{F}(x) = \frac{2}{4}e^{4x} + \frac{3}{-1}x^{-1} = \frac{1}{2}e^{4x} - \frac{3}{x}$$

3. Zur Lösung der Gleichung $\sin(x) \cdot \cos(x) - 2\cos(x) = 0$ für $0 \leqslant x \leqslant 2\pi$ klammert man $\cos(x)$ aus und verwendet den Satz vom Nullprodukt:

$$\cos(x) \cdot (\sin(x) - 2) = 0$$

   Die Gleichung $\cos(x) = 0$ führt zu den Lösungen $x_1 = \frac{\pi}{2}$ und $x_2 = \frac{3}{2}\pi$.
   Die Gleichung $\sin(x) - 2 = 0$ bzw. $\sin(x) = 2$ führt zu keiner weiteren Lösung, da $\sin(x)$ nur Werte zwischen -1 und 1 annehmen kann.

4. Die gemeinsamen Punkte der Graphen von $f(x) = \frac{2}{x}$ und $g(x) = 2x - 3$ erhält man durch Gleichsetzen der Funktionsterme:

$$\begin{aligned} f(x) &= g(x) \\ \frac{2}{x} &= 2x - 3 \\ 2 &= 2x^2 - 3x \\ 0 &= 2x^2 - 3x - 2 \end{aligned}$$

   Mit Hilfe der *pq*- oder *abc*-Formel erhält man als Lösungen der quadratischen Gleichung $x_1 = 2$ und $x_2 = -\frac{1}{2}$.
   Die zugehörigen y-Werte erhält man, indem man $x_1 = 2$ und $x_2 = -\frac{1}{2}$ jeweils in $f(x)$ oder $g(x)$ einsetzt: $y_1 = f(2) = \frac{2}{2} = 1$ und $y_2 = f\left(-\frac{1}{2}\right) = \frac{2}{-\frac{1}{2}} = -4$.
   Damit erhält man als gemeinsame Punkte $\mathrm{P}_1\,(2 \mid 1)$ und $\mathrm{P}_2\left(-\frac{1}{2} \mid -4\right)$.

   Um zu untersuchen, ob sich die beiden Graphen senkrecht schneiden, berechnet man mit Hilfe der 1. Ableitung von $f(x) = \frac{2}{x} = 2 \cdot x^{-1}$ und $g(x)$ die Steigung in den gemeinsamen Punkten P_1 und P_2.
   Es ist $f'(x) = -2 \cdot x^{-2} = -\frac{2}{x^2}$ und $g'(x) = 2$ (Steigung der Geraden).

Setzt man $x_1 = 2$ in $f'(x)$ und $g'(x)$ ein, erhält man: $f'(2) = -\frac{2}{2^2} = -\frac{1}{2}$ und $g'(2) = 2$
Da die eine Steigung der negative Kehrwert der anderen Steigung ist bzw.

$$f'(2) \cdot g'(2) = -\frac{1}{2} \cdot 2 = -1$$

gilt, schneiden sich die beiden Graphen in P_1 senkrech.
Setzt man $x_1 = -\frac{1}{2}$ in $f'(x)$ und $g'(x)$ ein, erhält man:

$$f'\left(-\frac{1}{2}\right) = -\frac{2}{\left(-\frac{1}{2}\right)^2} = -8 \text{ und } g'\left(-\frac{1}{2}\right) = 2$$

Da die eine Steigung nicht der negative Kehrwert der anderen Steigung ist bzw.

$$f'\left(-\frac{1}{2}\right) \cdot g'\left(-\frac{1}{2}\right) = -8 \cdot 2 \neq -1$$

gilt, schneiden sich die beiden Graphen in P_2 nicht senkrecht.
Somit schneiden sich die beiden Graphen nur in $P_1\ (2 \mid 1)$ senkrecht.

5. 1. Abbildung 2 zeigt den Graphen von f, weil $f(0) = 0^3 - 3 \cdot 0 - 2 = -2$ gilt. Nur der Graph in Abbildung 2 schneidet die y-Achse im Punkt $(0 \mid -2)$.
   2. Der Graph der Funktion g mit $g(x) = f(x-a)$ ist der um a LE in x-Richtung verschobene Graph von f. Abbildung 4 zeigt den um 2 LE nach rechts verschobenen Graphen von f.
   Damit zeigt Abbildung 4 den Graphen von g und es gilt: $a = 2$.
   Der Graph der Funktion h mit $h(x) = b \cdot f(x)$ ist der mit Faktor b gestreckte/gestauchte Graph von f. Abbildung 3 zeigt den mit Faktor $\frac{1}{2}$ gestauchten und an der x-Achse gespiegelten Graphen von f, da der Graph der Abbildung 3 dieselben Nullstellen wie der Graph von f besitzt und die y-Achse bei $(0 \mid 1)$ statt bei $(0 \mid -2)$ schneidet.
   Damit zeigt Abbildung 3 den Graphen von h und es gilt: $b = -\frac{1}{2}$.
   3. Der Graph in Abbildung 1 ist der um 3 LE nach oben verschobene Graph von f.
   Damit gilt: $k(x) = f(x) + 3$ bzw. $k(x) = x^3 - 3x + 1$.

6. Eine Gleichung der Schnittgeraden der Ebenen

$$\text{E: } \left[\vec{x} - \begin{pmatrix} 1 \\ 2 \\ 1 \end{pmatrix}\right] \cdot \begin{pmatrix} 4 \\ -1 \\ 2 \end{pmatrix} = 0$$

und F: $x_2 + 2x_3 = 8$ erhält man, indem man zuerst eine Koordinatengleichung von E bestimmt; diese erhält man durch Ausmultiplizieren der Normalenform mit Hilfe des Skalarprodukts:

$$E: \left[\begin{pmatrix} x_1 \\ x_2 \\ x_3 \end{pmatrix} - \begin{pmatrix} 1 \\ 2 \\ 1 \end{pmatrix}\right] \cdot \begin{pmatrix} 4 \\ -1 \\ 2 \end{pmatrix} = 0$$

$$E: (x_1 - 1) \cdot 4 + (x_2 - 2) \cdot (-1) + (x_3 - 1) \cdot 2 = 0$$

$$E: 4x_1 - x_2 + 2x_3 = 4$$

Damit erhält man folgendes lineare Gleichungssystem:

$$\begin{array}{lcccccc} \text{I} & 4x_1 & - & x_2 & + & 2x_3 & = & 4 \\ \text{II} & & & x_2 & + & 2x_3 & = & 8 \end{array}$$

Setzt man in Gleichung II $x_3 = t$, so ergibt sich: $x_2 + 2t = 8 \Rightarrow x_2 = 8 - 2t$
Setzt man $x_3 = t$ und $x_2 = 8 - 2t$ in Gleichung I ein, ergibt sich:

$$4x_1 - (8 - 2t) + 2t = 4 \Rightarrow 4x_1 = 12 - 4t \Rightarrow x_1 = 3 - t$$

Damit hat die Schnittgerade g der beiden Ebenen E und F folgende Gleichung:

$$g: \vec{x} = \begin{pmatrix} 3 \\ 8 \\ 0 \end{pmatrix} + t \cdot \begin{pmatrix} -1 \\ -2 \\ 1 \end{pmatrix}; \ t \in \mathbb{R}$$

7. 1. Zur Bestimmung der Lage der Ebene E: $x_1 - x_3 - 4 = 0$ berechnet man die Spurpunkte von E mit den Koordinatenachsen.

Den Spurpunkt auf der x_1-Achse erhält man, indem man $x_2 = 0$ und $x_3 = 0$ in E einsetzt: $x_1 - 0 - 4 = 0 \Rightarrow x_1 = 4$. Damit erhält man den Spurpunkt $S_1\,(4 \mid 0 \mid 0)$.

Den Spurpunkt auf der x_2-Achse erhält man, indem man $x_1 = 0$ und $x_3 = 0$ in E einsetzt: $0 - 0 - 4 = 0 \Rightarrow -4 = 0$. Aufgrund des Widerspruchs erhält man keinen Spurpunkt auf der x_2-Achse.

Den Spurpunkt auf der x_3-Achse erhält man, indem man $x_1 = 0$ und $x_2 = 0$ in E einsetzt: $0 - x_3 - 4 = 0 \Rightarrow x_3 = -4$. Damit erhält man den Spurpunkt $S_3\,(0 \mid 0 \mid -4)$.

Da es keinen Spurpunkt auf der x_2-Achse gibt, ist E parallel zur x_2-Achse.

Alternativ kann man auch das Skalarprodukt des Normalenvektors $\vec{n} = \begin{pmatrix} 1 \\ 0 \\ -1 \end{pmatrix}$ von E mit dem Richtungsvektor $\vec{r} = \begin{pmatrix} 0 \\ 1 \\ 0 \end{pmatrix}$ der x_2-Achse berechnen:

$$\vec{n}\cdot\vec{r}=\begin{pmatrix}1\\0\\-1\end{pmatrix}\cdot\begin{pmatrix}0\\1\\0\end{pmatrix}=1\cdot 0+0\cdot 1+(-1)\cdot 0=0$$

Wegen $\vec{n}\cdot\vec{r}=0$ ist der Normalenvektor von E orthogonal zum Richtungsvektor der x_2-Achse.

Somit ist die Ebene E parallel zur x_2-Achse. (Zeichnung zur Veranschaulichung siehe unten, diese ist nicht Bestandteil der Aufgabenstellung).

2. Um den Punkt A (1 | 1 | 3) an der Ebene E: $x_1 - x_3 - 4 = 0$ zu spiegeln, stellt man eine Lotgerade l vom Punkt A auf die Ebene E auf und schneidet diese mit E; als Richtungsvektor von l verwendet man den Normalenvektor von E, den man aus der gegebenen Gleichung ablesen kann (Zeichnung zur Veranschaulichung siehe unten):

$$l\colon\ \vec{x}=\begin{pmatrix}1\\1\\3\end{pmatrix}+t\cdot\begin{pmatrix}1\\0\\-1\end{pmatrix}$$

Setzt man den allgemeinen Punkt $P_l\,(1+t\mid 1\mid 3-t)$ in E ein, erhält man:

$$1+t-(3-t)-4=0\ \Rightarrow\ t=3$$

Setzt man $t=3$ in P_l ein, erhält man die Koordinaten des Schnittpunkts F (4 | 1 | 0) der Lotgeraden l und der Ebene E.

Die Koordinaten des Bildpunkts A^* erhält man mit Hilfe einer Vektorkette:

$$\overrightarrow{OA^*}=\overrightarrow{OA}+2\cdot\overrightarrow{AF}=\begin{pmatrix}1\\1\\3\end{pmatrix}+2\cdot\begin{pmatrix}3\\0\\-3\end{pmatrix}=\begin{pmatrix}7\\1\\-3\end{pmatrix}$$

Somit hat der Bildpunkt von A die Koordinaten $A^*\,(7\mid 1\mid -3)$.

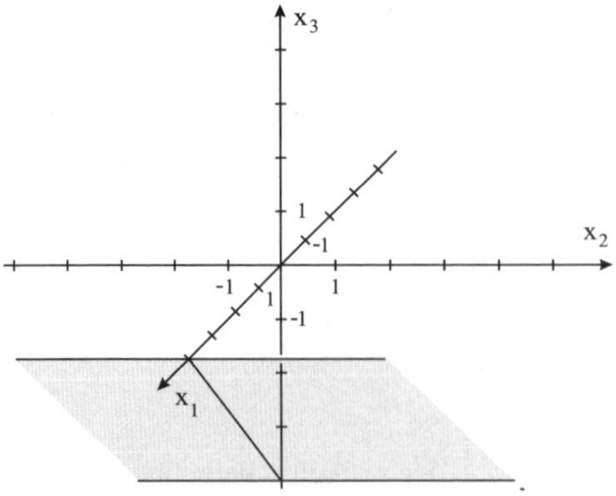

Zeichnung zu Aufgabe 7 a)

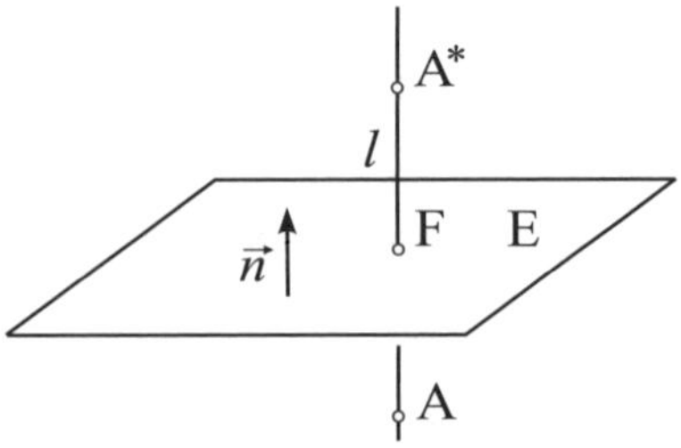

Zeichnung zu Aufgabe 7 b)

8. 1.

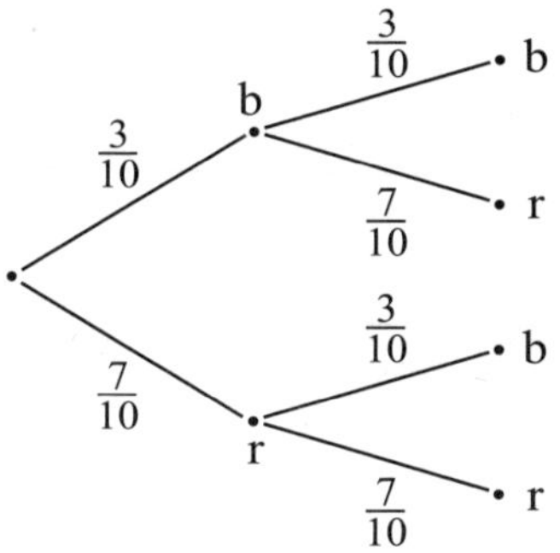

Da 3 blaue und 7 rote, also insgesamt 10 Kugeln in der Urne sind, beträgt die Wahrscheinlichkeit bei jedem Ziehen für blau (b): $\frac{3}{10}$ und für rot (r): $\frac{7}{10}$.

Die Wahrscheinlichkeit, dass höchstens eine Kugel blau ist, erhält man mit Hilfe der 1. und 2. Pfadregel (Produkt- und Summenregel):

$$\begin{aligned} P(\text{«höchstens eine blaue Kugel»}) &= P(rr) + P(br) + P(rb) \\ &= \frac{7}{10} \cdot \frac{7}{10} + \frac{3}{10} \cdot \frac{7}{10} + \frac{7}{10} \cdot \frac{3}{10} \\ &= \frac{49}{100} + \frac{21}{100} + \frac{21}{100} \\ &= \frac{91}{100} = 0{,}91 \end{aligned}$$

Alternativ kann man auch mit dem Gegenereignis rechnen:

$$\begin{aligned} P(\text{«höchstens eine blaue Kugel»}) &= 1 - P(\text{«zwei blaue Kugeln»}) \\ &= 1 - P(bb) \\ &= 1 - \frac{3}{10} \cdot \frac{3}{10} \\ &= \frac{100}{100} - \frac{9}{100} \\ &= \frac{91}{100} = 0{,}91 \end{aligned}$$

2.

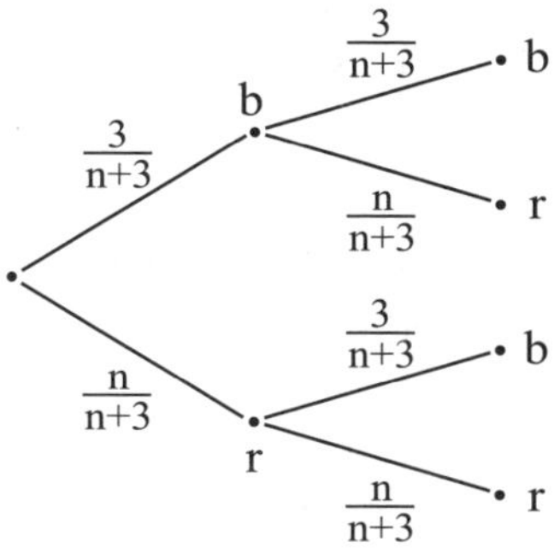

Wenn in der Urne n rote und 3 blaue Kugeln sind, gibt es insgesamt $n+3$ Kugeln. Damit beträgt die Wahrscheinlichkeit bei jedem Ziehen für blau (b): $\frac{3}{n+3}$ und für rot (r): $\frac{n}{n+3}$.

Da die Wahrscheinlichkeit, genau eine rote Kugel zu ziehen, $\frac{4}{9}$ betragen soll, erhält man folgende Gleichung:

$$\begin{aligned}
\mathrm{P}(\text{«genau eine rote Kugel»}) &= \mathrm{P}(\mathrm{rb}) + \mathrm{P}(\mathrm{br}) \\
\frac{4}{9} &= \frac{3}{\mathrm{n}+3} \cdot \frac{\mathrm{n}}{\mathrm{n}+3} + \frac{\mathrm{n}}{\mathrm{n}+3} \cdot \frac{3}{\mathrm{n}+3} \\
\frac{4}{9} &= \frac{6\mathrm{n}}{(\mathrm{n}+3)^2} \\
4 \cdot (\mathrm{n}+3)^2 &= 54\mathrm{n} \\
4 \cdot \left(\mathrm{n}^2 + 6\mathrm{n} + 9\right) &= 54\mathrm{n} \\
4\mathrm{n}^2 + 24\mathrm{n} + 36 &= 54\mathrm{n} \\
4\mathrm{n}^2 - 30\mathrm{n} + 36 &= 0 \\
2\mathrm{n}^2 - 15\mathrm{n} + 18 &= 0
\end{aligned}$$

Mit Hilfe der $pq-$ oder abc-Formel erhält man die Lösungen $\mathrm{n}_1 = 6$ und $\mathrm{n}_2 = 1,5$.
Da n eine ganze Zahl sein muss, kommt nur $\mathrm{n}_1 = 6$ als Lösung in Frage.
Also hätten sich in der Urne 6 rote Kugeln befinden müssen.

9. Mit Hilfe einer Skizze kann man die Problemstellung veranschaulichen:

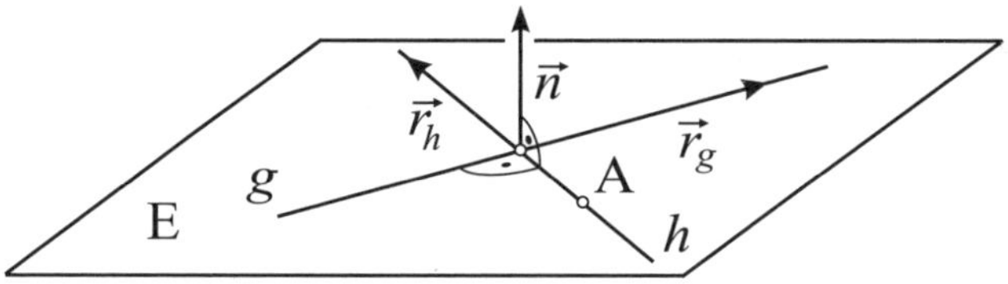

Als Stützpunkt der Geraden h kann man einen beliebigen Punkt A der Ebene E verwenden. Der Richtungsvektor $\vec{r}_h$ der Geraden h ist orthogonal zum Richtungsvektor $\vec{r}_g$ der Geraden g und orthogonal zum Normalenvektor $\vec{n}$ der Ebene E. Damit erhält man $\vec{r}_h$ entweder mit Hilfe des Kreuzprodukts: $\vec{r}_h = \vec{r}_g \times \vec{n}$ oder mit Hilfe der Skalarprodukte: $\vec{r}_h \cdot \vec{r}_g = 0$ und $\vec{r}_h \cdot \vec{n} = 0$.
Damit erhält man eine Gleichung von h: $\vec{x} = \vec{a} + t \cdot \vec{r}_h$.
Alternativ kann man auch eine zur Geraden g orthogonale Hilfsebene $\mathrm{E_H}$ durch einen beliebigen Punkt A der Ebene E aufstellen; als Normalenvektor von $\mathrm{E_H}$ verwendet man den Richtungsvektor $\vec{r}_g$ der Geraden g:

$$\mathrm{E_H}: \ (\vec{x} - \vec{a}) \cdot \vec{r}_g = 0$$

Schneidet man $\mathrm{E_H}$ mit g, erhält man einen Schnittpunkt S. Der Richtungsvektor $\vec{r}_h$ von h ist beispielsweise der Verbindungsvektor von A zu S.
Damit erhält man eine Gleichung von h: $\vec{x} = \vec{a} + t \cdot \overrightarrow{\mathrm{AS}}$.

Stichwortverzeichnis

DUDEN

Einfach klasse in

Mathematik

Lösungsheft

6.
Klasse

1 Rechnen mit Bruchzahlen

Übung 1 **S. 7**

a) $\frac{1}{4}$; **b)** $\frac{5}{6}$; **c)** $\frac{8}{10} = \frac{4}{5}$

Übung 2 **S. 7**

a) $\frac{3}{6}$; **b)** $\frac{45}{63}$; **c)** $\frac{2}{5}$; **d)** $\frac{3}{2}$

Übung 3 **S. 7**

a) $\frac{2}{60}$; **b)** $\frac{42}{60}$; **c)** $\frac{120}{60}$; **d)** $\frac{55}{60}$

Übung 4 **S. 8**

a) $\frac{1}{2}$; **b)** $\frac{1}{3}$; **c)** $\frac{1}{2}$; **d)** $\frac{3}{4}$; **e)** $\frac{3}{8}$; **f)** $\frac{5}{2}$

Übung 5 **S. 8**

a) 30; **b)** 12; **c)** 18; **d)** 36

Übung 6 **S. 8**

a) $\frac{9}{12} < \frac{10}{12}$; **b)** $\frac{4}{30} < \frac{9}{30}$; **c)** $\frac{4}{18} > \frac{3}{18}$; **d)** $\frac{9}{24} < \frac{10}{24}$

Übung 7 **S. 8**

kgV(4; 5; 6; 8) = 120

Übung 8 **S. 10**

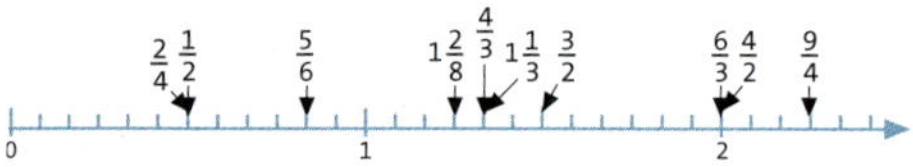

Übung 9 **S. 10**

$\frac{3}{4}$; 5; 2; 5; $\frac{3}{2}$; 5; 4; 1

Übung 10 **S. 10**

a) $\frac{1}{2} = \frac{2}{4} = \frac{4}{8}$ und $\frac{2}{3} = \frac{4}{6} = \frac{6}{9}$

b) $\frac{3}{5} = \frac{9}{15} = \frac{30}{50}$ und $\frac{8}{14} = \frac{4}{7}$

Übung 11 **S. 10**

a) 2; **b)** $\frac{3}{2}$; **c)** 3; **d)** 0; **e)** $\frac{4}{3}$; **f)** 1

Übung 12 **S. 11**

a) $\frac{3}{2}$; **b)** $\frac{9}{4}$; **c)** $\frac{21}{4}$; **d)** $\frac{11}{3}$;

e) $\frac{26}{9}$; **f)** $\frac{11}{10}$; **g)** $\frac{50}{7}$; **h)** $\frac{89}{9}$

Übung 13 **S. 11**

a) $1\frac{1}{3}$; **b)** $10\frac{1}{2}$; **c)** 7; **d)** $6\frac{1}{2}$; **e)** $5\frac{2}{3}$; **f)** 14

Übung 14 **S. 12**

$2\frac{1}{3}$; $3\frac{5}{6}$; $3\frac{2}{3}$; $2\frac{3}{4}$; $4\frac{1}{3}$ (Reihenfolge wie in der Übung); geordnet: $2\frac{1}{3} < 2\frac{3}{4} < 3\frac{2}{3} < 3\frac{5}{6} < 4\frac{1}{3}$

Übung 15 **S. 12**

a) $1\frac{1}{2}$; **b)** $4\frac{1}{4}$; **c)** $2\frac{2}{5}$; **d)** $3\frac{1}{2}$

Übung 16 **S. 12**

a) $4\frac{1}{2}$; **b)** $1\frac{1}{4}$; **c)** $3\frac{1}{3}$; **d)** $4\frac{1}{3}$

Übung 17 **S. 12**

$\frac{2}{3}$ und 1 sind von $\frac{3}{4}$ nur halb so weit entfernt wie von $\frac{1}{2}$.

Übung 18 **S. 14**

a) $\frac{2}{3}$; **b)** $\frac{6}{7}$; **c)** $\frac{24}{23}$; **d)** $\frac{6}{5}$; **e)** $\frac{6}{4} = \frac{3}{2}$;

f) $\frac{16}{10} = \frac{8}{5}$; **g)** $\frac{12}{9} = \frac{4}{3}$; **h)** $\frac{12}{16} = \frac{3}{4}$

Übung 19 **S. 14**

a) $\frac{3}{10}$; **b)** $\frac{2}{4} + \frac{3}{4} = \frac{5}{4}$; **c)** $\frac{8}{20} + \frac{13}{20} = \frac{21}{20}$;

d) $\frac{4}{24} + \frac{9}{24} = \frac{13}{24}$; **e)** $\frac{2}{7}$; **f)** $\frac{33}{6} - \frac{22}{6} = \frac{11}{6}$;

g) $\frac{15}{18} - \frac{8}{18} = \frac{7}{18}$; **h)** $\frac{51}{68} - \frac{36}{68} = \frac{15}{68}$

Übung 20 **S. 14**

Drei aus der jeweiligen Reihe würden die Aufgabe lösen:

b) ④, 8, 12, 16, 20, ...

c) ⑱, 36, 48, 72, 90, ...

Übung 21 **S. 14**

a) $\frac{1}{2} = \frac{5}{10}$; $\frac{1}{5} = \frac{2}{10}$; **b)** $\frac{7}{4} = \frac{21}{12}$; $\frac{5}{6} = \frac{10}{12}$;

c) $\frac{9}{10} = \frac{63}{70}$; $\frac{3}{14} = \frac{15}{70}$

Übung 22 **S. 15**

a) $\frac{6}{4} = \frac{3}{2}$; **b)** $\frac{7}{8}$; **c)** $\frac{13}{12}$; **d)** $\frac{17}{36}$; **e)** $\frac{15}{60} = \frac{1}{4}$;

f) $\frac{4}{2} = 2$; **g)** $\frac{13}{14}$; **h)** $\frac{1}{2000}$; **i)** $\frac{13}{54}$

Übung 23 **S. 15**

a) $\frac{20}{60} + \frac{15}{60} + \frac{12}{60} = \frac{47}{60}$

b) $\frac{6}{42} + \frac{28}{42} + \frac{56}{42} + \frac{3}{42} = \frac{93}{42} = 2\frac{9}{42} = 2\frac{3}{14}$

c) $\frac{27}{30} - \frac{6}{30} - \frac{20}{30} = \frac{1}{30}$

Übung 24 **S. 15**

a) $\frac{7}{8} + \frac{22}{8} = \frac{29}{8} = 3\frac{5}{8}$; b) $\frac{11}{10} - \frac{3}{16} = \frac{88}{80} - \frac{15}{80} = \frac{73}{80}$;

c) $\frac{51}{5} - \frac{11}{2} + \frac{7}{3} = \frac{306}{30} - \frac{165}{30} + \frac{70}{30} = 7\frac{1}{30}$

Übung 25 **S. 16**

a) Hauptnenner: 300; $\frac{125}{300} + \frac{18}{300} = \frac{143}{300}$

b) Hauptnenner: 308; $\frac{42}{308} - \frac{11}{308} = \frac{31}{308}$

Übung 26 **S. 16**

Emilio bekommt ein Fünftel der Pizza.

Übung 27 **S. 18**

a) $\frac{1}{2} \cdot \frac{1}{2} = \frac{1 \cdot 1}{2 \cdot 2} = \frac{1}{4}$; b) $\frac{3}{7} \cdot \frac{5}{2} = \frac{3 \cdot 5}{7 \cdot 2} = \frac{15}{14}$;

c) $\frac{7}{25} \cdot \frac{11}{4} = \frac{7 \cdot 11}{25 \cdot 4} = \frac{77}{100}$;

d) $\frac{1}{3} \cdot \frac{4}{5} \cdot \frac{7}{3} = \frac{1 \cdot 4 \cdot 7}{3 \cdot 5 \cdot 3} = \frac{28}{45}$

Übung 28 **S. 18**

a) $\frac{7}{4} : \frac{2}{5} = \frac{7}{4} \cdot \frac{5}{2} = \frac{7 \cdot 5}{4 \cdot 2} = \frac{35}{8}$

b) $\frac{3}{4} : \frac{5}{9} = \frac{3}{4} \cdot \frac{9}{5} = \frac{3 \cdot 9}{4 \cdot 5} = \frac{27}{20}$

c) $\frac{11}{5} : \frac{9}{2} = \frac{11}{5} \cdot \frac{2}{9} = \frac{11 \cdot 2}{5 \cdot 9} = \frac{22}{45}$

d) $\frac{8}{15} : \frac{15}{12} = \frac{8}{15} \cdot \frac{12}{15} = \frac{8 \cdot 12}{15 \cdot 15} = \frac{96}{225} = \frac{32}{75}$

Übung 29 **S. 18**

a) $\frac{3}{2}, \frac{5}{2}, 1$; b) $\frac{5}{6}, \frac{5}{3}, 1$; c) $\frac{7}{2}, \frac{7}{3}, 1$

Übung 30 **S. 18**

a) $\frac{3}{8}$; b) $\frac{6}{7}$; c) $\frac{2}{15}$; d) $\frac{3}{8}$; e) 1; f) $\frac{1}{3}$

Übung 31 **S. 19**

Der Anteil beträgt $\frac{7}{20}$.

Übung 32 **S. 19**

a) $\frac{12}{5}$; b) $\frac{2}{5}$

Übung 33 **S. 19**

a) $\frac{3}{10} \cdot \frac{2}{1} = \frac{6}{10} = \frac{3}{5}$; b) $\frac{4}{9} \cdot \frac{3}{2} = \frac{12}{18} = \frac{2}{3}$;

c) $\frac{12}{7} \cdot \frac{21}{8} = \frac{252}{56} = \frac{9}{2}$; d) $\frac{35}{78} \cdot \frac{130}{49} = \frac{4550}{3822} = \frac{25}{21}$

Übung 34 **S. 19**

a) 14; b) $\frac{5}{6}$; c) 30

Übung 35 **S. 20**

a) $\frac{1}{4}$ Kilogramm; b) $\frac{1}{40}$ Liter; c) $\frac{1}{4}$ Pizza;

d) $\frac{1}{2}$ Stunde

Übung 36 **S. 20**

a) $\frac{16}{25}$; b) $\frac{1}{32}$; c) $\frac{1}{10\,000}$; d) $\frac{27}{8}$

Übung 37 **S. 20**

$4\frac{1}{2} \cdot 3\frac{1}{2} = 15\frac{3}{4}$

Die Rasenfläche ist $15\frac{3}{4}$ Quadratmeter groß.

Übung 38 **S. 20**

a) $\frac{4}{5} \cdot \frac{1}{2} = \frac{2}{5}$; b) $1\frac{1}{4} : \frac{7}{2} = \frac{5}{14}$

Übung 39 **S. 20**

a) Leas Aussage stimmt. Das Ergebnis ist kleiner als die ursprüngliche Zahl, wenn man sie mit einer Bruchzahl multipliziert, deren Wert kleiner als eins ist.

b) Teilt man eine Zahl durch eine Bruchzahl, deren Wert kleiner als eins ist, so ist das Ergebnis größer als die ursprüngliche Zahl.

Beispiel: $5 : \frac{1}{2} = \frac{5}{1} \cdot \frac{2}{1} = 10$

Übung 40 **S. 22**

a) $\frac{11}{10}$; b) $\frac{13}{12}$; c) $\frac{1}{30}$; d) $\frac{21}{8}$; e) $\frac{1}{88}$;

f) $\frac{3}{2}$; g) $\frac{12}{5}$; h) $\frac{1}{7}$

Übung 41 **S. 22**

a) $\frac{6}{5} \cdot \frac{3}{4} - \frac{1}{4} = \frac{13}{20}$ b) $\frac{13}{7} + \frac{5}{7} \cdot \frac{3}{2} = \frac{41}{14}$

c) $\frac{1}{2} - \frac{1}{3} - \frac{1}{6} = 0$ d) $\frac{3}{11} \cdot \frac{22}{5} + \frac{5}{6} \cdot \frac{3}{2} = \frac{49}{20}$

ÜBUNG 42 **S. 22**

a) 1; **b)** $\frac{9}{5}$

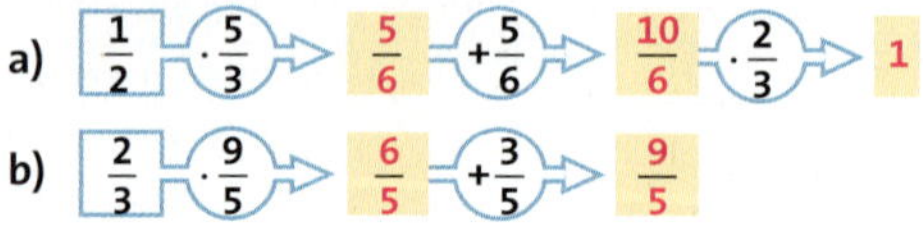

ÜBUNG 43 **S. 23**

$\left(\frac{1}{4} \cdot \frac{1}{2} + \frac{1}{3} \cdot \frac{1}{3}\right) \cdot 2 = \frac{17}{36}$

Der gesuchte Bruchteil ist $\frac{17}{36}$.

ÜBUNG 44 **S. 23**

a) $\frac{14}{3}$; **b)** $\frac{7}{27}$

ÜBUNG 45 **S. 23**

a) $\frac{1}{10}$; **b)** $\frac{27}{8}$; **c)** $\frac{11}{12}$; **d)** $\frac{151}{48}$

Klassenarbeiten

AUFGABE 1 **S. 24**

a) $\frac{8}{12} = \frac{2}{3}$; **b)** $\frac{3}{10}$; **c)** $\frac{10}{16} = \frac{5}{8}$

AUFGABE 2 **S. 24**

a) $\frac{2}{3}$; **b)** $\frac{12}{13}$; **c)** $2\frac{2}{5}$; **d)** $\frac{29}{40}$

AUFGABE 3 **S. 24**

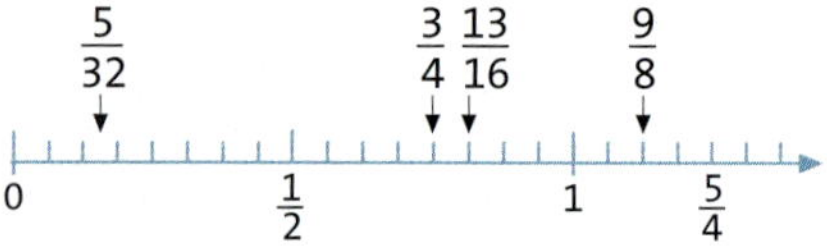

AUFGABE 4 **S. 24**

a) 2; **b)** $\frac{23}{12}$; **c)** $\frac{124}{105}$

AUFGABE 5 **S. 24**

$2\frac{1}{4}$; $\frac{9}{10}$; $1\frac{5}{6}$; $2\frac{1}{5}$; $1\frac{4}{5}$ (Reihenfolge wie in der Aufgabe) geordnet: $\frac{9}{10} < 1\frac{4}{5} < 1\frac{5}{6} < 2\frac{1}{5} < 2\frac{1}{4}$

AUFGABE 6 **S. 24**

a) $\frac{30}{11}$; **b)** 8; **c)** $\frac{6}{5}$

AUFGABE 7 **S. 24**

a) $\frac{65}{18}$; **b)** $\frac{9}{50}$

AUFGABE 8 **S. 24**

Der Hauptnenner ist 1386.

AUFGABE 9 **S. 25**

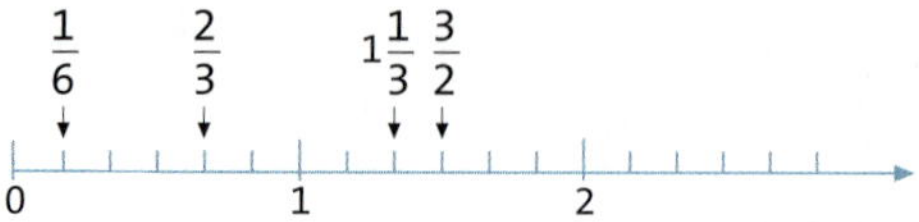

AUFGABE 10 **S. 25**

$\frac{14}{21} = \frac{12}{18} = \frac{32}{48} = \frac{2}{3} \neq \frac{21}{33} = \frac{7}{11}$

AUFGABE 11 **S. 25**

a) $\frac{9}{8}$; **b)** $\frac{4}{3}$; **c)** $\frac{14}{15}$; **d)** $\frac{4}{21}$; **e)** $19\frac{1}{5}$; **f)** $\frac{5}{3}$

AUFGABE 12 **S. 25**

a) $\frac{180}{100}$; **b)** $\frac{25}{100}$

AUFGABE 13 **S. 25**

a) 70 ct; **b)** 36 min

AUFGABE 14 **S. 25**

Er hätte dann $\frac{7}{8}$ der Pizza gegessen.

AUFGABE 15 **S. 26**

$A = \frac{1}{4}$; $B = \frac{1}{2}$; $C = \frac{7}{8}$

AUFGABE 16 **S. 26**

$\frac{2}{3}$ der Spiele fanden statt.

AUFGABE 17 **S. 26**

a) 37; **b)** $10\frac{4}{5}$

AUFGABE 18 **S. 26**

a) $\frac{7}{5}$; **b)** $\frac{10}{9}$

AUFGABE 19 **S. 26**

a) $\frac{1}{4}$ h; **b)** $\frac{1}{2}$ t; **c)** $\frac{1}{8}$ km

AUFGABE 20 **S. 26**

$\frac{4}{9} \cdot \frac{108}{16} = 3$

AUFGABE 21 **S. 26**

Chris: $3 \cdot \frac{3}{4} = 2\frac{1}{4}$; Tina: $2 \cdot 1\frac{1}{2} = 3$

Tina trainiert also länger.

AUFGABE 22 **S. 26**

$3 \cdot 1\frac{1}{2}\,\text{l} = 4\frac{1}{2}\,\text{l}$; $4\frac{1}{2}\,\text{l} : \frac{2}{5}\,\text{l} = 11\frac{1}{4}$

Nein, der Saft reicht nicht.

AUFGABE 23 **S. 27**

a) $\frac{2}{3}$; **b)** $\frac{1}{4}$

AUFGABE 24 **S. 27**

a) $\frac{4}{13} < \frac{7}{13}$; **b)** $\frac{3}{11} = \frac{27}{99} < \frac{55}{99} = \frac{5}{9}$;
c) $\frac{5}{6} = \frac{30}{36} > \frac{15}{36}$

AUFGABE 25 **S. 27**

a) $\frac{3}{7} = \frac{18}{42}$; **b)** $\frac{48}{36} = \frac{4}{3}$

AUFGABE 26 **S. 27**

a) $45\frac{5}{9}$; **b)** $5\frac{3}{8}$; **c)** $8\frac{5}{9}$

AUFGABE 27 **S. 27**

a) 111 cm; **b)** 654 g; **c)** 6 Schüler; **d)** 88 kg

AUFGABE 28 **S. 27**

$\frac{9}{18} = \frac{15}{30}$; $\frac{4}{6} = \frac{20}{30}$

AUFGABE 29 **S. 28**

$\frac{5}{2}$

AUFGABE 30 **S. 28**

Insgesamt werden $\frac{573}{20} = 28\frac{13}{20}$ t Beton angeliefert.

AUFGABE 31 **S. 28**

a) 18 Schüler kommen mit dem Rad.

b) $\frac{1}{10}$ der Schüler kommen mit dem Bus.

c) $\frac{3}{10}$ der Schüler kommen weder mit dem Rad noch mit dem Bus.

d) $\frac{3}{5} = \frac{72}{120} > \frac{3}{8} = \frac{45}{120} > \frac{1}{3} = \frac{40}{120}$

In der Klasse 6 a ist der Anteil am größten.

AUFGABE 32 **S. 28**

a) $3\frac{1}{4}$; **b)** -1

AUFGABE 33 **S. 28**

$\frac{1}{12} = \frac{2}{24} < \frac{[3;\,4;\,5]}{24} < \frac{6}{24} = \frac{1}{4}$

2 Zahlen in Dezimalschreibweise

ÜBUNG 1 **S. 30**

a) 0,3; **b)** 0,07; **c)** 0,0003; **d)** 0,9;
e) 0,001; **f)** 0,000 003

ÜBUNG 2 **S. 30**

$1 + \frac{3}{10}$; $10 + 2 + \frac{0}{10} + \frac{3}{100}$;
$\frac{1}{1000} + \frac{0}{10\,000} + \frac{2}{100\,000}$

ÜBUNG 3 **S. 30**

a) 0,05 0,20 0,31 0,5 0,75 0,87 1,09

b) 0,0 0,9 2,05 2,4 3,3 3,95 4,55

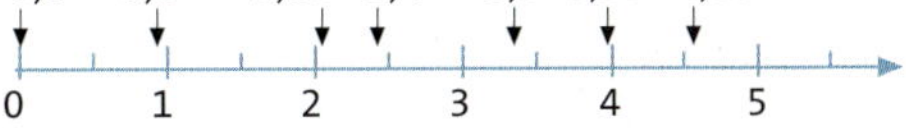

ÜBUNG 4 **S. 30**

a) $\frac{27}{10}$; **b)** $\frac{13}{50}$; **c)** $\frac{121}{10}$; **d)** $\frac{401}{200}$

ÜBUNG 5 S. 31

a) $\frac{1}{10} = 0{,}1$; $\frac{3}{10} = 0{,}3$; $\frac{3}{100} = 0{,}03$; $\frac{33}{100} = 0{,}33$; $\frac{33}{10} = 3{,}3$; $\frac{3}{1000} = 0{,}003$;

b) $\frac{70}{100} = 0{,}7$; $\frac{777}{100} = 7{,}77$; $\frac{7}{100} = 0{,}07$; $\frac{707}{1000} = 0{,}707$; $\frac{77}{1000} = 0{,}077$; $\frac{770}{1000} = 0{,}77$

ÜBUNG 6 S. 31

$0{,}7000 = 0{,}7 = \frac{7}{10}$; $0{,}25 = \frac{1}{4} = 0{,}250$; $3 = 3{,}0 = \frac{6}{2}$

ohne Entsprechung sind:

$0{,}125$; $\frac{1}{2}$; $\frac{1}{25}$; $0{,}02$

ÜBUNG 7 S. 32

$a = 0{,}5$; $b = 0{,}2$; $c = 1{,}3$; $d = 1{,}9$;
$e = 0{,}05$; $f = 1{,}45$; $g = 0{,}95$; $h = 1{,}52$

ÜBUNG 8 S. 32

$0{,}123 < 0{,}56 < 0{,}65 < 0{,}8 < 0{,}88 < 1{,}22 < 1{,}23 < 12{,}3$

ÜBUNG 9 S. 32

a) 4400 g; **b)** 330 ml; **c)** 123 cm; **d)** 22 030 kg; **e)** 450 m; **f)** 130 mm^2; **g)** 75 mm; **h)** 82 dm^2

ÜBUNG 10 S. 32

$4{,}2 > 4{,}02$; $\frac{27}{100} > 0{,}027$;

$2{,}89 < 12{,}98$; $\frac{917}{10\,000} = 0{,}0917$;

$0{,}04 > 0{,}039$; $1{,}02 < \frac{53}{50}$;

$0{,}0010 = 0{,}001\,00$; $3{,}45 = 3\,\frac{9}{20}$

ÜBUNG 11 S. 32

$2{,}1\,\text{min} = 2\,\text{min} + \frac{1}{10}\,\text{min} = 120\,\text{s} + 6\,\text{s} = 126\,\text{s}$

Tatsächlich entsprechen 2,1 Minuten 126 s. (Paul rechnet so, als ob eine Minute 100 Sekunden hätte.)

ÜBUNG 12 S. 35

a) 7,30; **b)** 0,865; **c)** 13,12; **d)** 1,865

ÜBUNG 13 S. 35

Hans ist reicher geworden. Er hat dann 11,37 €.

ÜBUNG 14 S. 35

a) 39,13; **b)** 33,372

ÜBUNG 15 S. 35

a) 4,3; **b)** 7,8; **c)** 11,1; **d)** 20; **e)** 0,1; **f)** 13,3; **g)** 1,2; **h)** 2,4; **i)** 2,6; **j)** 9,6; **k)** 6,6; **l)** 6,3

ÜBUNG 16 S. 35

a) 10,01; **b)** 21,721; **c)** 12,105; **d)** 1,4; **e)** 1,67; **f)** 6,897; **g)** 5,85; **h)** 6,48

ÜBUNG 17 S. 36

a) 4,75; **b)** 0,84

ÜBUNG 18 S. 36

160 : 25 = 6,4 (um 1 Stelle)
1,705 : 55 = 0,031 (um 1 Stelle)
183 : 12 = 15,25 (um 2 Stellen)
9720 : 2025 = 4,8 (um 3 Stellen)

ÜBUNG 19 S. 37

a) $50\,\% = 0{,}5 = \frac{1}{2}$;

b) $60\,\% = 0{,}6 = \frac{3}{5}$; $30\,\% = 0{,}3 = \frac{3}{10}$;

c) $15\,\% = 0{,}15 = \frac{3}{20}$; **d)** $100\,\% = 1{,}0 = 1$

ÜBUNG 20 S. 37

a) 3,3; **b)** 3; **c)** 3,5; **d)** 3,5; **e)** 7,00; **f)** 5,331; **g)** 13,60; **h)** 2,00

ÜBUNG 21 S. 37

a) 0,2; 1,2; 2,5 **b)** 0,75; 10; 2,5 **c)** 0,8; 0,625; 2,5

ÜBUNG 22 S. 37

a) 6,5; **b)** 13,25; **c)** 3,6; **d)** 22; **e)** 8,9; **f)** 4,21

ÜBUNG 23 S. 39

a) $\frac{7}{10}$; **b)** $\frac{35}{100} = \frac{7}{20}$; **c)** $\frac{13}{10}$; **d)** $\frac{9}{100}$; **e)** $\frac{18}{10} = \frac{9}{5}$; **f)** $\frac{5025}{100} = \frac{201}{4}$; **g)** $\frac{105}{10} = \frac{21}{2}$; **h)** $\frac{1383}{1000}$; **i)** $\frac{126}{100} = \frac{63}{50}$; **j)** $\frac{2001}{1000}$

ÜBUNG 24 **S. 39**
a) 0,1; **b)** 0,04; **c)** 3,12; **d)** 0,3; **e)** 5,8; **f)** 1,025; **g)** 0,001; **h)** 0,012; **i)** 54,205; **j)** 0,27; **k)** 0,124; **l)** 0,0541

ÜBUNG 25 **S. 39**
a) 0,2; **b)** 0,35; **c)** 0,8; **d)** 0,02; **e)** 5,5; **f)** 0,026; **g)** 1,25; **h)** 0,075; **i)** 0,12; **j)** 0,375

ÜBUNG 26 **S. 39**
a) 0,375; **b)** 30,25; **c)** 0,8125; **d)** 2,2125; **e)** 0,05

ÜBUNG 27 **S. 40**
$\frac{9}{5}$; 1,5; 0,02; $\frac{6}{5}$; $\frac{11}{4}$

ÜBUNG 28 **S. 40**
a) $0,\overline{3}$ (Periodenlänge 1)
b) $2,\overline{2}$ (Periodenlänge 1)
c) $0,\overline{27}$ (Periodenlänge 2)
d) $0,41\overline{6}$ (Periodenlänge 1)
e) $0,\overline{407}$ (Periodenlänge 3)

ÜBUNG 29 **S. 40**
Mitglieder zahlen 13,30 €.
Nichtmitglieder zahlen 26,70 €.
(Exakte Lösung: $13\frac{1}{3}$ und $26\frac{2}{3}$)

ÜBUNG 30 **S. 40**
$0,\overline{6} = \frac{6}{9} = \frac{2}{3}$

Klassenarbeiten

AUFGABE 1 **S. 41**
a) 1,25; **b)** 0,6; **c)** 3,375

AUFGABE 2 **S. 41**
a) $\frac{3}{10}$; **b)** $\frac{23}{20}$; **c)** $\frac{5}{4}$

AUFGABE 3 **S. 41**
Lösungsvorschlag:
a) 4,5; **b)** 0,222; **c)** 8,052 08

AUFGABE 4 **S. 41**
a) 5,4; **b)** 12,38; **c)** 1,00

AUFGABE 5 **S. 41**
a) 20,183; **b)** 0,1901; **c)** 0,612; **d)** 116; **e)** $0,05\overline{18}$; **f)** 1,5634

AUFGABE 6 **S. 41**
0,005, denn 2,25 · 4,5 – 0,005 = 2,53 · 4

AUFGABE 7 **S. 41**
$1,7\overline{857142}$ (Periodenlänge 6)

AUFGABE 8 **S. 41**
Herr Rose hat das um 6,75 m² größere Grundstück.

AUFGABE 9 **S. 41**
7,29 – 3,1 = 4,19

AUFGABE 10 **S. 42**
A = 0,9; B = 1,75

AUFGABE 11 **S. 42**
$0,2 = \frac{1}{5}$; $0,\overline{2} = \frac{2}{9}$; $0,0\overline{2} = \frac{2}{90}$; $2,2 = \frac{11}{5}$;
$0,0222 = \frac{111}{5000}$; ohne Entsprechung sind:
$\frac{2}{5}$; $2\frac{1}{2}$; $\frac{1}{2}$; $\frac{222}{9990}$

AUFGABE 12 **S. 42**
a) 3,55; **b)** 3,5; **c)** 4

AUFGABE 13 **S. 42**
a) 0,000 000 000 1; **b)** 1 000 000

AUFGABE 14 **S. 42**
a) 123,4 cm; **b)** 5,5 m; **c)** 24,3 kg; **d)** 72 ct

AUFGABE 15 **S. 42**
a) 14,11; **b)** 0,0028; **c)** 0,0768; **d)** 3,2;
e) 2,32 – 7 = –4,68; **f)** 8,1 – (3,4 – 8,2) = 8,1 – (–4,8) = 8,1 + 4,8 = 12,9

AUFGABE 16 **S. 43**
a) 1,2; **b)** 2,375; **c)** $5,\overline{3}$; **d)** $0,\overline{13}$

AUFGABE 17 **S. 43**

a) $\frac{13}{20}$; **b)** $6\frac{1}{8}$; **c)** $\frac{7}{9}$; **d)** $1\frac{23}{99}$

AUFGABE 18 **S. 43**

	0,887	0,091	51,895
auf Hundertstel	0,89	0,09	51,90
auf Zehntel	0,9	0,1	51,90
auf Einer	1	0	52

AUFGABE 19 **S. 43**

Kleinstmögliche: 6,75; größtmögliche: 6,84

AUFGABE 20 **S. 43**

Carsten und Daniela gewinnen, da ihre Uhren nur um sieben Sekunden vor- bzw. nachgehen.

AUFGABE 21 **S. 43**

a) 0,09; **b)** 19,9; **c)** 14,62; **d)** 1,11;
e) $2{,}8 \cdot 6{,}48 = 18{,}14$; **f)** $5{,}38 : 2{,}1 = 2{,}56$

3 Rationale Zahlen, Terme und Gleichungen

ÜBUNG 1 **S. 46**

Oben: –3,2; –2,5; –1,7; +0,5; +1,5; +3,2
Unten: –1,25; –0,6; –0,5; –0,25; +0,1; +1,25

ÜBUNG 2 **S. 46**

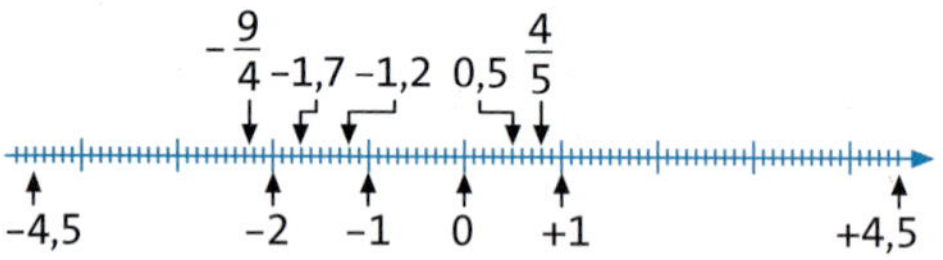

ÜBUNG 3 **S. 46**

a) $-5 \notin \mathbb{N}$; $-5 \in \mathbb{Z}$; $-5 \in \mathbb{Q}$; $-5 \in \mathbb{Q}^-$; $-5 \notin \mathbb{B}$
b) $123 \in \mathbb{N}$; $123 \in \mathbb{Z}$; $123 \in \mathbb{Q}$; $123 \notin \mathbb{Q}^-$; $123 \in \mathbb{B}$
c) $-2{,}8 \notin \mathbb{N}$; $-2{,}8 \notin \mathbb{Z}$; $-2{,}8 \in \mathbb{Q}$; $-2{,}8 \in \mathbb{Q}^-$; $-2{,}8 \notin \mathbb{B}$
d) $\frac{5}{7} \notin \mathbb{N}$; $\frac{5}{7} \notin \mathbb{Z}$; $\frac{5}{7} \in \mathbb{Q}$; $\frac{5}{7} \notin \mathbb{Q}^-$; $\frac{5}{7} \in \mathbb{B}$
e) $-2\frac{2}{3} \notin \mathbb{N}$; $-2\frac{2}{3} \notin \mathbb{Z}$; $-2\frac{2}{3} \in \mathbb{Q}$; $-2\frac{2}{3} \in \mathbb{Q}^-$; $-2\frac{2}{3} \notin \mathbb{B}$
f) $0{,}\overline{3} \notin \mathbb{N}$; $0{,}\overline{3} \notin \mathbb{Z}$; $0{,}\overline{3} \in \mathbb{Q}$; $0{,}\overline{3} \notin \mathbb{Q}^-$; $0{,}\overline{3} \in \mathbb{B}$
g) $+\frac{11}{5} \notin \mathbb{N}$; $+\frac{11}{5} \notin \mathbb{Z}$; $+\frac{11}{5} \in \mathbb{Q}$; $+\frac{11}{5} \notin \mathbb{Q}^-$; $+\frac{11}{5} \in \mathbb{B}$

ÜBUNG 4 **S. 46**

Gegenzahl:

–3	+2	–2,7	+17	0	$+\frac{2}{45}$	+0,67	$-12\frac{6}{7}$	+0,001

Betrag:

3	2	2,7	17	0	$\frac{2}{45}$	0,67	$12\frac{6}{7}$	0,001

ÜBUNG 5 **S. 46**

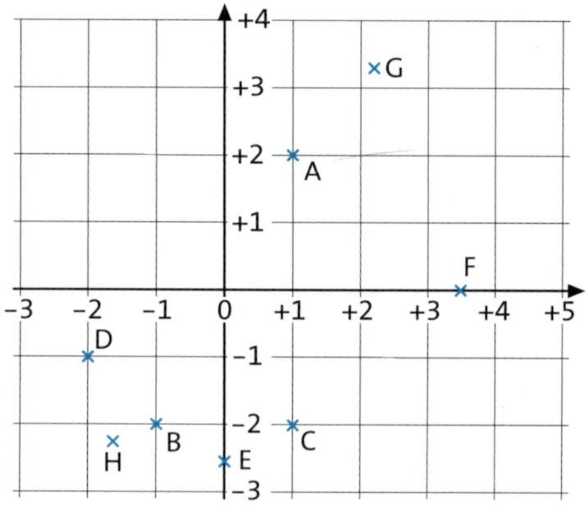

ÜBUNG 6 **S. 47**

a) Montag: –6 °C; Dienstag: –5 °C; Mittwoch: 0 °C; Donnerstag: +5 °C; Freitag: –1 °C.
b) $-6 < -5 < -1 < 0 < +5$
Am Montag war es am kältesten; Donnerstag war es am wärmsten.
c) Montag auf Dienstag: um 1 °C gestiegen; Dienstag auf Mittwoch: um 5 °C gestiegen; Mittwoch auf Donnerstag: um 5 °C gestiegen; Donnerstag auf Freitag: um 6 °C gefallen.

ÜBUNG 7 **S. 47**

a) $+2 < +5$ **b)** $-2 > -5$
c) $+5 > -2$ **d)** $0 > -3$
e) $-32{,}2 > -33{,}3$ **f)** $|-9| > |+4|$

ÜBUNG 8 **S. 47**

a) $L = \{0; 1; 2; 3; 4; 5\}$
b) $L = \{-4\}$
c) $L = \{-4; -3; -2; -1; 0; 1; 2; 3; 4\}$
d) Nein, jede natürliche Zahl ist eine ganze Zahl.
e) Ja, alle negativen ganzen Zahlen sind keine natürlichen Zahlen.

ÜBUNG 9 **S. 47**

a) Wolfgang hat mehr, denn 37 < 45.
b) Ingo hat 20 € Schulden.
c) Ihr Kontostand lautet −32 €.
d) 20 €, denn $-20 + 20 = 0$.
e) 65 €, denn $-20 + 65 = 45$.

ÜBUNG 10 **S. 47**

a) $L = \{0; 1; 2; 3; 4; 5; 6\}$
b) $L = \{-8; 8\}$
c) $L = \{-4; -3; -2; -1; 0; 1; 2; 3; 4\}$
d) $L = \{-2; -1; 0; 1; 2\}$

ÜBUNG 11 **S. 47**

a) 3; **b)** −1,2; **c)** −6; **d)** 1,5; **e)** $\frac{1}{4}$

ÜBUNG 12 **S. 49**

a) 1; **b)** −4; **c)** −0,5; **d)** −1; **e)** $-\frac{5}{16}$; **f)** −3,2;
g) 0; **h)** −6,3; **i)** $-\frac{1}{30}$; **j)** $-5\frac{1}{4}$

ÜBUNG 13 **S. 49**

a) 36; **b)** −3; **c)** 3; **d)** $\frac{3}{2}$; **e)** −6; **f)** −2;
g) 2,3; **h)** 4; **i)** −0,23; **j)** $-\frac{21}{8}$

ÜBUNG 14 **S. 49**

a) 33; **b)** −100; **c)** 1,4; **d)** $\frac{1}{3}$; **e)** −2001

ÜBUNG 15 **S. 49**

a) $1 - 9 = -8$; **b)** $-14 + 20 = 6$;
c) $-0{,}6 : 3 = -0{,}2$; **d)** $\frac{3}{4} \cdot (-4) = -3$;

ÜBUNG 16 **S. 49**

a) $10 + (-18) = -8$; **b)** $-23 + 20 = -3$;
c) $25 - 40 = -15$; **d)** $-8{,}5 + 6{,}3 = -2{,}2$;
e) $-\frac{3}{7} + \left(-\frac{4}{7}\right) = -1$; **f)** $2 \cdot 0{,}3 = 0{,}6$;
g) $-\frac{1}{4} + \left(-\frac{2}{4}\right) = -\frac{3}{4}$; **h)** $-2 : \left(-\frac{1}{4}\right) = 8$;
i) $0 \cdot (-13) = 0$; **j)** $-3 : 9 = -\frac{1}{3}$; **k)** $\frac{4}{5} : \frac{1}{8} = \frac{32}{5}$;
l) $-\frac{4}{5} \cdot \left(-\frac{8}{3}\right) = \frac{32}{15}$

ÜBUNG 17 **S. 51**

a) 48; **b)** 10,5; **c)** −6,4; **d)** $-\frac{1}{3}$; **e)** −88,8;
f) −16,9; **g)** $\frac{4}{3}$; **h)** 100

ÜBUNG 18 **S. 51**

a) 168; **b)** 4,7; **c)** −1,7; **d)** $2\frac{1}{3}$; **e)** −3;
f) $\frac{1}{3}$; **g)** 100,11; **h)** 0

ÜBUNG 19 **S. 52**

a) −39; **b)** −45; **c)** 34; **d)** −27

ÜBUNG 20 **S. 52**

a) $-\frac{1}{7}$; **b)** 102; **c)** $\frac{2}{3}$; **d)** $-\frac{4}{5}$

ÜBUNG 21 **S. 52**

a) $-12 \cdot 30 + (-12) \cdot (-3) = -324$
b) $33 \cdot (-1) + 33 \cdot 10 = 297$
c) $-\frac{2}{5} \cdot (-5) + \left(-\frac{2}{5}\right) \cdot 10 = -2$
d) $\frac{1}{3} \cdot \left(-\frac{3}{2}\right) - 6 \cdot \left(-\frac{3}{2}\right) = \frac{17}{2}$
e) $-0{,}25 \cdot 3 + 0{,}\overline{3} \cdot 3 = 0{,}25$
f) $-14 \cdot \frac{2}{7} + (-14) \cdot \frac{3}{14} = -7$
g) $33 : 3 - 27 : 3 = 2$
h) $-\frac{2}{3} : \frac{2}{3} + \frac{2}{9} : \frac{2}{3} = -\frac{2}{3}$

ÜBUNG 22 **S. 52**

a) $-18 \cdot (14 + 6) = -360$;
b) $-6 \cdot (13 + 7) = -120$; **c)** $25 \cdot (13 - 15) = -50$;
d) $\frac{3}{4} \cdot (-2{,}5 - 1{,}5) = -3$; **e)** $-9 \cdot (17 - 23) = 54$;
f) $-\frac{2}{7} \cdot \left(\frac{3}{2} + 2\right) = -1$; **g)** $\frac{2}{5} \cdot \left(\frac{4}{3} - 1\right) = \frac{2}{15}$;
h) $(5 + 19) : (-8) = -3$

ÜBUNG 23 **S. 52**

a) 357; **b)** –266; **c)** 1107; **d)** –38; **e)** –78;

f) –46; **g)** $-32\frac{2}{3}$; **h)** $-\frac{63}{64}$; **i)** $-25\frac{5}{6}$; **j)** 399

ÜBUNG 24 **S. 54**

a) –5; **b)** –17; **c)** $\frac{3}{4}$; **d)** –141; **e)** 6,7;

f) 1; **g)** $1\frac{7}{8}$; **h)** 0

ÜBUNG 25 **S. 54**

a) 12; **b)** 12; **c)** 12;
d) 42; **e)** 12; **f)** 12

ÜBUNG 26 **S. 54**

a) und **b)** Die vereinfachten Terme stehen in der Kopfzeile.

x	$x-2$	$-7\cdot x$	$2\cdot x-3\cdot x$ $=-1\cdot x=-x$	$-1\cdot x+x$ $=0\cdot x=0$	$-11\cdot x-x+5$ $=-12\cdot x+5$
1	–1	–7	–1	0	–7
2	0	–14	–2	0	–19
–1	–3	7	1	0	17
$\frac{1}{2}$	$-1\frac{1}{2}$	$-\frac{7}{2}$	$-\frac{1}{2}$	0	–1
–0,3	–2,3	2,1	0,3	0	8,6
$-\frac{1}{3}$	$-2\frac{1}{3}$	$\frac{7}{3}$	$\frac{1}{3}$	0	9
–7	–9	49	7	0	89
0	–2	0	0	0	5
0,1	–1,9	–0,7	–0,1	0	3,8

c) Das Einsetzen in die vereinfachten Terme liefert die gleichen Werte, allerdings mit weniger Rechenaufwand.

ÜBUNG 27 **S. 55**

a) richtig: $3\cdot(-2+6)=3\cdot 4=12$; und mit dem ersten Fehler weitergerechnet würde sich $3\cdot(-4)=-12$ ergeben.

b) richtig:

$\left(-\frac{2}{3}-\frac{1}{3}\right)^2\cdot\frac{1}{2}+\frac{5}{2}=\left(-\frac{3}{3}\right)^2\cdot\frac{1}{2}+\frac{5}{2}=1\cdot\frac{1}{2}+\frac{5}{2}=3;$

und mit dem ersten Fehler weitergerechnet

würde sich $\left(-\frac{3}{3}\right)^2\cdot\frac{6}{2}=1\cdot 3=3$ ergeben.

c) richtig:

$(-2)\cdot\left(-\frac{3}{8}+\frac{7}{2}\right)-\left(1+\frac{1}{4}\right)=\frac{3}{4}-7-1-\frac{1}{4}=-7\frac{1}{2};$

mit dem ersten Fehler weitergerechnet würde

sich $\frac{3}{4}-7-1+\frac{1}{4}=1-8=-7$ ergeben.

d) richtig: $[11{,}3-(-4-23)+1{,}7]+\frac{3}{2}\cdot\left(\frac{4}{9}-\frac{1}{3}\right)=$

$=[13+27]+\frac{3}{2}\cdot\frac{1}{9}=40\frac{1}{6};$

mit dem ersten Fehler weitergerechnet würde

sich $[13+27]+\frac{3}{2}\cdot\frac{3}{6}=40+\frac{9}{12}=40\frac{3}{4}$ ergeben.

ÜBUNG 28 **S. 55**

a) $(40-3)\cdot(-12)=-444$

b) $\left(\frac{4}{5}+\frac{7}{2}\right)\cdot(-30)=-129$

c) $[1{,}8+(-100)]:(-2)=49{,}1$

d) $\left(3+\frac{1}{3}\right)\cdot(-3)=-10$

ÜBUNG 29 **S. 55**

a) Alle Rechnungen führen zu demselben Ergebnis, nämlich 8.
b) $[(x\cdot 2+8)\cdot 4-32]:x$
Vereinfacht man diesen Term, so erhält man:
$(8\cdot x):x=8$.

ÜBUNG 30 **S. 55**

a) $x=-3$; **b)** $x=-c$; **c)** $x=\frac{1}{2}$; **d)** $x=\frac{1}{c}$

ÜBUNG 31 **S. 57**

a) L = {19}; **b)** L = {18}; **c)** L = {89,2};
d) L = {56}; **e)** L = {–4}; **f)** L = {500};
g) L = {–4}; **h)** L = $\mathbb{Q}$, also alle rationalen Zahlen.

ÜBUNG 32 **S. 57**

a) $3\cdot x=54$; L = {18}
b) $2\cdot x=-112$; L = {–56}
c) $5\cdot x-7=8$; L = {3}
d) $x^2-11=158$; L = {13}
e) $1+x:3=-110$; L = {–333}

ÜBUNG 33 **S. 57**

a) x = Preis für Michaels Eintrittskarte;
$3 \cdot x + x = 12$, L = {3}
Also kostet Michaels Karte 3 €, die des Vaters 9 €.
b) $2 \cdot 9 + 3 \cdot 3 = 27$
Ja, es lohnt sich, eine Familienkarte zu nehmen, denn sie sparen mit der Familienkarte 7 €.

ÜBUNG 34 **S. 57**

a) Vier kleine Vögel wiegen so viel wie zwei große, also wiegt ein kleiner Vogel halb so viel wie ein großer.
b) Ein kleiner Vogel wiegt dann 135 g.

ÜBUNG 35 **S. 58**

a) $G = \mathbb{N}$; L = {3}
b) G = {1; 2; 3; 5; 6; 10; 15}; L = {5}
c) $G = \mathbb{Z}$; L = {23}
d) G = {1; 4; 9; 25; 36 ...}; L = {25}

ÜBUNG 36 **S. 58**

a) 2 Dosen wiegen so viel wie 4 Gewichte, also wiegt eine Dose so viel wie 2 Gewichte.
b) Eine Dose wiegt 350 g.
c) $2 \cdot d + 3 \cdot 175 = 7 \cdot 175$
d) L = {350}
e) Eine Dose wiegt dann 240 g.

ÜBUNG 37 **S. 58**

Rechnungen ohne Einheiten:
a) $27 \cdot 0{,}40 + 10 = 20{,}80$
Carsten muss 20,80 € zahlen.
b) $x \cdot 0{,}40 + 10 = 40{,}40$; L = {76}
Carsten hat also 76 Minuten telefoniert.
c) $76 \cdot 0{,}50 = 38$
Holger zahlt nur 38 € und damit weniger als Carsten.
d) $x \cdot 0{,}40 + 10 = x \cdot 0{,}50$; L = {100}
Wenn jeder 100 Minuten telefoniert, müssen beide den gleichen Betrag zahlen.
$10 = x \cdot 0{,}50$; L = {20}
Wenn Carsten gar nicht telefoniert, zahlt er trotzdem 10,– €. Dafür kann Holger 20 Minuten telefonieren.

Klassenarbeiten

AUFGABE 1 **S. 59**

a) $-\frac{17}{4} < -4{,}2 < 0{,}25$
b) $-101 < -100{,}1 < -99{,}9$
c) $-0{,}5 < 0 < |-0{,}75|$

AUFGABE 2 **S. 59**

a) −21; **b)** 18; **c)** −132; **d)** 1,3

AUFGABE 3 **S. 59**

a) −54; **b)** −30; **c)** $14\frac{1}{12}$; **d)** 7

AUFGABE 4 **S. 59**

a) $86 - 39 + 14 - 11 = 50$
b) $-4{,}8 + 3{,}5 - 3{,}2 + 6{,}5 = 2$
c) $-\frac{1}{2} + \frac{3}{5} + \frac{1}{4} + \frac{1}{5} - \frac{3}{8} = \frac{7}{40}$

AUFGABE 5 **S. 59**

a) L = {0; 1; 2; 3; 4; 5; 6; 7; 8; 9}
b) L = {−3; −2; −1; 0; 1; 2; 3}

AUFGABE 6 **S. 59**

a) $(-12) \cdot (-5) + (-12) \cdot (-12) = 204$
b) $-15 \cdot (14 + 6) = -300$

AUFGABE 7 **S. 59**

a) $-3105 < -315$; $-3{,}105 > -3{,}15$
b) $-3195 < -315$; $-3{,}195 < -3{,}15$

AUFGABE 8 **S. 59**

a) L = {7}; **b)** L = {12}; **c)** L = {18};
d) L = {0; 6}

AUFGABE 9 **S. 59**

a) Er befindet sich im 1. Kellergeschoss.
b) Sie muss 3 Stockwerke nach unten fahren.

AUFGABE 10 **S. 60**

a) −49; **b)** 1,1; **c)** $2\frac{11}{12}$; **d)** −8,2; **e)** $-\frac{19}{35}$; **f)** −88,2

AUFGABE 11 **S. 60**

Man addiert die Beträge und gibt dem Ergebnis das gemeinsame Vorzeichen.

AUFGABE 12 **S. 60**

$L = \{-4; -3; -2; -1; 0; 1; 2; 3; 4\}$

AUFGABE 13 **S. 60**

$x + (-73) = 23 \Rightarrow x = 73 + 23 = 96$

AUFGABE 14 **S. 60**

a) $25 - [8 - 200] = 217$

b) $-\frac{3}{8} \cdot (-24) + \frac{5}{12} \cdot (-24) = 9 - 10 = -1$

c) $-13 \cdot (57 + 143) = -13 \cdot 200 = -2600$

AUFGABE 15 **S. 60**

a) $= 39$; **b)** -54

AUFGABE 16 **S. 60**

a) −134 € − 21,50 € = −155,50 €
Ingo hat nun 155,50 € Schulden.
b) −33,30 € + 53 € = 19,70 €
Uli hat nun ein Guthaben von 19,70 €.
c) x − 150 € = −23 € ⇒ x = 127 €
Moni hatte vorher 127 € auf dem Konto.

AUFGABE 17 **S. 61**

a) $-4{,}2 < -4{,}1 < -4{,}01$

b) $-\frac{3}{4} = -\frac{15}{20} < -\frac{11}{20} < \frac{1}{4}$

c) $|-0{,}75| > -\frac{3}{4}$

d) $-3{,}7 < \frac{11}{3}$

AUFGABE 18 **S. 61**

$[20 + (-50)] \cdot [20 - (-50)]$

AUFGABE 19 **S. 61**

$\frac{1}{6}$

AUFGABE 20 **S. 61**

a) 5; **b)** $-\frac{5}{12}$; **c)** $14\frac{1}{12}$; **d)** 7

AUFGABE 21 **S. 61**

$-\frac{13}{4} \cdot x = 1 \Rightarrow x = -\frac{4}{13}$

AUFGABE 22 **S. 61**

a) $x = 14$; **b)** $x = -68$; **c)** $x = 8$

4 Anwendungs- und Sachaufgaben

ÜBUNG 1 **S. 63**

a) Eine große Dose wiegt so viel wie zwei kleine Dosen. Also wiegt eine große Dose 200 g.
b) $2 \cdot d + 3 \cdot 100 = 7 \cdot 100$
c) $L = \{200\}$
d) Eine große Dose wäre dann 300 g schwer.

ÜBUNG 2 **S. 63**

a)
$$\begin{aligned} 5 \cdot x + 12 &= 27 \quad &|-12 \\ 5 \cdot x &= 15 \quad &|:5 \\ x &= 3 \end{aligned}$$

b)
$$\begin{aligned} -9 \cdot x - 18{,}2 &= 13{,}3 \quad &|+18{,}2 \\ -9 \cdot x &= 31{,}5 \quad &|:(-9) \\ x &= -3{,}5 \end{aligned}$$

c)
$$\begin{aligned} \frac{3}{2} \cdot x - \frac{1}{4} &= 11\frac{3}{4} \quad &|+\frac{1}{4} \\ \frac{3}{2} \cdot x &= 12 \quad &|\cdot 2 \\ 3x &= 24 \quad &|:3 \\ x &= 8 \end{aligned}$$

d)
$$\begin{aligned} -2x - 4x + 17 &= x - 4 \quad &|-17 \\ -6x &= x - 21 \quad &|-x \\ -7x &= -21 \quad &|:(-7) \\ x &= 3 \end{aligned}$$

ÜBUNG 3 **S. 63**

a) $L = \{11\}$; **b)** $L = \{6{,}75\}$; **c)** $L = \{28\}$;
d) $L = \{7\}$; **e)** $L = \{41{,}\overline{6}\}$; **f)** $L = \{7832\}$

ÜBUNG 4 **S. 63**

a) 14 Leuchtstäbe werden benötigt.
b)

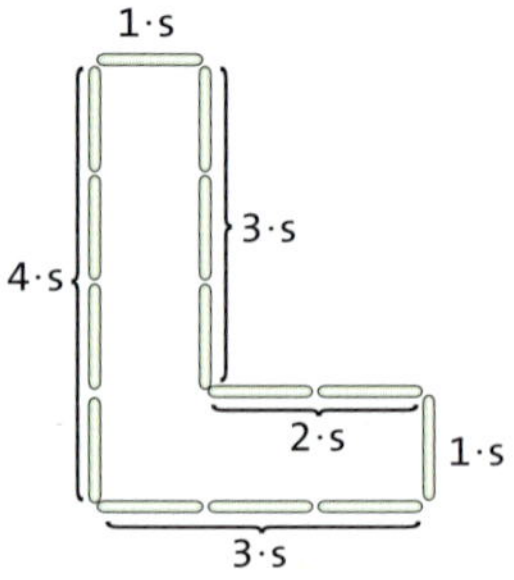

c) $U = 14 \cdot s$

d) Wenn s = 10 cm, dann U = 140 cm.
Wenn s = 20 cm, dann U = 280 cm.
Wenn s = 14 cm, dann U = 196 cm.

ÜBUNG 5 **S. 64**

a) Wenn s = 10 cm, dann U = 200 cm.
Wenn s = 20 cm, dann U = 380 cm.

b) $U = 18 \cdot s + 20$

c) Wenn s = 14 cm, dann U = 272 cm.

ÜBUNG 6 **S. 64**

a) Es dauert 18 Minuten.

b) Es dauert 18,2 Minuten, also 18 Minuten und 12 Sekunden.

ÜBUNG 7 **S. 64**

a) Er muss 10 ct pro Ei verlangen.

b) Er muss 12 ct pro Ei verlangen.

c) Er muss 15 ct pro Ei verlangen.

ÜBUNG 8 **S. 64**

a) Die Gleichung liefert für alle Zahlen aus $\mathbb{Q}$ eine wahre Aussage.

b) Alle eingesetzten Zahlen sind Lösungen der Gleichung.

c) Die Vereinfachung ergibt: $12 + 3x = 12 + 3x$. Die Terme auf beiden Seiten der Gleichung sind gleichwertig.

ÜBUNG 9 **S. 64**

a)
$$\begin{aligned} 21 + 5 \cdot x &= 56 \quad | -21 \\ 5 \cdot x &= 35 \quad | :5 \\ x &= 7 \\ 21 + 5 \cdot 7 &= 56 \end{aligned}$$

b)
$$\begin{aligned} 4 \cdot x - 13 &= -1 \quad | +13 \\ 4 \cdot x &= 12 \quad | :4 \\ x &= 3 \\ 4 \cdot 3 - 13 &= -1 \end{aligned}$$

ÜBUNG 10 **S. 65**

a) $L = \{\ \}$; **b)** $L = \{-6\frac{7}{8}\}$; **c)** $L = \mathbb{Q}$

ÜBUNG 11 **S. 65**

a) Sie muss 22,54 € zahlen, wenn sie 4 Stunden und 44 Minuten im Internet war.

b) Sie war 430 Minuten im Internet.

c) Timo würde mit Christinas Vertrag im 1. Monat 29,50 €, im 2. Monat 21,70 € zahlen, also wäre ihr Vertrag besser geeignet.

ÜBUNG 12 **S. 67**

10 000 → 9999; 9910 → 9909;
1001 → 1000; 1000 → 999; 9010 → 9009

ÜBUNG 13 **S. 67**

a) Es wurde eine Umfrage nach der Augenfarbe (blau, grün, braun) durchgeführt. Jeder Augenfarbe wird die Anzahl der Personen mit dieser Augenfarbe zugeordnet.

b)

Augenfarbe	Strichliste	Anzahl
Blau	卌 |||	8
Grün	|||	3
Braun	卌 ||||	9

c) Der Begriff lautet „absolute Häufigkeit".

d) Braun kommt am häufigsten vor, Grün am seltensten.

e) + f) Relative Häufigkeit
Blau: 0,4 = 40 %
Grün: 0,15 = 15 %
Braun: 0,45 = 45 %
15 % der Befragten haben grüne Augen.

ÜBUNG 14 **S. 67**

a) + b)

1	2	3	5	9	10	**5**
1	4	9	25	81	100	**$36\frac{2}{3}$**

ÜBUNG 15 **S. 67**

a) $\frac{13}{36}$; **b)** –4 liegt genau in der Mitte von –6 und –2; **c)** $-\frac{1}{6}$

ÜBUNG 16 **S. 68**

	Radio	kein Radio	Summe
TV	100	30	130
kein TV	150	40	190
Summe	250	70	320

100 Schüler haben sowohl einen Fernseher als auch ein Radio.

ÜBUNG 17 **S. 68**

a)	Deutsch	kein Deutsch	Summe
Englisch	65	7	72
kein Englisch	20	8	28
Summe	85	15	100

b) 8 Teilnehmer sprechen weder Deutsch noch Englisch.
c) 15 Pfadfinder sprechen kein Deutsch.
d) 7 sprechen Englisch, aber kein Deutsch.
e) Das Diagramm zeigt die Anzahl der Deutsch sprechenden Pfadfinder, die Englisch (65) bzw. kein Englisch (20) können.

ÜBUNG 18 **S. 70**
a), **b)**, **e)** direkt proportionale Zuordnung;
c), **d)**, **f)** indirekt proportionale Zuordnung

ÜBUNG 19 **S. 70**
a) auf beiden Seiten durch 50 dividiert, dann mit 150 multipliziert.

b) **5 Liter → x €**
:3 (3 Liter → 3,45 €) :3
·5 (1 Liter → 1,15 €) ·5
5 Liter → 5,75 €

c) Linke Seite: dividiert durch 20, dann multipliziert mit 25; rechte Seite: multipliziert mit 20, dann dividiert durch 25.

d) **3 Maler → x h**
:2 (2 Maler → 6 h) ·2
·3 (1 Maler → 12 h) :3
3 Maler → 4 h

e) Sieben Brötchen kosten 1,75 €.
f) Es reicht für 4,5 Tage.

ÜBUNG 20 **S. 71**
Nun muss sie 6,90 € für 6 Liter bezahlen.

ÜBUNG 21 **S. 71**
a) Sie bekommt 16,50 €.
b) Der Bericht war 55 Zeilen lang.
c) Sie hätte damals 9,35 € bekommen.

ÜBUNG 22 **S. 71**
a) Die Fahrt dauert 13,5 Stunden.
b) Die durchschnittliche Geschwindigkeit betrug 75,6 km/h.

ÜBUNG 23 **S. 72**
Die Rechnung ergibt 10,5. Also müssen 11 Dosen vorhanden sein.

ÜBUNG 24 **S. 72**
a) Die Vorräte reichen für 12 Tage.
b) 18 Pfadfinder dürften mitfahren.

ÜBUNG 25 **S. 72**
Er käme 441 km weit.

ÜBUNG 26 **S. 74**

3,5 %	von	276 €	sind	9,66 €
Prozentsatz		Grundwert		Prozentwert
p %		G		W

ÜBUNG 27 **S. 74**

$\frac{1}{4}$	$\frac{1}{10}$	$\frac{3}{8}$	$\frac{3}{5}$	$\frac{1}{200}$	$\frac{1}{3}$
$\frac{25}{100}$	$\frac{10}{100}$	$\frac{\frac{75}{2}}{100}$	$\frac{60}{100}$	$\frac{\frac{1}{2}}{100}$	$\frac{\frac{100}{3}}{100}$
0,25	0,1	0,375	0,6	0,005	$0,\overline{3}$
25 %	10 %	37,5 %	60 %	0,5 %	$33,\overline{3}$ %

ÜBUNG 28 **S. 74**
linke Spalte: 7,5; 24; 6; 0,6;
rechte Spalte: 4,8; 10,08; 400; 33

ÜBUNG 29 **S. 75**
a) 28; **b)** 25; **c)** 644,9; **d)** 50; **e)** 1000;
f) 2 220 000

ÜBUNG 30 **S. 75**
In der 6 a haben 32 % der Schüler mit der Note „gut" abgeschnitten, in der 6 b nur 30 %. Also hat in der 6 a ein größerer Anteil der Schüler mit „gut" abgeschnitten.

ÜBUNG 31 **S. 75**
Er muss 83,16 € bezahlen.

ÜBUNG 32 **S. 75**
Die Mehrwertsteuer beträgt 51,30 €.

ÜBUNG 33 **S. 75**

a) und b)

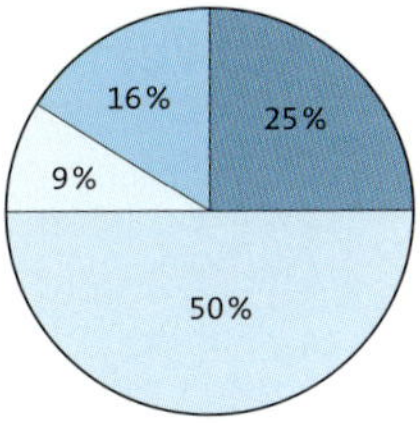

ÜBUNG 34 **S. 75**

a) Kleist-Schule:

Fahrrad	Bus	zu Fuß	gesamt
340	155	105	600
56,$\overline{6}$ %	25,8$\overline{3}$ %	17,5 %	100 %

Kafka-Schule:

Fahrrad	Bus	zu Fuß	gesamt
115	75	110	300
38,$\overline{3}$ %	25 %	36,$\overline{6}$ %	100 %

b) Kleist-Schule Kafka-Schule

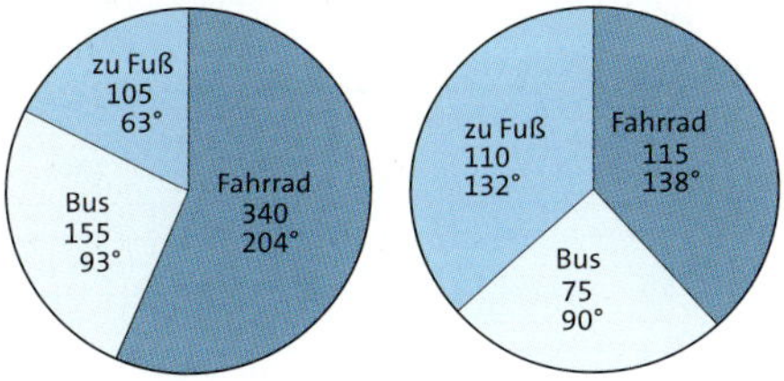

ÜBUNG 35 **S. 76**

Man bekommt 13,50 €.

ÜBUNG 36 **S. 76**

a) Er hat 11 % Gewinn erzielt.
b) Er hätte 1200 € Zinsen bekommen.
c) Er hat 20 000 € angelegt.

ÜBUNG 37 **S. 76**

Er bekommt 333,33 € pro Tag.
In einer Woche bekommt er 2333,33 €; in einem Vierteljahr 30 000 €.
Es dauert 99 Tage.

ÜBUNG 38 **S. 78**

a)

Größe	Strichliste	abs. H.	rel. H. in %
131 – 140 cm	|||	3	15 %
141 – 150 cm	𝍸 𝍸	10	50 %
151 – 160 cm	𝍸 ||	7	35 %
gesamt	𝍸 𝍸 𝍸 𝍸	20	100 %

b) 20 Schüler haben an der Befragung teilgenommen.

c) + d)

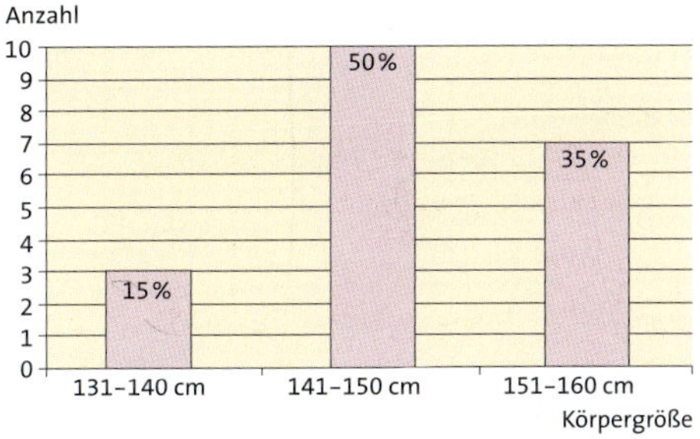

e)

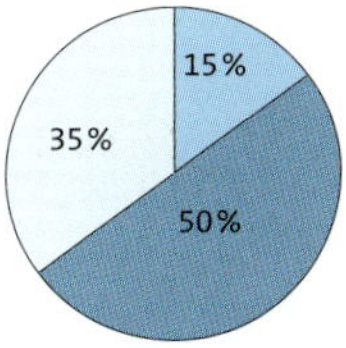

f) 15 % entsprechen 54°; 50 % entsprechen 180°; 35 % entsprechen 126°.

ÜBUNG 39 **S. 78**

a)

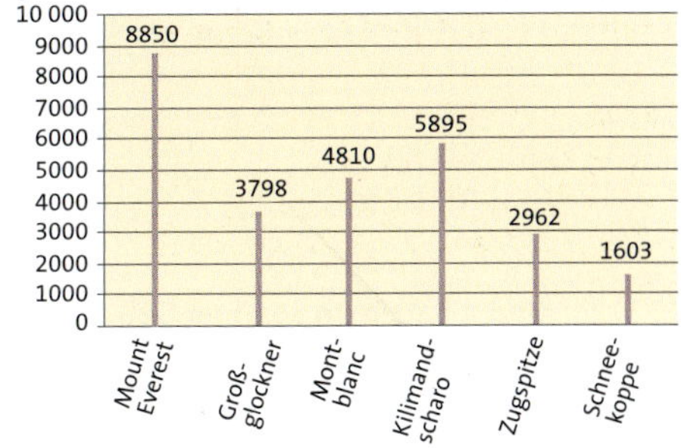

b) Ein Kreisdiagramm ist ungeeignet, weil die Höhen der Berge keine Anteile eines Ganzen darstellen.

c) Die durchschnittliche Höhe beträgt 4653 m.

ÜBUNG 40 **S. 79**

a)

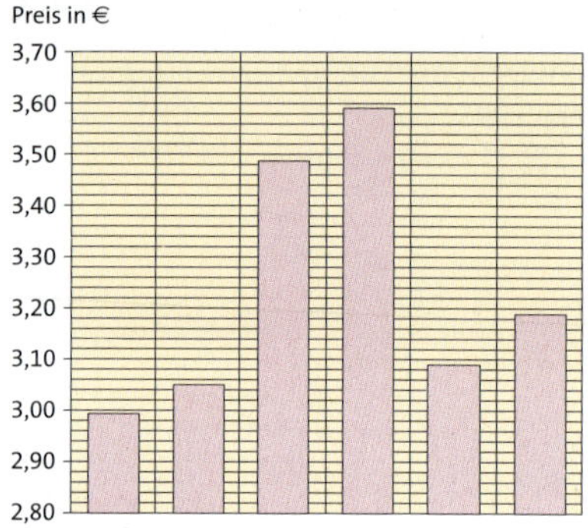

b) Die Differenz beträgt 60 ct.

c) Sie spart 1,80 €.

d) Der Durchschnitt der Preise ist 3,23 €.

ÜBUNG 41 **S. 79**

a)

Monat	1	2	3	4	5	6	7	8	9	10	11	12
Geburtstags-kinder	3	0	4	5	3	3	2	6	1	0	2	1

b) 30 Kinder gehören zu dieser Klasse.

c) Im August haben die meisten Kinder Geburtstag (6); im Februar und Oktober die wenigsten (0).

d)

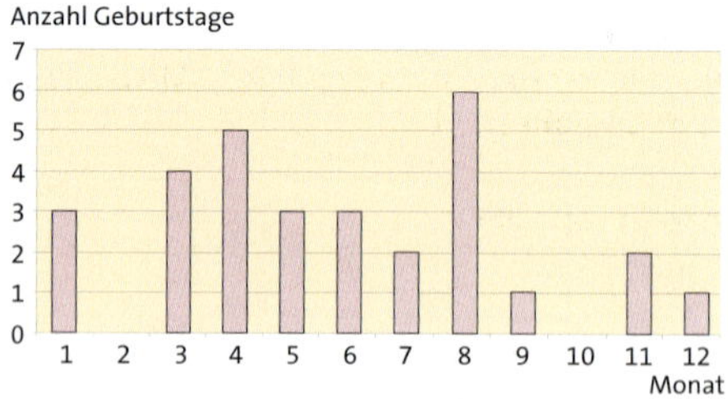

e) 40 % der Kinder haben im Sommer Geburtstag.

ÜBUNG 42 **S. 80**

a)

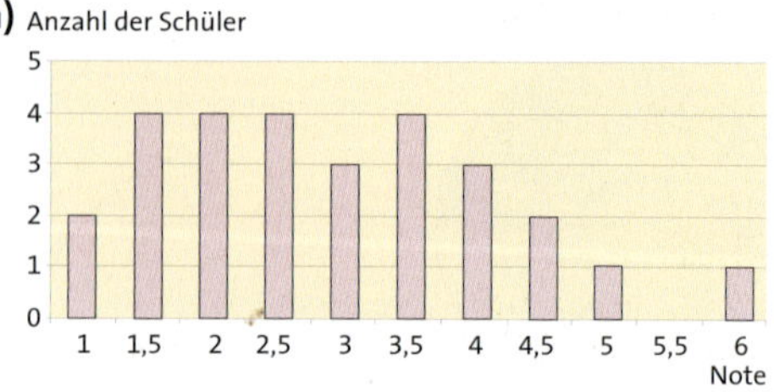

b) Der Notendurchschnitt liegt bei 2,89.

c) 35,7 % haben mit der Note 2 oder besser abgeschnitten.

d) 64,3 % haben schlechter als mit Note 2 abgeschnitten.

ÜBUNG 43 **S. 80**

a)

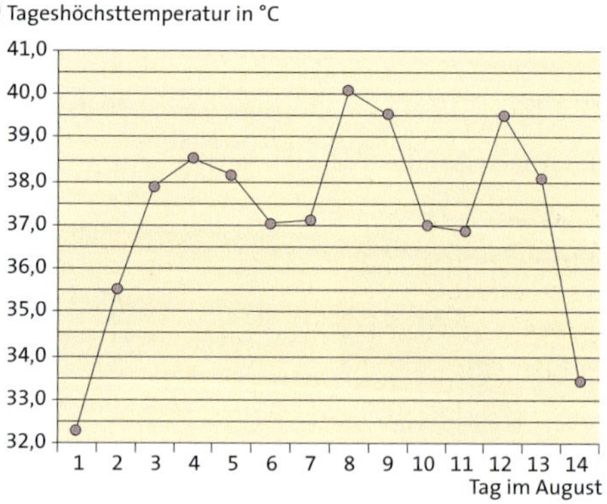

b) Der 8. August war der heißeste, der 1. August war der kühlste Tag.

c) Vom 13. auf den 14. August fiel die Temperatur um 4,7 °C.

Klassenarbeiten

AUFGABE 1 **S. 81**

a) 75 %; **b)** 20 %; **c)** 60 %

AUFGABE 2 **S. 81**

90 kg → 270 €
12 kg → 36 €
50 kg → 150 €

AUFGABE 3 **S. 81**

a) um 50 %; **b)** um 20 %

AUFGABE 4 **S. 81**

a) p % = 2,5 %; **b)** G = 1100; **c)** W = 60,5

AUFGABE 5 **S. 81**

a) Man bekommt 132,48 sFr für 92 €.
b) Man muss 250 € umtauschen, um 360 sFr zu bekommen.

AUFGABE 6 **S. 81**

a) Die größere Verpackung ist günstiger, denn beim 1,5-kg-Sack kostet ein Kilogramm 50 ct, beim 5-kg-Sack kostet es 45 ct.
b) Sie muss 3,75 € zahlen.
c) Nein, sie zahlt im Geschäft etwa 47 ct pro Kilogramm.

AUFGABE 7 **S. 82**

7 Monitore müssen ausgetauscht werden.

AUFGABE 8 **S. 82**

a) Durchschnittlich werden pro Kopf 150 l pro Tag verbraucht.
b) $36,\overline{6}$ % entfallen auf Körperpflege mit Baden und Duschen.
c)

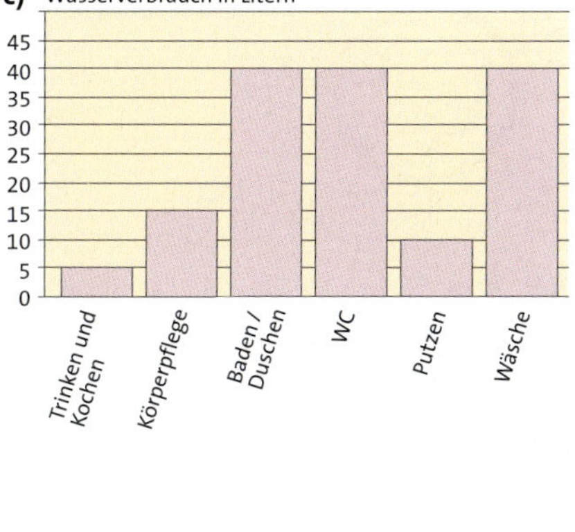

d) + e)

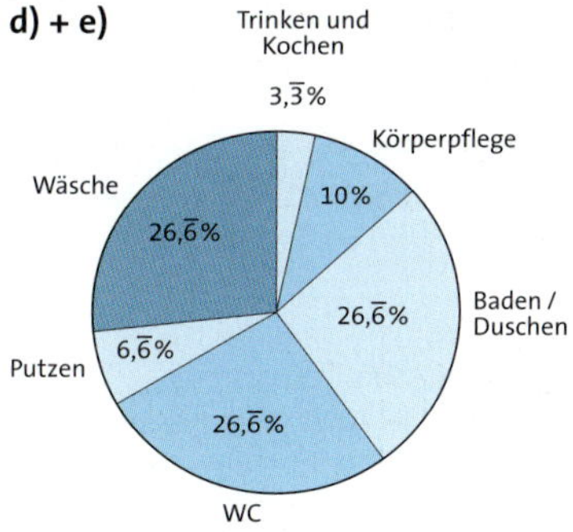

AUFGABE 9 **S. 83**

$0{,}4 = \frac{4}{10} = 40\ \% = 0{,}40 = \frac{2}{5}$

AUFGABE 10 **S. 83**

Nein, sie hat nicht recht. Der um 50 % reduzierte Preis wurde um 50 % reduziert, d. h., es sind noch $0{,}5 \cdot 0{,}5 = 0{,}25 = 25\ \%$ des Originalpreises zu zahlen.

AUFGABE 11 **S. 83**

a) In einer Stunde verbraucht er 4,5 l.
b) Für drei Rasenflächen benötigt er 2 h.
c) Zu viert dauerte es 10 Minuten.
d) Zu dritt hätten sie 40 Minuten gebraucht.

AUFGABE 12 **S. 83**

a) Er müsste sechs Gegentore kassiert haben.
b) $\frac{22}{25} = 88\ \%$, d. h., er hatte einen guten Tag.

AUFGABE 13 **S. 84**

die Donau; 2900 km; die Spree, 380 km; 155 km; fünf; alphabetisch.

AUFGABE 14 **S. 84**

U = 16 t

AUFGABE 15 **S. 84**

a) $3{,}5\ \text{m} \cdot 0{,}4\ \text{m} = 1{,}4\ \text{m}^2$
Die Fläche ist $1{,}4\ \text{m}^2$ groß.
b) $1{,}4\ \text{m}^2 \cdot 0{,}015\ \text{m} = 0{,}021\ \text{m}^3 = 21\ \text{l}$
Er benötigt 21 Liter.
c) Rechnung ohne Einheiten:
$1{,}8 \cdot 1{,}4 \cdot 15 = 37{,}8$
Er muss ca. 38 kg kaufen.

AUFGABE 16 **S. 85**

x = –175

AUFGABE 17 **S. 85**

a) Das Land befindet sich 2420 m unter NN.
b) Etwa 330 000 km² sind eisfrei.

AUFGABE 18 **S. 85**

a) Er musste 344-mal schießen.
b) Seine Trefferquote ist 40 %, also besser.

AUFGABE 19 **S. 85**

a) $\left[[3 + (-5)] \cdot \frac{1}{2} - 3\right] : (-2) = 2$
b) $\left[[x + (-5)] \cdot \frac{1}{2} - 3\right] : (-2)$
c) $\left[[-3 + (-5)] \cdot \frac{1}{2} - 3\right] : (-2) = 3\frac{1}{2}$

AUFGABE 20 **S. 85**

a) 37,5 mph; **b)** 128 km/h

AUFGABE 21 **S. 85**

Drei Pumpen benötigten acht Stunden.

AUFGABE 22 **S. 86**

a)

Geschwindigkeit	Reisedauer
5 km/h	20 h
10 km/h	10 h
50 km/h	2 h
100 km/h	1 h
150 km/h	$\frac{2}{3}$ h
200 km/h	$\frac{1}{2}$ h

b)

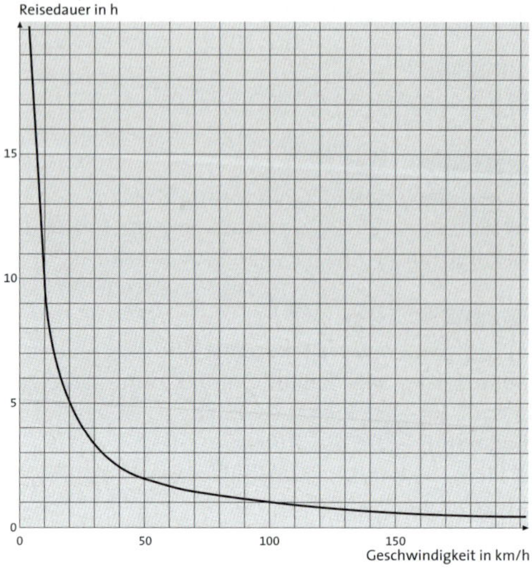

c) Bei 75 km/h benötigt man $1\frac{1}{3}$ h = 1 h 20 min.

5 Winkel und Kreise

ÜBUNG 1 **S. 88**

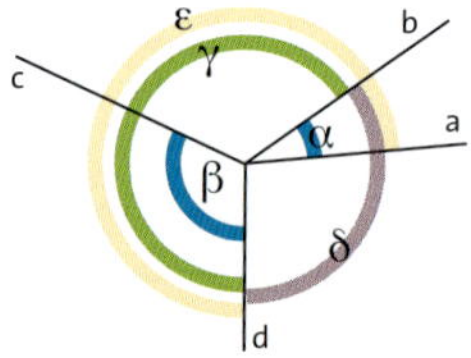

ÜBUNG 2 **S. 88**

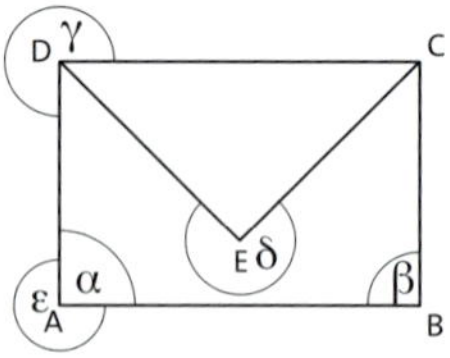

ÜBUNG 3 **S. 88**

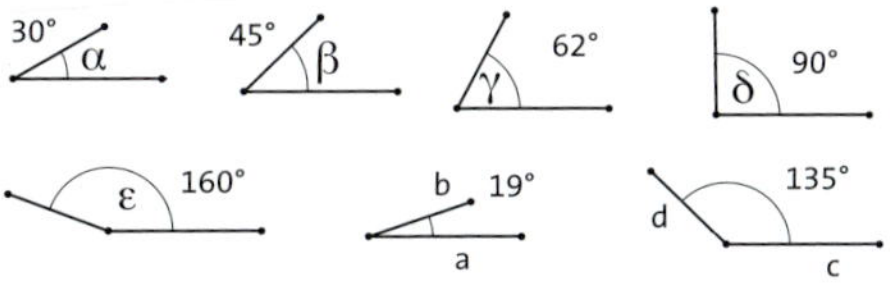

ÜBUNG 4 **S. 88**

a)

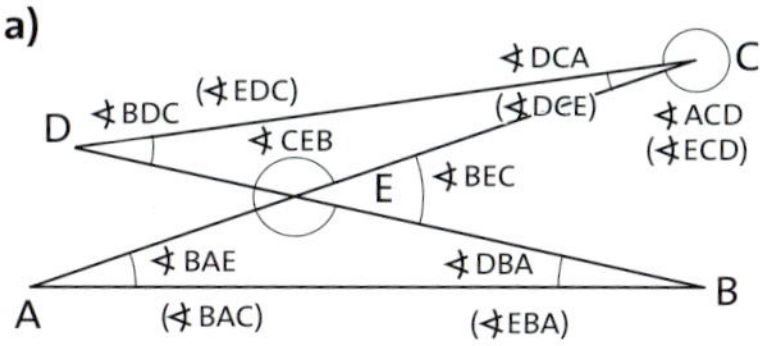

b)

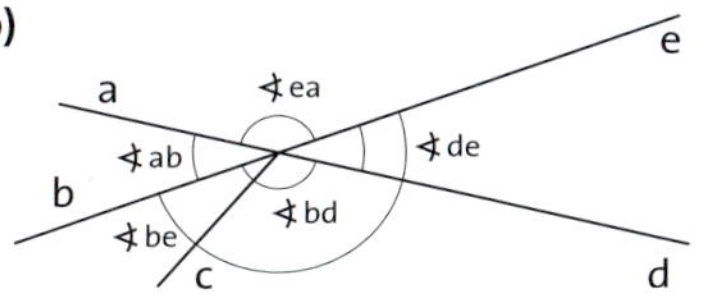

ÜBUNG 5 **S. 88**

a) 180°; **b)** 90° oder 270°; **c)** 0°; **d)** 30° oder 330°; **e)** 120° oder 240°; **f)** 150° oder 210°

ÜBUNG 6 **S. 89**

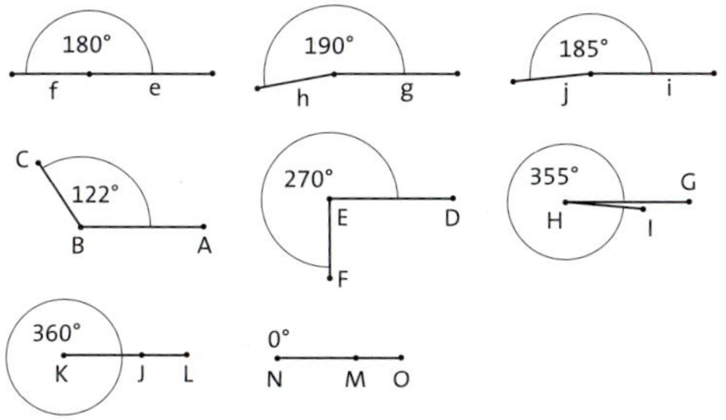

ÜBUNG 7 **S. 89**

$\alpha = 45°$; $\beta = 120°$; $\gamma = 200°$; $\delta = 330°$

ÜBUNG 8 **S. 89**

a)

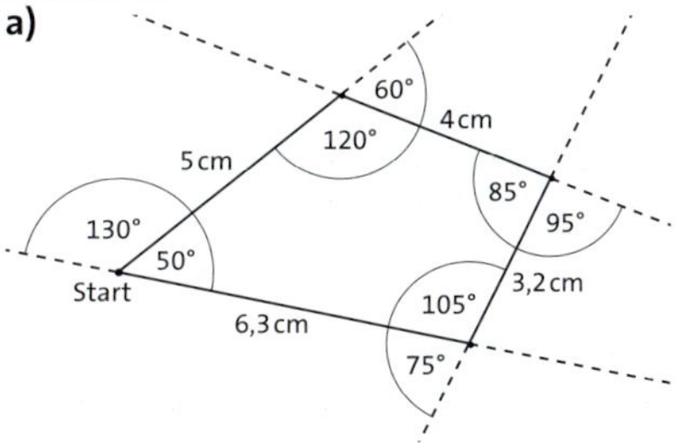

b) Willi befindet sich an seinem Startpunkt.
c) Er müsste sich um 130° nach rechts drehen.
d) Insgesamt hat er sich um 360° gedreht.

ÜBUNG 9 **S. 91**

α: spitzer Winkel; β: überstumpfer Winkel; γ: überstumpfer Winkel; δ: stumpfer Winkel

ÜBUNG 10 **S. 91**

a)

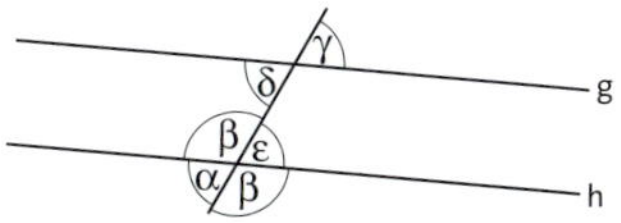

b) Gleich groß sind ε und α (Scheitelwinkel); ε und γ (Stufenwinkel an Parallelen); ε und δ (Wechselwinkel an Parallelen); δ = γ (Scheitelwinkel)

ÜBUNG 11 **S. 91**

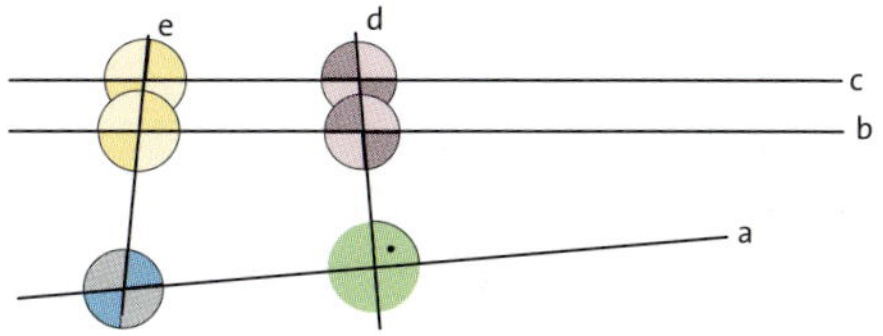

ÜBUNG 12 **S. 91**

a) $\alpha = 34°$; $\beta = 34°$; **b)** $\alpha = 100°$; $\beta = 80°$; **c)** $\alpha = 145°$; $\beta = 35°$; **d)** $\alpha = 120°$; $\beta = 60°$

ÜBUNG 13 **S. 91**

In einer Minute überstreicht der Minutenzeiger einen Winkel von 360° : 60 = 6°.
a) 120° (= 20 · 6°); **b)** 78° (= 13 · 6°); **c)** 492° (= 82 · 6°); **d)** 900° (= 150 · 6°)

ÜBUNG 14 **S. 92**

a) $\beta = 130°$ (Nebenwinkel zu α)

b)

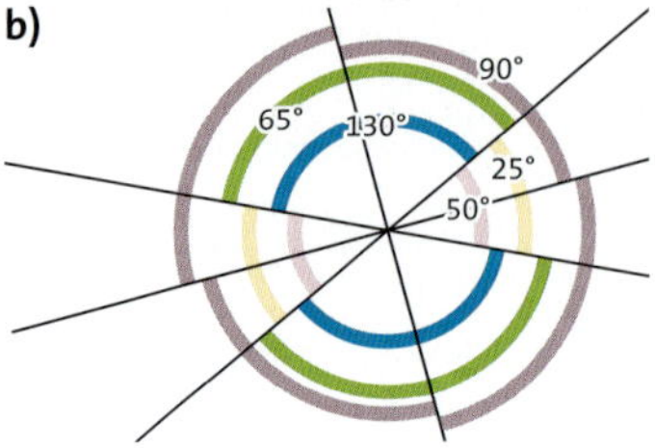

ÜBUNG 15 **S. 92**

a) $\alpha = 60°$ ($\alpha + 90° + 30° = 180°$);
$\beta = 60°$ (α und β Stufenwinkel an Parallelen);
$\gamma = 150°$ (γ Stufenwinkel zu $\alpha + 90°$ an Parallelen)
b) $\alpha = 45°$ (Hälfte von rechtem Winkel);
$\beta = 22{,}5°$ (Viertel von rechtem Winkel);
$\gamma = 22{,}5°$ (Scheitelwinkel zu β)

ÜBUNG 16 **S. 92**

β ist der Nebenwinkel zum Stufenwinkel von α. Da die Geraden parallel sind, ist dieser Stufenwinkel genau so groß wie α, und damit gilt $\alpha + \beta = 180°$.

ÜBUNG 17 **S. 94**

a)

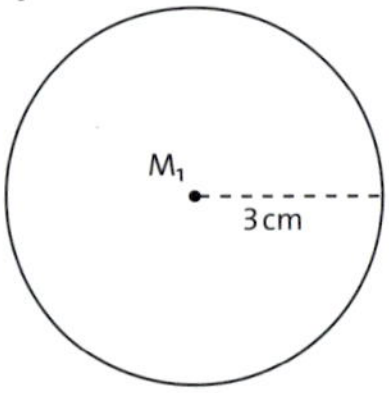

b)

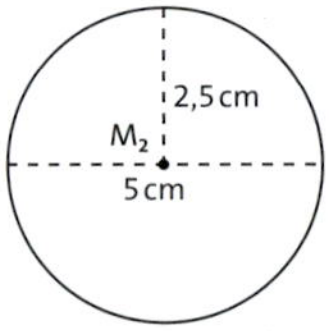

ÜBUNG 18 **S. 94**

a) Sie liegen auf der Kreislinie.
b) Diese Punkte liegen innerhalb des Kreises.

a)

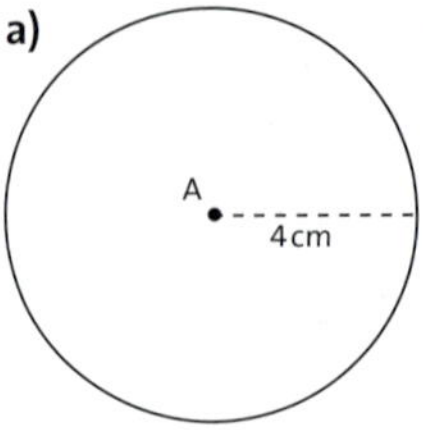

b)

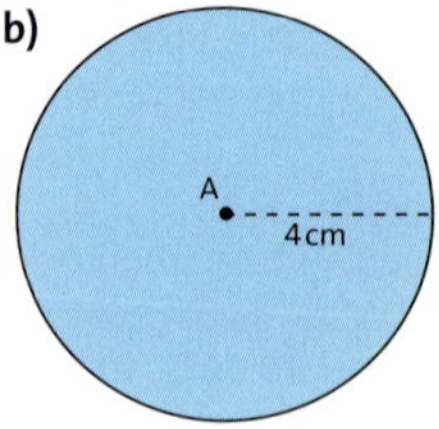

ÜBUNG 20 **S. 94**

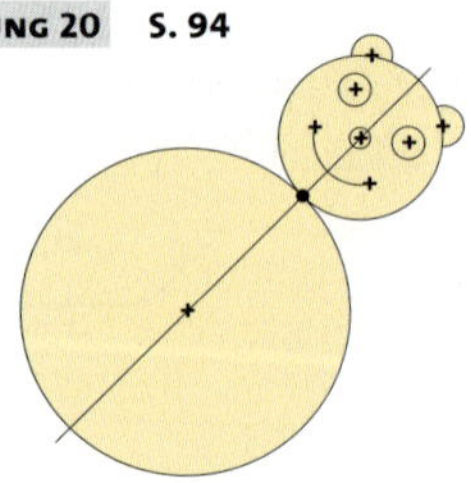

ÜBUNG 21 **S. 94**

a)

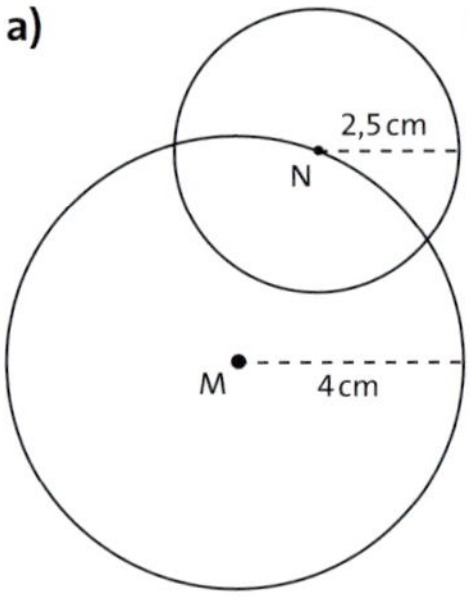

b)

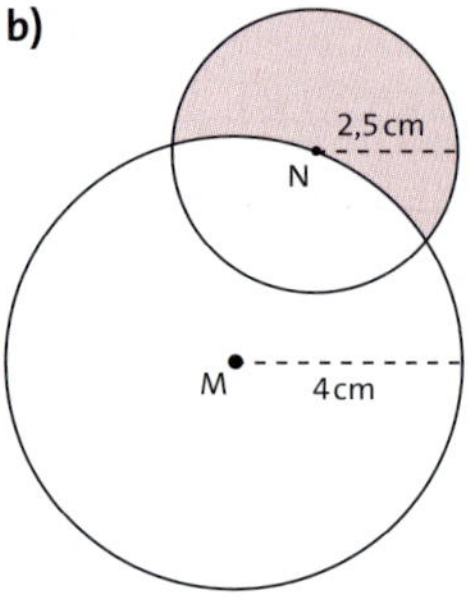

c)

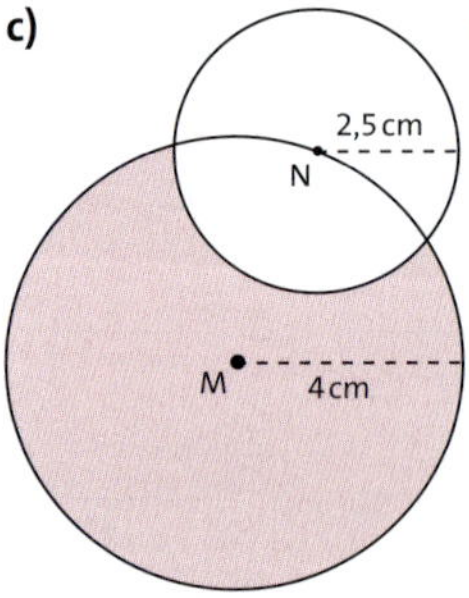

d)

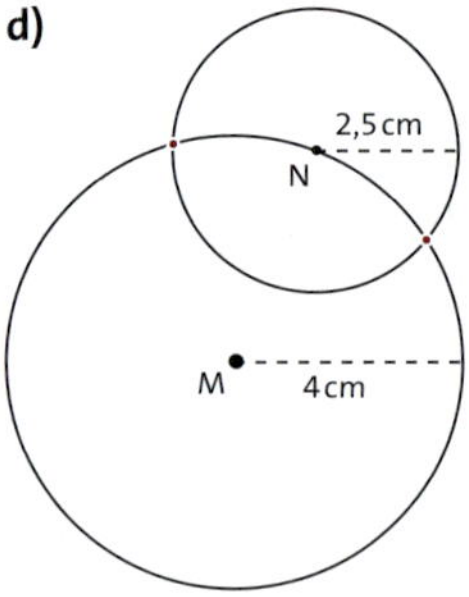

e) + f)

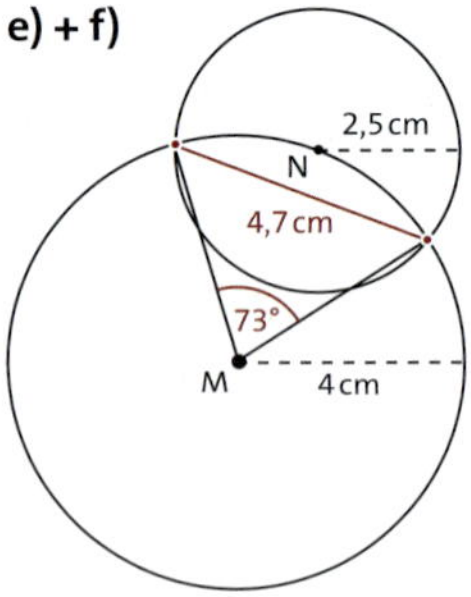

ÜBUNG 22 **S. 95**

a) Ein Kreis kann im anderen liegen und beide haben denselben Mittelpunkt.

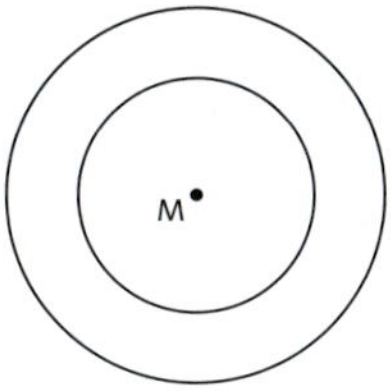

b) Ein Kreis kann im anderen liegen und beide haben unterschiedliche Mittelpunkte.
c) Sie können getrennt nebeneinanderliegen.

b)

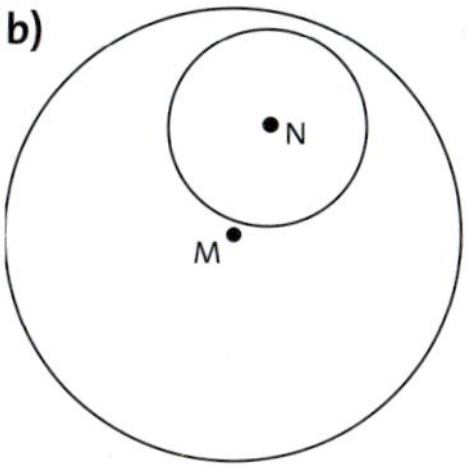

c)

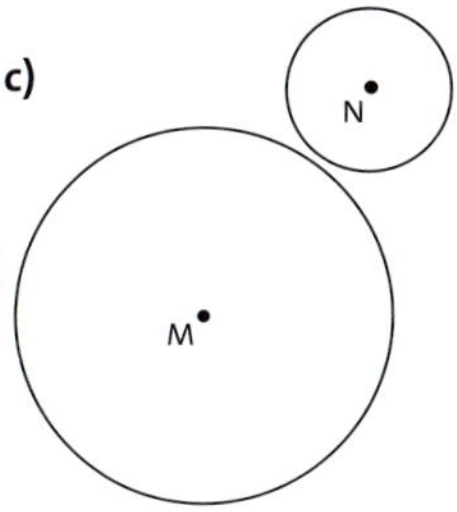

ÜBUNG 23 **S. 95**

b) Nein, das genügt nicht. Um ganz sicher zu gehen, muss man 10 m Abstand halten.
c) Man sollte 18 m Abstand halten.

a)

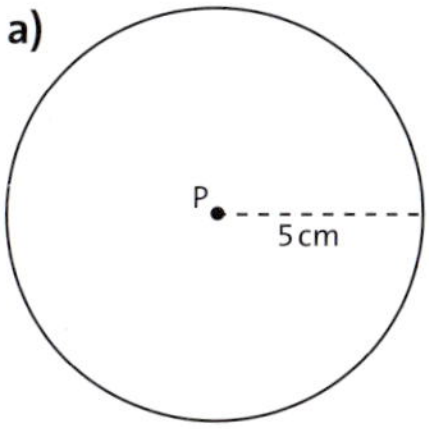

b)

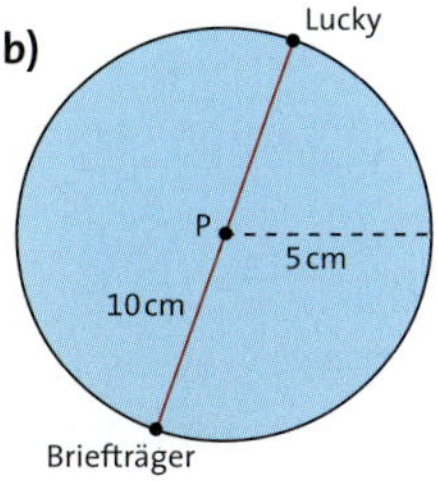

c)

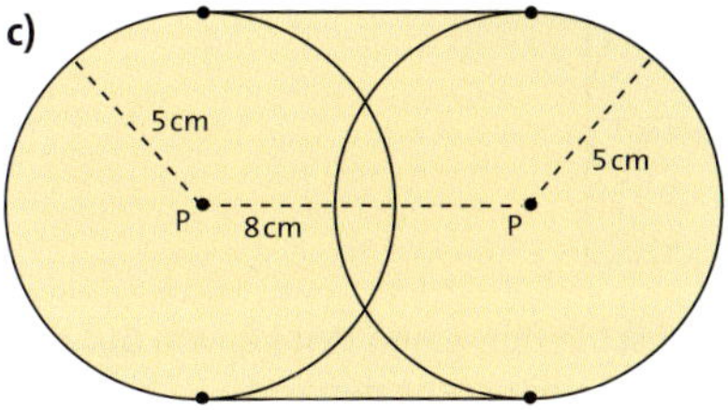

ÜBUNG 24 **S. 95**

a) Der Schieber kann maximal 4 cm bewegt werden.
b) Der Gummistreifen muss 12,6 cm lang sein.

Klassenarbeiten

AUFGABE 1 **S. 96**

a) **b)** **c)** **d)**

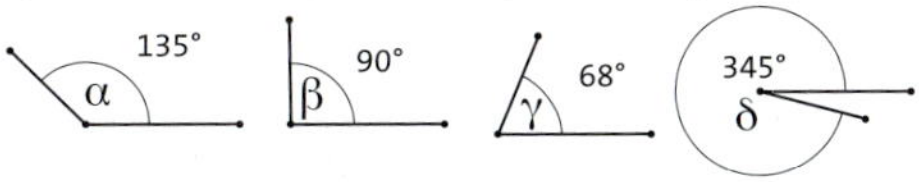

a) α: stumpfer Winkel
b) β: rechter Winkel
c) γ: spitzer Winkel
d) δ: überstumpfer Winkel

AUFGABE 2 **S. 96**

a) Wahr: Wechselwinkel an Parallelen sind gleich groß.
b) Falsch: g_1 und g_2 sind nicht parallel.
c) Falsch: g_1 und g_2 sind nicht parallel.
d) Wahr: Scheitelwinkel sind gleich groß.
e) Wahr: Stufenwinkel an Parallelen sind gleich groß.

AUFGABE 3 **S. 96**

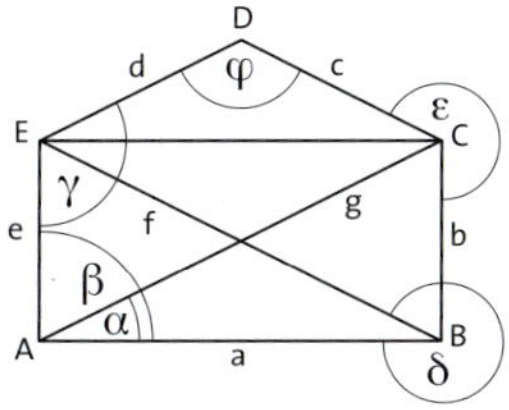

AUFGABE 4 **S. 96**

$\alpha = \beta = 45°$ (α und β sind zusammen Nebenwinkel zu einem rechten Winkel und entstehen durch die Winkelhalbierende dieses Nebenwinkels);
$\gamma = 135°$ (Nebenwinkel zu α);
$\delta = 135°$ (Wechselwinkel zu γ an Parallelen);
anders begründet: $\delta = 135° = 90° + \beta$.

AUFGABE 5 **S. 96**

a) Er überstreicht 108°.

b) Er braucht 2 Minuten. Vgl. Übung 13.

AUFGABE 6 **S. 97**

a)

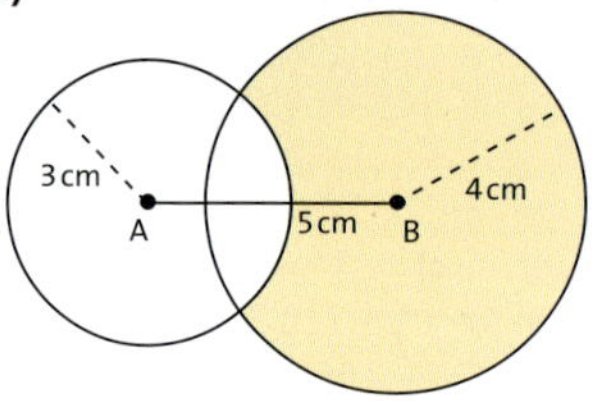

b)

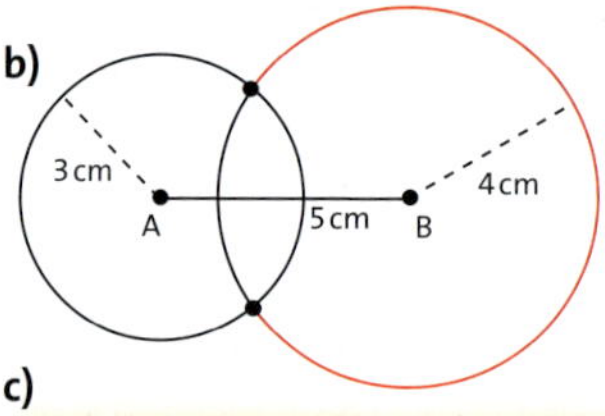

c)

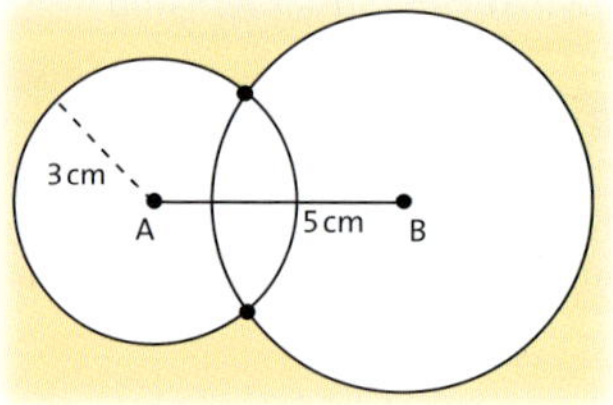

d)

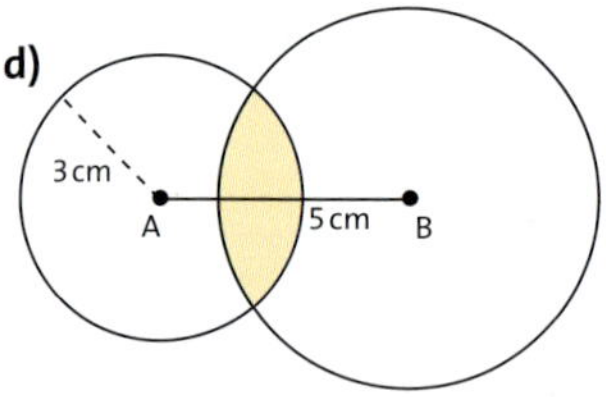

AUFGABE 7 **S. 97**

a) $\alpha = 72°$; $\beta = 108°$

b) $\alpha = 110°$; $\beta = 70°$

c) $\alpha = 60°$; $\beta = 120°$

AUFGABE 8 **S. 97**

a) + b)

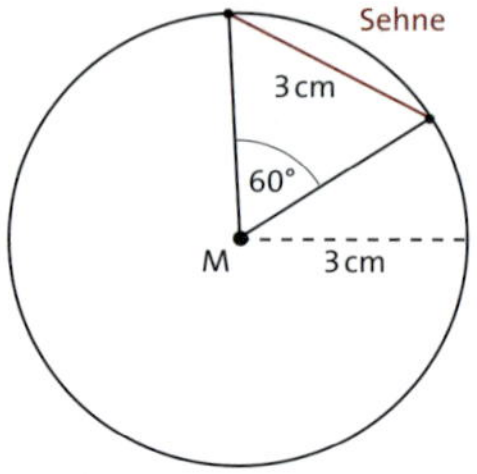

c) Der Kreisbogen ist π cm ≈ 3,142 cm lang.

AUFGABE 9 **S. 97**

a) 4 gemeinsame Punkte **b)** 8 gemeinsame Punkte

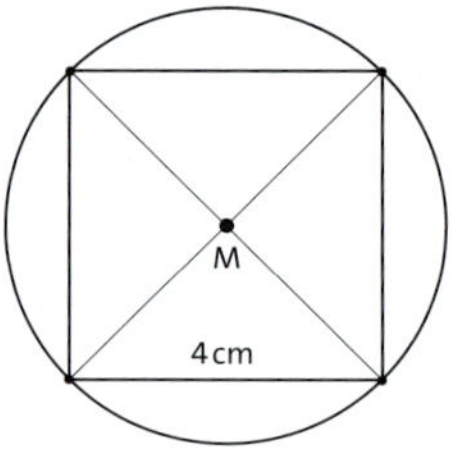

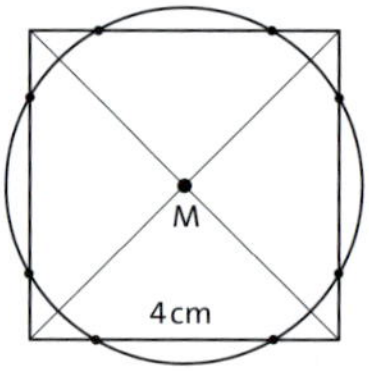

c) keinen gemeinsamen Punkt

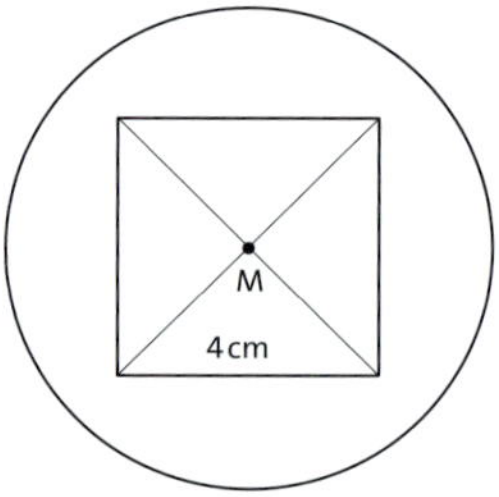

AUFGABE 10 **S. 97**

a) Der Radius kann höchstens 25 cm betragen.

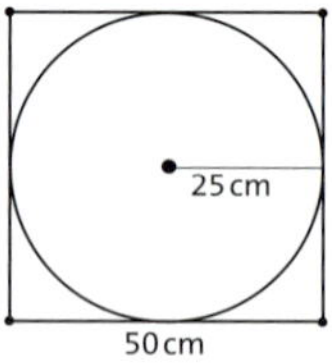

b) Die Zeiger schließen einen Winkel von 60° ein.

c) Der Stundenzeiger steht genau zwischen der 3 und der 4, es ist also 3.30 Uhr.

d) Der Umfang beträgt 157,1 cm.

AUFGABE 11 **S. 98**

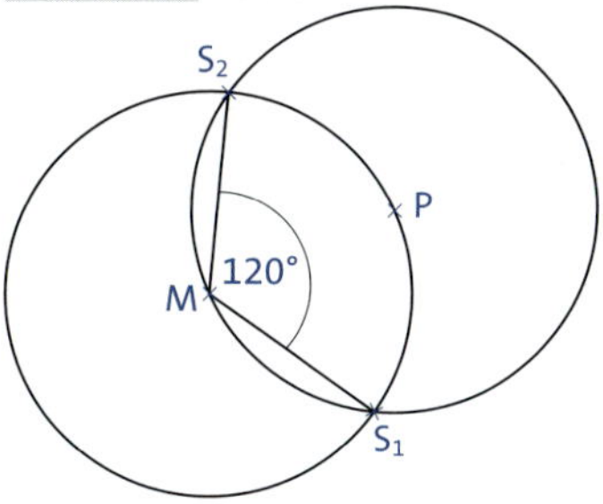

Sie bilden einen Winkel von 120°.

AUFGABE 12 **S. 98**

a) – c)

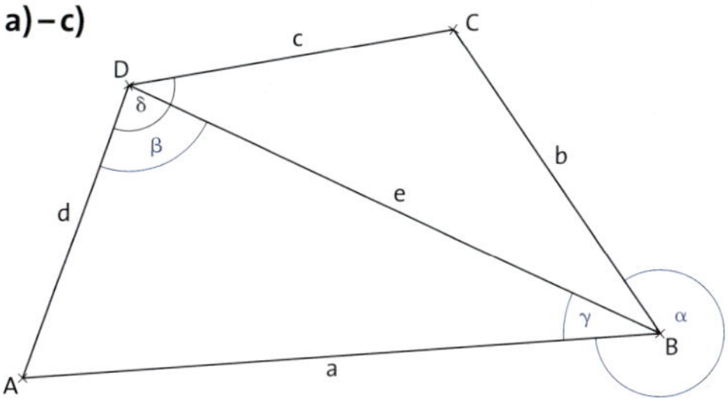

AUFGABE 13 **S. 98**

a) ∢ dc; **b)** ∢ ADC

AUFGABE 14 **S. 98**

β und γ sind spitze Winkel, α ist ein überstumpfer und δ ein stumpfer Winkel.

AUFGABE 15 **S. 98**

Die Laterne ist 4,20 m hoch.

AUFGABE 16 **S. 99**

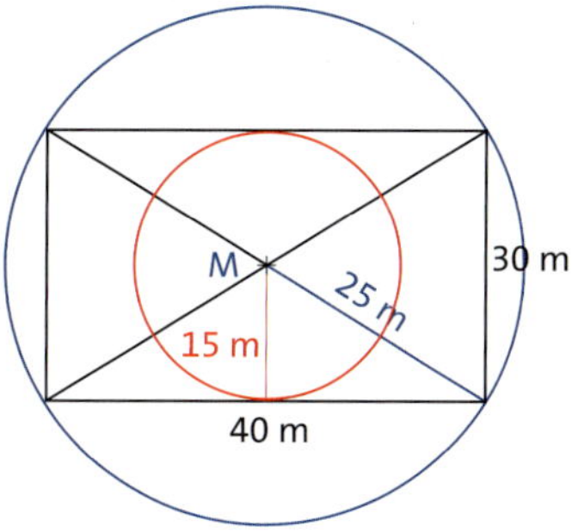

a) Der Strahl muss 25 m weit spritzen.
b) Er muss ihn auf 15 m Reichweite einstellen.
c) $A = 30 \cdot 40\ m^2 - \pi \cdot 15^2\ m^2 \approx 493\ m^2$

AUFGABE 17 **S. 99**

a) Er überstreicht einen Winkel von 150°.
b) In vier Stunden.
c) Der kleinere Winkel hat eine Weite von 120°, der größere von 240°.
d) ∢ ms
e) Dann ist es 10 Uhr.
f) Es sind 70 Minuten vergangen.

AUFGABE 18 **S. 99**

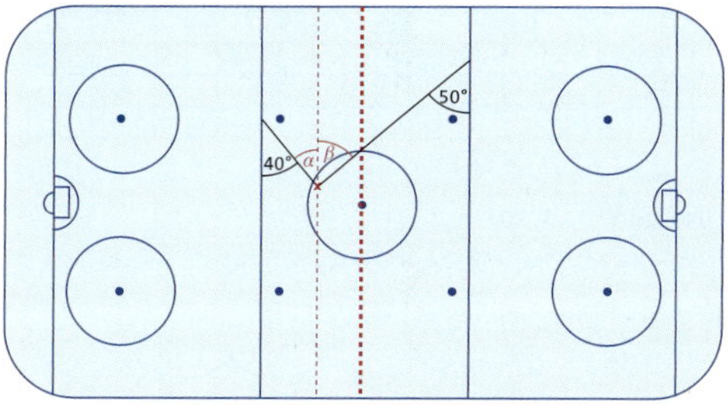

α = 40° und β = 50°, da jeweils Wechselwinkel an einer parallelen Hilfslinie. Also treffen Markus und Matthias in einem rechten Winkel aufeinander.

6 Verschieben, Drehen, Spiegeln

ÜBUNG 1 **S. 101**

Darstellung verkleinert:

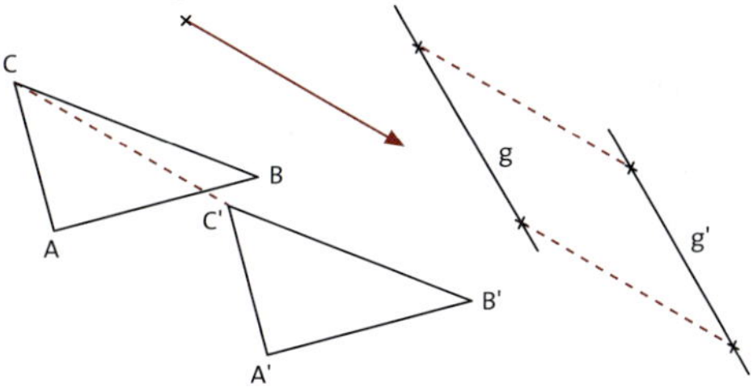

ÜBUNG 2 **S. 101**

Richtung: 4 Uhr; Länge: 2,5 cm

ÜBUNG 3 **S. 101**

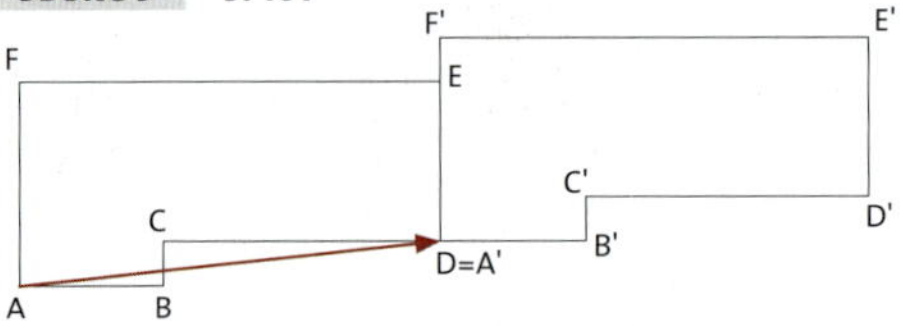

ÜBUNG 4 **S. 101**

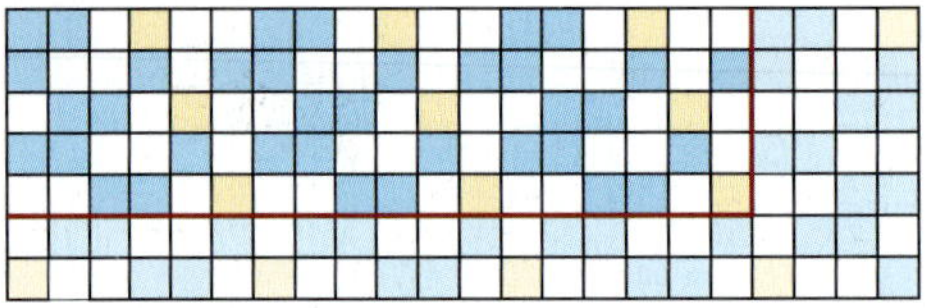

ÜBUNG 5 **S. 101**

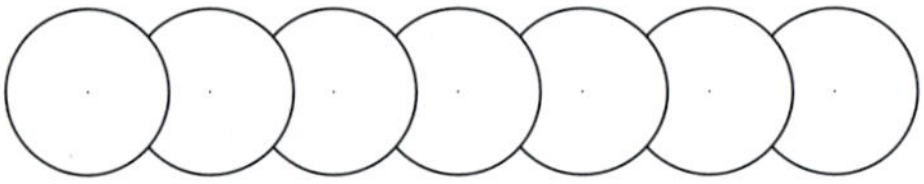

ÜBUNG 6 **S. 103**

Winkel PZP' = 20°; Winkel QZQ' = 105°; Winkel RZR' = 200°

ÜBUNG 7 **S. 103**

A' (4,1|2,9); B' (6|5,2); C' (2,9|7,8)

ÜBUNG 8 **S. 103**

60°; 90°; 72°

ÜBUNG 9 **S. 103**

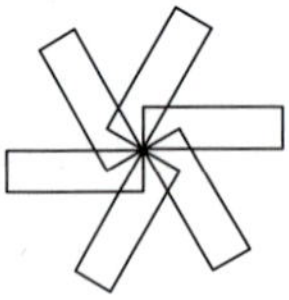

ÜBUNG 10 **S. 103**

Vgl. Skizze in der Aufgabenstellung.

ÜBUNG 11 **S. 103**

Lösungsvorschlag:

ÜBUNG 12 **S. 105**

a) A' (1,1|0,6); B' (2,7|2,2); C' (2,7|5,4)
b) A'' (7|6); B'' (8|4); C'' (7|1)

ÜBUNG 13 **S. 105**

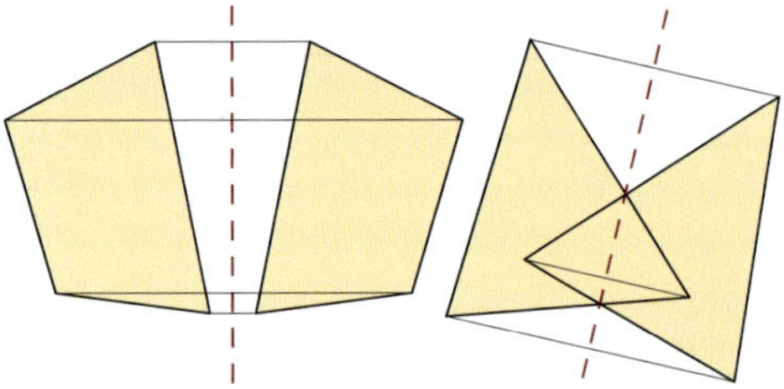

ÜBUNG 14 **S. 105**

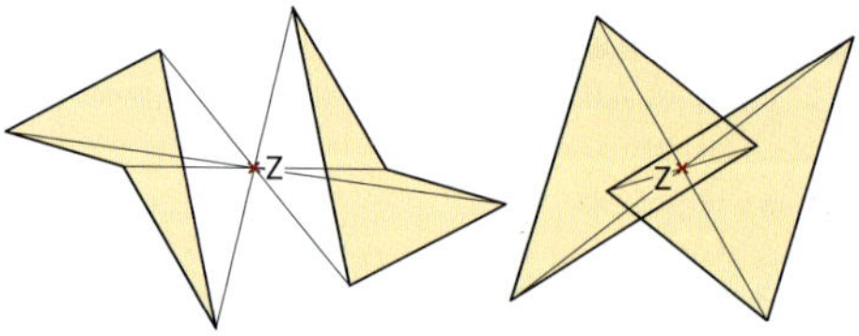

ÜBUNG 15 **S. 105**

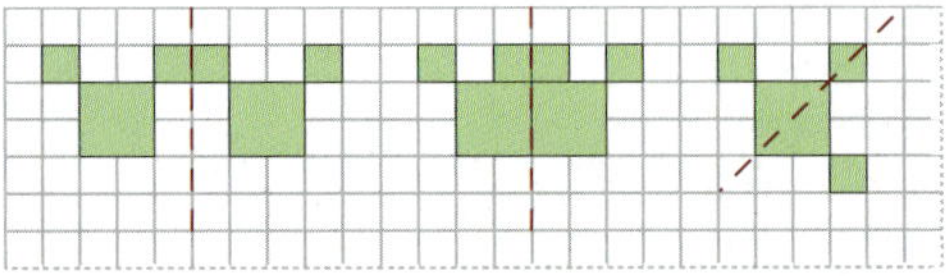

ÜBUNG 16 **S. 106**

ÜBUNG 17 **S. 106**

a) punkt- und achsensymmetrisch (4 Achsen)
b) nur punktsymmetrisch
c) punkt- und achsensymmetrisch (6 Achsen)
d) punkt- und achsensymmetrisch (unendlich viele Achsen sind denkbar)

ÜBUNG 18 **S. 106**

Dieser Satz gilt allgemein!

Klassenarbeiten

AUFGABE 1 **S. 107**

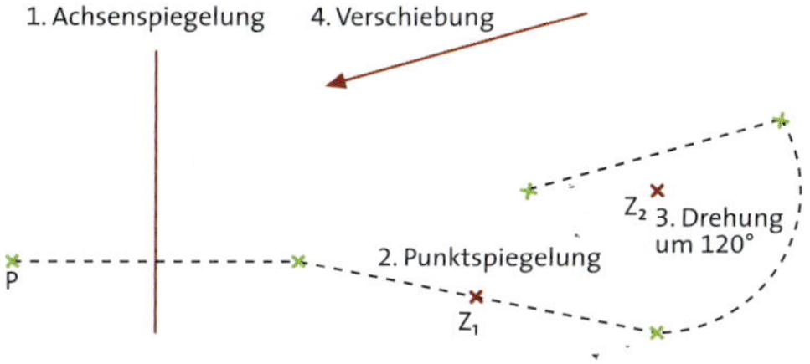

AUFGABE 2 **S. 107**

a) **b)** **c)**

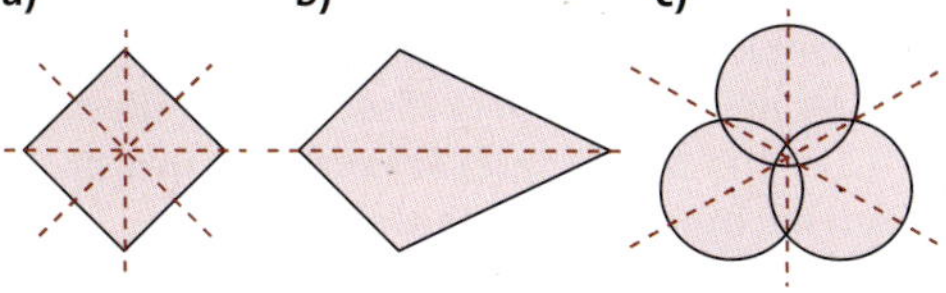

a) und **c)** sind punkt- und drehsymmetrisch.

AUFGABE 3 **S. 107**

a) A' (5|3); B' (8|4); C' (6|6)
b) A' (2,3|3,3); B' (3,2|6,3); C' (0,4|5,8)
c) A' (5,7|8,5); B' (3,6|6,1); C' (6,4|5,4)

AUFGABE 4 **S. 107**

a) A' (6|6); B' (3|5); C' = C
b) A' (3,1|4,6); B' (6,2|4,8); C' (5,2|2,2)

AUFGABE 5 **S. 107**

– Verschiebung: immer erfüllt.
– Drehung: der Drehwinkel muss 180° betragen.
– Achsenspiegelung: die Spiegelachse muss parallel oder orthogonal zur Strecke AB sein.
– Punktspiegelung: immer erfüllt.

AUFGABE 6 **S. 108**

a) 2; 3; 5; **b)** 1; 4; 6; **c)** 1 (60°); 4 (180°); 5 (72°); 6 (180°)

a) und b)

AUFGABE 7 **S. 108**

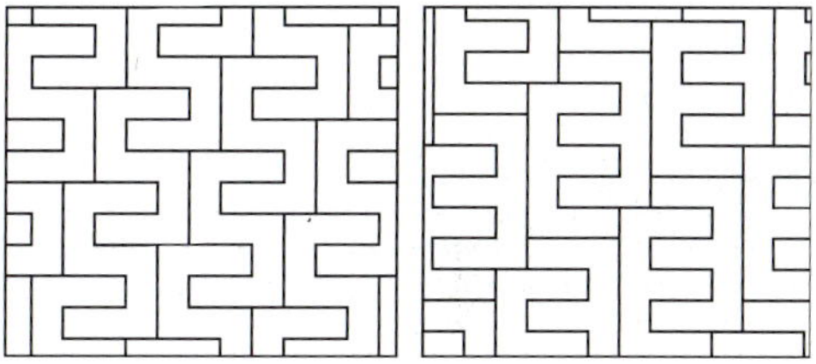

AUFGABE 8 **S. 109**

a)

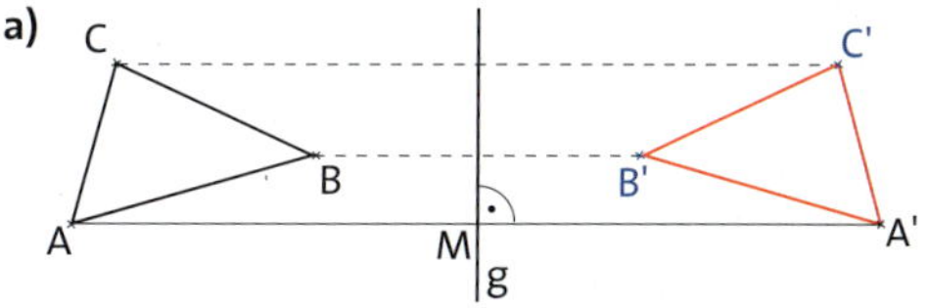

b) Zeichne die Strecke AA' und markiere den Mittelpunkt M dieser Strecke. g ist die Orthogonale zu AA' durch M.

AUFGABE 9 **S. 109**

a)

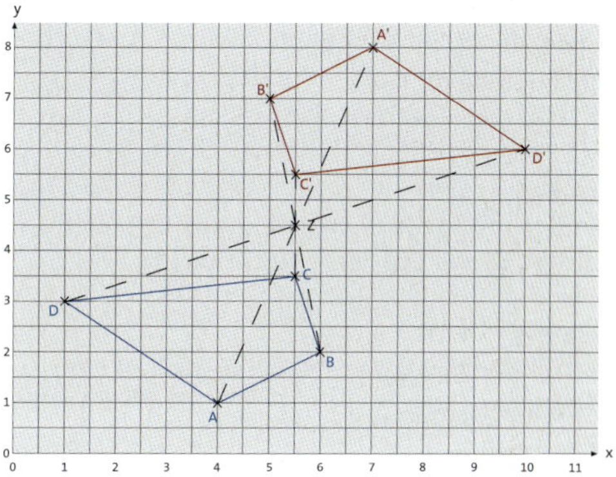

b) A' (7|8); B' (5|7); C' (5,5|5,5); D' (10|6)

7 Figuren und Körper

ÜBUNG 1 **S. 111**
EC-Karte: ca. 40 cm², DIN-A4-Blatt: ca. 6 dm²

ÜBUNG 2 **S. 111**
a) 8 m²; **b)** 54 mm²; **c)** 160 dm²;
d) 6400 m² = 64 a; **e)** 270 000 m² = 27 ha

ÜBUNG 3 **S. 111**
a) 9 cm²; **b)** 6,5 cm²

ÜBUNG 4 **S. 112**
a) 12 dm²; **b)** 2 dm²; **c)** 35 mm²; **d)** 300 km²;
e) 15 a; **f)** 4 ha; **g)** 6 cm²; **h)** 1 km²

ÜBUNG 5 **S. 112**
a) 500 ha; **b)** 1100 cm²; **c)** 1200 m²;
d) 10 700 dm²; **e)** 2000 mm²; **f)** 20 000 a;
g) 20 200 mm²; **h)** 10 000 dm²

ÜBUNG 6 **S. 112**
a) 5 km²; **b)** 15 dm²; **c)** 250 a; **d)** 20 cm²;
e) 1 ha; **f)** 2020 dm²; **g)** 45 m²; **h)** 222 ha

ÜBUNG 7 **S. 113**
a) 120 cm²
b) 240 dm²
c) 2100 mm² = 21 cm²
d) 1600 cm² = 16 dm²
e) 40 000 mm² = 4 dm²
f) 18 000 000 m² = 18 km²
g) 1 000 000 m² = 1 km²
h) 3000 cm² = 30 dm²

ÜBUNG 8 **S. 113**
Die Gesamtfläche (4 Wände und 1 Decke) beträgt 54 m². Die Farbe reicht nicht.

ÜBUNG 9 **S. 113**
a) 0,5 km²; **b)** 1,6 dm²; **c)** 0,5 a; **d)** 0,04 cm²;
e) 0,01 ha; **f)** 0,174 dm²; **g)** 1,105 km²;
h) 0,002 m²

ÜBUNG 10 **S. 113**
a) 40 000 a; **b)** 1 500 000 cm²; **c)** 2 000 000 mm²;
d) 50 ha; **e)** 70 000 000 000 cm²; **f)** 10 a;
g) 42 200 cm²; **h)** 50 cm²; **i)** 0,012 m²

ÜBUNG 11 **S. 113**

1. Seite (in cm)	2. Seite (in cm)	Flächeninhalt (in cm²)	Umfang (in cm)
5	8	40	26
3	7	21	20
7,5	4	30	23
6	5	30	22
6	14	84	40
40	40	1600	160
6	6	36	24

ÜBUNG 12 **S. 115**
a) 12 cm²; **b)** 11 cm²; **c)** 12 cm²; **d)** 12 cm²

ÜBUNG 13 **S. 115**
a) Jedes beliebige Parallelogramm lässt sich auf diese (in 12 a) und b) gezeigte) Art zerlegen und zu einem Rechteck zusammensetzen.
b) Jedes beliebige Dreieck lässt sich auf diese (in 12 c) und d) gezeigte) Art zerlegen und zu einem Rechteck zusammensetzen.

ÜBUNG 14 **S. 115**
G = Grundseite
a) 28 cm², G = 7 cm; **b)** 15 m², G = 3 m;
c) 24 mm², G = 6 mm; **d)** 3 dm², G = 2 dm

ÜBUNG 15 **S. 115**
a) 12 cm²; **b)** 3 m²; **c)** 5 km²; **d)** 600 m² = 6 a

ÜBUNG 16 **S. 116**
Die fünf Flächen sind alle gleich groß.

ÜBUNG 17 **S. 116**
Beispiele für mögliche Kombinationen (Grundseite x Höhe): 4 cm x 6 cm; 3 cm x 8 cm; 2 cm x 12 cm; 1 cm x 24 cm; 6 cm x 4 cm; 8 cm x 3 cm; 5 cm x 4,8 cm oder 10 cm x 2,4 cm

ÜBUNG 18 **S. 116**

Grundseite (in cm)	Höhe (in cm)	Parallelogrammfläche (in cm²)	Dreiecksfläche (in cm²)
5	6	30	15
12	3	36	18
2,5	4	10	5
11	12	132	66
9	6	54	27
4,5	6	27	13,5

ÜBUNG 19 **S. 116**

a)

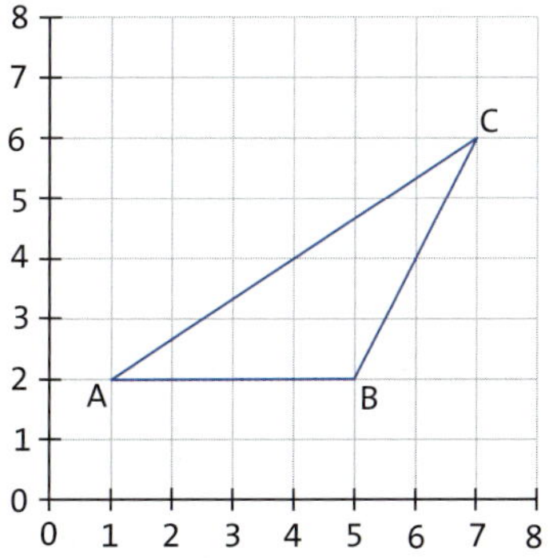

b) a = 45 mm; b = 72 mm; c = 40 mm;
h_a = 36 mm; h_b = 22 mm; h_c = 40 mm

c) $\frac{45 \cdot 36}{2}$ mm² = 810 mm²;
$\frac{72 \cdot 22}{2}$ mm² = 792 mm²; $\frac{40 \cdot 40}{2}$ mm² = 800 mm²

d) Die Abweichungen in den ersten beiden Rechnungen aus c) entstehen durch Ungenauigkeiten beim Messen. Das Dreieck hat den Flächeninhalt A = 800 mm² = 8 cm². (Die Werte in der dritten Rechnung aus c) sind exakt durch die Koordinaten von A, B und C vorgegeben.)

ÜBUNG 20 **S. 117**

a) 7,5 cm²; **b)** 3 cm²; **c)** 6 cm²; **d)** 4,5 cm²

ÜBUNG 21 **S. 117**

65 cm² – 2 · 12 cm² – 2 · 5 cm² = 31 cm²

ÜBUNG 22 **S. 117**

Mit den beiden unteren Teildreiecken kann man die oberen so ergänzen, dass ein Rechteck mit den Seitenlängen $\frac{d}{2}$ und e entsteht. Der Flächeninhalt berechnet sich folgendermaßen:
$A = \frac{e}{2} \cdot d = \frac{d \cdot e}{2}$.

ÜBUNG 23 **S. 119**

Quader: Streichholzschachtel;
Würfel: Spielwürfel; Prisma: Bienenwabe;
Pyramide: ägyptische Pyramide

ÜBUNG 24 **S. 119**

Vgl. Skizze in der Aufgabenstellung!

ÜBUNG 25 **S. 119**

a) a = 3 cm; b = 4 cm; c = 2 cm
b) a = 5 cm; b = 3 cm; c = 3 cm

ÜBUNG 26 **S. 119**

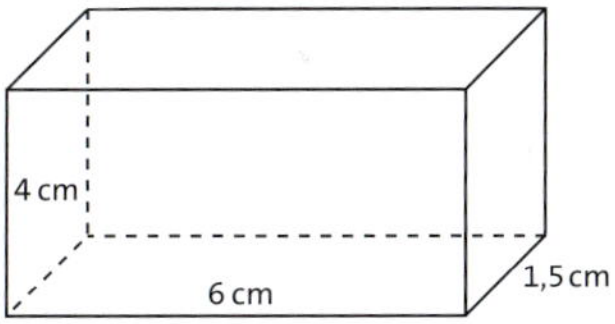

ÜBUNG 27 **S. 120**

Netz c) ergibt keinen Würfel.

ÜBUNG 28 **S. 120**

a) richtig; **b)** richtig; **c)** falsch; **d)** richtig;
e) richtig; **f)** falsch

ÜBUNG 29 **S. 120**

a)

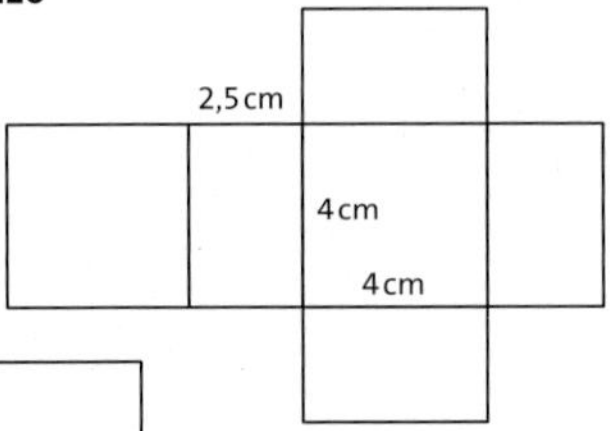

b)

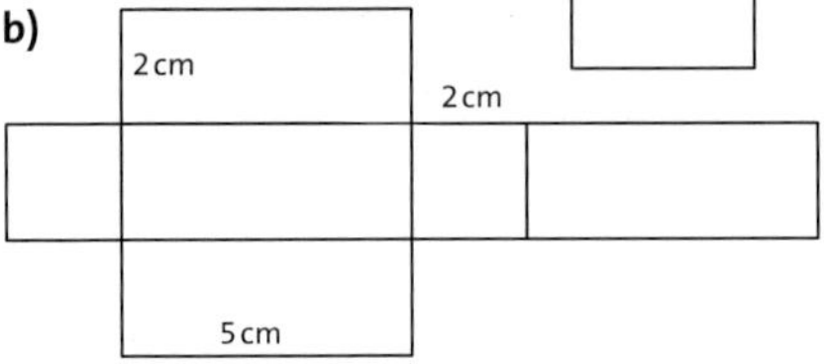

ÜBUNG 30 **S. 120**

a)

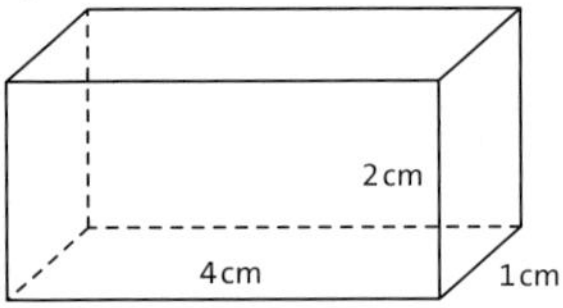

b)

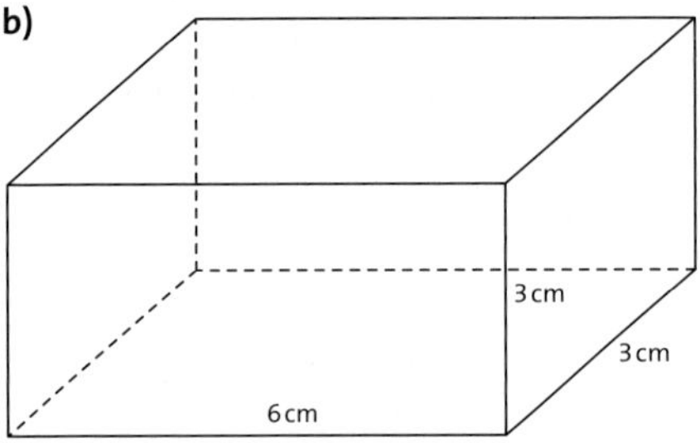

ÜBUNG 31 **S. 121**

Rechnung ohne Einheiten geschrieben:
$2 \cdot 20 \cdot 10 + 2 \cdot 20 \cdot 8 + 2 \cdot 10 \cdot 8 = 880$
Oberflächeninhalt: 880 cm²

ÜBUNG 32 **S. 121**

a)

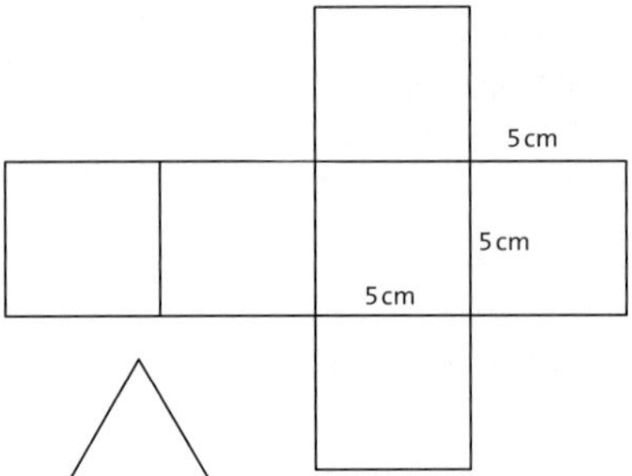

b)

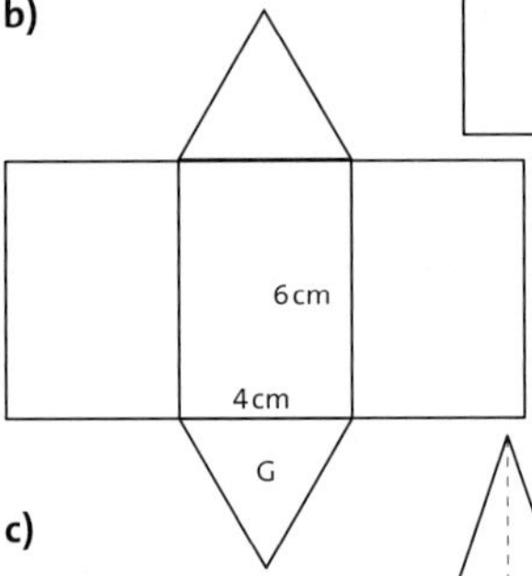

c)

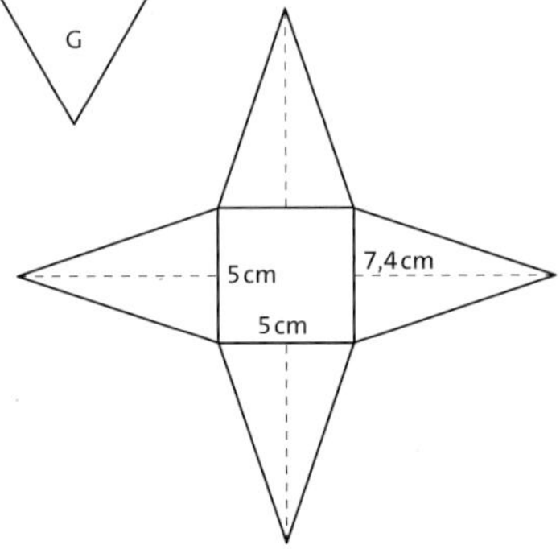

ÜBUNG 33 **S. 121**

a) 150 cm²; **b)** 86 cm² (Höhe der Grundfläche $h \approx 3{,}5$ cm); **c)** 99 cm²

ÜBUNG 34 **S. 123**

Buch: ≈ 400 cm³; Stecknadelkopf: ≈ 3 mm³; Tintenpatrone: ≈ 1 cm³; Badewanne: ≈ 400 dm³; Schulbus: ≈ 90 m³

ÜBUNG 35 **S. 123**

Der große Würfel wird systematisch mit den kleinen gefüllt. Je 10 kleine passen dabei in eine Reihe. 10 Reihen passen auf die Grundfläche. 10 solcher Schichten übereinander füllen den ganzen Würfel: $10 \cdot 10 \cdot 10 = 1000$.

ÜBUNG 36 **S. 123**

a) 30 m^3
b) 225 cm^3
c) 40 000 cm^3 = 40 dm^3
d) 30 000 dm^3 = 30 m^3
e) 50 000 000 mm^3 = 50 dm^3

ÜBUNG 37 **S. 123**

a) Es müssen 100 m^3 Erde ausgehoben werden.
b) 100 m^3 Erde wiegen 300 t.

ÜBUNG 38 **S. 123**

5 l = 5 000 ml = 5 dm^3 = 5 000 cm^3
20 l = 20 000 ml = 20 dm^3 = 20 000 cm^3
9 l = 9 000 ml = 9 dm^3 = 9 000 cm^3

ÜBUNG 39 **S. 124**

a) 5000 dm^3; **b)** 8000 cm^3; **c)** 20 000 mm^3; **d)** 500 000 mm^3; **e)** 1 010 000 dm^3; **f)** 2 000 000 mm^3; **g)** 500 cm^3; **h)** 3200 dm^3; **i)** 70 050 dm^3; **j)** 4000 ml; **k)** 500 ml; **l)** 25 ml

ÜBUNG 40 **S. 124**

a) 8 cm^3; **b)** 58 cm^3; **c)** 25 dm^3; **d)** 125 m^3; **e)** 1000 dm^3; **f)** 3,3 m^3; **g)** 0,5 dm^3; **h)** 0,05 cm^3; **i)** 0,002 m^3; **j)** 4 l; **k)** 1,5 l; **l)** 0,025 l

ÜBUNG 41 **S. 124**

a) 600 cm^3; **b)** 21 m^3; **c)** 60 dm^3; **d)** 350 cm^3

ÜBUNG 42 **S. 124**

V = 1026 cm^3 = 1,026 Liter
Milchpackungen sind etwas größer als 1 Liter. Eine randvolle Milchtüte könnte man schlecht anschneiden zum Gießen.

ÜBUNG 43 **S. 124**

a) 35 cm^3; **b)** 20 cm^3 (Kann auch durch Subtraktion gelöst werden.)

ÜBUNG 44 **S. 124**

Fläche des Ölflecks:
50 mm · 50 mm = 2500 mm^2
Höhe des Ölflecks:
$\frac{50\ mm^3}{2500\ cm^2} = 0{,}02$ mm

Klassenarbeiten

AUFGABE 1 **S. 125**

a) + c)

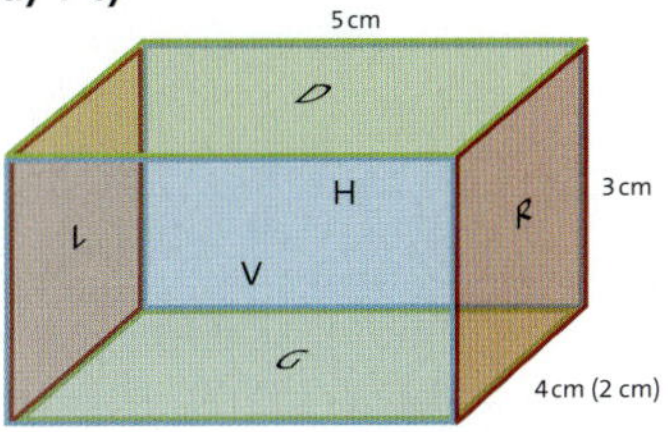

b) + c)

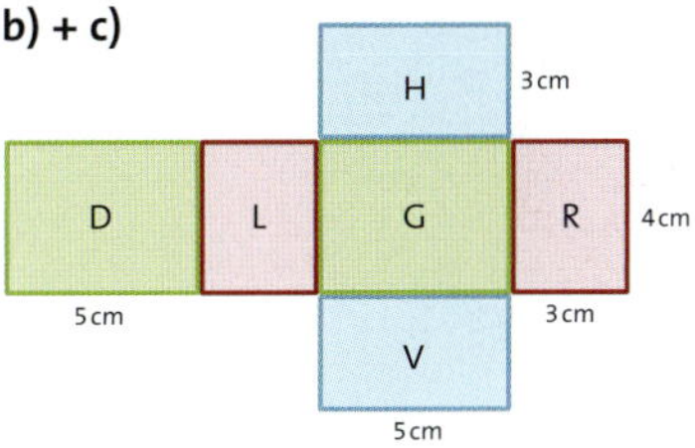

AUFGABE 2 **S. 125**

a) Ein Würfel hat 12 (statt 10) Kanten.
b) Ein Dreiecksprisma hat 9 (statt 5) Kanten.
c) Nicht jede Pyramide, sondern nur eine viereckige Pyramide hat 8 Kanten.
d) Nur Kanten, die aufeinandertreffen, sind orthogonal zueinander.

AUFGABE 3 **S. 125**

a) 700 cm^2; **b)** 300 000 m^2; **c)** 20 dm^2; **d)** 15 000 mm^3; **e)** 0,2 dm^3; **f)** 2500 l

AUFGABE 4 **S. 125**

Volumen: 120 cm^3
Grundfläche: 240 cm^2
Oberfläche: 512 cm^2

AUFGABE 5 **S. 125**

a) Die Terrasse ist 18 m^2 groß.
b) Der gesamte Plattenbelag wiegt 630 kg.

AUFGABE 6 **S. 125**

Flächeninhalt: 6 cm^2
Sie nimmt $\frac{1}{4}$ der Gesamtfläche ein.

AUFGABE 7 **S. 126**

a)

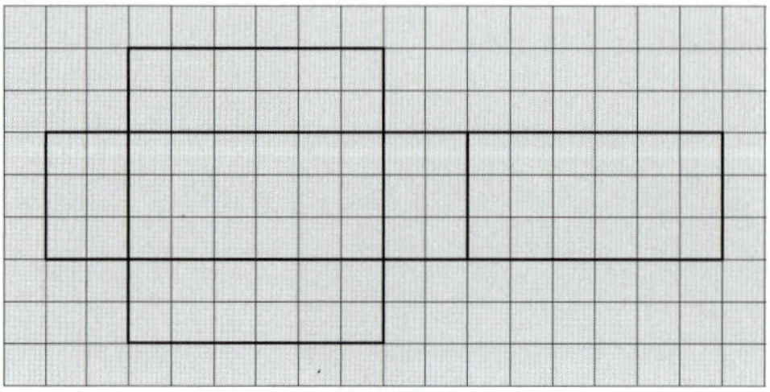

b)

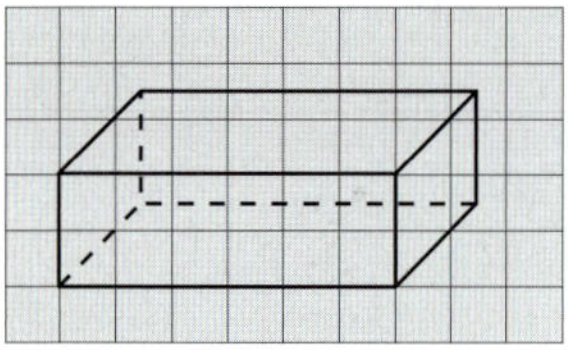

c) V = 3 · 1,5 · 1 cm^3 = 4,5 cm^3

AUFGABE 8 **S. 126**

a) A = 4 · 8 m^2 + 2 · 1,8 · 4 m^2 + 2 · 1,8 · 8 m^2
= 75,2 m^2 ·
Familie Mandel muss also 8 Eimer Farbe kaufen.
b) V = 1,6 · 4 · 8 m^3 = 51,2 m^3 = 51 200 l
Es müssen 51 200 l Wasser eingelassen werden.
c) $\frac{6400}{57\,600} = \frac{1}{9} = 11,\overline{1}$ % werden nicht befüllt.

AUFGABE 9 **S. 126**

a) 0,456 m^3; **b)** 48 000 mm^3; **c)** 0,99 dm^2;
d) 2,501 kg; **e)** 1200,3 kg; **f)** 6432 mm

AUFGABE 10 **S. 126**

a) $\frac{2}{9}$ des Rechtecks sind gefärbt.

b)

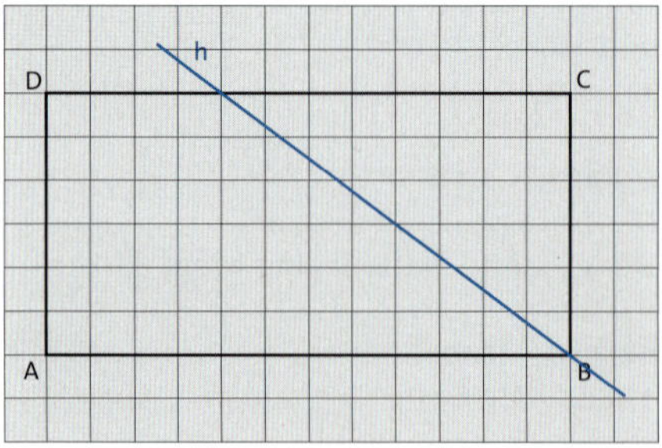

DUDEN

ISBN 978-3-411-72182-5